"十二五"
经全国职业

教材
鉴定

SULIAO CAILIAO
YU PEIFANG

塑料材料与配方

第四版

马立波　桑　永　主编

徐应林　主审

化学工业出版社

·北京·

内容简介

本书全面贯彻党的教育方针，落实立德树人根本任务，有机融入党的二十大精神，较为完整地介绍了塑料原料和塑料助剂的结构、性能和应用，并从实际应用的角度对塑料原料选用和塑料配方设计进行了论述。全书共分十五章，主要内容有塑料配方设计基础、聚氯乙烯塑料、聚烯烃塑料、苯乙烯类塑料、丙烯酸酯类塑料、聚氨酯塑料、热塑性弹性体、通用工程塑料、特种工程塑料、常用热固性树脂及塑料；热稳定剂、增塑剂、润滑剂、抗氧剂、光稳定剂、阻燃剂、填料及其表面处理技术、着色剂与母料技术、塑料配方设计技术及塑料配方设计案例。

为便于读者学习，本书还附有数字化资源、知识能力检测等内容。通过对本书的学习，读者可获得塑料材料领域的基础知识、新型塑料材料和助剂的性能与应用方面的知识，了解塑料材料和配方技术的发展趋势。

本书可作为高等职业教育高分子材料智能制造技术专业及相关专业的教材，还可作为高分子材料改性、高分子材料成型加工，尤其是塑料配方设计、塑料改性、塑料成型加工等从业人员和工程技术人员的专业参考书。

图书在版编目（CIP）数据

塑料材料与配方 / 马立波，桑永主编. —4版. —
北京：化学工业出版社，2024.2（2024.8重印）
ISBN 978-7-122-44527-8

Ⅰ.①塑… Ⅱ.①马…②桑… Ⅲ.①塑料 - 原料 -
高等学校 - 教材②塑料助剂 - 高等学校 - 教材 Ⅳ.
① TQ320.4

中国国家版本馆 CIP 数据核字（2023）第 230628 号

责任编辑：提 岩 于 卉　　　　　　　　文字编辑：姚子丽　师明远
责任校对：李 爽　　　　　　　　　　　装帧设计：张 辉

出版发行：化学工业出版社（北京市东城区青年湖南街13号　邮政编码100011）
印　　装：大厂聚鑫印刷有限责任公司
787mm×1092mm　1/16　印张18　字数459千字　2024年8月北京第4版第2次印刷

购书咨询：010-64518888　　　　　　　　　售后服务：010-64518899
网　　址：http：//www.cip.com.cn
凡购买本书，如有缺损质量问题，本社销售中心负责调换。

定　　价：49.80元

前言

　　《塑料材料与配方》是教育部高职高专规划教材，2005 年由化学工业出版社正式出版。2006 年获中国石油和化学工业优秀教材奖，2009 年被评为普通高等教育"十一五"国家级规划教材，2014 年被评为"十二五"职业教育国家规划教材。教材在几十所高职院校中得到广泛使用，受到师生们的一致好评。

　　遵循打造精品教材、完善提高教材内在质量、使之更好地服务于专业的原则，本次修订的重点是：

　　1. 注重思政引领，结合党的二十大报告，有机融入课程思政元素，培养专业匠人精神。

　　2. 教材阅读材料中包含相关政策方针、行业发展的前沿技术、行业榜样人物传记等内容，可激发学生的学习兴趣、开阔视野。

　　3. 更新和增加插图，用实物立体图片和应用场景替代文字描述，提高学生学习兴趣，增强记忆效果。

　　4. 更新教材中有关时效性数据，采用最新塑料相关标准。

　　5. 进一步与 1+X 证书《注塑模具模流分析及工艺调试》中关于高分子材料方面的知识对接，把常用塑料材料特性、加工特性、鉴别方法融入具体内容中。

　　6. 建设配套数字化资源，打破学生学习上的时间和空间，使学习更自由、更方便、更多样化。

　　7. 重视产教融合，在配方案例中引入企业真实产品配方生产案例。

　　本书第四版由常州工程职业技术学院马立波、安徽职业技术学院桑永担任主编，常州工业职业技术学院徐应林担任主审。第一章、第十一章、第十四章和第十五章由马立波编写；绪论、第二章和第三章由安徽职业技术学院郭晨忧编写；第四章和第五章由黎明职业大学汪扬涛编写；第六章、第七章和第九章由广东轻工职业技术学院叶素娟编写；第八章、第十章和附录由河源职业技术学院钟燕辉编写；第十二章由常州工程职业技术学院李秀华编写；第十三章由马立波和上海锦湖日丽塑料有限公司陈飞虎共同编写。全书由马立波、桑永统稿，数字化资源由马立波组织制作。

　　本书在修订过程中得到了广东轻工职业技术学院、徐州工业职业技术学院、常州工业职业技术学院、长江大学高职部、湖南科技职业学院、广西工业职业技术学院、江阴职业技术学院、扬州工业职业技术学院、深圳职业技术学院、四川化工职业技术学院、金华职业技术学院、安徽职业技术学院、湖南化工职业技术学院、昆明冶金高等专科学校、芜湖职业技术学院、河南轻工职业学院、黎明职业大学、江门职业技术学院、河源职业技术学院、南京科技职业学院、绵阳职业技术学院、南通职业大学、河南省工业学校、广东省机械技师学院、江苏省常州技师学院、湛江市技师学院、漳州职业技术学院、常州纺织服装职业技术学院、常州工程职业技术学院等院校同仁的大力支持，在此一并表示谢意！

　　本书的教学内容可根据区域产业分布特点进行有针对性的选取，教学进程可依托具体项目产品进行有机组合。

　　由于编者水平所限，书中不足之处在所难免，敬请广大读者批评指正。

编者

2023 年 8 月

第一版前言

　　本教材是根据教育部高职高专"高分子材料加工技术专业"规划教材会议所确定的专业培养目标编写的，适用于五年制初中和三年制高中高分子材料加工专业及相关专业。

　　本书以培养高分子材料加工专业生产第一线高级应用型人才为目标，以必需、适用、实用和适当拓宽为原则，在编写过程中注重体现以下几方面特色：

　　① 突出职业教育和高职高专定位的特点，强调学生综合素质和创新能力的培养，在内容上更加注重与实际生产的联系。

　　② 适当反映当代高分子材料科学实际应用的新成果、新知识，突出教材内容的先进性。如"纳米级填料""茂金属聚乙烯""弹性体""母料及制备技术""稀土稳定剂"等内容本书均有介绍。

　　③ 突出重点，取舍有度，在有限的篇幅内反映高分子材料加工专业必需的教学内容，做到主（应用）与次（理论）统一、深度与广度统一、先进与传统统一。

　　④ 注重优化课程体系，探索教材新结构，在章节编排上突出内容的内在联系和实际生产中的相互关联，利于知识的归纳和吸收。

　　⑤ 布局合理，编排上反映新教材体系的结构特色，使全书在结构上具有科学性、系统性和适用性。内容丰富，重点突出。

　　本书由安徽职业技术学院桑永主编，并编写了绪论、第一章至第四章和第十五章；第五章和第八章由安徽职业技术学院吴昌龙编写；第六章、第七章和第九章由南京化工职业技术学院张晓黎编写；第十章至第十四章由常州轻工职业技术学院徐应林编写；常州轻工职业技术学院王加龙担任主审。

　　本教材在编写过程中得到了江苏工业学院陶国良教授的指导，有关高职高专院校的同仁也提出了许多宝贵意见，在此一并表示谢意！

　　由于编者水平所限，加之时间较为紧迫，书中不足之处敬请读者批评指正。

编者
2004 年 7 月

　　《塑料材料与配方》教材 2005 年由化学工业出版社正式出版，2006 年获中国石油和化学工业优秀教材奖。2007 年申报普通高等教育"十一五"国家级规划教材，并获得批准。2008 年 5 月全国化工高等职业教育教学指导委员会材料加工类教学指导委员会和化学工业出版社在北京主持召开了高职高专高分子材料类专业教材改革与建设研讨会，并就高分子材料类专业"十一五"国家级规划教材的建设和修订提出了指导性意见。与会专家和兄弟院校同仁对本教材给予了充分肯定，并提出了许多宝贵意见和建议。本教材第二版就是在此基础上，结合三年多来使用本教材的高职院校的反馈意见而进行修订的。

　　本次修订的主旨是使教材更适合高职高专"高分子材料加工技术专业"的培养目标，更适合高职高专的教学特点。修订内容主要体现在以下几个方面：

　　1. 增加材料间的性能比较和鉴别，在比较和鉴别中掌握塑料材料的结构和性能。

　　2. 增强了每章后的知识能力检测，问题的提出与生产实际更为接近。

　　3. 加强塑料材料和配方有关内容的市场化信息，尝试与网络信息对接。

　　4. 进一步对教材内容进行了审视、梳理，力求内容更翔实、更合理、更精练。

　　本书第二版由安徽职业技术学院桑永主持修订。绪论、第一章至第四章和第十五章由桑永编写；第五章和第八章由安徽职业技术学院吴昌龙编写；第六章、第七章和第九章由南京化工职业技术学院张晓黎编写；第十章至第十四章由常州轻工职业技术学院徐应林编写。

　　全书共分十五章：聚氯乙烯塑料、聚烯烃塑料、苯乙烯类塑料、丙烯酸酯类塑料、聚氨酯塑料及其弹性体、通用工程塑料、特种工程塑料、常用热固性树脂及塑料、塑料材料选用、热稳定剂与增塑剂、抗氧剂与光稳定剂、填料及其表面处理技术、着色剂与色母料、其他塑料助剂、塑料配方技术。

　　本教材在编写和修订过程中得到了广东轻工职业技术学院、常州轻工职业技术学院、常州工程职业技术学院、长江大学高职部、湖南科技职业学院、南京化工职业技术学院、徐州工业职业技术学院、广西工业职业技术学院、江阴职业技术学院、扬州工业职业技术学院、深圳职业技术学院、四川化工职业技术学院、金华职业技术学院、河南轻工职业学院、安徽职业技术学院等院校同仁的大力支持，在此一并表示谢意！

　　限于编者水平所限，书中难免有不足之处，敬请读者批评指正。

编者

2009 年 3 月

第三版前言

《塑料材料与配方》是教育部高职高专规划教材，2009年被评为普通高等教育"十一五"国家级规划教材，教材使用覆盖轻化工类高分子材料加工技术、材料类高分子材料应用技术、化工技术类高聚物生产技术等专业，在几十所高职院校中得到广泛使用，受到师生们的一致好评。

遵循打造精品教材、完善提高教材内在质量、使之更好地服务于专业的原则，本次修订的重点是：

1. 对结构、段落和文字进行精简，锤炼语言的准确性、可读性、简洁性和条理性，增强教材的学习魅力。

2. 每章增加"知识窗"，使教材内容得以延伸，以激发学生学习兴趣，开阔视野。"知识窗"内容涉及塑料发展史、新材料应用等。

3. 增加插图，用实物立体图片和应用场景替代文字描述，提高学生学习兴趣，增强记忆效果。

4. 更新教材中有关时效性数据，采用最新塑料相关标准。

5. 材料和助剂向两端拓展，一端直接与树脂的牌号制品应用联系，延伸树脂助剂网络商品活动；另一端用适当的篇幅反映树脂助剂的最新应用成果。

6. 进一步与高分子材料加工和应用专业技能鉴定对接，把常用塑料材料鉴别原理、方法和步骤融入具体内容中。

本书第三版由安徽职业技术学院桑永主持修订。绪论、第一章至第四章和第十五章由桑永编写；第五章和第八章由安徽职业技术学院吴昌龙编写；第六章、第七章和第九章由南京化工职业技术学院张晓黎编写；第十章至第十四章由常州轻工职业技术学院徐应林编写。

教材在编写和修订过程中得到了广东轻工职业技术学院、常州轻工职业技术学院、常州工程职业技术学院、长江大学高职部、湖南科技职业学院、南京化工职业技术学院、徐州工业职业技术学院、广西工业职业技术学院、江阴职业技术学院、扬州工业职业技术学院、深圳职业技术学院、四川化工职业技术学院、金华职业技术学院、河南轻工职业学院、安徽职业技术学院等院校同仁的大力支持，在此一并表示谢意！

限于编者水平，书中难免有不足之处，敬请读者批评指正。

编者
2014年4月

第十章 常用热固性树脂及塑料 —————— 144

第十一章 常用塑料助剂 —————————— 163

第十二章　填料及其表面处理技术 ———————————— 210

第十三章　着色剂与母料技术 ———————————— 223

第十四章　塑料配方设计技术 ———————————— 236

第十五章　塑料配方设计案例 ————————— 251

附录 ———————————————————————— 266

参考文献 ——————————————————————— 270

二维码资源目录

绪论

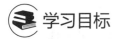 学习目标

知识目标： 掌握塑料材料及配方的有关概念，了解塑料材料的特性和发展历程，对塑料材料发展中存在的问题及前景能全面分析。

能力目标： 能对塑料的概念及分类有明确的把握，能描述各种塑料的特性以及塑料材料在生产生活中的应用与发展，能理解塑料组成与配方的概念，形成对塑料材料的概括理解。

素质目标： 培养在配方设计专业领域里追求匠人品质、发挥工匠精神、树立产业兴国理念的思想意识。

一、塑料的概念及分类

2022年10月16日，中国共产党第二十次全国代表大会在北京召开，大会报告亮点纷呈，其中多处提到能源安全、加快新能源新材料发展等。报告更是强调"推动战略性新兴产业融合集群发展，构建新一代信息技术、人工智能、生物技术、新能源、新材料、高端装备、绿色环保等一批新的增长引擎"。

微课扫一扫
配方设计绪论

材料是人类生活和生产的基础，是一个国家科学技术、经济发展和人民生活水平的重要标志，它与能源、信息并列为现代科学的三大支柱。通常将材料分为金属材料、无机非金属材料和高分子材料三大类。目前，就发展速度及应用的广泛性而言，高分子材料大大超过了传统的水泥、玻璃、陶瓷和钢铁等材料。作为高分子材料主要品种之一的塑料，自20世纪初实现工业化生产以来，产量及品种快速发展，已成为工业、农业、国防和科技等领域的重要材料，在国民经济各个领域和日常生活中发挥着巨大作用。

高分子材料作为十大新兴产业的材料，与传统材料相比，具有性能更优、附加值更高、技术难度更大等特点，细分领域包括塑料、橡胶及弹性体、纤维等合成材料，以及高性能膜材料、电子化学品、新能源和生物化工领域高性能专用料等。随着国内产业结构优化升级，半导体、电子电气、新能源、信息通信、航空航天等相关新兴领域发展势头良好，有望带动上游化工新材料需求持续增长。

塑料是"以高聚物为主要成分并在加工为成品的某阶段可流动成型的材料"，也可以认为是"以树脂为主要成分，含有添加剂、在加工过程中能流动成型的材料"。一般不包含纤维、涂料和黏结剂。塑料材料通常由两种基本材料组成：一种是基体材料——树脂；另一种是辅助材料——助剂。材料的组成及各成分之间的配比对制品性能有一定影响，作为主要成分的高聚物对制品性能起主宰作用。塑料材料的结构和成分决定了它的性质和性能。在温度和压力作用下

塑料可熔融流动，通过塑模制成一定形状，冷却或固化后保持其形状而成为制品。

　　塑料、橡胶和合成纤维统称为三大合成材料，塑料应用最为广泛。塑料的玻璃化转变温度高于室温（结晶塑料除外），室温下一般为刚性固体（少数具有柔性），力学性能范围宽且受温度影响较大；橡胶与塑料的性能差别在于其玻璃化转变温度低于室温，在室温下通常处于高弹态，呈现弹性；合成纤维具有较高的力学强度和耐热性，宏观上长径比较大。实际上，随着高分子材料及其加工技术的发展，三者之间并无明显的区别，很多常用塑料也是制造合成纤维的材料，有些塑料室温下也有一定弹性。

　　塑料品种繁多，性能各异，最常用的分类方法有以下三种。

1. 按塑料热行为分类

　　按塑料材料受热后的形态性能表现不同，可分为热塑性塑料和热固性塑料。热塑性塑料可在特定的温度范围内反复加热软化、冷却固化，在软化、熔融状态下可进行各种成型加工，熔点和软化点以下能保持一定的形状而成为制品，成型加工过程中几乎没有化学反应。因此，这类塑料成型加工方便，其制品丧失使用性能后可实现循环再生利用：

$$塑料固体 \underset{冷却}{\overset{加热}{\rightleftharpoons}} 软化、熔融流动$$

　　热塑性塑料占塑料总产量的 70% 以上，如常用的聚乙烯、聚丙烯、聚氯乙烯、聚苯乙烯、聚酰胺等。

　　热固性塑料是在特定温度下将单体或预聚体加热使之流动，当达到一定温度时分子间产生交联反应成为网状或三维体形结构，这一过程称为固化，一旦固化形成交联就不能再恢复到可塑状态：

$$塑料配料 \overset{加热}{\longrightarrow} 熔融流动、固化$$

因此，对热固性塑料而言，聚合过程和成型过程是同时进行的，所得到的制品是不溶不熔的，难以再生利用。常用的热固性塑料有酚醛塑料、不饱和聚酯塑料、氨基塑料等。

2. 按塑料的基体树脂分类

　　按组成塑料的基体树脂不同可分为聚烯烃塑料、苯乙烯类塑料、聚酰胺塑料、氟塑料等。每一类塑料品种中基体树脂的组成和结构相似，性能相近，如由乙烯、丙烯、丁烯等简单结构的 α- 烯烃聚合而得到的热塑性树脂简称为聚烯烃，以聚烯烃树脂为基材的塑料称为聚烯烃塑料，主要品种有聚乙烯塑料和聚丙烯塑料。聚烯烃塑料具有相对密度低、介电常数和介电损耗值小、绝缘性能优异、易于成型加工等特点。

3. 根据塑料的用途分类

　　根据塑料的使用范围与用途，可分为通用塑料、工程塑料、功能塑料。

　　（1）通用塑料　通用塑料的产量大、价格较低、性能一般，主要用作非结构材料，如聚乙烯、聚丙烯、聚氯乙烯、聚苯乙烯等。

　　（2）工程塑料　工程塑料较通用塑料的产量低、价格高，其主要品种有聚酰胺、聚甲醛、聚碳酸酯、聚砜等。工程塑料可作为构件材料使用，能经受较宽的温度变化范围和较苛刻的环境条件，具有优异的力学性能、耐热性能、耐磨性能和良好的尺寸稳定性。由于工程塑料的综合性能优异，其使用价值超过通用塑料，20 世纪 60 年代后，随着航天、航空等高科技领域的快速发展，相继出现了高耐热、高强度的工程塑料品种，通常把它们称为特种工程塑料，如氟塑料、聚酰亚胺、聚砜、聚苯硫醚等。但实际上随着科学技术的迅速发展，工程塑料与通用塑料之间的界限已变得越来越模糊。某些通用塑料（如聚丙烯等）经改性后也可作为结构材料使用，而分子量达 100 万～300 万的超高分子量聚乙烯本身就具有特种工程塑料的性能。

（3）功能塑料 功能塑料是一类具有特定的功能作用，可满足某些特殊性能要求的塑料品种，如液晶聚合物、有机硅塑料、导电塑料、医用高分子材料、可环境降解塑料等。功能塑料是高分子新材料的重要组成部分，在国防、医疗、电子、农业、包装等诸多方面作为高性能材料使用。

二、塑料的特性

塑料材料品种繁多，性能差别较大。有的以高强度著称，有的以耐腐蚀性领先，有的电气绝缘性能优异，有的极易成型加工等。尽管塑料材料性能多种多样，但与其他材料相比，仍具有共同特性，可归纳为如下几个主要方面。

（1）质轻 塑料的密度在 0.9～2.3g/cm³ 之间，各种泡沫塑料的密度在 0.01～0.05g/cm³ 之间。在用于要求减轻自重的用途中，塑料材料有着特殊重要的意义。如航天、航空、交通运输工业大量采用塑料材料就是为了减轻自重，尤其是结构泡沫塑料和纤维增强塑料的开发利用，使塑料材料在这些领域得到了前所未有的发展。

（2）电气绝缘性好 塑料的相对介电常数一般在 2 左右，体积电阻率高达 10^{10}～$10^{20}\Omega \cdot cm$，介电损耗低到 10^{-10}。塑料不仅在低频、低压条件下具有良好的电气绝缘性，而且在高频、高压条件下许多塑料也能作为电气绝缘材料和电容器介质材料使用。

（3）力学强度范围宽 由于塑料品种繁多并可进行各种改性，力学性能范围宽，从柔顺到坚韧、从刚到脆，因而具有广泛的应用领域。

大多数塑料摩擦系数很小，有些塑料还具有优良的减摩、耐磨和自润滑特性，其耐磨性为许多金属材料所不及。例如，各种氟塑料以及用氟塑料增强的聚甲醛、聚酰胺塑料就是优异的耐磨材料。

（4）优异的耐化学腐蚀性 一般塑料都有较好的化学稳定性，对酸、碱、盐溶液、蒸汽、水、有机溶剂的稳定性超过了许多金属及其合金材料，被广泛地用作防腐材料。号称"塑料王"的聚四氟乙烯甚至能耐"王水"等极强的腐蚀性介质的腐蚀。

（5）隔热性能好 塑料的热导率小，是金属的百分之几甚至千分之几，是热的不良导体或绝热体，如泡沫塑料的热导率与静止的空气相当。因此，塑料常被用作绝热保温材料，广泛应用于冷藏、建筑、节能装置和其他工程。

（6）成型加工性能优良 塑料材料具有一些特有的成型加工性能，如良好的模塑性、挤压性、延展性等，可用多种多样的成型加工技术生产出品种繁多的各类制品。例如，用塑料制造工业零部件在多数情况下可不必经过铸造和车、铣、磨、刨等工序而实现一次成型，成型一个形状十分复杂的电视机外壳等也仅需几十秒钟。

塑料材料这些优良而多样的性能，使它在工农业生产、日常生活、国防以及科技领域中获得相当广泛的应用。塑料也有许多缺点，如耐热性较差，刚度和硬度不如金属，易变形，耐老化性较差，制品在使用过程中易产生蠕变、疲劳等现象。随着合成和塑料改性技术的发展，所有这些缺点正在得到改善。

三、塑料的组成与配方

1. 塑料的组成

除上述分类方法外，还可以根据组成的不同将塑料分为单组分塑料和多组分塑料，实际上大多数塑料品种是一个多组分体系，它由塑料的基体材料树脂和塑料助剂两部分组成。树脂是塑料的主要成分，含量一般为40%～100%，作为塑料材料的主体它决定了塑料的基本性质和性能，例如结晶性或非晶性、热塑性或热固性、耐热性等。热塑性塑料中助剂所占比例较小，热固性塑料中助剂所占比例较大。在助剂用量较多的体系中聚合物起黏结作用，使各种辅助材料构成一个整体。

塑料助剂也称添加剂，简称助剂，是为改善产品性能而添加到原料树脂中的化学药品。塑料中加入助剂的主要目的是：改善材料的成型加工性能和制品的使用性能，延长制品使用寿命或降低成本。塑料助剂品种繁多，而且随着塑料工业的发展，新型助剂不断涌现，目前已有十几大类、数百个品种，常用的有以下几类。

（1）热稳定剂与增塑剂　这两类助剂主要用于聚氯乙烯及其共聚物。由于它们的分子链结构不稳定导致其对热敏感，在成型加工和使用过程中易降解，热稳定剂就是针对这一特性而开发的；增塑剂是一类添加到聚合物中能使聚合物塑性增加的物质，分布在树脂大分子链之间，削弱大分子间作用力，使聚合物黏度降低，柔韧性增加。

（2）抗氧剂与光稳定剂　塑料在光、热、氧、射线等因素作用下，会发生降解、变色，力学性能随之逐渐变差，最后丧失使用价值，这就是塑料的老化现象。抑制或减缓这种破坏作用的物质称为稳定剂，主要有抗氧剂和光稳定剂。抗氧剂是稳定化助剂的主体，应用最为广泛，它的作用是消除老化反应中生成的过氧化自由基，从而终止氧化的链式反应，防止塑料的氧化降解。

可抑制塑料光老化过程的物质称为光稳定剂，其作用是延长塑料的户外使用寿命，一般在需要时才加入。

（3）填料　填料包括填充剂和增强材料两类。在塑料中加入填充剂可提高塑料的刚性、硬度和耐热性，降低蠕变和成型收缩率，并且起到降低成本的作用。增强材料能够显著提高塑料制品的力学性能、耐热性和尺寸稳定性，其品种大部分是纤维状物质。

（4）着色剂　着色剂是一类能使塑料着色并赋予塑料色彩的物质，着色后塑料制品不但美观、便于识别，而且也提高了塑料的商品价值。

（5）其他塑料助剂　润滑剂是一类能够减少塑料熔体内部及熔体与加工设备之间的摩擦，改善塑料在成型加工时的流动性和脱模性的物质；阻燃剂是为了克服塑料易燃性、扩大其应用范围而开发的助剂；抗静电剂在本质上通常都是表面活性剂，可以在塑料外部涂覆或内部添加，从而保证塑料制品在生产和使用方面的安全。

除上述种类外还有一些用于特殊目的的助剂，如发泡剂、成核剂、相容剂、防雾剂、驱避剂、交联剂以及用于生产降解塑料的光降解剂和生物降解剂，用于生产抗菌塑料的抗菌剂等新型助剂。

2. 塑料配方

塑料配方是指为满足制品成型加工和使用性能的要求，合理选用树脂和助剂并科学确定其配比后所形成的复合体系。通过合理配方不但能使制品原有性能得到某种程度的改善，而且功能性助剂还可赋予塑料材料制品崭新的性能。由此可见，在塑料成型加工中塑料配方是十分重要的。

要得到好的塑料配方首先要了解和掌握塑料材料的性能，了解每种树脂和助剂的长处和短处，发挥各种助剂的最大功效，使树脂与助剂之间、助剂与助剂之间产生协同效应。也就是优选树脂，优选助剂，优化其用量及配比。这是塑料配方的核心问题，只有这样才能满足制品成型加工和使用性能的要求，生产出高质量的塑料制品。

四、塑料材料的应用与发展

1. 塑料材料的应用

塑料材料作为传统材料的代用品，在 20 世纪初开始被大量生产和应用，进入 50 年代以后塑料工业在原料、生产、加工、研究等方面都进入新的发展阶段，其应用领域也迅速扩大，在国民经济中与钢铁、木材、水泥一起并称为四大基础材料，被认为是推动社会生产力发展的新型材料。

电气工业是最早使用塑料材料的领域之一，随着时代的发展，进而扩展到电子、家电和通信领域。塑料在电气电子工业主要用作绝缘、屏蔽、导电、导磁等材料；在通信领域，塑料材料不仅广泛用于各类终端设备，而且作为生产光纤、光盘等高性能材料使用。中国是家用电器生产大国，全行业对塑料材料需求量较大。塑料材料质轻、绝缘、耐腐蚀、表面质量高和易于成型加工的特点正是制造空调、电视、洗衣机、电冰箱等家用电器所必需的。

农业是中国的基础产业，近年来实施的地膜覆盖、温室大棚以及节水灌溉等新技术，使农业对塑料材料的需求量越来越大。使用地膜覆盖可保温、保湿、保肥、保墒，并可除草防虫，促进植物生长，提前收割，从而提高农作物产量；也正因为使用了温室大膜和遮阳网才使得蔬菜和鲜花四季生长；塑料管材质轻、耐蚀、不结垢，易于运输、安装和使用，在现代农业灌溉中被广泛使用；此外，绳索、农机具、渔网、鱼筐等也使用塑料材料，经久耐用又容易清洗。

塑料材料在建筑工程上的应用发展迅速，制品主要有给排水管道、导线管、塑料门窗、家具、洁具和装潢材料及防水材料。尤其是 20 世纪 70 年代以后低发泡塑料等结构材料大量取代木材，使塑料在建筑材料中用作结构件增长很快。目前国外塑料材料在建筑领域中用量约占其总产量的 20%，而我国在 10% 左右，具有较大的发展潜力。

在包装行业塑料材料是后起之秀，消耗量占塑料总产量的 30% 左右，居首位。塑料薄膜用于包装早已融入日常生活之中，食品、针织品、服装、医药、杂品等轻包装绝大多数都用塑料薄膜包装；化肥、水泥、粮食、食盐、合成树脂等重包装由塑料编织袋取代了过去的麻袋和牛皮纸袋包装；塑料容器作为包装制品既耐腐蚀，又比玻璃容器轻、不易破碎，给运输带来许多方便，因而在饮料、化工等行业得到广泛使用。

目前，汽车工业发展迅速，每辆汽车平均使用 100kg 以上的塑料材料，并呈逐年上升趋势。塑料在汽车行业的应用具有节能、提高配件功能、简化制造工序和工艺三大优势。节能因为塑料质轻，如聚丙烯材料密度不足 $1g/cm^3$；提高配件功能因为塑料材料品种和性能的多样化，如高分子量高密度聚乙烯制成的燃油箱各项性能均优于金属燃油箱；简化制造工序和工艺因为塑料材料固有的易于成型加工的特性。因而，"汽车塑料化"也并非天方夜谭。

在国防、航空、航天高科技领域塑料材料也具有重要地位。例如，兵器的轻量化已在战车、枪炮、弹药等方面取得重大进展；复合材料——纤维增强塑料代替铝合金制造飞机可大大减轻重量，节省燃料；人造卫星和宇宙飞船中，塑料材料占其总体积的一半，作为减重、抗烧蚀材料的地位是其他材料不可替代的。

在医学工程领域，聚甲基丙烯酸甲酯在 20 世纪 30 年代就成为牙托、义齿、牙体修复、人工颌骨的主要材料。20 世纪 50 年代以后，开始用塑料制造人体内的人工脏器，如人工气管、人工血管、人工食道、人工心脏瓣膜及体外使用的人工肾脏、人工心脏等。由于长期与生物肌体、血液、体液等接触，这类材料必须具有优良的生物替代性和生物相容性。此外，塑料材料还多用于制造医疗器械，如一次性使用的注射器、输液袋、手术器械等。

除上述应用外，塑料材料在化工、机械及日常生活等方面都有广泛用途，科学家认为"人类已进入高分子合成材料时代"。

2. 塑料材料的发展

由塑料材料的应用可以看出，人类社会对塑料材料的需求是塑料材料生产和发展的推动力。从 1909 年第一个合成树脂——酚醛树脂工业化生产以来，树脂品种已达数千种，其中作为塑料材料使用的有 300 多种，常用的有 50 多种。表 0-1 给出了一些常用塑料品种实现工业化生产的年份。

表 0-1 常用塑料品种实现工业化生产的年份

工业化生产年份	塑料品种	英文缩写代号	类别
1909	酚醛树脂	PF	热固性、通用塑料
1926	脲醛树脂	UF	热固性、通用塑料
1930	聚苯乙烯	PS	热塑性、通用塑料
1931	聚氯乙烯	PVC	热塑性、通用塑料
1933	聚甲基丙烯酸甲酯	PMMA	热塑性、通用塑料
1939	低密度聚乙烯	LDPE	热塑性、通用塑料
1939	聚酰胺	PA	热塑性、通用工程塑料
1946	不饱和聚酯	UP	热固性塑料
1949	聚四氟乙烯	PTFE	热塑性、特种工程塑料
1953	聚对苯二甲酸乙二醇酯	PET	热塑性、通用工程塑料
1954	丙烯腈 / 丁二烯 / 苯乙烯共聚物	ABS	热塑性塑料
1954	高密度聚乙烯	HDPE	热塑性、通用塑料
1957	聚丙烯	PP	热塑性、通用塑料
1958	聚碳酸酯	PC	热塑性、通用工程塑料
1965	聚砜	PSU	热塑性、特种工程塑料
1980	聚醚醚酮	PEEK	热塑性、特种工程塑料

从世界范围看，20 世纪 50 年代是塑料工业发展的重要转折时期，尤其是 1954 年定向聚合技术在生产实践中得到应用，创造性地合成出高密度聚乙烯和聚丙烯材料，从而带动了一大批具有优质性能的热塑性塑料问世。石油工业的崛起、合成技术水平的提高、大量新型塑料助剂的问世以及塑料改性技术的应用又不断地推动塑料材料在品种、质量、成本和使用方面向前发展，与塑料成型设备、模具、工艺一起形成了完整的工业化系统，使塑料工业在世界经济中有了举足轻重的地位。从表 0-2 可看出世界塑料产量增长概况。

表 0-2 世界塑料产量增长概况

年份	1935	1950	1960	1970	1980	1990	2000	2007	2010	2020
产量 / 万吨	20	150	620	3000	5000	9990	16000	24500	27000	40000

中国塑料工业 20 世纪 50 年代才刚刚起步，1958 年全国塑料制品年产量 2.4 万吨，1977 年为 76.8 万吨。改革开放以来，中国塑料工业发展迅猛，1997 年塑料制品产量达 1530 万吨，2007 年达 4588 万吨，产量居世界第二位，2012 年塑料制品产量达 5781 万吨，发展速度远远超过世界平均水平，现已成为世界上最大的塑料制品生产和消费国。2000 年我国人均消耗塑料量

约为 15kg，尚未达到世界人均 27.8kg 的平均水平，2010 年人均消耗塑料量约为 46kg，略高于世界人均 40kg 的消费水平，但与美、英、德等一些发达国家人均超过 100kg 的水平相比仍有较大差距。由此可见，我国塑料工业发展具有较大空间，潜力巨大。

据国家统计局统计，2021 年 12 月，中国塑料制品产量 795.2 万吨，同比增长 2.4%；2021 年 1～12 月，塑料制品总产量 8004 万吨，同比增长 5.27%。国内塑料制品产品门类众多，其他塑料是最大的产品类别。从细分市场来看，2021 年我国塑料薄膜产量 1608.71 万吨，占比 20.1%；日用塑料产量 701.53 万吨，占比 8.76%；人造合成革产量 320.16 万吨，占比 4%；泡沫塑料产量 260.09 万吨，占比 3.25%；其他塑料产量 5113.49 万吨，占比 63.89%。

20 世纪 80 年代之后，开发新树脂的速度明显放慢，塑料材料的研发主要集中在对现有品种的改性技术上，改性技术已成为开发获得塑料新品种的重要手段。共聚材料、复合材料、共混改性、反应挤出、填充增强、助剂的纳米化和微胶囊化、母料化等新技术催生了一批高强度塑料和功能塑料，如碳纤维增强塑料、抗菌塑料、纳米塑料、可降解塑料、导电塑料等。改性技术已使原有塑料品种的性能随使用要求而改变，因而有些塑料品种的牌号可达数百种，极大地丰富了塑料材料的内容，扩大了其应用范围。聚乙烯、聚丙烯、聚酰胺等材料都是改性较活跃的塑料品种。

与其他工业的发展一样，塑料工业在发展过程中也会遇到各种各样的问题。目前，塑料工业面临的问题主要有两方面：一是合成高分子的资源问题。现在合成高分子化合物是以石油资源为基础的，现代社会所依赖的石油资源正日益短缺，并且作为不可再生的自然资源，石油总有枯竭的时候。进入 21 世纪后，寻找合成高分子化合物的新资源就成了科学家关注的问题。由于天然高分子的存在，人们首先想到了植物资源，如天然橡胶、纤维素、淀粉、木质素等，可能成为潜在的合成高分子的单体资源，也可采用基因工程的方法促使植物产生更多的可直接使用的天然高分子，这些由植物获得的高分子还具有环境友好的特征。此外，硅橡胶的使用说明无机高分子的开发具有较大潜力，加强无机高分子的研究将给高分子化合物开辟另一重要资源。二是塑料材料的广泛使用所造成的环境问题。尤其是大量使用塑料包装材料和农地膜所引起的"白色污染"已经影响到人类的日常生活质量。因而，如何解决塑料对环境的不良影响是今后塑料材料能否得到长足发展的关键问题之一。就目前而言，解决这一问题的途径主要有几个方面：再生利用、焚烧、裂解和降解回归，并建立起循环利用和降解回归的平衡体系。

总之，塑料材料不仅丰富了材料家族的品种，使人们的生活更加方便、多彩，给众多的工业产品带来了新面貌，而且在科技尖端领域已占有一席之地。就像发明了塑料一样，人类同样可以找到解决塑料材料所存在问题的最佳途径，使它在人类生活中发挥越来越重要的作用。

五、学习本课程的目的及要求

工业要发展，材料应先行。学习和掌握塑料材料有关知识是成为一名塑料工业工程技术人员的基础，也是学好专业课程的基础。塑料成型工艺、设备和模具无不涉及塑料材料问题。成型工艺涉及材料的物理性能、热性能、流变性能等；成型设备涉及材料的宏观状态及微观上的结晶、传热、流变性能；成型模具涉及材料的内应力状态、收缩大小、黏度高低等因素。

塑料制品的生产需经过选材、配方、物料配制、成型加工等几个过程。要得到高质量的塑料制品，首先要根据制品的使用性能正确、合理地选择材料，科学进行配方。要做到这一点就必须充分了解塑料原料和助剂的结构及性能，掌握塑料配方方法、原理和物料配制技术。

学习本课程应掌握以下知识：

① 对常用塑料要了解合成方法及其对结构、性能的影响，掌握结构和性能特点、成型加工的方法和制品的应用；

② 根据塑料制品的性能要求选择和使用塑料原料；

③ 对塑料助剂要了解其结构及作用机理，掌握性能特点与选用原则及应用范围；

④ 掌握塑料配方原理和方法，根据制品的用途较为合理地设计常用塑料制品的配方体系；

⑤ 了解塑料配制的基本方法、工艺过程和要求。

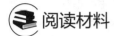 阅读材料

推动绿色发展，促进人与自然和谐共生

党的二十大报告指出：大自然是人类赖以生存发展的基本条件。尊重自然、顺应自然、保护自然，是全面建设社会主义现代化国家的内在要求。必须牢固树立和践行绿水青山就是金山银山的理念，站在人与自然和谐共生的高度谋划发展。

我们要推进美丽中国建设，坚持山水林田湖草沙一体化保护和系统治理，统筹产业结构调整、污染治理、生态保护、应对气候变化，协同推进降碳、减污、扩绿、增长，推进生态优先、节约集约、绿色低碳发展。

一是加快发展方式绿色转型。推动经济社会发展绿色化、低碳化是实现高质量发展的关键环节。加快推动产业结构、能源结构、交通运输结构等调整优化。实施全面节约战略，推进各类资源节约集约利用，加快构建废弃物循环利用体系。完善支持绿色发展的财税、金融、投资、价格政策和标准体系，发展绿色低碳产业，健全资源环境要素市场化配置体系，加快节能降碳先进技术研发和推广应用，倡导绿色消费，推动形成绿色低碳的生产方式和生活方式。

二是深入推进环境污染防治。坚持精准治污、科学治污、依法治污，持续深入打好蓝天、碧水、净土保卫战。加强污染物协同控制，基本消除重污染天气。统筹水资源、水环境、水生态治理，推动重要江河湖库生态保护治理，基本消除城市黑臭水体。加强土壤污染源头防控，开展新污染物治理。提升环境基础设施建设水平，推进城乡人居环境整治。全面实行排污许可制，健全现代环境治理体系。严密防控环境风险。深入推进中央生态环境保护督察。

三是提升生态系统多样性、稳定性、持续性。以国家重点生态功能区、生态保护红线、自然保护地等为重点，加快实施重要生态系统保护和修复重大工程。推进以国家公园为主体的自然保护地体系建设。实施生物多样性保护重大工程。科学开展大规模国土绿化行动。深化集体林权制度改革。推行草原森林河流湖泊湿地休养生息，实施好长江十年禁渔，健全耕地休耕轮作制度。建立生态产品价值实现机制，完善生态保护补偿制度。加强生物安全管理，防治外来物种侵害。

四是积极稳妥推进碳达峰碳中和。实现碳达峰碳中和是一场广泛而深刻的经济社会系统性变革。立足我国能源资源禀赋，坚持先立后破，有计划分步骤实施碳达峰行动。完善能源消耗总量和强度调控，重点控制化石能源消费，逐步转向碳排放总量和强度"双控"制度。推动能源清洁低碳高效利用，推进工业、建筑、交通等领域清洁低碳转型。深入推进能源革命，加强煤炭清洁高效利用，加大油气资源勘探开发和增储上产力度，加快规划建设新型能源体系，统筹水电开发和生态保护，积极安全有序发展核电，加强能源产供储销体系建设，确保能源安全。完善碳排放统计核算制度，健全碳排放权市场交易制度。提升生态系统碳汇能力。积极参与应对气候变化全球治理。

知识能力检测

1. 请用通俗的语言给塑料定义。

2. 塑料品种繁多，通常的分类方法有哪两种？代表品种有哪些？

3. 热塑性塑料和热固性塑料有何本质的区别？

4. 与其他材料相比塑料有何优点和缺点？试举出生活中利用这些特点制成的塑料制品。

5. 简要说明塑料、橡胶和纤维的不同点。

6. 谈谈塑料材料发展过程中遇到的问题和解决方案。

7. 结合网络和图书期刊资料认识塑料工业的发展过程。

第一章
塑料配方设计基础

学习目标

知识目标：理解配方设计的意义、配方设计过程中遵循的基本原则、配方设计的基本程序，掌握塑料配方常见的计量表示方法（质量份数法、质量分数法、生产配方）、配方的成本核算、单变量配方设计法，了解多变量配方设计法。

能力目标：能描述配方设计基本程序，能规范书写塑料配方质量份数法、质量分数法和生产配方三种表示法，能将三种塑料配方表示法进行相互换算，能进行配方成本核算，能进行单变量配方设计。

素质目标：培养夯实配方基础知识的思想意识、树立塑料制品成本控制意识。

第一节　塑料配方设计

一、塑料配方设计的意义

塑料材料是由合成树脂和助剂构成，配方的意义就在于合理选择树脂和助剂，优化并确定助剂的用量，使获得的塑料材料具有较高的性能价格比，既能满足制品的使用要求和经济要求，又能满足成型加工的需要。

通过前面的学习可知，虽然已实现工业化生产的合成树脂有几百种，常用的有几十种，但没有一个是十全十美的。对于特定的用途而言，有些性能优良，但成本较高；有些经济适用，但性能不佳；还有些性能和成本均能满足要求，但又难以成型加工。因此，需要通过塑料配方设计进行改性，使之在各方面均能满足应用与加工的要求。此外，开发一个新的合成树脂品种，通常需要几年甚至更长时间，而通过将合成树脂与助剂进行合理配比，在较短时间里即可得到所需要的塑料材料。由此可见，塑料配方技术已成为塑料工业获得新材料的主要手段。

具体地说，塑料配方的意义有以下几个方面。

（1）改善成型加工性能　合理选择增塑剂、润滑剂和加工改性剂可改善物料在成型加工中的流动性，防止熔体与加工机械表面的粘连。在常用塑料中，PVC是典型的必须进行加工改性的树脂。对于一般树脂若进行适当的加工配方设计，也可提高制品的表面光泽度，起到节能增效的作用。

（2）改善制品的使用性能　制品使用环境千差万别，从而对制品的性能提出了多种多样的要求，通常单一品种的树脂性能很难满足，必须对某些性能进行改进。如 PP 材料极易热氧老化，无论是通常购得的 PP 树脂还是各类 PP 制品都是经过稳定化配方设计的产物，尤其是对耐光老化要求较高的制品，必须进行针对性的光老化配方设计；再如，PA 是一类耐磨性能十分优异的材料，但对于耐磨性能要求更高的场合，则需加入二硫化钼、石墨和 PTFE 粉末来提高其耐磨性。

目前，通过增强、交联、偶联、共混等手段来提高和改善塑料材料的力学性能已十分普遍。

（3）赋予制品新的性能　配方设计在很大程度上可以弥补塑料本身的不足，赋予制品新的性能。从简单的着色到赋予其珠光宝气，从一般抗静电到导电材料，从易燃到自熄抑烟，从"白色污染"到生物降解等，可以说塑料配方设计在功能化方面起着重要作用。

（4）降低成本　随着中国市场经济的发展，单一追求高性能、高质量的情况已不复存在，合理的性能价格比是企业追求的目标。从塑料配方设计方面来说，主要是降低制品原材料成本，其途径大致有三个方面：一是选择成本较低的助剂，二是减轻制品重量，三是对相对价格较低的塑料材料进行改性以替代价格较高的塑料品种及功能塑料。常用的填充、发泡、增强、功能化配方即属于此类。

二、塑料配方设计的原则

1. 满足制品的使用性能要求

（1）充分了解制品的用途　只有充分了解制品的用途，才能合理选择树脂和助剂，科学地制订出塑料配方。充分了解制品的用途主要包括：①力学性能要求，包括力学强度高低、外力作用形式和时间；②制品使用环境，包括地域环境、温度环境、化学环境等；③特殊场合，如煤矿、纺织、航天航空、医疗等；④卫生性，主要指制品用于食品及医疗方面。

（2）合理确定材料和制品的性能指标　配方的好坏体现在所得材料和制品的性能指标上，因而在确定各项性能指标时要充分利用现有的国家和国际标准，使之尽可能实现标准化。性能指标也可根据供需双方的要求协商制订。

在制订性能指标时，务必要对各项指标的含义及使用条件有深刻的理解，并考虑配方所要适应的环境因素，防止不切实际的性能指标出现。

（3）关注消费者的需求　对日用品要关注现阶段消费者的具体要求，使产品具有鲜明的时代特征。

2. 保证制品顺利成型加工

要求配方能适应产品成型加工工艺及设备和模具的特点，使物料在塑化、剪切中不产生或少产生挥发和分解现象。因此，在配方中对成型加工性能有较大影响的组分，如稳定剂、润滑剂、填充剂、加工改性剂、抗静电剂等，要在用量和品种上合理选用，以使配方满足成型加工的要求。

3. 充分考虑助剂与树脂及多种助剂之间的相互联系与作用

（1）助剂与树脂的相容性　助剂与树脂具有良好的相容性才能长期稳定地存留在制品中，发挥其应有的效能。一般各种助剂与特定树脂之间都有一定的相容性范围，超出这个范围助剂会析出，形成所谓的"喷霜"或"出汗"现象。

（2）助剂对制品性能的影响　在很多场合下，助剂在正常发挥作用时，会产生某些副作用，如：大量使用填料时会造成黏度增大，成型加工困难，力学性能下降；液态助剂的加入会引起材料耐热性能降低等。在配方设计中，要视这种副作用对制品性能的影响程度加以注意。

（3）充分发挥助剂间的协同效应　协同效应是指两种或两种以上助剂适当配合使用相互间增效的作用，这种作用在稳定化配方、阻燃配方中尤其重要。与此同时，要防止在配方中出现对抗效应。

除此之外，还应注意有些助剂具有双重或多重作用，如炭黑不仅是着色剂，同时还兼有光屏蔽和抗氧化作用；增塑剂不但使制品柔化，而且能降低加工温度，提高熔体流动性，某些还具有阻燃作用；有些金属皂稳定剂本身就是润滑剂等。对于这些助剂，在配方中应综合考虑，调配用量或简化配方。

4. 合理的性价比

配方设计者往往追求产品的性能完美，而企业则更注重产品的经济效益，因而，时常造成有些配方由于成本过高而不能投入实际生产。一般，在不影响主要性能或对主要性能影响不大的情况下，应尽量降低配方成本，以保证制品的经济合理性。

三、塑料配方设计的程序

根据塑料配方设计原则，设计一款产品的配方过程主要包含以下五个关键步骤。

第一步：明确产品性能需求。通常需要对产品的力学性能、热性能、光学性能、阻燃性能、电性能、阻隔性能、使用环境以及成型工艺、成本要求等方面进行综合分析，明确产品的主要性能需求。

第二步：确定主材。根据第一步的分析确定配方的基体树脂大类品种，再分析是否需要共混其他基体树脂品种。

第三步：确定初始配方。在基体树脂基本确定的前提下，根据基体树脂特性和产品性能要求选取相应的助剂，并确定合理用量形成初始配方。

第四步：确定配方生产工艺流程。根据确定的配方体系，选择合理的原料混配添加顺序、选择合适的混合设备、确定合理的加工工艺。

第五步：配方的评价与改进。将初始配方进行试样或成品制备，对其进行相应的性能测试，根据测试结果对配方进行调整，再次制样进行性能评价，直到达到预期性能要求，获取产品的最终配方，并形成相应的配方、工艺技术文件。

第二节　塑料配方设计方法

一、塑料配方的计量表示

塑料配方就是一份表示塑料原材料和各种助剂用量的配比表，正确地将各组分的用量表示出来很重要，一个精确、清晰的塑料配方计量表示，会给实验和生产中的配料、混合带来极大的方便，并可大大减少因计量差错造成的损失，常见的塑料配方表示方法有以下几种。

（1）质量份表示法　以树脂的质量为100份，其他组分的质量份均表示相对树脂质量份的用量。这是最常用的塑料配方表示方法，常称为基本配方，主要用于配方设计和试验阶段。

（2）质量分数法　以物料总量为100%，树脂和各组分用量均以占总量的百分数来表示。这种配方表示法可直接由基本配方导出。

（3）生产配方　直接以生产中所用的原料实际重量来表示，便于实际生产实施，一般根据混合塑化设备的生产能力和基本配方的总量来确定。

除上述塑料配方表示方法外，还有体积法和比例法等，可根据配方中各组分的种类和状态灵活运用。常用的表示方法如表 1-1 所示。

表 1-1　塑料配方的计量表示

原材料	质量份表示法	质量分数法 /%	生产配方 /kg
PVC[①] SG-5	100	84.89	50
硬脂酸锌 (ZnSt)	2.5	2.12	1.25
硬脂酸钙 (CaSt)	2.5	2.12	1.25
硬脂酸单甘油酯	0.4	0.34	0.2
硬脂酸	0.4	0.34	0.2
CPE	6	5.09	3
CaCO$_3$(轻质)	6	5.09	3
合计	117.8	100	58.9

① 此为 PVC 异型材配方。

二、塑料配方的成本核算

在配方设计过程中，配方材料的成本把控也是非常关键的一个考虑要素，因此有必要清楚如何来对塑料配方进行成本核算，此处所说的配方成本仅指配方的原材料成本。通过比较发现，塑料配方常见的三种表示法中，质量分数表示法能够相对准确地计算出塑料配方单位重量的成本。

具体计算过程为，首先根据塑料配方中每种原料的市场价格（元 /kg 或元 /t）乘以每种原料的百分含量（%）计算出每种组分在配方中所占成本，然后再将所有组分的成本进行相加就可以得到该配方的原料成本（元 /kg 或元 /t）。计算过程中注意每种原料的单位重量价格计算标准要统一，例如统一为元 /kg 或元 /t。

三、单变量配方设计

塑料配方设计是选择树脂和助剂并优化确定其用量的过程，要完成这一过程需要掌握丰富的塑料原材料及助剂的相关知识，并遵循树脂和助剂的选用原则。

微课扫一扫
单变量、多变量配方设计

单变量配方是指只有一种助剂的用量对制品性能会产生影响的配方。在对原有配方改进或设计较为成熟的产品配方中常会出现这种情况，需考虑的问题是在一定的用量范围内，确定一个最佳用量。转换为数学问题，就是假定函数 $f(x)$ 是塑料制品性能指标，它是助剂用量范围 (a, b) 内的单调函数，存在一个极值点，这个极值点就是所要求的性能指标最佳点，对应的助剂用量即为最佳配方用量取值。单变量配方设计方法较多，下面介绍常用的黄金分割法和爬山法。

（1）黄金分割法　设有线段长为 L，将它分割成两部分，长的一段为 x，如果分割的比例满足以下关系：

$$\frac{L}{x} = \frac{x}{L-x} = \frac{1}{\lambda}$$

则称这种分割为黄金分割。其中 λ 为比例系数。由上式可解得：

$$\lambda = 0.6180339887\cdots$$

$$x \approx 0.618L$$

因而黄金分割点在线段 $0.618L$ 处。

应用该法可大大减少配方实验次数，快速找到最佳配方。具体做法是：先在配方实验范围（a，b）的 0.618 点作第一次试验，再在其对称点（a，b）的 0.382 处做第二次试验，比较两点试验结果，去掉"坏点"以外的部分。对剩余部分照上述做法继续进行试验、比较和取舍，由此，可逐步缩小试验范围，用较少的试验配方，快速找出最佳用量范围。

此法的每一步试验配方都要根据上一次配方试验的结果决定，各项试验的原料及条件都要严格控制，若出现差错，则无法确定取舍方向。

（2）爬山法 爬山法也称逐步提高法，对企业小范围内的改变配方较为适用。具体做法如下。

先根据配方者的知识和经验估计起点或采用原配方的用量作为起点，在起点向助剂增加和减小的两个方向做试验，根据试验结果的好坏，向好的方向逐渐减小或增加助剂用量，直到再增减时，指标反而降低时止。指标最大值所对应的助剂用量即为配方的最佳用量。

应用爬山法要注意起点的选择是否恰当，选择得好可减少试验次数；每次步长大小（即每次增加或减少的量）也对试验有影响，可考虑先取步长大一些，快接近最佳点时再改为小步。

四、多变量配方设计

在实际配方设计中，影响材料和制品的因素较多，常常需要同时考虑几个因素，这就需要进行多变量配方设计。多变量试验设计方法较多，目前常用于塑料配方设计的是正交设计法。

正交设计法是一种应用数理统计原理科学地安排与分析多因素变量的实验方法。优点是在众多实验中存在较多变量因素时可大幅度减少试验次数，并可在众多实验中优选出具有代表性的试验，由此得到最佳配方。有时，最佳配方并不在优选试验中，但可以通过实验结果处理推算出最佳配方。下面简单介绍正交设计的一般实施方法。

（1）根据制品用途制定配方性能指标体系 性能指标体系是指配方所得到的材料和制品最终的性能指标，是检验确定配方是否满足设计要求的依据，也是多变量配方设计最终选择最佳配方的依据。指标体系应由配方设计人员根据制品用途和有关标准认真制定。

（2）选择合适的正交表 正交设计的核心是正交设计表，一个典型的正交表可由下式表达：

$$L_M(b^K)$$

式中　L——正交表的符号，表示正交；

　　　K——影响试验性能指标的因素，称为因子，即变量的数目；

　　　b——每个因子所取的实验数目，一般称为水平；

　　　M——试验次数，通常由因子和水平数确定，例如，二水平试验，通常 $M=K+1$，三水平试验 $M=b(K-1)$，有时也有例外。

如 $L_4(2^3)$ 正交表，表示正交表要做 4 次试验，实验时要考虑的因子数为 3，每个因子可安排的水平数为 2，即每个变量因素可用两个数据进行试验。表 1-2 即是二水平 $L_4(2^3)$ 正交表。

表 1-2　二水平 $L_4(2^3)$ 正交表

试验号	列号			试验号	列号		
	1	2	3		1	2	3
1	1	1	1	3	2	1	2
2	1	2	2	4	2	2	1

对于较为重要的塑料配方，为了确定因子和水平，常先期进行一些小型的探索性配方实验，了解主要影响因素和实验复杂程度，尤其是对新型配方或新的课题，这种小型实验更为重要。同时，专业技术人员的专业知识和实践经验对确定配方的因子和水平也有重要的作用。一般在确定水平时应注意下述问题。

① 针对配方要求达到的性能指标体系选取配方的因子，要特别注意那些起主要作用的因子，而对配方指标影响较小的因子可淡化，甚至忽略不计。

② 恰当地选取水平，如是两水平，要使其有适当的间距，一方面可扩大考察范围，另一方面最佳配方往往是一个范围，较少有一个点的情况。

③ 要考虑配方中助剂之间的相互作用，有些作用对配方的影响较大，称为因子间的交互作用，通常仅考虑两个因子间的交互作用。对于主要的交互作用可视为因子。

配方中因子和水平确定后，可根据因子和水平的个数选择合适的正交表，例如，$L_4(2^3)$、$L_8(2^7)$、$L_9(3^4)$、$L_{27}(3^{13})$、$L_{16}(4^5)$、$L_{25}(5^6)$ 等。正交表的选用没有严格规定，表选得太小，要考察的因子和水平放不下；选得过大，试验次数又太多。一般情况下，应尽量选用较小的正交表，以减少实验次数。对于影响因素较多的配方，设计者可根据专业知识和经验进行取舍。

（3）实验　根据正交表安排进行实验，取得性能指标数据。

（4）正交设计配方结果分析　配方结果分析主要解决三个问题：一是确定对指标有重要影响的因素；二是确定各个因子的最佳水平；三是各因子水平如何组合得到最佳配方。分析方法常用直观分析法和方差分析法。直观分析法简便易懂，只需对试验结果做少量计算，再通过综合比较，即可得出最优化配方。下面介绍直观分析法。

首先按所用正交表计算出各个因子不同水平时试验所取得指标的平均值，比较不同因子水平数据大小，找出对指标最有影响的因子；同时找出每个因子的最佳水平，几个因子的最佳水平组合起来进行综合考虑，即可得到最佳配方。获得最佳配方后，再经实验进行检验。

下面举例说明正交设计在塑料配方中的应用。

课题：PVC 填充复合板材配方

性能指标：缺口冲击强度大于 $10kJ/m^2$，弯曲强度大于 60MPa。

原料选择：PVC、DOP（邻苯二甲酸二辛酯）、硬脂酸、三盐、石蜡、CPE（氯化聚乙烯）、红泥。

确定因子水平：根据专业知识和经验，将 PVC、DOP、硬脂酸三种物料用量设为定值，分别为 100、5、0.4；将三盐、石蜡、CPE、红泥四组分定为因子，每个因子的水平为 3，由此得表 1-3。

对照正交表，可选用 $L_9(3^4)$ 正交表，试验次数为 9，具体排布见表 1-4。同时将实验所取得的数据和有关计算也列入表中以作分析比较。

表 1-3 PVC 填充复合板材四因子三水平值

因子水平	三盐用量	石蜡用量	CPE 用量	红泥用量
1	5	0.4	10	20
2	4	0.3	20	10
3	3	0.2	30	5

表 1-4 PVC 复合板材配方 $L_9(3^4)$ 正交设计表

因子试验号	试验计划				试验结果	
	三盐用量 A	石蜡用量 B	CPE 用量 C	红泥用量 D	缺口冲击强度 /(kJ/m²)	弯曲强度 /MPa
1	1(5)	1(0.4)	3(30)	2(10)	3.65	20.92
2	2(4)	1(0.4)	1(10)	1(20)	9.44	64.26
3	3(3)	1(0.4)	2(20)	3(5)	3.37	13.27
4	1(5)	2(0.3)	3(30)	1(20)	4.55	33.66
5	2(4)	2(0.3)	2(20)	3(5)	5.19	28.09
6	3(3)	2(0.3)	1(10)	2(10)	6.13	51.93
7	1(5)	3(0.2)	1(10)	3(5)	19.16	65.09
8	2(4)	3(0.2)	2(20)	2(10)	2.99	36.27
9	3(3)	3(0.2)	3(30)	1(20)	3.81	22.49
对应一水平三次冲击强度平均值	9.12	5.47	11.58	5.93	9 次试验冲击强度平均值 6.43	
对应二水平三次冲击强度平均值	5.87	5.29	3.85	4.26		
对应三水平三次冲击强度平均值	4.44	8.65	4.00	9.24		
三个水平冲击强度最大极差	4.68	3.36	7.73	4.98		
对应一水平三次弯曲强度平均值	39.89	32.81	60.43	41.13	9 次试验弯曲强度平均值 37.32	
对应二水平三次弯曲强度平均值	42.87	37.89	25.87	36.37		
对应三水平三次弯曲强度平均值	29.23	41.28	25.69	35.49		
三个水平弯曲强度最大极差	13.63	8.49	34.74	5.64		

从表 1-4 中计算数据可看出：极差最大的为 C 列，对应的因子为 CPE，这说明 CPE 用量是影响配方冲击强度的主要因素；对照指标要求，显而易见，A_1、B_3、C_1、D_3 为水平的最佳组合。由此得最佳配方：PVC 100、DOP 5、硬脂酸 0.4、三盐 5、石蜡 0.2、CPE 10、红泥 5。

塑料配方设计是一件复杂而烦琐的工作，需要缜密的思考、深入细致的调查研究、详细的分析对比，在条件许可的情况下应建立一套完整的配方性能评价体系。同时，实验所获得的配方还需经小试、中试及生产的检验，在此过程中经反复修正才能最终正式投入生产。

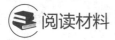 阅读材料

我国高分子材料科学的奠基人——徐僖

徐僖（1921 年 1 月 16 日～2013 年 2 月 16 日），江苏南京人，高分子材料学家、高分子材

料学科的开拓者和奠基人之一。1944年毕业于浙江大学化工系获学士学位,1948年获美国里海大学科学硕士学位,1981年加入了中国共产党,1991年当选为中国科学院院士。曾任四川大学教授、高分子研究所所长,兼任上海交通大学教授、高分子材料研究所所长。

他长期从事高分子力化学、高分子材料成型基础理论、油田化学以及辐射化学等领域的研究。采用超声波等力化学方法合成了一系列难以用一般化学方法合成的具有特殊结构性能的有应用前景的嵌段和接枝共聚物。提出通过氢键复合可以有效降低导电材料的结晶度,提高材料导电率,推动了快离子导体研究。

新中国成立前夕,他怀着强烈的爱国心和创建中国人自己的塑料工业的梦想,毅然谢绝美国导师的一再挽留,克服重重困难回国。

1953年,徐僖试制了我国最早的自制塑料——五棓子塑料。同年,他还创办了我国第一个塑料专业,成为我国高分子材料事业的奠基人和开拓者,被誉为"中国塑料之父"和"学科领路人"。徐僖1948年写的一篇五棓子塑料学位论文,在时隔52年后,被国际著名高分子科学家斯柏林看到。斯柏林评价说:"没有人想到你在理海大学这么早就完成了聚合领域的这一研究。"

在徐僖身上,有太多的"第一"和创造:他编写了我国高分子材料专业第一本教科书,创建了高校中第一个高分子研究所,建立了国内最早的高分子材料国家重点实验室。在他的学术生涯中,发表论文300多篇,获发明专利30多项,获国家级大奖5项。

在20世纪50年代完成塑料产业化后,徐僖又提出将高分子材料系统用于油田开发的思想。他研制出一种耐温抗盐堵水剂,实现了低能耗和高效率的采油;研制成功第一款国产原油降凝剂,实现了原油的低能耗输送,替代国外产品进口,广泛应用于国内输油管线,成为国际高分子力化学的引领者之一。

 ## 知识能力检测

1. 什么是塑料配方?
2. 进行塑料配方设计有什么意义?依据哪些原则?
3. 简要描述塑料配方设计5步法。
4. 什么是塑料配方质量份数表示法?质量分数表示法?生产配方?
5. 简要说明什么是单变量配方设计,多变量配方设计。
6. 结合网络和图书期刊资料了解有关塑料改性和塑料配方的动态。

第二章
聚氯乙烯塑料

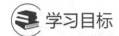 学习目标

知识目标：了解聚氯乙烯树脂的合成方法，悬浮聚合与乳液聚合产物在性能及用途上的差异；理解聚氯乙烯具有热敏性的原因及热敏性对产品性能和成型加工的影响。

能力目标：掌握聚氯乙烯结构和性能特点，能根据制品用途和成型加工方法选用不同型号的聚氯乙烯树脂，了解聚氯乙烯相关品种特性。

素质目标：培养在聚氯乙烯材料加工使用过程中的环保意识，以及充分发展聚氯乙烯的优势性能的意识。

第一节 聚氯乙烯的结构与性能

聚氯乙烯（PVC）是以氯乙烯为单体聚合得到的聚合物，自 20 世纪 30 年代首先在德国开始工业化生产以来，由于原料来源丰富，用途广泛，在通用塑料中一直占有重要地位，产量在塑料中仅次于聚乙烯居第二位。中国从 1958 年开始工业化生产 PVC 树脂，尤其是 20 世纪 70 年代以后，重点解决了树脂中氯乙烯单体含量过高和"粘釜"两大技术难题，对 PVC 树脂颗粒形态和成型加工之间的关系也进行了深入的研究，促使 PVC 工业一直处于高速发展之中。

PVC 树脂具有化学稳定性好，力学性能高，电气绝缘性优良，难燃自熄，价格低廉等优点；但也存在热稳定性差，使用温度不高，硬质制品的脆性较大、不耐寒，在光和热的作用下易老化的缺点。PVC 塑料是以 PVC 树脂为基体，加入各种塑料助剂制备而成的多组分塑料。各种组分都直接影响它的性能，通过改变配方可制得软、硬程度不同及多种功能的塑料材料和制品，在农业、建筑、化工、电气、机械和日常生活中广泛应用。

一、氯乙烯的聚合

使用某些过氧化物和偶氮化合物作引发剂，在热、光或辐射能的作用下，氯乙烯单体能顺利地进行自由基型链式反应聚合成 PVC 树脂，反应式为：

$$n\mathrm{CH_2}\!=\!\mathrm{CHCl} \xrightarrow[\triangle]{引发剂} \text{─}(\mathrm{CH_2}\!-\!\mathrm{CHCl})_{\overline{n}}$$

聚合过程中聚合度由聚合温度来控制，聚合速率由引发剂用量来调节。工业上采用的聚合

方法有四种：悬浮聚合、乳液聚合、本体聚合和溶液聚合。表 2-1 比较了四种聚合方法的基本情况。下面就工业上最常采用的悬浮聚合和乳液聚合加以讨论。

表 2-1　聚氯乙烯四种聚合方法的比较

聚合方法	温度调节	聚合度	聚合物形态	工艺及产物特点
悬浮聚合	容易	低	粉状小粒子	工艺成熟，后处理简单，质量好，成本低，占 PVC 总产量的 90% 左右，用途广泛
乳液聚合	容易	高	糊状	生产易连续化，产品粒细，但后处理复杂，含杂质多，电绝缘性、热稳定性及色泽较差，一般用于糊塑料
本体聚合	难	低	粉状小颗粒	工艺简单，树脂纯度高，性能优异，适宜制造高度透明制品，但反应热不易排出
溶液聚合	容易	低	糊状	成本高，树脂与溶剂分离及溶剂回收工艺复杂，仅限于制造特殊涂料

1. 悬浮聚合

悬浮聚合体系主要由单体、引发剂、水、分散剂四个基本组分构成。常用的引发剂有过氧化二苯甲酰、偶氮二异丁腈、过氧化二碳酸二异丙酯等。分散剂有聚乙烯醇、顺丁烯二酸酐、纤维素醚类等。生产中首先在反应釜中加入水、分散剂，用氮气排除空气后，再加入氯乙烯单体搅拌并维持在一定温度范围内（例如 50 ~ 60℃）进行聚合反应。聚合后的悬浮液先经碱液处理，中和反应过程中分解的氯化氢，再除去残留的引发剂和吸附在树脂中的单体等杂质，经洗涤、干燥、过筛得到白色粉状 PVC 树脂。

悬浮聚合过程中控制不同的反应温度和压力，采用不同的分散剂，改变搅拌形式和强度等聚合条件，聚合后采取不同的后处理方式等，所得到的树脂颗粒形态及性能均不相同，这正是 PVC 具有不同型号的原因所在。此外，聚合过程中"粘釜"现象会造成分子量过高的组分，在树脂中不易塑化而使透明制品出现晶点，影响制品质量。

2. 乳液聚合

乳液聚合使用水溶性引发剂，氯乙烯单体在水介质中由乳化作用分散成乳液状态，在加热和搅拌作用下进行聚合反应，最终的反应产物为糊状物，可直接用于涂覆生产以及应用乳胶的场合。也可经过凝聚、洗涤、脱水、干燥等工序制得固体 PVC 粉料。该种树脂能在常温下配制成分散体——PVC 糊塑料，用于生产人造革、泡沫塑料以及织物涂覆等。

乳液聚合过程中分散体系稳定性好，反应温度易于控制，单体分散程度均匀，所得到的 PVC 颗粒较细，分子量高，但工艺复杂，产品中杂质含量较高。

二、聚氯乙烯的结构

许多研究均表明，PVC 分子主链中链节基本上是按"头 - 尾"方式连接的，分子链结构如下：

$$\sim\!\!\sim\!CH_2\!-\!CH\!-\!CH_2\!-\!CH\!-\!CH_2\!-\!CH\!\sim\!\!\sim$$
$$\qquad\quad | \qquad\qquad | \qquad\qquad |$$
$$\qquad\quad Cl \qquad\qquad Cl \qquad\qquad Cl$$

但也存在少量的"头 - 头"或"尾 - 尾"连接方式，以及少量的支链结构：

$$\sim\!\!\sim\!CH_2\!-\!CH\!-\!CH_2\!-\!CH\!-\!CH\!-\!CH_2\!-\!CH_2\!-\!CH\!\sim\!\!\sim$$
$$\qquad\quad | \qquad\qquad | \qquad | \qquad\qquad\qquad |$$
$$\qquad\quad Cl \qquad\qquad Cl \quad Cl \qquad\qquad\qquad Cl$$

PVC 大分子链的聚合度在 500～2000 之间。

PVC 树脂是线型聚合物，具有热塑性。由于分子链上每隔一个碳原子就有一个电负性较强的氯原子，因而分子链具有较高的极性，大分子链间相互作用力大，阻碍了分子链之间的相对滑移。因此 PVC 树脂宏观上表现出一定的刚性和硬度，并具有良好的耐化学腐蚀性。

PVC 树脂的含氯量大于 55%，因而具有阻燃性和自熄性。但增塑剂的加入会降低其阻燃性。

PVC 分子链中含有短程的间规立构，具有约 5% 的结晶度，但仍以无规立构为主，属无定形聚合物，可制成透明度较高的材料和制品。

在聚合过程中由于发生链转移反应和歧化反应会产生一定数量的不饱和端基和支链，少量端基为引发剂的残基。这些杂结构的存在使 PVC 的热稳定性下降，在热、氧作用下易产生降解。

PVC 树脂的分子量对成型加工和材料性能有较大影响。随分子量的增大，分子链间作用力和缠结增加，材料的 T_g 和力学强度提高，电绝缘性和耐老化性能也得到改善。但分子量增大会引起熔体黏度上升、加工温度提高，导致成型加工困难。

对于工业生产的 PVC，主要区别不仅在于分子结构和分子量的不同，而且与颗粒结构有关。PVC 树脂颗粒是由微区粒子、初级粒子、聚集体粒子堆砌构成的粗粒，粒径约 50～250μm。颗粒的形态、内部孔隙率、表面皮膜、颗粒大小及其分布等对 PVC 树脂的许多性能均有影响。颗粒较大、粒径分布均匀、内部孔隙率高、外层皮膜较薄时，树脂具有吸收增塑剂快、塑化温度低、熔体均匀性好、热稳定性高等优点。该类树脂我国常称为疏松型 PVC 树脂，反之称为紧密型 PVC 树脂。目前，工业上以生产疏松型 PVC 树脂为主。

三、聚氯乙烯的性能

工业生产的悬浮法 PVC 树脂为白色或略带黄色的粉状物料，称为粉状树脂。乳液法树脂大多数是糊状物，称为糊状树脂。粉状树脂在 20℃时折射率为 1.544，相对密度为 1.35～1.46。对 CO_2 等气体的透过率较低，对水蒸气透过率稍高。

以 PVC 树脂为基体的塑料称为 PVC 塑料，其综合性能见表 2-2。

表 2-2　PVC 塑料的综合性能

性能	硬质 PVC	软质 PVC
相对密度	1.35～1.46	1.16～1.35
吸水率 (浸 24h)/%	0.07～0.5	0.15～0.8
拉伸强度 /MPa	35～52	10～24
伸长率 /%	< 40	100～500
弯曲强度 /MPa	70～112	
压缩强度 /MPa	55～85	约 8.8
悬臂梁冲击强度 /(J/m²)	21.5～105.8	
邵氏硬度	75～85(D)	50～95(A)
最高工作温度 /℃	70	50～100
热导率 /[W/(m·K)]	0.126～0.293	0.126～0.167
线胀系数 /(×10⁻⁵K⁻¹)	5～18	7～25

性能	硬质 PVC	软质 PVC
体积电阻率 /(Ω·cm)	$10^{12} \sim 10^{16}$	$10^{11} \sim 10^{14}$
介电损耗角正切 (10^6Hz)	0.0579	0.0579
相对介电常数 ($60 \sim 10^6$Hz)	$2 \sim 3.6$	$4 \sim 9$
介电强度 /(kV/mm)	$\geqslant 18$	$\geqslant 14$

1. 力学性能

由于 PVC 是极性聚合物，分子间作用力较大，固体表现出良好的力学性能，如表 2-2 所示。力学性能的数值不仅取决于分子量的大小，与所添加塑料助剂的种类及数量也有关。尤其是增塑剂的加入，不但能提高 PVC 树脂的流动性，降低塑化温度，而且可以使其成为软质材料。根据在 PVC 树脂中加入增塑剂量的多少，把 PVC 塑料分为硬质 PVC（UPVC 或 PVC-U）和软质 PVC（SPVC）。通常在 100 份 PVC 树脂中 UPVC 的增塑剂用量在 5 份以下，SPVC 的增塑剂用量大于 25 份，介于二者之间为半硬质 PVC。UPVC 的拉伸强度、刚度、硬度等力学强度较高，SPVC 具有较高的断裂伸长率，柔韧性好。

2. 热性能

PVC 是无定形聚合物，它的 T_g 在 $80 \sim 85$℃，在此温度下 PVC 开始软化，随着温度的升高，力学性能逐渐丧失。T_g 是 PVC 理论使用温度的上限，但实际应用中，PVC 的长期使用温度不宜超过 65℃。PVC 的耐寒性较差，低温下即使是 SPVC 也会变硬、变脆。

PVC 的热稳定性差，无论受热还是日光都能引起变色，从黄色、橙色、棕色直到黑色，伴随着力学性能和化学性能的降低。导致 PVC 热稳定性差的原因主要是由于工业生产的 PVC 大分子链并不全是有规律的"头-尾"重复排列的单一结构，而是具有多种结构的大分子链，比如"头-头""尾-尾"结构、支化结构以及链终止和链转移反应形成的不同端基结构。

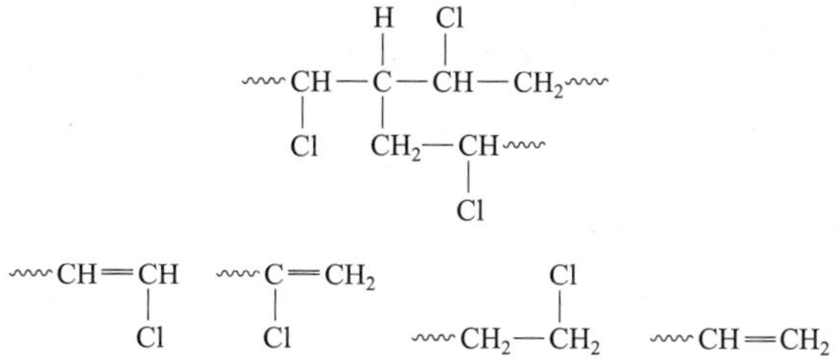

研究表明，PVC 分子链中内部的烯丙基氯原子最不稳定，其次是末端的烯丙基氯原子和仲氯原子。它们在大分子链中起到"活化基团"的作用，在光、热作用下成了脱除氯化氢的起点。

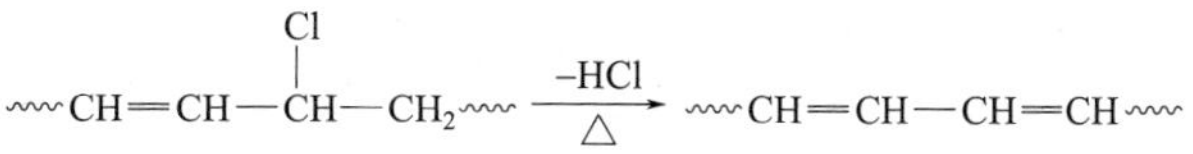

上述反应一经发生即形成"拉链式"反应，在大分子链上形成许多共轭双键结构—CH=CH—CH=CH—，这是 PVC 老化时显色的原因。同时脱出的 HCl 还具有加速降解的作用。

除 PVC 分子结构因素外，环境因素对降解速率也有较大影响。在氧、臭氧、力以及某些

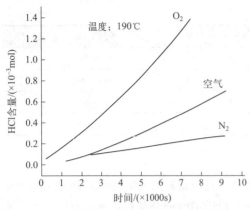

图2-1　PVC在N_2、O_2和空气中的热降解

金属离子（如铁、锌）的存在下降解会大大加速。PVC在不同气氛中的热降解情况如图2-1所示。

在氧气中降解速度最快，在空气中次之，在氮气中最慢，说明氧对PVC的降解有加速作用。

PVC在光、热等的作用下，大分子链中不仅形成共轭双键结构，还伴随着产生交联、氧化、环化等，使材料发生一系列物理和化学变化，最终丧失原有的优良性能。

鉴于上述原因，稳定化一直是PVC塑料工业研究的一个重要课题。稳定方法主要有两种：一是在PVC树脂的聚合阶段采用调节和控制聚合反应条件、改进工艺过程、与少量第二种单体共聚等方法改变或减少PVC大分子链中的不稳定结构；二是在PVC树脂中加入能够起稳定作用的助剂，抑制减缓降解。目前，PVC的稳定化以后一种方式为主，常用的助剂是热稳定剂，在第十一章中将予以详细讨论。

3. 化学性能

PVC具有良好的化学稳定性。自身的溶度参数为19.1～22.1（MJ/m^3）$^{1/2}$，因而在溶度参数较低的普通有机溶剂中的溶解度甚低；PVC耐大多数油类、醇类和脂肪类的侵蚀，但不耐芳烃、氯代烃、酮类、酯类、环醚等有机溶剂；环己酮、四氢呋喃、二氯乙烷、硝基苯等是PVC的良溶剂。

除浓硫酸（90%以上）和50%以上的浓硝酸以外，无增塑的PVC耐大多数无机酸、碱、盐溶液。PVC的耐化学药品性随温度的升高而降低，当温度超过60℃以后，耐强酸的性能明显下降。表2-3给出了UPVC对某些化学介质的稳定性。

表2-3　UPVC的化学稳定性

化学介质	含量/%	质量变化/%	拉伸强度保持率/%	外观变化
硫酸	30	0.007	90.0	无
盐酸	31	0.017	90.4	紫红
磷酸	85	-0.136	92.4	灰
铬酸	30	0.011	94.2	无
氢氧化钠	30	-0.042	94.2	无
磷酸钠	饱和	0.043	95.3	无
氯化钠	饱和	0.005	90.9	无
氢氧化铵	25	0.200	90.8	淡灰
乙酸	80	0.004	88.6	无
甲醛	37	0.020	94.5	发白，失去光泽
乙醇	95	0.020	90.8	无
汽油	120	-0.026	91.4	无
化学介质	外观变化			
苯	一天后，分层失光			

化学介质	外观变化
丙酮	2h 即发白，分层
乙酸乙酯	2h 即发白，分层
氯磺酸	0.5h 后全部碳化

注：试样为国产硬质 PVC 板材，条件为室温、360d。

PVC 的化学稳定性与聚合方法、分子量大小、增塑情况有关。悬浮聚合 PVC 树脂的耐溶剂性优于乳液聚合 PVC 树脂；树脂分子量增加，溶解度减小；增塑后耐溶剂性变差。

4. 电性能

PVC 电性能良好，是体积电阻率和介电强度较高、介电损耗较小的电绝缘材料之一，电绝缘性可与硬橡胶相媲美。但由于热稳定性差，分子链具有极性，因而随环境温度升高电绝缘性降低，随频率的升高体积电阻率下降，介电损耗增大。鉴于以上原因，PVC 塑料一般只能作为低频绝缘材料使用，其电性能数值见表 2-2。

PVC 塑料的电性能还取决于配方设计，不同配方制得的 PVC 绝缘材料适宜于不同的应用场合。通常 PVC 受热时分解产生的氯离子会导致电绝缘性能明显下降，因而 PVC 作为绝缘材料使用时配方中常选用呈碱性的碱式铅盐类热稳定剂，中和所产生的 HCl。选用不同的增塑体系对所制得绝缘材料的耐寒性和耐热性有较大影响。此外，PVC 树脂的电性能与聚合方法有关，乳液法树脂中因残留有乳化剂等杂质，电性能较悬浮法树脂差。

5. 卫生性

PVC 问世早期，人们普遍认为 PVC 树脂的卫生性差，很少用于食品工业。但慢性毒性试验表明，工业生产的 PVC 树脂本身是无毒的，它的卫生性问题主要有两个方面：一是树脂中残留的氯乙烯单体被证明对人体有害；二是所使用的许多塑料助剂，尤其是热稳定剂有些具有不同程度的毒性。近年来，随着 PVC 合成技术水平的提高，PVC 树脂中氯乙烯单体的含量成功地降低到 5×10^{-6} 以下，基本上解决了树脂中氯乙烯单体含量过高的问题，可生产出食品级 PVC 树脂。通过无毒助剂的选用、合理的配方，可以制得满足卫生要求的 PVC 制品。如无毒 PVC 透明片材、热收缩薄膜等，可用于医药食品包装行业。

除毒性外，PVC 的卫生性还应考虑助剂的析出和在溶剂中的溶解度问题。生产中，在满足制品性能和成型加工要求的条件下应尽量减少塑料中助剂的用量，选择那些耐析出、耐溶剂抽出的助剂品种。例如，在 PVC 中使用聚酯类增塑剂以及其他低分子量的聚合物，既能降低成型加工温度、增加柔韧性，又能大大降低溶剂抽出量。

第二节　聚氯乙烯的选用

PVC 是多组分塑料，可用多种方法进行成型加工，制品种类繁多，用途广泛。在树脂的选用中需要考虑的因素有制品种类、性能要求、使用环境和成型加工方法等。通过树脂和助剂的最佳组合，满足成型加工和使用条件，获得理想的制品。因此要了解 PVC 的型号、加工特性，以及成型加工与制品的关系。例如，悬浮法 PVC 树脂常用于挤出、注塑、压延、压制、吹塑成型；乳液法 PVC 树脂常用于涂塑、蘸塑、搪塑等成型。

一、聚氯乙烯的型号与用途

1. 悬浮法 PVC 树脂

PVC 平均分子量的表示方法较多，但大都是在测定 PVC 稀溶液黏度的基础上建立起来的。常用的表示方法有绝对黏度（η）——是含量为 1% PVC 树脂的二氯乙烷溶液 20℃时测定的黏度值；黏数——是浓度为 0.005g/mL 的 PVC 环己酮溶液 25℃时测定的黏度值；K 值——是浓度为 0.5g/100mL 的 PVC 树脂环己酮溶液在 25℃时测定的黏度值；平均聚合度——是根据浓度为 0.4g（PVC 树脂）/100mL（硝基苯溶液）30℃时测定的黏度值的计算值。为便于比较和使用，把黏数、K 值、绝对黏度、平均聚合度与平均分子量的关系列于表 2-4 中。

表 2-4　黏数、K 值、绝对黏度、平均聚合度与平均分子量的关系

平均分子量 / 万	黏数 /(mL/g)	K 值	绝对黏度 /Pa·s	平均聚合度
≥ 8.375	≥ 143	≥ 74.2	≥ 0.0021	≥ 1340
6.9 ～ 8.375	127 ～ 143	70.3 ～ 74.2	0.0019 ～ 0.0021	1110 ～ 1340
6.13 ～ 9.94	117 ～ 127	68 ～ 70.3	0.0018 ～ 0.0019	980 ～ 1110
5.13 ～ 6.13	106 ～ 117	65.2 ～ 68	0.0017 ～ 0.0018	850 ～ 980
4.5 ～ 5.13	97 ～ 106	62.2 ～ 65.2	0.0016 ～ 0.0017	720 ～ 850
3.69 ～ 4.5	84 ～ 97	58.5 ～ 62.2	0.0015 ～ 0.0016	590 ～ 720

中国采用黏数表示悬浮法 PVC 树脂的平均分子量，对悬浮法通用型 PVC 树脂的命名形式如下。

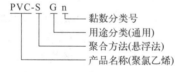

《悬浮法通用型聚氯乙烯树脂》（GB/T 5761—2018）中规定，悬浮法 PVC 树脂的型号常用的有 8 种。其中数字越小，聚合度越大，分子量也越大，强度越高，但熔体流动越困难，加工也越难。常用品种中同一型号又根据杂质含量、挥发物含量、筛余物、残留氯乙烯含量等分三级。常用悬浮法 PVC 树脂的型号与用途如表 2-5 所示，在实际生产中可根据不同用途进行选用。

表 2-5　常用悬浮法 PVC 树脂的型号与用途

型号	黏数 /(mL/g)	级别	主要用途
PVC-SG1	144 ～ 156	优等品、一等品、合格品	高级电绝缘材料
PVC-SG2	136 ～ 143	优等品、一等品、合格品	电绝缘材料、薄膜 一般软材料
PVC-SG3	127 ～ 135	优等品、一等品、合格品	电绝缘材料、农用薄膜、人造革 全塑凉鞋
PVC-SG4	119 ～ 126	优等品、一等品、合格品	工业和民用薄膜 软管、人造革、高强度管材
PVC-SG5	107 ～ 118	优等品、一等品、合格品	透明制品 硬管、硬片、单丝、型材、套管

型号	黏数 /(mL/g)	级别	主要用途
PVC-SG6	96 ~ 106	优等品、一等品、合格品	唱片、透明制品 硬板、焊条、纤维
PVC-SG7	87 ~ 95	优等品、一等品、合格品	硬质注塑件、压延制品、硬质发泡、瓶子、透明片材

注：卫生级要求氯乙烯含量小于 $5×10^{-6}$，可用于食品和医学。

由表 2-5 可知，PVC 的黏数大，平均分子量高，这时树脂的力学性能好，热稳定性和 T_g 高，成型加工温度也高，塑化较困难，为了改善其成型加工性能，需加入较多的增塑剂，因而这类树脂适用于力学性能要求较高的 PVC 软制品；与此相反，PVC 的黏数小，分子量较低，其力学性能较差，但成型加工容易，可用于生产要求无增塑剂或有少量增塑剂的 PVC 硬制品。

成型加工中，一般希望 PVC 分子量的分布窄一些，以便于成型温度控制、塑化均匀，获得质量较均匀的制品。否则，在正常的成型加工温度下，分子量过高的组分难以塑化，易在制品中形成晶点，影响制品的外观质量和力学性能，而分子量较低的组分则会发生分解。鉴于上述原因，很少把型号不同的 PVC 树脂混合使用。

2. 乳液法 PVC 树脂

与悬浮法 PVC 树脂一样，乳液法 PVC 树脂的型号也是根据黏数来划分的。《聚氯乙烯糊用树脂》（GB/T 15592—2021）把乳液法 PVC 糊树脂分为 7 个类别，一般黏数大于 150mL/g 的适宜生产泡沫塑料、手套和人造革；黏数在 115 ~ 150mL/g 的，适用于日用品、壁纸和人造革；黏数在 85 ~ 120mL/g 的常用于窗纱和玩具。

二、聚氯乙烯的成型加工特性

1. 成型加工中的热稳定性

PVC 的黏流温度在 136℃以上，而在 140℃即产生大量分解，这给 PVC 成型加工带来很大困难。因此，成型加工中必须加入热稳定剂来提高分解温度，对于软制品还可以加入增塑剂来降低黏流温度。一般，加入热稳定剂后分解温度可达到 200℃，即便如此成型加工中仍不宜采用过高的温度，并应严格控制熔体在高温下的停留时间，以免引起 PVC 的热分解现象。

2. 熔体的流变特性

PVC 熔体属于非牛顿液体，黏度的变化不但与温度有关，而且与剪切速率有关。因此，降低 PVC 熔体的黏度单凭提高温度易使其产生分解，还应增大压力，提高剪切速率来改善其流动性。

3. 熔体塑化特性

在成型加工中，PVC 的熔化速度慢，熔体强度低，易引起熔体流动缺陷，需加入加工改性剂来克服这些缺点，加快树脂在塑化过程中的凝胶化速度，提高熔体的流动性，达到改善制品质量的目的。

ACR 是一类丙烯酸酯类共聚物，是 PVC 最常用的加工改性剂，结构和组成不同，品种不同，可满足不同制品的成型加工要求。ACR 与 PVC 的相容性好，加入后可加快凝胶化速度，缩短熔融塑化时间，提高熔体强度和热延伸性。ACR 的用量为 1% ~ 5% 就能明显改善 PVC 的成型加工性能。

除 ACR 外，氯化聚乙烯、乙烯 / 乙酸乙烯酯共聚物、甲基丙烯酸甲酯 / 丁二烯 / 苯乙烯共聚物等也是 PVC 常用的加工改性剂。这些改性剂的加入还可大大提高 PVC 的冲击韧性，因而也称冲击改性剂。

4. 加工设备的适应性

PVC 是热敏性树脂，成型加工中极易热分解。因此，除加入稳定剂外，成型加工设备应具有避免物料长期受热、便于熔体流动的特性。

① 挤出成型时，用深螺槽螺杆以防止强烈的剪切导致物料分解；螺杆的长径比不宜过大，防止长时间受热引起物料分解；机头部分与熔体接触的表面应光滑、无死角，防止物料的停滞造成分解。

② 注射成型时一般使用螺杆注塑机，螺杆的螺槽可比挤出用的螺杆深一些，螺杆头部制造成锥形，以免存料过多造成分解；采用快速塑化和高速注射工艺，减少物料在料桶中的停滞时间；模具上应设置排气孔以及时排出可能产生的 HCl 气体。

③ 制品设计方面应避免锐利的尖角，因该处易产生应力集中而导致制品开裂。

④ 设备、模具与 PVC 熔体接触的部分应注意防腐处理。

5. 其他

PVC 是无定形聚合物，当熔融物冷却时，收缩率不大，一般 UPVC 为 0.1% ～ 0.6%，SPVC 为 1.0% ～ 2.5%；PVC 的极性使其具有易着色和易印刷的优点，对于浅色制品可加入少量塑料蓝和分散紫等着色剂，遮盖树脂本身的黄色。

三、聚氯乙烯的成型加工与制品

PVC 挤出成型制品有两大类：一类是软质制品，一般用分子量较高的 PVC 树脂（SG1 ～ SG4），用单螺杆挤出机可顺利成型，制品主要有薄膜、软管、电线电缆等。

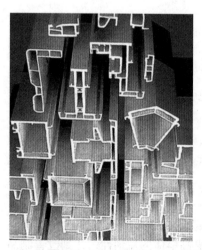

图 2-2 PVC 异型材

PVC 包覆的电线电缆应用较广泛。与橡胶相比，PVC 具有阻燃、耐油、耐水、耐化学药品与着色性好的优点，除民用外，还用于汽车、飞机等方面。另一类是硬质制品，一般选用分子量较低的 PVC 树脂（SG4 ～ SG7），用单螺杆和双螺杆挤出机均能成型。由于双螺杆挤出机具有强制加料、塑化均匀、生产效率高、产品质量好等众多优点，目前在 PVC 加工企业得到广泛使用。PVC 挤出硬制品有硬管、硬板、硬片、异型材等。硬管主要用于工业的管道系统和给排水系统，产量居塑料管材之首；硬板和硬片多用于化学工业；尤其是随着建筑行业的快速发展，PVC 异型材（图 2-2）在塑料门窗的制造上得到广泛使用，相对于木材和铝材，PVC 具有更高的性价比。此外，低发泡技术在 PVC 硬质材料上的应用更突出了其质轻、隔声、保温的特性，进一步展现出 PVC 以塑代木的发展前景。

硬质制品是 PVC 树脂应用的一个重要方面，也是我国塑料行业发展速度最快的应用领域之一。1990 年 UPVC 制品仅占 PVC 制品总量的 15%，2000 年达 40% 左右，近年来虽有快速增长，但仍低于一些发达国家 70% 的水平。开发 PVC 硬质制品在建筑、化工、包装等方面的用途，仍是我国 PVC 应用发展的重要方面。

1. 注射成型与制品

注射成型对物料的流动性要求较高，需要较高的成型加工温度，这对热稳定性差的PVC来说，增加了成型加工的难度。为降低成型加工温度，一般UPVC注塑制品选用分子量较低的PVC树脂（如SG7型），并要求配方中有较好的稳定体系和润滑体系。

注塑制品中最重要的是两类产品：一是管件，主要与挤出管材配套，用于建筑和化工行业；二是鞋类，主要是塑料凉鞋和拖鞋，是和生活紧密相关的日用品。

2. 压延成型与制品

压延成型是PVC最早的成型加工方法之一，该法是将经混合、塑化的物料通过三辊或四辊压延机而成为一定尺寸的连续薄膜或片材的成型方法。压延成型不但可生产PVC薄膜和片材，引入布、纸张等基材还能生产PVC人造革、壁纸、地面材料等。

SPVC压延薄膜是压延成型的主要产品。用作农用膜具有透气率低、保温性好、新膜透光率高、拉伸强度大、便于黏合的优点，适合于育秧覆盖、保温大棚等；工业上多用于包装、防雨、防腐材料；日常生活中大量用作雨具、印花台布、窗帘、充气玩具等；选用无毒PVC树脂和无毒助剂生产的压延薄膜用于制造输血袋、输液袋等医用品已得到广泛应用。

PVC压延片材可用热成型的方法制成各类包装材料和装饰材料，也可用层压法加工成各种厚度的板材，用于化工和建筑行业。

把压延法生产的薄片复合到各类基材上可制得多种有底复层品。压延法和涂覆法PVC人造革（图2-3）的力学强度高，外观质量好，可用于服装、箱包、帐篷等。压延成型生产的地面材料和墙面装饰材料（如软质卷材、地砖、壁纸等）花色品种多，装饰效果好，使用寿命长，易于清洁，广泛用于建筑行业。

图2-3 PVC人造革

3. 中空成型与制品

PVC适合挤出、注塑和拉伸多种中空吹塑成型方法，一般多选用分子量较低的SG7型树脂，也可选用各种生产PVC瓶的专用粒料。PVC中空容器具有成本低、成型加工性能优良、力学性能好、透明度高的优点，对O_2、CO_2等气体具有良好的阻隔性，可用于饮料、食品、化妆品、洗涤剂等包装行业。

4. 糊塑料成型与制品

糊塑料是PVC树脂与非水液体及相应助剂一起形成的悬浮体，也称PVC糊或PVC溶胶。糊塑料一般选用乳液法PVC树脂，也可采用悬浮法PVC树脂，或两种树脂配合使用。采用涂覆法可将糊塑料制成人造革、地板革、壁纸、汽车内装饰物等；采用蘸浸、搪塑成型方法可制成手套、鞋类、容器、球类、玩具等一系列PVC糊塑料制品。

四、聚氯乙烯的简易识别

（1）外观印象　悬浮法为白色粉末，乳液法一般呈糊状；制品有软、硬和透明、不透明之分，种类较多。硬制品摔后声闷而不脆，软制品柔软，手抓有增塑剂感。

（2）水中沉浮　密度比水大，在水中下沉。

（3）受热表现　温度达82℃以上缓慢变软，材料和制品200℃以上分解。

（4）燃烧现象　难燃，离火即熄，火焰呈黄色，下端绿色，白烟，燃烧时塑料变软，发出刺激性酸味。

（5）溶解特性　溶于四氢呋喃、环己酮等。

第三节　聚氯乙烯相关品种

PVC 相关品种主要包括高聚合度聚氯乙烯、氯化聚氯乙烯（CPVC）、聚偏氯乙烯（PVDC），其性能与 PVC 相比既有相同或相似的地方，也有不同的特性。

一、高聚合度聚氯乙烯

高聚合度聚氯乙烯是指聚合度在 2000 ～ 3000 的 PVC。与普通 PVC 相比基本结构相同，不同的是分子链长、分子量高，链的规整性和结晶度增加，大分子链间的缠结点增多，具有类似于交联的结构。在加入增塑剂的情况下可制成类橡胶的弹性体。表 2-6 列出了高聚合度 PVC 与普通 PVC 的性能比较。

表 2-6　高聚合度 PVC 与普通 PVC 的性能比较

性能	高聚合度 PVC	普通 PVC
拉伸强度 /MPa	17.2	14.5
断裂伸长率 /%	392	400
撕裂强度 /(kN/m)	44	34
冲击回弹性 /%	17	14
压缩永久变形 /%	59	65
邵氏硬度 (A)	66	62
磨耗 /(cm³/1.61km)	0.05	0.11
脆化点 /℃	-46	-42
耐热残留强度 /%	111.2	93

表 2-6 中高聚合度 PVC 的聚合度为 2500，普通 PVC 型号为 SG2，基本配方为：树脂 100 份、DOP 80 份、$CaCO_3$ 20 份、稳定剂 2 份。由此可看出：与普通 PVC 相比，采用相同的配方由高聚合度 PVC 制得的软制品具有较高的拉伸强度和撕裂强度，压缩永久变形小，回弹性较高，耐磨性好，而且具有优良的耐热、耐寒、耐老化性，更适合于受力较大、环境苛刻的工作场合。

高聚合度 PVC 加工性能较差，熔融温度要比普通 PVC 高出 5 ～ 10℃，熔体黏度大，需要长时间的混炼和塑化。这些都增加了高聚合度 PVC 的成型加工难度。但高聚合度 PVC 具有较强的吸收增塑剂的能力，与普通 PVC 相比，高聚合度 PVC 可与高达 150 份的增塑剂配合，且增塑剂的保持性好，可加入大量增塑剂来降低黏流温度，达到成型加工的目的。

作为热塑性弹性材料，高聚合度 PVC 可用挤出、注塑、压延等多种方法成型，其制品已在车辆用方向盘、防尘罩、缓冲垫，电器用耐热、耐寒电线电缆，工业用密封材料，建筑用防水材料、填缝材料，以及人造革、运输带、鞋底等方面获得应用。

二、氯化聚氯乙烯

CPVC 是由 PVC 树脂经进一步氯化而制得，从结构上看是 1,2- 二氯乙烯、1,1- 二氯乙烯和氯乙烯的三元共聚物。氯化后 CPVC 含氯量高达 61% ～ 68%，与 PVC 相比，含氯量增大增强了 CPVC 的极性，使大分子主链的运动进一步受到限制，因此显现出一些不同于 PVC 的特性。

CPVC 的 T_g 为 115 ～ 135℃，连续使用温度达 105℃，高出 PVC 约 40℃；含氯量的提高也改善了材料的阻燃性和抑烟性；CPVC 具有更高的拉伸强度和模量，耐化学腐蚀性、耐老化性也有所提高，保持了 PVC 所具有的良好的电性能和尺寸稳定性。

与 PVC 相比，CPVC 的热稳定性、加工流动性变差，成型加工更困难。由于它的熔融温度高达 204 ～ 232℃，热分解倾向比 PVC 大，要求加工设备与物料接触部分的表面粗糙度要低，并进行镀铬或采用不锈钢材料，挤出机螺杆和机头的设计需要特殊技术。CPVC 可通过挤出成型制成管材、型材和片材。

CPVC 所具有的一系列优异的性能使它在许多领域得到应用，如热、冷水管线和管件，耐腐蚀化工管道，阀，泵体，冷却塔填料，汽车内装饰以及通信设备等。

三、聚偏氯乙烯

PVDC 是偏氯乙烯的均聚物，分子量一般为 2 万～ 10 万。由于分子结构对称，具有高度结晶性，结晶度为 35% ～ 65%，熔点为 198 ～ 205℃。但是 PVDC 在 210℃迅速分解，与一般增塑剂相容性差，因此成型加工较困难。工业上常见的 PVDC 都是偏氯乙烯与其他单体如氯乙烯、丙烯腈或丙烯酸酯的共聚物，共聚单体起内增塑作用，可适当降低树脂的软化温度，提高与增塑剂的相容性，同时不失均聚物的高结晶性。其中以偏氯乙烯与氯乙烯的共聚物最为重要，共聚物中偏氯乙烯含量为 75% ～ 85%，结构式如下：

$$\begin{array}{c} & & & Cl \\ & | & & | \\ +CH_2-CH\frac{}{}_m+CH_2-C\frac{}{}_n \\ & | & & | \\ & Cl & & Cl \end{array}$$

PVDC 的密度大、透明、易印刷、对液体和气体的透过率低，制品的韧性和冲击强度高于 PVC。不足之处是耐光、热稳定性差。

PVDC 制品主要有包装薄膜、片材、管材、单丝及注塑制品等。尤其是 PVDC 薄膜具有柔软、透明、无毒、耐热、耐油、耐菌等优良性能，最引人注目的特点是它的高阻隔性。PVDC 薄膜的阻隔性大大优于聚乙烯、聚丙烯和 PVC 薄膜，成为世界上流行的三大高阻隔性塑料包装材料之一，广泛用于保鲜膜及食品（如肉类）、药品、香料的包装。

 阅读材料

PVC 管材怎么选

PVC 管材是指由聚氯乙烯树脂与稳定剂等经塑料挤压成型的管道产品。PVC 管材质量轻，运输便捷，安装省力、流体阻力小、排水流畅，实用性强，因此赢得了市场的青睐。

PVC 管材具有以下特点：

① 较好的拉伸、压缩强度，但其柔性不如其他塑料管。

② 流体阻力小：PVC-U 管材的管壁非常光滑，对流体的阻力很小，其粗糙系数仅为 0.009，

其输水能力可比同等管径的铸铁管提高 20%，比混凝土管提高 40%。

③ 耐腐蚀性、耐药品性优良：PVC-U 管材具有优异的耐酸、耐碱、耐腐蚀性，不受潮湿水分和土壤酸碱度的影响，管道铺设时不需任何防腐处理。

④ 良好的水密性：PVC-U 管材的安装，不论采用粘接还是橡胶圈连接，均具有良好的水密性。

⑤ 防咬啮：PVC-U 管不是营养源，因此不会受到啮齿动物的侵蚀。根据试验证明，老鼠不会咬啮 PVC-U 管材。

那么 PVC 管材如何选？

一看外观。首先要观察管材外观，如市面上常见的白色 PVC 排水管，品质较差的管材颜色雪白或者发黄、颜色不均，且较脆硬，内壁工艺粗糙呈现小孔。而优质的产品颜色应为乳白色且均匀一致，内外壁均比较光滑平整。

二看韧性。劣质 PVC 管材，为了节约成本，在管材生产时加入了过量钙粉，价格便宜易碎裂。优质的 PVC 管材有足够的韧性，管材的硬度、韧度均很强，重压试验会扁但不会碎裂。

三测厚度。要查看管壁厚度是否和包装说明一致，是否拥有完整的打印标识以及相关执行标准。

四看耐腐蚀性能。好的管材对于化学物品（包括强酸、强碱等）具有耐腐蚀性能，且不受真菌和细菌的侵害，抗白蚁、耐风化、无味、无臭、无毒。在正常使用条件下寿命可达 30～50 年。

🖊 知识能力检测

1. 悬浮聚合与乳液聚合 PVC 产物在外观、性能及用途上有何差异？

2. PVC 大分子链上氯原子的存在对其性能有什么影响？

3. 为什么说 PVC 是热敏性树脂和多组分塑料？

4. PVC 突出的优点和缺点有哪些？其成因是什么？

5. UPVC 和 SPVC 是如何制得的？力学性能上各有何特点？

6. 作为电绝缘材料使用 PVC 应注意哪些方面？

7. PVC 能否用于生产与食品接触的制品？应注意什么问题？试举两例。

8. 表 2-5 中不同型号的 PVC 用于生产不同的制品，试从树脂性能和成型加工两方面说明原因，并掌握 PVC 型号与制品之间的关系。

9. 工业上是如何解决 PVC 成型加工中分解问题的？成型温度如何控制？

10. 丙烯酸酯类共聚物和氯化聚乙烯在 PVC 加工中有什么作用？

11. PVC 成型加工中对设备有什么特殊要求？为什么？

12. PVC 常用哪些成型加工方法？对应生产哪些主要产品？

13. PVC 是否可用于生产透明制品和色彩丰富的制品？为什么？

14. PVC 透明制品中若有晶点出现，试找出原因。

15. 与 PVC 相比，PVDC 在性能上有何特点？

16. 结合网络和图书期刊资料认识塑料工业的发展过程。

第三章
聚烯烃塑料

学习目标

知识目标：了解聚乙烯和聚丙烯的合成方法，理解其结构与性能的关系，掌握聚乙烯和聚丙烯的性能特点，了解聚乙烯品种之间及聚乙烯与聚丙烯之间的性能异同及其原因。

能力目标：能根据不同的用途和成型加工方法选用不同品种和熔体流动速率（MFR）值的聚乙烯和聚丙烯材料。

素质目标：培养聚烯烃同系聚合物的比较法学习意识，能通过归纳聚烯烃性能进行知识迁移。

第一节　聚乙烯

聚乙烯（PE）是树脂中分子结构最简单的品种之一，它原料来源丰富，价格低廉，具有优异的电绝缘性和化学稳定性，易于成型加工，品种较多，可满足不同的性能要求。自问世以来发展迅速，是目前产量最大的树脂品种，用途极为广泛。

最早用高压法合成低密度聚乙烯（LDPE）是英国帝国化学工业公司（ICI）于 1933 年发明的，在 1939 年开始工业化生产，随后在世界范围内得到迅速发展。1953 年德国化学家齐格勒（Ziegler）用低压法合成了高密度聚乙烯（HDPE），1954 年意大利使用该项成果实现了工业化生产，1957 年美国菲利浦（Phillips）石油化学公司开发的中压法 HDPE 也投入生产。此后，PE 家族不断有新品种问世，如超高分子量聚乙烯（UHMWPE）、交联聚乙烯（XLPE）、线型低密度聚乙烯（LLDPE）以及 20 世纪 90 年代问世的茂金属聚乙烯等，已经得到不同程度的开发和应用。中国于 1958 年在广州塑料厂建立低压法生产聚乙烯的中试车间，成功地生产出 HDPE。50 多年来中国 PE 合成工业发展迅速，产量约占全国树脂总产量的 1/3，超过 PVC 树脂居首位，品种也较为齐全，可满足多方面用途。

一、乙烯的聚合

1.乙烯单体

用于聚合的乙烯单体可以由乙醇脱水、乙炔加氢以及工业废气和天然气的分离来制取。目前大量生产乙烯主要采用的是高温裂解法。该法使用的原料有乙烷、丙烷、正丁烷、石脑油、粗柴油，甚至原油，工业化生产一般包括原料汽化、原料气体和蒸汽的混合、高温裂解、产品气流的冷却、压缩和精制、烃类分离、回收纯乙烯等一系列过程。由于 CO、C_2H_2、O_2 和水分等杂质对聚合反应及产品性能影响较大，生产中必须严格控制乙烯纯度，通常乙烯单体纯度应达到 99% 以上。

2. 乙烯的聚合

乙烯可在不同的引发剂和催化剂存在下进行本体聚合、溶液聚合。常用的引发剂和催化剂有过氧化物、偶氮化合物、金属烷基化物、金属氧化物等。使用的催化剂类型不同，聚合方法与条件不同，所制得聚乙烯的种类和性能也不同。

乙烯的聚合可以在高压、中压、低压下进行，由此可把 PE 分成高压聚乙烯、中压聚乙烯和低压聚乙烯。高压聚乙烯的分子结构与中压、低压聚乙烯相比较，支链数目较多，结晶度和密度较低，而中压和低压聚乙烯的分子链接近线型结构，结晶度和密度较高。通常把高压聚乙烯称为 LDPE、支链聚乙烯；中压和低压聚乙烯则称为 HDPE、线型聚乙烯。LDPE 的密度为 $0.910 \sim 0.925 \mathrm{g/cm^3}$，HDPE 的密度为 $0.941 \sim 0.965 \mathrm{g/cm^3}$，介于二者之间的为中密度聚乙烯。近年来由于 PE 合成技术的发展，不断有新品种问世，已很难用一种分类方法概括，现就 LDPE 和 HDPE 的合成作简要介绍。

（1）低密度聚乙烯　LDPE 是在 $100 \sim 300 \mathrm{MPa}$、$150 \sim 300 ℃$ 的高温高压条件下，以微量的氧或有机过氧化物、偶氮化合物等作引发剂，采用本体聚合工艺生产的。聚合反应式如下：

$$n\mathrm{CH_2}\!\!=\!\!\mathrm{CH_2} \xrightarrow[150\sim300℃]{100\sim300\mathrm{MPa}} \left(\!\mathrm{CH_2}\!-\!\mathrm{CH_2}\!\right)_{\!n}$$

按反应流程，乙烯的聚合可分为釜式法和管式法两大类。釜式法聚合反应通常采用过氧化物为引发剂，反应压力为 $100 \sim 250 \mathrm{MPa}$，反应温度为 $150 \sim 300 ℃$，单线年生产能力最大可达 18 万吨；管式法的反应器为中空长管，反应压力为 $200 \sim 350 \mathrm{MPa}$，反应温度为 $250 \sim 330 ℃$，单线年生产能力最大达 10 万吨，目前大多采用管式法。

在生产过程中，乙烯气体首先由贮气柜送入压缩机压缩到聚合反应所需的高压后，送入连续式搅拌高压釜或管式反应器中进行聚合反应。反应产物先经分离器分离出未反应的乙烯，根据不同用途的需要，适当加入塑料助剂于聚合物中，经干燥、造粒，即得到粒状 LDPE 树脂。

乙烯高压聚合属于自由基型聚合机理，突出的特点是反应温度下链转移反应相当显著，因此，高压法生产的 LDPE 常有较多的支链。通过改变反应温度、压力、引发剂种类和用量等均可不同程度地改变 LDPE 的支化度、分子量及其分布。

（2）高密度聚乙烯　工业上，HDPE 的生产按物料在反应器中的相态类型分为液相法和气相法两种。液相法又可分为溶液法和浆液法，中国各树脂生产厂家多采用齐格勒催化剂催化的浆液法。该法是将纯度为 99% 以上的乙烯在催化剂四氯化钛和一氯二乙基铝的作用下，在 $0.1 \sim 0.5 \mathrm{MPa}$ 和 $60 \sim 80 ℃$ 的溶剂（多采用汽油）中进行聚合，聚合后的浆状物经醇解（破坏残余催化剂）、水洗、干燥、造粒，即得到粒状 HDPE。

浆液法生产工艺简单，操作条件要求较低，容易投产。采用不同的催化剂种类和浓度，改变 Al/Ti 比可制得不同性能的 HDPE 树脂。也可根据用户的需要在后处理过程中加入不同的塑料助剂，制得不同用途的粒料。

PE 聚合技术的发展主要归功于催化剂的改进，目前用于生产 HDPE 一类产物的催化剂大致有三类：钛基催化剂、铬基催化剂和茂金属催化剂。茂金属催化剂的应用给 PE 行业带来巨大的变革，催生了茂金属聚乙烯这一新品种。

二、聚乙烯的结构

PE 的分子结构主要与聚合方法、条件和所使用的催化剂类型有关，聚集态结构不仅与聚合过程有关，还取决于成型加工条件。PE 的化学结构、结晶性、分子量是决定其性能的三个重要方面。

1. 聚乙烯的化学结构

从化学组成看，PE 是碳氢化合物，属于高分子长链脂肪烃，为非极性聚合物，分子间作用力小，力学强度较低，易燃。

根据红外光谱和核磁共振的研究结果表明，PE 是由支化的碳氢长链构成，即以—CH$_2$—CH$_2$—链节组成的主链上具有长度和数目不等的侧基，不同类型的 PE 分子中所含支链差异很大。LDPE 分子链中大约每 1000 个碳原子有 50 个或更多侧基，而且还存在着长支链，这是在聚合过程中由链转移反应造成的。有些支链甚至可以达到主链的长度，以后的链转移反应还可以在支链上发生，使支链像主链一样也发生支化，因而 LDPE 的分子形态常被描绘成树枝状。HDPE 大分子链上侧基较少，每 1000 个碳原子约有 5 个或更少的侧基。LLDPE 大分子链上具有较多的短支链，几乎没有长支链。因而 HDPE 和 LLDPE 大分子链为线型结构。三种聚乙烯的分子链结构模型如图 3-1 所示。

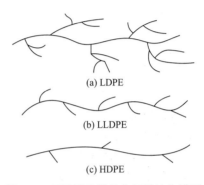

(a) LDPE

(b) LLDPE

(c) HDPE

图 3-1　三种聚乙烯的分子链结构模型

实际上，PE 分子主链上不但有不同数量和长度的支链结构，而且分子链中还存在着双键结构，如 R—CH=CH—等。不同类型的 PE 分子链中所含双键数目和类型亦有所不同。这些双键结构和聚合过程中残留在树脂中的极少量催化剂对 PE 的电性能和老化性能有不良影响。

2. 聚乙烯的结晶性

PE 分子间力小，分子链柔顺性好，基本结构简单、规整，结晶能力强。无论采用哪种聚合方法得到的 PE 都具有结晶结构。PE 结晶区域通常为球晶结构，当球晶大小接近或超过可见光波长时，由于光线漫射而呈乳白色，因而纯净的 PE 树脂在常温下呈乳白色半透明状。HDPE 的结晶度高于 LDPE，它的透明性更差。

PE 的结晶受分子链支化度的影响，随着支化度的增加，大分子链的规整性和对称性降低，结晶能力随之降低。高度支化的 PE 结晶度低，分子堆砌不紧密，因而密度也小。从这个意义上讲，密度可作为支化度的一个量度，也是结晶度的一个表征。如高度支化的 PE 为 LDPE，结晶度为 60% 左右，支化度更高的 LDPE 的结晶度仅为 40%；而支化度较低的 PE 为 HDPE，结晶度为 80%～95%，LLDPE 的支化度介于 LDPE 与 HDPE 之间，其结晶度为 65%～75%。

除支化外，分子量、共聚以及成型加工条件等对 PE 的结晶均有影响。UHMWPE 的分子量过大致使结晶困难，尽管支化程度小呈线型结构，但其结晶度低于 HDPE，密度不超过 0.94g/cm^3；乙烯与其他单体共聚后，由于大分子的支化结构增多，结晶能力大为降低，如密度为 0.880～0.915g/cm^3 的极低密度聚乙烯和超低密度聚乙烯就是乙烯与 α- 烯烃共聚而制得的；成型加工中采用快速冷却可大大降低 PE 的结晶度，生产中常用此法来提高产品的透明度。

除透明度外，聚合物在常温下的结晶结构还直接影响到其他许多性能，如拉伸强度、硬度、刚度、耐磨性、耐热性和耐化学药品性等，见表 3-1。

表 3-1　结晶度、分子量及其分布对 PE 性能的影响

性能	结晶度提高	分子量增加	分子量分布加宽
拉伸强度	增大	增大	降低
刚性	增大	略微增大	略微降低
硬度	增大	略微增大	降低
耐磨性	增大	增大	降低
冲击强度	增大	提高	降低
耐热性	提高	略微提高	略微降低
耐化学药品性	提高	提高	无明显影响
可渗透性	降低	略微降低	无明显影响
耐环境应力开裂性	降低	提高	降低

3. 聚乙烯的分子量

PE 的分子量通常在 1.5 万～30 万之间，LDPE 不超过 7 万，HDPE 不超过 30 万，而 UHMWPE 平均分子量在 100 万以上。随着分子量的提高，PE 的力学性能、耐低温性能、耐环境应力开裂性能都有所提高，但熔体黏度也随之增大，成型加工性能变差。因而在成型加工中既要考虑制品使用性能的要求，又要使成型加工顺利进行。

在塑料工业中常采用熔体流动速率（MFR）作为平均分子量的量度，即在一定温度和负荷下，熔体每 10min 通过标准口模的质量。一般使用熔体流动速率测定仪进行测定，条件为温度 190℃，负荷 2160g。MFR 的单位为 g/10min，其值与分子量的大小成反比。从实际使用情况来看，LDPE 的 MFR 在 50g/10min 以下，HDPE 的 MFR 在 15g/10min 以下。在一定条件下 MFR 与分子量之间存在近似关系，因而在生产中常把 MFR 值作为衡量 PE 分子量大小的依据。

MFR 与分子量之间的关系比较复杂，当 PE 分子结构（如支化程度等）不同或测试条件不同时，不能用 MFR 的值来比较其分子量的高低。由此可知，不同种类的 PE（如 LDPE 与 HDPE）之间也不能以 MFR 值来比较彼此的分子量大小。对其他材料也如此。

分子量分布对 PE 性能也有一定影响。分子量分布较窄时，材料力学性能较好，但熔体的弹性增加，易出现熔体破裂现象；分子量分布较宽时熔体流动性好，对成型加工有利。有关分子量及其分布对 PE 性能的影响可参见表 3-1。

三、聚乙烯的性能

纯净的 PE 是乳白色蜡状物，无味、无臭、无毒。工业上为使用和贮存的方便通常在聚合后加入适量的塑料助剂进行造粒，制成半透明的颗粒状物料。PE 易燃，燃烧时有蜡味，并伴有熔融滴落现象。

PE 的品种较多，性能各异。这些差异主要是由于大分子的结构和分子量不同而引起的，也与聚合工艺及后期造粒过程中加入的塑料助剂有关。

1. 力学性能

尽管 PE 的分子链柔顺，T_g 较低，但由于结晶使它在较宽的温度范围内具有一定的力学强

度。结晶度和分子量的高低决定了它的力学性能的优劣。一般情况下，LDPE 柔韧，耐冲击；而 HDPE 的拉伸强度、刚度和硬度较高。几种常用 PE 的力学性能见表 3-2。

表 3-2　几种常用 PE 的力学性能

性能	LDPE	HDPE	LLDPE	UHMWPE
透明性	半透明	透明性差	半透明	不透明
吸水性 /%	< 0.01	< 0.01	< 0.01	< 0.01
邵氏硬度 (D)	41 ～ 46	60 ～ 70	40 ～ 50	64 ～ 67
拉伸强度 /MPa	7 ～ 20	21 ～ 37	15 ～ 25	30 ～ 50
拉伸弹性模量 /MPa	100 ～ 300	400 ～ 1100	250 ～ 550	140 ～ 800
缺口冲击强度 /(kJ/m^2)	80 ～ 90	40 ～ 70	> 70	> 100

与其他热塑性塑料相比，PE 的拉伸强度比较低，硬度不足，耐蠕变性较差，在负荷作用下随着时间的延长会连续变形产生蠕变，而且蠕变随着负载增大、温度升高、密度降低而加剧。

环境应力开裂是指在某种环境条件下，长时间或反复施加低于塑料力学性能的应力而引起塑料外部或内部产生裂纹的现象。PE 是对环境应力开裂较敏感的树脂品种，其应力开裂的速度除与成型加工中产生的内应力和使用过程中受到的应力大小有关外，环境介质的作用是应力开裂的主要因素，如热、氧、酯类、金属皂类、硫化醇类、有机硅液体、潮湿土壤等作用。产生这种现象的原因可能是这些物质与 PE 接触并向内部扩散时降低了 PE 的内聚能所致。

PE 的耐环境应力开裂能力受分子量及其分布和支化度的影响很大。随着分子量的提高，分布变窄，支化度增大，结晶度下降，PE 的耐环境应力开裂能力增强。可见，就耐环境应力开裂性而言，LDPE 好于 HDPE。线型结构高度结晶的 HDPE 对环境应力开裂敏感，在环境介质作用下易于脆性开裂，生产长期与化学试剂接触及埋入地下等恶劣环境的制品时应选用分子量较高的 HDPE 品种，采用大分子间交联的 PE 也可大大改善其耐环境应力开裂性。

2. 热性能

PE 受热后，随温度的升高，结晶部分逐渐熔化，无定形部分逐渐增多。显然，熔点与结晶度和结晶形态有关。HDPE 的熔点为 125 ～ 137℃，LDPE 的熔点为 105 ～ 120℃。PE 的 T_g 随分子量、结晶度和支化程度的不同而异，而且因测试方法不同有较大差别，一般认为在 -50℃以下。PE 的脆化温度（T_b）在 -70 ～ -60℃，随分子量增大脆化温度降低，如超高分子量聚乙烯的脆化温度低于 -140℃。较低的 T_g 和 T_b 使得 PE 具有优异的耐寒性，在较低的温度（-50℃）下仍具有较好的韧性。但 PE 的使用温度不高，受力情况下即使很小的载荷其变形温度也会很低。一般，LDPE 的连续使用温度在 60℃以下，HDPE 在 80℃以下。PE 树脂的热性能如表 3-3 所示。

表 3-3　聚乙烯的比热容、热导率和线胀系数

热性能	LDPE	HDPE
熔点 /℃	105 ～ 120	125 ～ 137
连续使用温度 /℃	< 60	< 80
比热容 /[J/(kg・K)]	2512	2302
热导率 /[W/(m・K)]	0.35	0.42
线胀系数 /(×10^{-5}K^{-1})	16 ～ 24	11 ～ 16

从表 3-3 可看出，PE 的比热容、热导率、线胀系数随温度升高变化不大。但 PE 的热容量比大多数热塑性塑料都大，线膨胀系数也较大，在成型加工中应予注意。

3. 化学性能

（1）透气性　聚合物材料的透气性是由溶解和扩散两个过程决定的。气体先溶解于塑料材料中，然后扩散到气态物质浓度较低的一面，并蒸发出去。材料的分子结构、厚度，扩散介质的化学性质和浓度，以及环境温度等因素都会影响所透过的气体量。PE 和某些塑料透气率的比较见表 3-4。从表 3-4 中可以看出，PE 的透气性随密度的增大而减小，HDPE 的透气性远低于LDPE。与其他塑料品种比较，PE 对 O_2、N_2、CO_2 等的透气率较大，但对水蒸气的透过率低。因此，PE 薄膜不适合长时间包装需保持香味的物品，但适合防潮或包装需防止水汽散失的物品。

表 3-4　PE 与某些塑料透气率的比较（30℃）　　　　单位：10^{-11}cm·cm^3/（cm^2·s·cmHg）

塑料	透气率			
	N_2	O_2	CO_2	水蒸气（相对值）
低密度聚乙烯	20	59	280	2
高密度聚乙烯	3.3	11	43	1
聚苯乙烯	2.9	11	88	16
聚偏二氯乙烯	0.01	0.05	0.29	0.5
聚对苯二甲酸乙二醇酯	0.05	0.22	1.53	0.7
聚己内酰胺	0.01	0.35	1.6	43
聚氯乙烯	0.40	1.2	10	15
乙酸纤维素	2.8	7.8	23.8	206

各种介质对 PE 的透气性影响与其在 PE 中的溶解度关系很大。非极性介质的透过率大于极性介质的透过率，有机介质的透过率大于无机介质的透过率。用 LDPE 塑料瓶盛不同液体会不同程度地发生损失，因而，LDPE 塑料容器不适宜长期贮存液体，尤其是化学药品和油类物质，不但易损失，而且还可能由于溶胀致使容器变形。

（2）化学稳定性　PE 是非极性结晶聚合物，具有优良的化学稳定性。室温下它能耐酸、碱和盐类的水溶液，如盐酸、氢氟酸、磷酸、甲酸、乙酸、氨、氢氧化钠、氢氧化钾以及各类盐溶液（包括具有氧化性的高锰酸钾溶液和重铬酸盐溶液等），即使在较高的浓度下对 PE 也无显著作用。但浓硫酸和浓硝酸及其他氧化剂会缓慢侵蚀 PE。温度升高后，氧化作用更为显著。

PE 在室温下不溶于任何溶剂，但溶度参数相近的溶剂可使其溶胀。随着温度的升高，PE 结晶逐渐被破坏，大分子与溶剂的作用增强，当达到一定温度后 PE 可溶于脂肪烃、芳香烃、卤代烃等。如 LDPE 能溶于 60℃的苯中，HDPE 能溶于 80～90℃的苯中，超过 100℃后二者均可溶于甲苯、三氯乙烯、四氢萘、十氢萘、石油醚、矿物油和石蜡中。但即使在较高温度下PE 仍不溶于水、脂肪族醇、丙酮、乙醚、甘油和植物油中。

PE 在有机溶剂中的溶解度和溶胀程度随分子量和结晶度的增大而减小。因而，HDPE 比LDPE 有更好的化学稳定性。

（3）耐老化性　从大分子链结构来看，PE 应具有良好的耐老化性，尤其是具有线型结构的 HDPE 更是如此。但实际上 PE 在大气、阳光和氧的作用下易发生老化，具体表现为伸长率和耐寒性降低，力学性能和电性能下降，并逐渐变脆、产生裂纹，最终丧失使用性能。PE 支化产生的叔氢原子，分子链中的双键结构和聚合时残留的杂质等是使其易于老化的原因。

为了防止 PE 的氧化降解，便于贮存、加工和应用，一般使用的 PE 原料在合成过程中已加入了稳定化助剂，可满足一般的加工和使用要求。如需进一步提高耐老化性能，可在 PE 中添加抗氧剂和光稳定剂等。

4. 电性能

PE 是大分子链中仅含有碳、氢原子的聚合物，分子结构中没有极性基团，因此具有优异的电性能，其介电性能数值见表 3-5。从表 3-5 中可看出：PE 的体积电阻率高，介电常数和介电损耗角正切值小，几乎不受频率的影响，因而适宜于制备高频电绝缘材料。

PE 的电性能不受分子量的影响，随密度的变化也不大。若含有杂质（如催化剂残渣、金属灰分），或在聚合、加工、应用中分子链上引入极性基团（如羟基、羰基、羧基）时，对电性能则有不良影响。此外，在重要场合作为电绝缘材料应用时为改善 PE 的力学性能、耐老化性能和耐热性常通过化学改性将 PE 制成交联聚乙烯（XLPE）使用。

表 3-5　聚乙烯的电性能

电性能		低密度聚乙烯	高密度聚乙烯
体积电阻率 /Ω·cm		$> 10^{16}$	$> 10^{16}$
相对介电常数	$60 \sim 10^2 Hz$	$2.25 \sim 2.35$	$2.30 \sim 2.35$
	$10^6 Hz$	$2.25 \sim 2.35$	$2.30 \sim 2.35$
介电损耗角正切	$10 \sim 10^2 Hz$	< 0.0005	< 0.0005
	$10^6 Hz$	< 0.0005	< 0.0005
介电强度 /(kV/mm)		> 20	> 20

5. 卫生性

PE 分子链由碳、氢构成，本身毒性极低，被认为是卫生性最好的塑料品种之一。为了改善 PE 性能，在聚合、成型加工和使用中往往需添加抗氧剂和光稳定剂等塑料助剂，可能影响到它的卫生性。树脂生产厂家在聚合时总是选用无毒助剂，且用量极少，一般树脂不会受到污染。

PE 长期与脂肪烃、芳香烃、卤代烃类物质接触容易引起溶胀，PE 中有些低分子量组分可能会溶于其中。因此，长期使用 PE 容器盛装食用油脂会产生一种蜡味，影响食用效果。

四、聚乙烯的成型加工特性

PE 的熔体黏度比 PVC 低，流动性能好，不需加入增塑剂已具有很好的成型加工性能。在成型中应注意下述几点。

① PE 的热容量较大，但成型加工温度却较低，成型加工温度的确定主要取决于分子量、密度和结晶度。LDPE 成型加工温度在 180℃左右，HDPE 在 220℃左右，最高成型加工温度通常不超过 280℃。

② 熔融状态下，PE 具有氧化倾向，因而，成型加工中应尽量减少熔体与空气的接触及在高温下的停留时间。

③ PE 的熔体黏度对剪切速率敏感，随剪切速率的增大下降得较多。当剪切速率超过临界值后，易出现熔体破裂等流动缺陷。

④ 制品的结晶度取决于成型加工中对冷却速率的控制。不论采取快速冷却还是缓慢冷却，

应尽量使制品各部分冷却速率均匀一致，以免产生内应力，降低制品的力学性能。

⑤ 由于结晶，PE 熔体冷却后收缩率较大，一般成型收缩为 1.5% ～ 5.0%。

⑥ PE 属于化学惰性材料，印刷性能较差，为增加油墨与其表面的结合牢度，可对制品表面进行电晕处理或火焰处理。

五、聚乙烯常见品种及用途

工业上以密度作为衡量其结构的尺度，以熔体流动速率（MFR）来衡量它的平均分子量。这两个指标决定了 PE 制品的最终性能，也是 PE 选用的重要依据。如前所述，MFR 增大，PE 的分子量降低，熔体黏度小，流动性好，成型加工温度低，易于成型，但制品的力学性能较差，反之情况则相反。所以，在选择 PE 的时候既要考虑成型加工性能，又要考虑制品的使用性能。通常，挤出成型应选择 MFR 较低的 PE，有利于挤出定型，提高制品的力学性能；注射成型应选择 MFR 较高的 PE，有利于熔体流动，便于充模。表 3-6 给出了 PE 的 MFR 与成型加工及制品的经验关系。下面就 PE 常见品种进行讨论。

表 3-6　PE 的 MFR 与制品的关系　　　　　　　　　单位：g/10min

制品	LDPE 的 MFR	LLDPE 的 MFR	HDPE 的 MFR
管材	0.2 ～ 2	0.2 ～ 2.0	0.01 ～ 0.5
板、片	0.3 ～ 4	0.2 ～ 3.0	0.1 ～ 0.3
单丝、扁丝、牵伸带		1.0 ～ 2.0	0.1 ～ 1.5
重包装薄膜	0.3 ～ 2	0.3 ～ 1.6	＜ 0.5
轻包装薄膜	2 ～ 7	0.3 ～ 3.3	＜ 2
电线电缆、绝缘层	0.1 ～ 2	0.4 ～ 1.0	0.2 ～ 1.0
中空制品	0.3 ～ 4	0.3 ～ 1.0	0.2 ～ 1.5
注射成型制品	1.5 ～ 50	2.3 ～ 50	0.5 ～ 20
涂覆制品	4 ～ 200	3.3 ～ 11	5.0 ～ 10
旋转成型制品	0.75 ～ 20	1.0 ～ 25	3.0 ～ 20

1. 低密度聚乙烯

LDPE 是 PE 家族中最早问世的品种，具有质轻、透明性好、耐寒、柔韧、高频绝缘性优异、易于成型加工等优良性能，是当今塑料材料中应用最广泛的品种之一。各种牌号的 LDPE 均可满足大多数热塑性塑料的成型加工要求，可进行吹塑薄膜、挤出涂覆、电线电缆的包覆、注塑和中空成型等。

（1）薄膜　薄膜是 LDPE 最大的应用领域，主要优点是光学性能好、化学稳定性好、柔韧、耐寒、易封合、无毒、无味等。单层或复合的 LDPE 薄膜的产量约为 LDPE 总耗量的 55%，在农业、包装、建筑以及日常生活中都具有重要地位。

用于生产薄膜的 LDPE 的 MFR 在 0.3 ～ 8g/10min 范围内。MFR 减小，薄膜具有较高的拉伸强度和韧性，但透明性降低，成型温度也较高；MFR 增大，则与此相反。因此，生产受力较大的重包装袋、垃圾袋应选用 MFR ＜ 1g/10min 的 LDPE，生产一般薄膜可选用 MFR 为 2g/10min 左右的 LDPE，而农用大棚膜的 MFR 约为 0.5g/10min，以提高薄膜的强度，抵御环境的破坏。

中国农用薄膜用量居世界之首，主要包括地膜、大棚膜、青贮料膜等。地膜覆盖在我国已有30多年的历史，其应用的目的也由初期旨在保温、增温、保墒，进一步扩展到利用地膜调节地温，满足不同作物对光质和光强度的不同要求，以及除草、除虫等目的；温室大棚的应用不仅使生活中四季都有新鲜蔬菜，而且还在花卉、水果、养殖等行业得到推广应用。目前，棚膜正向长寿、无滴、保温、热效、防尘、调光等方面发展。然而，地膜和棚膜的大量使用对土壤和环境有不良影响，为达到环保和应用的统一，光和生物降解LDPE薄膜（图3-2）正在开发和研制之中，部分已投入实际生产。

图 3-2　LDPE 薄膜

（2）涂覆　LDPE的性能特点使其成为十分适合挤出涂覆的塑料品种之一，常用MFR ＞ 4g/10min的品种。挤出涂覆是从一个狭缝机头挤出熔融物料以连续熔膜形式涂覆于移动的基材上形成涂层材料。LDPE可与多种基材复合，如纸、织物、薄膜、金属箔等。基材提供力学强度和印刷表面，LDPE提供防潮和有效的气体、油脂等阻隔性，对于共挤出涂覆而言，LDPE主要起热封和黏结层的作用。

LDPE涂覆材料可用于牛奶无菌包装、食品包装、磁带和软盘等工业品的包装。

（3）其他　LDPE注塑成型主要用于生产日用品、容器盖、玩具及其他小商品；中空成型用于生产日用和医用瓶子、具有韧性的软包装和罐衬里。LDPE管柔韧性好，广泛用于农业灌溉，如喷灌、滴灌和微灌，还用于化妆品、药品、牙膏等的包装；此外，LDPE优良的电性能和交联能力，使它在问世之初便成为生产电线电缆的材料。

由于PE家族不断有新品种问世，近年来LDPE在各方面的应用正受到其他品种的强有力冲击，在性能和经济上的吸引力正在减弱。例如，在同等密度下用LLDPE制得的薄膜比LDPE膜有更高的强度，在不降低制品强度的前提下，通过减小薄膜厚度来降低成本。

2.高密度聚乙烯

与LDPE相比，HDPE的平均分子量较高，支链短而且少，结晶度高，密度高。从性能上来看（见表3-2），HDPE的拉伸强度、刚度和硬度优于LDPE，有利于制品的薄壁化和轻量化。同时，HDPE的耐热性、气体阻隔性和化学稳定性也优于LDPE。

常温下，HDPE的断裂伸长率小，延展性差，但在适当的温度条件下具有较大的拉伸倍数，利用这一点可获得高度取向的制品。取向后，制品的力学性能可大大提高。

由于HDPE具有良好的综合性能，大大开拓了PE的用途，在包装、建筑、机械等方面得到了广泛应用。各种瓶、容器和汽油桶等中空制品占HDPE总需求量的50%以上，同时也用于生产薄膜、电线电缆、型材以及各类注塑制品等。

（1）中空容器　PE是塑料中空成型材料中最早实现工业化生产的材料，也是发展速度最快、应用最广泛的中空吹塑材料，其制品产量高居世界塑料中空制品总产量的首位。而用于中空成型的PE品种中HDPE占有重要地位，图3-3给出几种HDPE中空吹塑制品示例。

HDPE用于中空容器的生产，充分体现了力学性能好、使用温度范围宽、化学稳定性好、防水防潮、卫生性好的优点。但容器在使用中主要与化学物质接触，因而对耐环境应力开裂性要求较高，所以选材时在满足成型加工的条件下尽量选用MFR较小的HDPE。一般，生产容量在1～100L的瓶、罐和桶等中空容器可选用MFR为0.2～0.6g/10min的HDPE，生产大型容器和塑料燃油箱一类的产品需选用平均分子量较高的HDPE品种，一般称为高分子量高密度聚乙烯（HMWHDPE）。

图 3-3 几种 HDPE 中空吹塑制品

HMWHDPE 分子量为 20 万～50 万，密度为 0.940～0.960g/cm³，具有优异的耐环境应力开裂性能，拉伸强度高，耐冲击。高熔体强度使其有较高的拉伸比，从而使制品薄壁化。高分子量和高密度的综合使 HMWHDPE 具有良好的刚性、高湿气阻隔性、耐磨性和耐化学药品性，可延长恶劣环境情况下制品的使用寿命。优异的性能使 HMWHDPE 在制造高强度、高阻隔性的大型容器方面得到开发应用，尤其是在塑料燃油箱方面近年来发展迅速。与金属燃油箱相比，塑料燃油箱具有质轻、有效容积大、耐冲、耐化学腐蚀、安全、易成型加工等优点。

HDPE 瓶广泛用于食品、化学品、药品、化妆品、洗涤剂等的包装，桶和大型容器主要应用于工业包装、汽车、运输等领域。随着表面处理和多层吹塑技术的发展，HDPE 中空制品会得到更广泛的应用。

（2）挤出成型制品　挤出成型 HDPE 制品包括薄膜、管材、片材、板材、单丝等，其中 HDPE 薄膜和管材近年来发展迅速，产量占 HDPE 总产量的 1/4 左右。

与 LDPE 相比，HDPE 吹塑薄膜挺括、开口性好、力学强度高，使用温度和包装阻隔性也较 LDPE 大幅提高，产品广泛用于食品袋、购物袋、垃圾袋、农用包装袋等。尤其是 HDPE 的熔体黏度高，生产中可采用较大的吹胀比（一般薄膜为 1.5～3，HDPE 薄膜可达到 3～5），使薄膜获得高而均衡的双轴取向结构，从而在性能相近的情况下，有利于减小膜厚、降低成本。选用高分子量高密度聚乙烯可生产出厚度仅 6μm 左右的超薄薄膜。此外，HDPE 复合薄膜、扭结薄膜等也有广泛应用。

图 3-4　HDPE 双壁波纹管

从提高力学强度和环境应力开裂性能方面考虑，管材生产一般选用 MFR 为 0.01～0.5g/10min 的 HDPE，可生产燃气管、给水管、排水管、农用管、石油及其他液体输送管，其产量仅次于 PVC 管，居世界第二位。尤其是近年来开发生产的铝塑管、交联管、波纹管等正逐渐应用于农业和建筑等行业，图 3-4 是 HDPE 双壁波纹管。

（3）注塑成型制品　注塑成型制品是 HDPE 又一个重要应用领域。用于注塑成型的 HDPE 的 MFR 分布较宽，为 0.5～20g/10min，可根据产品性能和成型加工的要求进行选用，其中 MFR 为 8～10g/10min 的 HDPE 最为常用。注塑产品主要有工业用容器、周转箱、运输箱、货盘、垃圾箱、机械零件、桶、盆、篓、家用器皿、玩具等。

在正常成型加工条件下 HDPE 可以经受多次加热和机械作用，通常可以反复加工 10 次而不损坏其性能，对废旧制品的加工和回收利用具有明显的经济和环保价值。

3. 线型低密度聚乙烯

LLDPE 从 20 世纪 70 年代后期获得工业化生产以来发展迅速，是 LDPE 和 HDPE 之后的 PE 新品种，被誉为第三代 PE。它是在有机金属催化剂（如铬系催化剂、齐格勒催化剂等）存在条件下，通过阴离子型聚合或自由基聚合，使乙烯与 α- 烯烃进行共聚而制得的，大分子主链上带有短小的共聚单体支链结构。用于共聚的单体 α- 烯烃有丙烯、1- 丁烯、1- 己烯、1- 辛烯等，最常用的是 1- 丁烯，共聚单体含量在 8% 左右。

LLDPE 的聚合方法主要有低压气相法、液相法和高压法。低压气相法工艺简单、成熟，工艺流程较短，能源消耗少，设备占地面积小，是目前生产 LLDPE 的常用方法。

（1）LLDPE 的结构和特性　就分子链结构而言，LLDPE 与 HDPE 相似，具有线型结构，但 LLDPE 分子链上带有多种短支链分支。与 LDPE 比较，LLDPE 的分子量较大，分布较窄，大分子链上短支链多，几乎没有长支链。这些结构上的差异使 LLDPE 显示出了与 LDPE 不同的物性。LLDPE 比 LDPE 具有更高的拉伸强度、撕裂强度、冲击强度和刚度及良好的耐环境应力开裂性。同时，LLDPE 结晶度较 LDPE 高，熔点比 LDPE 高出 10 ～ 15℃，因而耐热性好于 LDPE。

在加工性能方面，LLDPE 熔体的剪切黏度较大，黏度对剪切速率的敏感性稍差；LLDPE 熔体延伸性能好，但熔体强度低，易产生拉伸稀化现象；LLDPE 熔点较高，成型加工温度也高于 LDPE。

（2）LLDPE 的应用　LLDPE 的挤出产品以吹塑薄膜为主。与 LDPE 薄膜相比，LLDPE 薄膜强度高，韧性好，撕裂强度高，耐穿刺性好，耐热性和耐寒性能优越，被广泛用作包装袋、冷冻袋、蒸煮袋、购物袋、垃圾袋，以及工业包装和农膜。在吹塑薄膜成型加工中应注意下述几个方面的特性。

① LLDPE 与 MFR 相近的 LDPE 比较，其熔体黏度对剪切速率的依赖性较小，使用一般的 LDPE 吹塑膜设备生产 LLDPE 薄膜将会遇到产量降低和螺杆扭矩增大的问题。因此，应对 LDPE 薄膜生产设备的螺杆、料筒结构加以改进，使其既能适应 LLDPE 流变特性，又能不过多地增加功率消耗。

② LLDPE 熔体黏度较高，若采用与 LDPE 相同的口模，使机头内压力增大，熔体受到过高的剪切应力，造成薄膜表面粗糙，甚至产生熔体破裂现象。同时，过高的机头压力也会使产量受到一定影响。对机头口模最简便和最有效的改进方法就是加宽口模间隙。

③ LLDPE 的拉伸黏度和熔体强度均低于 LDPE，熔体挤出口模后容易变形，对气流敏感，从而造成泡管不稳定。因此，在 LLDPE 薄膜生产中应改进风环的设计，建立沿泡管表面流动的平行气流，减少气体对管的冲击，保持泡管的稳定。

④ LLDPE 薄膜的雾度和光泽度均较差，原因是较高的结晶度使薄膜表面变得较为粗糙。将 LLDPE 与少量 LDPE 共混可改进 LLDPE 树脂的透明性。

相对 LDPE 而言，LLDPE 注射制品具有拉伸强度和冲击强度高、硬度和刚性大、耐热性和耐环境应力开裂性能优良，以及纵横收缩均衡不易翘曲等特点。LLDPE 的注射成型加工条件与 LDPE 相似，但由于 LLDPE 的熔点高，为获得与 LDPE 相应的流动性能，需要提高 LLDPE 的塑化温度。

除上述制品外，LLDPE还应用于管材、板材、电线电缆、中空制品、滚塑制品、涂覆等方面。

4. 超高分子量聚乙烯

UHMWPE的分子结构与HDPE基本相同，所不同的是HDPE的分子量较低，几万至几十万不等，而UHMWPE的分子量一般均超过百万。UHMWPE巨大的分子量使其具有一些普通PE及其他工程塑料所没有的独特性能，如极高的耐磨性、自润滑性、优异的耐冲击和耐疲劳性等。但由于UHMWPE的熔体黏度很高，对热剪切较为敏感，给成型加工带来了很大困难，在一定程度上限制了它的应用。

UHMWPE可以用普通HDPE的生产方法来制取，通过改变聚合工艺条件来控制分子量。

（1）UHMWPE的特性　UHMWPE的特性可概括为下述几方面。

① 一般UHMWPE的密度为0.930～0.940g/cm³，随着分子量的增加密度减小。这是由于较长的大分子链难以排入晶格，妨碍了结晶的进行，聚集态中存在着较大的无定形区造成的。密度的降低使UHMWPE的刚性和硬度不高，与HDPE相当。

② 优异的冲击强度是UHMWPE的突出特性之一，它在常温下的冲击强度与高抗冲材料聚碳酸酯相当，优于常用的工程塑料。

UHMWPE的冲击强度与分子量有关。分子量低于150万时，随分子量增大，冲击强度提高，在150万左右达到峰值，随后，分子量升高冲击强度反而降低。UHMWPE具有较高的冲击强度是由于它的聚集态中存在着较大的无定形区域所致。当分子量超过150万后，大分子的缠结和分子间力都增大到了有碍于大分子形变和伸展的程度，导致了冲击强度的降低。

③ 在目前工业生产的所有塑料中，UHMWPE的耐磨性名列前茅，优于某些金属材料（如碳钢、不锈钢、青铜等）。

UHMWPE不但耐磨性优异，而且摩擦系数也很低，在无润滑条件下与钢或黄铜进行表面滑动摩擦不会因为发热而引起凝胶现象，从而大大降低设备的能耗。

④ UHMWPE具有优异的耐低温性能，在-40℃时仍能保持较高的冲击强度。把UHMWPE制成的薄膜放置在液氮瓶中（-196℃），使薄膜在液氮中反复折叠100次而没有发生脆裂。这种优异的耐低温性使UHMWPE适合在超低温条件下应用。

除上述特性外，UHMWPE的力学性能、化学性能和耐环境应力开裂性也优于普通PE。但由于UHMWPE的化学组成与普通PE相同，因此，在许多性能上它们是相近的，例如电性能、卫生性、耐热性等都与普通PE相似。

（2）UHMWPE的成型加工与应用　UHMWPE属于热塑性塑料，由于它的分子量大，熔体黏度高，熔体流动性能极差，难以用一般的热塑性塑料成型设备进行成型加工。通常，挤出成型的剪切速率范围在10～10³s⁻¹，注射成型在10²～10⁵s⁻¹，而UHMWPE的临界剪切速率仅为0.02s⁻¹，生产中易发生熔体破裂现象，难以用普通的挤出和注射设备成型加工。

由于上述原因，长期以来，UHMWPE的加工常采用类似粉末冶金的方法进行冷压烧结成型。近年来，由于对UHMWPE熔体的性能进行了大量研究，逐步克服了成型加工中的困难，发展了挤出成型和注射成型。例如，将经过处理的层状硅酸盐与UHMWPE进行熔融共混，制成UHMWPE/层状硅酸盐复合材料，利用层状硅酸盐片晶之间摩擦系数小的特点，使其成型加工性能得到明显改善，使用普通聚乙烯管材生产线即可直接挤出层状硅酸盐改性的UHMWPE管材。

随着成型加工技术的发展，UHMWPE的应用领域正逐步扩大。30多年来，从最早应用

UHMWPE 的纺织工业和造纸工业，逐步扩大到食品工业、机械工业、化学工业、采矿工业以及运动器械、医疗器械、建筑机械、航空、船舶等方面。

5. 茂金属聚乙烯

茂金属催化剂于 20 世纪 50 年代问世，但直到 20 世纪 80 年代中期才在开发和应用方面取得突破性进展，并于 1991 年由美国埃克森（Exxon）公司首先用于聚合 LLDPE 并获得成功，标志着茂金属聚乙烯（mPE）进入工业化生产阶段。目前，茂金属聚合物已从茂金属聚乙烯延伸到茂金属聚丙烯（mPP）、茂金属聚苯乙烯（mPS）等方面，它使这些材料的结构和性能发生了显著变化，展现了良好的应用前景。

（1）茂金属催化剂　茂金属催化剂是由茂金属化合物和助催化剂组成的催化体系，茂金属化合物是其主体。茂金属化合物是指过渡金属原子（Zr、Ti、Fe、Co、Ni）与茂环（环戊二烯基或取代的环戊二烯基负离子）配位形成的过渡金属有机化合物。目前，常用的是双环戊二烯金属化合物和单环戊二烯金属化合物。

茂金属催化剂的特征主要表现在只有一种聚合活性位，即只有一个活性中心，聚合时只允许聚合物单体进入催化剂的活性点上，因而能精确地控制分子量及其分布、共聚单体含量及在分子主链上的分布以及结晶结构等。表 3-7 给出了茂金属催化剂与通用齐格勒 - 纳塔催化剂及其聚合产物的情况对比。

表 3-7　两种催化剂及其聚合产物情况对比

齐格勒 - 纳塔催化剂	茂金属单活性催化剂
非均相的催化剂	均相的或载体的催化剂
有许多不同活性位的催化剂	只有一种聚合活性位的催化剂
聚合物分子量分布宽	聚合物分子量分布窄
控制聚合物的平均分子量的数值	可精确控制聚合物的分子量
接入共聚单体方式不同	接入共聚单体方式相同
共聚物组成分布宽	共聚物组成分布窄
分子链上共聚单体呈无规分布	几种单体成为均一组成的聚合物

（2）茂金属聚乙烯的特性及应用　由于茂金属催化剂的特性以及共聚单体、反应器、聚合介质等因素的作用，使得茂金属聚乙烯的分子结构具有以下特点：分子量分布窄，多分散系数为 2.0 ～ 2.5；大分子主链上共聚单体呈均匀分布；大分子的组成和结构非常均匀。

从组成上看，茂金属聚乙烯与 LLDPE 相似，均是乙烯与 α- 烯烃的共聚物，但结构上的差异使茂金属聚乙烯具有一系列独特的性能。

① 密度相近时，茂金属聚乙烯分子结构规整性高，具有更高的结晶度，形成的晶体大小均匀，具有较高的冲击强度和抗穿刺强度，低温韧性优异。

② 与 PE 相比，虽然茂金属聚乙烯的结晶度高，但由于化学组成和结构均匀，形成的球晶尺寸小而且均匀性好，具有更高的透明性。由此制成的薄膜雾度低，清晰度高。

③ 由于茂金属聚乙烯晶体具有细小而均匀的特点，与密度相近的普通 PE 相比，其熔点较低，起始热封温度低，热封强度高。

④ 带有短支链的茂金属聚乙烯分子量分布窄，熔体对剪切速率的敏感性下降，在相同剪切速率下熔体黏度较高，成型加工性能差。在一般 LLDPE 和 LDPE 的生产线上加工茂金属聚乙

烯会遇到设备扭矩升高、电流加大、易出现熔体破裂等问题。为改善茂金属聚乙烯的成型加工性能，一种方法是进行长链支化，或生产双峰树脂，即分子量分布的峰值多于1，达到韧性和可加工性的平衡；另一种方法是加入加工助剂，如加入氟弹性体类加工助剂、酰胺类润滑剂等来降低熔体黏度，增加流动性。

由于茂金属聚乙烯在PE家族中具有独特的性能，应用几乎渗透了普通PE的每一个应用领域，其中以各类薄膜为主。但由于成本和加工方面的原因，目前茂金属聚乙烯中常加入一定量的LDPE或HDPE等进行共混改性。同时，也可用茂金属聚乙烯改性普通PE，如在LDPE中加入一定量的茂金属聚乙烯进行共混，可改善LDPE大棚膜的抗冲击、抗穿刺强度，透明性也有所提高。

茂金属聚乙烯正处于发展和完善阶段，随着茂金属催化聚合技术的不断进步和成熟，茂金属聚乙烯的性能、品种和成本将进一步得到优化，应用也将更为广泛。

6. 交联聚乙烯

PE分子经辐射和化学方法处理后，可形成网状或体型结构的XLPE。XLPE为热固性材料，受热以后不再熔化。与普通PE相比，其力学强度、耐热性、耐环境应力开裂性等大幅提高，从而扩大了PE的用途。

（1）XLPE的制备方法　PE转变为XLPE的方法有辐射交联法、过氧化物交联法和硅烷交联法。

① 辐射交联法。辐射交联法最常用的辐射源为 γ 射线，也可使用电子射线、α 射线和 β 射线，交联度取决于辐照的剂量和温度。PE在一定剂量的射线作用下，其分子结构中会产生一定数量的自由基，这些自由基彼此结合形成交联链，使PE分子结构由线状转变成网状大分子。

工业上制造辐射XLPE制品，是在交联之前先成型，然后进行辐射交联。例如先经成型制得PE电缆绝缘层、管材、薄膜、容器、纤维等，再经辐照处理。在辐照过程中，辐照的剂量准确性和辐照的均匀性是影响产品质量的重要因素。

② 过氧化物交联法。过氧化物交联的原理是将加有有机过氧化物的PE加热到一定温度，使过氧化物分解成为活性很高的自由基，这些自由基再引发PE分子，使PE主链形成新的大分子自由基，两个大分子自由基结合即形成交联。

$$过氧化物A \longrightarrow A\cdot$$

$$A\cdot + \sim\!\!\sim\!CH_2\!-\!CH_2\!-\!CH_2\!-\!CH_2\!\sim\!\!\sim \longrightarrow \sim\!\!\sim\!CH_2\!-\!\overset{\cdot}{C}H\!-\!CH_2\!-\!CH_2\!\sim\!\!\sim +AH$$

$$2\sim\!\!\sim\!CH_2\!-\!\overset{\cdot}{C}H\!-\!CH_2\!-\!CH_2\!\sim\!\!\sim \longrightarrow \begin{array}{c}\sim\!\!\sim\!CH_2\!-\!CH\!-\!CH_2\!-\!CH_2\!\sim\!\!\sim\\ |\\ \sim\!\!\sim\!CH_2\!-\!CH\!-\!CH_2\!-\!CH_2\!\sim\!\!\sim\end{array}$$

工业上采用过氧化物交联法生产XLPE时，通常分为混炼、成型和交联三个阶段。首先，将PE树脂与有机过氧化物等助剂混炼均匀，然后切成颗粒，此颗粒料称为可交联聚乙烯。此过程要严格控制温度，使PE熔融，避免过氧化物分解；其次，控制成型温度低于过氧化物的分解温度，按成型工艺可将其加工成所需形状的制品；最后，将成型制品加热到一定温度，使过氧化物分解，完成PE交联过程，即制得XLPE制品。成型和交联可分步完成，也可同步完成。

③ 硅烷交联法。硅烷XLPE是通过硅氧桥将PE主链交联起来。制造工艺是先将PE在过氧化物引发下与乙烯基三烷氧基硅烷接枝，形成侧链带有活泼—$Si(OR)_3$基的聚乙烯接枝物。

$$\begin{array}{c}-CH_2\!-\!CH_2\!-\!CH\!-\!CH_2\!-\\ |\\ CH_2\!-\!CH_2\!-\!Si(OR)_3\end{array}$$

将 PE 与过氧化物引发剂及有机锡衍生物（如二丁基二月桂酸锡）催化剂混合造粒。生产时按适当比例取接枝聚乙烯和含有有机锡催化剂的 PE（如 95：5）混合即可。也可将 PE、硅烷、引发剂和催化剂等组分一次性混合造粒制得 XLPE，或直接将混合料加入成型设备进行接枝和适当交联。前者称为两步法，后者称为一步法。无论是一步法还是两步法两者在成型过程中均需设置热水或低压蒸汽处理工艺，水在有机锡催化剂作用下使烷氧基水解而发生交联。

以上三种 PE 交联方法中，辐射交联生产工艺简单，化学纯度高，但设备投资大，产品交联度不易控制，对厚壁制品的交联效果不甚理想；过氧化物交联对生产设备要求不高，生产成本较低，但对生产环节中的温度控制要求严格；硅烷交联是一种温和的化学交联体系，生产设备和工艺简单，生产效率高，产品质量容易控制，目前，广泛使用的 XLPE 管材大多采用这种方法。

（2）XLPE 的特性及应用　与普通聚乙烯相比，XLPE 具有卓越的电绝缘性能、更高的冲击强度及拉伸强度、突出的耐磨性、优良的耐应力开裂性和耐蠕变性及尺寸稳定性，耐热性好，使用温度可达 140℃，用作绝缘材料甚至可达 200℃，耐低温性、耐老化性、耐化学腐蚀性和耐辐射性也有所提高。

由于 XLPE 所具有的优异性能，从 20 世纪 60 年代开始就用于制造耐热和耐高压、高频的绝缘材料和电线电缆包覆物，在国防、机械、电气等方面得到广泛应用。20 世纪 80 年代开发生产的 XLPE 热收缩管已从最初的电气绝缘逐渐扩展到机械保护、隔热保护及各种特殊用管。近年来，中国采用硅烷交联法生产的 XLPE 管和铝塑管广泛用于建筑等方面。此外，XLPE 还用于生产薄膜、泡沫塑料、化工设备衬里及容器、阻燃建材等。

7. 氯化聚乙烯

工业生产氯化聚乙烯（CPE）始于 1963 年，通常由 PE 直接氯化制取，LDPE 和 HDPE 均可氯化，目前生产方法主要有溶液法、悬浮法和固相法。氯化后其结构式可表示为：

$$\left[\left(CH_2-CH\right)_x\left(CH_2-CH_2\right)_y\right]_n$$
$$\underset{Cl}{|}$$

（1）CPE 的性能　PE 被氯化后，大分子链不规则地带上了氯原子，规整程度被破坏导致结晶能力下降，无定形部分增加，材料的 T_g 降低，柔性提高。当含氯量达 38% 左右时，断裂伸长率达到极大值，成为橡胶状材料。此后，随着氯化程度的进一步增加，材料逐渐丧失结晶能力而成为无定形聚合物，大分子之间作用力增大，刚性增加，T_g 升高。当含氯量超过 55% 时，CPE 的 T_g 提高到室温以上，成为硬质材料。塑料工业使用的 CPE 通常含氯量在 36% 左右，此时 CPE 具有易分散、加工性能好、冲击强度高等优点。

CPE 具有优良的耐化学药品性、耐磨耗性、耐候性和耐应力开裂性，低温特性优良，具有阻燃性、良好的加工性。电气性能及耐热性能与 PVC 相似。CPE 与多种聚合物具有良好的相容性，可作为 PVC、PE、EVA（乙烯／乙酸乙烯酯共聚物）等塑料的改性剂，也可与天然橡胶、丁苯橡胶、三元乙丙橡胶等并用，与填料的掺混性好，可制成高填充材料。

CPE 热稳定性与 PVC 相接近，加工过程中易分解出氯化氢，需加入适量的热稳定剂。

（2）CPE 的应用　CPE 主要作为 PVC、PE、橡胶等材料的改性剂。CPE 加入 UPVC 中可显著提高材料的冲击强度，改善加工性和耐候性，降低脆化温度（可降至 -40℃），因而大量应用于塑料门窗、防水卷材、薄膜、管材、波纹板等；PE 中加入 CPE 可改善印刷性、阻燃性和韧性。例如，在 HDPE 中加入 5% CPE 后与油墨的黏结力可提高 3 倍，在矿用 PE 软管配方中加入 CPE 及其他阻燃剂后阻燃性大大提高，燃烧时无熔融滴落现象。

CPE 中加入热稳定剂、增塑剂、填料、改性剂等助剂后，可用作塑料和弹性体，也可溶于多种溶剂用于制造防腐、防污和阻燃涂料，用作印刷聚烯烃油墨的组成材料。

8. 乙烯/乙酸乙烯酯共聚物

乙烯/乙酸乙烯酯共聚物（EVA）是乙烯和乙酸乙烯酯在一定压力和适当条件下，经自由基聚合反应而制得，是热塑性共聚树脂，其分子结构为：

$$\begin{array}{c} \text{—}(\text{CH}_2\text{—CH})_x\\ |\\ \text{O}\\ |\\ \text{O}\text{=}\text{C}\text{—CH}_3 \quad \text{—}(\text{CH}_2\text{—CH}_2)_m\text{—} \end{array}$$

EVA 为半透明或半乳白色的粒状或粉状物，无毒，能溶于芳烃、氯代烃中，易燃，离火后继续燃烧，不能自熄，燃烧时有熔融滴落并伴有乙酸和乙酸酯气味。与 PE 相比，由于在树脂中引入了乙酸乙烯酯单体，PE 原有的结晶性能遭到破坏，分子呈现无规结构，性能与 PE 也有较大差异。EVA 的性能与乙酸乙烯酯的含量有关，乙酸乙烯酯含量越少，EVA 的性能越接近LDPE，乙酸乙烯酯含量越多，越接近橡胶状弹性体。EVA 中的乙酸乙烯酯含量可在 5% ~ 50%之间变化。

（1）EVA 的特性　EVA 具有良好的柔韧性、耐低温性（-58℃仍有可挠性）、耐候性、耐应力开裂性、热合性、黏结性、透明性和光泽性，同时还具有橡胶般的弹性、优良的抗臭氧性、易加工性和染色性。

极性乙酸乙烯酯侧链的存在增加了分子间的作用力，从而提高了 EVA 的黏结强度和与各种基材的黏结性，因而与填料的掺混性好，可大量加入填料制得高填充材料或制品。极性也提高了 EVA 在溶剂中的溶解度，使它的耐化学药品性变差。

由于分子链中不含有对氧敏感的碳碳双键，所以 EVA 具有良好的抗老化性能和耐候性。

（2）EVA 的应用　用于塑料工业的 EVA，乙酸乙烯酯含量为 5% ~ 20%，主要用于注塑、中空吹塑、挤出、压延涂层、挤出涂覆、多层共挤出吹塑复合、发泡成型、真空成型等。由于EVA 的黏度较低，热稳定性稍差，它的成型加工温度通常比 LDPE 低 20 ~ 30℃。

EVA 产品主要有包装材料、电线、电缆绝缘层、黏结剂、涂层，也可作为着色剂的载体树脂。其中包装薄膜占 EVA 总产量的 60% 左右，乙酸乙烯酯含量为 5% 或低于 5% 的 EVA 树脂，可用于制造具有中等韧性和较好透明性的薄膜，它的低温韧性使其特别适合于制作冰袋和冷冻室内的肉类和家禽的拉伸包装；当薄膜要求较好的韧性即具有较高的冲击强度时可选用乙酸乙烯酯含量为 6% ~ 12% 的 EVA 树脂；乙酸乙烯酯含量在 15% ~ 18% 时所制得的 EVA 薄膜，可在共挤复合膜中作热合层，该树脂也可与 PE 进行共混使用。EVA 的主要用途概括于表 3-8 中。

表 3-8　EVA 的主要用途

制品类型	用途
挤出吹塑、共挤出复合等制品	农用薄膜、食品包装薄膜、冷冻食品包装薄膜、人造革、建筑片材、软包装复合薄膜、绝缘薄膜、重包装薄膜和热收缩薄膜
挤出制品	各种软管、电缆护套、冰箱填料、挡水板、医用导管等
胶黏剂、涂料（多用中、高乙酸乙烯酯含量产品）	木材粘接、书本装订、书本封面涂层、包装纸袋（盒）粘接、服装热熔衬里、聚烯烃板材粘接、聚烯烃包装袋封口粘接、胶合板粘接、道路用快干涂料、染色体母料、钙塑材料、石油降凝剂、皮革棉毛涂层、防水帆布、通用基材涂布、热熔胶等
泡沫制品	凉鞋、鞋底、拖鞋、滑雪鞋、自行车轮胎、时装塑料模特、浮体、玩具车轮

制品类型	用途
与其他塑料掺混制品	与 HDPE、LDPE、聚丙烯、聚氯乙烯、各种橡胶等共混改性,与氯乙烯接枝改性
中空成型制品	浮子、褶皱管、脚垫、吸水管、注射器、罐头容器、药品和药材容器、风箱
注塑制品	自行车座、玩具、密封容器、罩盖、挡泥板、冷气机壳保护器材等

六、聚乙烯的简易识别

（1）外观印象　白色蜡状，半透明，HDPE 透明性更差，用手摸制品有滑腻的感觉；LDPE 柔而韧，稍能伸长，用指甲划后有痕迹，HDPE 手感较坚硬，指甲划后无痕迹。

（2）水中沉浮　比水轻，浮于水面。

（3）受热表现　90～135℃变软熔融，315℃以上分解。

（4）燃烧现象　易燃，离火后继续燃烧，火焰上端呈黄色，下端蓝色，燃烧时熔融滴落，发出石蜡燃烧时气味。

（5）溶解特性　一般熔融后可溶于对二甲苯、三氯苯等。

第二节　聚丙烯

1955 年，意大利科学家纳塔发明了改进的齐格勒催化剂（即齐格勒-纳塔催化剂），成功地将丙烯聚合成等规聚丙烯（简称聚丙烯，PP），并于 1957 年在意大利实现了工业化生产。此后，在世界范围内，PP 的生产得到了长足发展，目前已成为发展速度最快的塑料品种，产量与 PVC 相当。中国生产 PP 始于 20 世纪 60 年代，除了引进国外生产技术和装置外，中国自己开发的小型本体法 PP 技术也得到了广泛的应用，工艺日趋完善，产品质量不断提高。

PP 发展速度较快的原因主要是丙烯来源丰富，价格低廉，合成工艺较简单，合成的 PP 具有较好的综合性能。与 HDPE 相比，PP 不但有较高的拉伸强度、刚度、硬度、耐应力开裂性和耐热性，而且有突出的延伸性和抗弯曲疲劳性，成型加工性能也极为优良。同时，通过改性后 PP 可用于工程领域，显示了较大的发展潜力。

一、丙烯的聚合

1. 原料制备

丙烯单体的制法与乙烯大致相同，主要由炼厂气、天然气、石脑油等石油馏分高温裂解和分离精制而得。丙烯常温下为气体，在 -47℃时液化。聚合用的丙烯单体纯度要求较高，丙烯含量应大于 99.5%，否则会破坏催化剂，降低反应速率，甚至难以聚合。

齐格勒-纳塔催化剂一般采用三氯化钛与一氯二乙基铝、三乙基铝或三异丁基铝络合而成。由于三氯化钛和烷基铝或其氯化物极易受潮水解，引起燃烧，因而在贮存和转移操作中均应在无氧干燥的氮气中进行，避免与人体接触。

2. 丙烯的聚合

PP 是丙烯单体在齐格勒-纳塔催化剂存在及一定的温度和压力条件下，经阴离子配位聚合而得，是首次问世的定向聚合立构规整性聚合物。聚合时，丙烯以头尾结构相连方式进行，无链转移，也极少产生支链。

PP 的工业生产方法有溶液聚合、浆液聚合、本体聚合三种。本体聚合工艺发展迅速，已超过传统的浆液聚合而成为 PP 的主要工业生产方法。溶液聚合因伴有大量的无规聚丙烯产生而很少采用。无论何种聚合方法，聚合过程中所用原料、设备甚至管道中都应除去空气、水等杂质，以免影响催化剂的效能。

（1）本体聚合　本体聚合分为液相本体聚合和气相本体聚合两种，其中液相本体聚合应用更为广泛。

① 液相本体聚合。该法以液态丙烯作为反应介质和原料，在催化剂作用下，于 60 ～ 70℃和 2.5 ～ 3.3MPa 压力条件下发生聚合反应。产物浆液连续出料，在回收丙烯单体和适当加入塑料助剂后，经造粒制得 PP 粒料。

② 气相本体聚合。气相本体聚合是指丙烯在高效催化剂作用下在特制的反应器中直接进行聚合反应的方法。聚合温度在 PP 熔点以下，产物为固态粒状物，后处理较为简单。

由于高效催化剂的开发和利用已大大简化了 PP 的生产工艺，使用本体法聚合工艺已不需要脱除催化剂残渣和无规物的工序，并可在反应器中直接生产粒状 PP 产品而省去造粒过程，因此大大降低了生产装置的投入和生产成本，也消除了对环境的不良影响，从而促进了 PP 本体聚合的发展。

（2）浆液聚合　该法是将纯度为 99.5% 以上的丙烯、烷烃类稀释剂（己烷、庚烷或汽油）、齐格勒 - 纳塔催化剂和分子量调节剂（常用氢气）连续不断地通入聚合釜（一般由几个釜串联组成）中进行聚合反应。聚合温度维持在 60℃左右，压力约 1MPa。生成的 PP 在稀释剂中形成悬浮液，通过闪蒸装置回收未反应的丙烯单体后，于酯化釜中加入甲醇进行酯化反应以破坏残存的催化剂，再经中和、洗涤、分离、干燥、挤出造粒得到颗粒状产品。溶解于溶剂中的无规聚丙烯，在溶剂回收过程中除去。与本体聚合法相比，浆液聚合法后处理过程较为复杂。

PP 树脂在成粒时，常加入各种塑料助剂，尤其是稳定化助剂，以防止 PP 在贮存、加工和使用过程中发生老化。

像 PE 一样，PP 也可使用茂金属催化剂聚合得到茂金属聚丙烯（mPP），也可在聚合中引入不同的单体进行共聚得到 PP 共聚物。

二、聚丙烯的结构

1. 聚丙烯的化学结构

PP 是线型碳氢聚合物，在物理性能、化学性能、电性能和卫生性等方面与 PE 相似。但由于 PP 分子主链碳原子上交替存在甲基，在一些方面与 PE 的性能又有很大差别。例如，甲基的存在使 PP 主链稍微僵硬一些，分子的对称性亦降低，前者的效应使其结晶熔融温度升高，后者的效应又使熔融温度降低，但由于使用齐格勒 - 纳塔催化剂可制得高度规整的 PP，因而二者的净效应使 PP 的熔点比 HDPE 提高了约 40℃。同时，力学性能也有所提高。

按大分子链上甲基的空间排列方式不同，PP 可分为等规、间规和无规三种立体结构。等规 PP 的甲基全部排列在大分子链的一侧，由于位阻效应，这样的分子不能像 PE 分子那样呈平面锯齿形排列，而是呈三个结构单元为一周期的螺旋形构象。为了便于说明，将立体的螺旋结构拉伸，构成一个平面，其结构的简单表示如图 3-5 所示。主链上的甲基排列在主链构成的平面的一侧，称为全同立构 PP，即等规 PP；若甲基交替排列在由主链构成的平面两侧，具有间同立构的 PP 则称为间规 PP。当甲基在主链构成的平面两侧不规则排列时为无规立构，称为无规 PP。

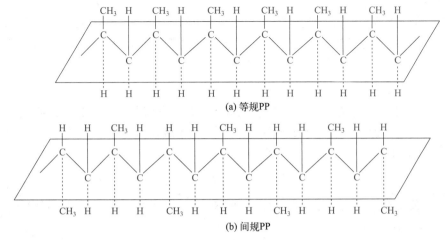

图 3-5　聚丙烯的立体构型

由于等规 PP 分子链具有高度的立构规整性，很容易结晶，因而具有较高的力学强度，是目前工业生产的主要品种，产量占 PP 总产量的 95% 左右；但随着茂金属催化剂在 PP 合成中的应用，间规 PP 的生产技术已取得一定突破，产品已获得不同程度的开发和应用；无规 PP 为无定形聚合物，是生产等规 PP 时的副产物，作为塑料的应用价值不大，在 20 世纪 80 年代开发作为填充母料的载体树脂收到较好效果。

2. 聚丙烯的结晶性

PP 具有很强的结晶能力，结晶速率和结晶度与等规度和分子量有关。PP 的等规度越高，结晶速率越大，结晶度越高；分子量越大，大分子链扩散越困难，结晶速率减小，结晶度趋低。通常 PP 的结晶度为 70% 左右。PP 的结晶度提高，拉伸强度、刚度、硬度、熔点也随之提高。

在成型加工中，PP 的结晶度和结晶形态取决于熔体的冷却速率。从熔融状态冷却所形成的晶体，一般都具有球晶结构。冷却速率慢，结晶温度高，结晶速率大，结晶度高，易于形成较大尺寸的球晶；相反则结晶度低，形成的球晶尺寸较小。大球晶使制品的刚性和耐热性提高，但冲击强度降低；小球晶使制品具有较好的透明性和柔韧性。

聚合过程中的异相成核会改变结晶形态，目前使用成核剂技术制得的透明 PP 品种就是因为成核剂的加入提高了结晶温度、减小了球晶尺寸、增加了球晶数目所致。同时，由于晶体尺寸减小并趋于均匀，材料和制品的内应力下降，韧性提高。PP 常用的成核剂有苯甲酸钠、碱性二甲酸铝等。

由于 PP 的 T_g 低于室温，制品在室温下往往可继续结晶，造成制品后收缩，这种现象称为后期结晶，它在成型加工后的 24h 内可大部分完成。

3. 分子量及其分布

工业生产的 PP 分子量在 20 万～ 70 万之间，随着分子量增加，PP 的熔体黏度、拉伸强度、断裂伸长率、冲击强度均有所提高。但由于分子量增加使结晶困难，会导致屈服强度、硬度、刚性、耐热性下降。

分子量分布对 PP 性能的影响比较复杂。从对不同分子量 PP 共混物的研究结果得知：分子量分布越宽，拉伸强度和断裂伸长率越小；分子量分布大致相同而分子量增加时，PP 的熔体流动性能变差，熔体强度增大；分子量接近而分布增宽时，熔体的流动性变化不大，但材料的力学强度降低。

与 PE 一样，工业上也习惯使用 MFR 间接表示 PP 的分子量，但测定条件有所不同。PP 的 MFR 的测定条件为：温度 230℃，负荷 2160g。工业上生产的 PP 的 MFR 通常为 0.1 ~ 30g/10min。

三、聚丙烯的性能

PP 树脂大多为乳白色粒状物，无味、无臭、无毒，外观与 HDPE 相似，但比 HDPE 密度低、透明性好，密度为 0.89 ~ 0.91g/cm³，是常用树脂中最轻的一种。PP 的综合性能列于表 3-9 中，为便于比较，HDPE 的性能也一并列入。

表 3-9　PP 的综合性能

性能	聚丙烯	高密度聚乙烯
密度 /(g/cm³)	0.89 ~ 0.91	0.94 ~ 0.97
吸水率 /%	0.01 ~ 0.04	< 0.01
拉伸屈服强度 /MPa	30 ~ 39	21 ~ 28
伸长率 /%	> 200	20 ~ 1000
拉伸弹性模量 /MPa	1100 ~ 1600	400 ~ 1100
压缩强度 /MPa	39 ~ 56	22.5
弯曲强度 /MPa	42 ~ 56	7
缺口冲击强度 (相对值)	0.5	1.3
邵氏硬度 (D)	95	60 ~ 70
刚性 (相对值)	7 ~ 11	3 ~ 5
维卡软化点 /℃	150	125
脆化温度 /℃	-30 ~ -10	~ 78
线膨胀系数 /(×10⁻⁵K⁻¹)	6 ~ 10	11 ~ 13
成型收缩率 /%	1.0 ~ 2.5	2.0 ~ 5.0

1. 力学性能

PP 具有良好的综合力学性能，力学性能的高低与分子量、等规度和结晶度有密切关系，并受环境温度的影响。

PP 的屈服强度与等规度有很大关系，等规度增加时，屈服强度明显增加，等规度相同时，MFR 越大，屈服强度越高。这是因为 MFR 大的树脂分子量较低，易于结晶，结晶度提高，屈服强度增大。拉伸强度和伸长率变化恰好相反，当 MFR 较大时，由于分子量较低，拉伸时尚未伸展定向就会发生破坏，拉伸强度和伸长率均较低；当 MFR 较小时，由于拉伸过程中产生定向作用，伸长率可达 900%，拉伸强度也较高。PP 的拉伸强度高于 PE、聚苯乙烯和 ABS 树脂，并且受温度影响较小，即使在 100℃时仍能保留常温时拉伸强度的 1/2。

PP 在室温以上有较好的抗冲击性能，由于它本身分子结构的规整度很高，低温冲击强度较 PE 低，而且对缺口较敏感。除环境温度外，PP 冲击强度还与等规度、分子量、成型加工条件有关。

PP 的刚性和硬度比 PE 高，二者均随等规度和 MFR 的增加而增大。在同一等规度时，

MFR 大的 PP 表现出高的刚性和硬度。这是分子量降低、结晶度增加的结果。

优良的耐弯曲疲劳性是 PP 的一个特殊力学性能。把 PP 薄片直接弯曲成铰链或注射成型的铰链，能经受几十万次的折叠弯曲而不损坏。PP 的这一特性使它适合于制造文件夹、盖体合一的容器等。

与 HDPE 相比，PP 有良好的耐环境应力开裂性，它的分子量越大，耐环境应力开裂性越好，PP 共聚物则更为优异，见表 3-10。

表 3-10　PP 的耐环境应力开裂性

高聚物	MFR/(g/10min)	达到 50% 破坏的时间 /s
聚丙烯均聚物	8	50 ~ 100
聚丙烯均聚物	1.5	200 ~ 300
聚丙烯均聚物	0.3	700 ~ 900
聚丙烯共聚物		> 1000
高密度聚乙烯		< 24
耐环境应力开裂型聚乙烯		200 ~ 250

注：试验条件为 1% 含量的非离子表面活性剂溶液，80℃温度。

2. 热性能

PP 分子链上甲基的存在及甲基在空间高度规整排列，使它的大分子链柔性下降，因而耐热性比 PE 好得多。PP 的熔点为 164 ~ 170℃，长期使用温度可达 100 ~ 120℃，无负载时使用温度可高达 150℃，是通用塑料中唯一能在水中煮沸，并能经受 135℃高温消毒的品种。

PP 的耐热性随其等规度和 MFR 值的增大而提高，这主要是结晶度提高所致。此外，填充、增强也可改善 PP 的耐热性。

PP 的 T_g 约为 -10℃，高于 PE，因而它的低温脆性较 PE 大，在 T_g 以下易脆裂，随 MFR 的增大脆化温度显著升高，因而高熔体流动速率的 PP 在使用上受到限制。通过共聚的方法可改善 PP 的低温脆性。

3. 化学性能

（1）热氧老化　尽管 PE 和 PP 等聚烯烃聚合物在氮气等惰性气体环境中有较高的热稳定性，但当它们暴露在大气中，特别是受到光和热的作用时，性质就逐渐变化，出现了热氧老化现象。由于 PP 分子主链上交替出现叔碳原子，因而它比 PE 更易发生热氧老化。

PP 产生热氧老化时会导致分子链发生降解，生成低分子量产物，此时材料的溶解度上升，力学性能下降，甚至发生粉化。此过程中首先生成氢过氧化物，然后分解成羰基，导致主链断裂。

· OH 自由基继续与叔氢原子反应，引起链式反应。

二价或二价以上的金属离子能与大分子过氧化物反应生成自由基，从而引发或加速 PP 的氧化。不同金属离子对 PP 氧化的催化作用不同，强弱顺序如下：

$$Cu^{2+} > Mn^{2+} > Mn^{3+} > Fe^{2+} > Ni^{2+} > Co^{2+}$$

可见铜离子对 PP 氧化的加速作用最为显著。

（2）光稳定性　光稳定性是指塑料材料在日光或紫外线照射下，抵抗褪色、变黑或降解的能力。由于聚烯烃塑料在合成、加工和使用中易引入催化剂残渣、氢过氧化物、羰基和双键，因而光稳定性较差，PP 尤甚。如在 150℃经 0.5～3.5h 或在广州地区户外暴晒 12d PP 就会发脆，在室内放置 4 个月即变质。

由此可知，PP 是光稳定性较差的聚合物品种，户外使用必须加入稳定化助剂。为提高 PP 和 PE 的光稳定性和抗热氧老化能力，最常用的方法是添加抗氧剂和光稳定剂，详细介绍可参见第十一章。

（3）耐化学药品性　PP 和 PE 一样，具有优良的化学稳定性，但由于 PP 分子结构中有叔碳原子，更容易被氧化性化学药品侵蚀。

在 100℃以下，大多数无机酸、碱、盐的溶液对 PP 无破坏作用，如 PP 对浓磷酸、盐酸、40% 硫酸以及它们的盐溶液等在 100℃时都是稳定的，但对于强氧化性的酸，如发烟硫酸、浓硝酸和次磺酸在室温下也不稳定，对次氯酸盐、过氧化氢、铬酸等，只有在浓度较小、温度较低时才稳定。

非极性有机溶剂易使 PP 溶胀或溶解，但在室温下仅能使其轻微溶胀，随着温度升高，溶胀程度增加；对大多数极性有机溶剂，PP 是稳定的，如醇类、酚类、醛类、酮类和大多数羧酸都不易使其溶胀，但芳烃和氯代烃在 80℃以上对它有溶解作用，酯类和醚类对它也有某些侵蚀作用。

四、聚丙烯的成型加工特性

PP 的熔体黏度低于 HDPE，具有较好的流动性，因而成型加工性能良好。成型加工中提高剪切速率和温度均能增加熔体的流动性，尤以提高剪切速率为显著。由于 PP 的熔点高于 PE，因而它的成型加工温度也较高，一般在 180～280℃，不宜超过其分解温度（$T_d \approx 315℃$）。

如前所述，PP 在高温下对氧的作用十分敏感，在成型加工中有高温氧化倾向。据测，PP 的高温氧化速率是 PE 的 30 倍。因此，应尽量避免其熔体与空气接触或减少与空气接触的时间，因为发生高温氧化现象会降低制品的力学强度，若是拉伸成型则给拉伸工艺的控制带来困难。还应注意避免 PP 熔体与铜接触，铜的存在会加快 PP 的氧化降解速率。加工或使用中需要与铜接触可加入铜抑制剂，如芳香胺、草酰胺等化合物。

成型加工条件对 PP 的结晶度和结晶形态有较大影响，结晶也影响到制品的最终性能。通常 PP 结晶速率最大时的温度为 120～142℃。对 PP 熔体急冷时的结晶度低，此时制品具有良好的透明性，工业上常用此法制得高度透明的 PP 薄膜。另外，由于急冷时大分子链段来不及运动与调整即被冻结，制品往往产生内应力。缓慢冷却可获得较高的结晶度，生成的晶体较稳定，内应力较小，但制品的成型收缩率较大，透明性和韧性降低。

与 PE 一样，PP 的吸水率小，成型前一般不需进行干燥处理；制品的印刷性能差，需进行印刷等表面装饰时可采取电晕处理等方法。

除上述性能外，PP 的其他性能与 PE 也极为相似，如二者都是非极性聚合物，具有优良的电绝缘性，而且 PP 可在更高的温度下使用。PP 在食品卫生学上属安全的树脂品种，可应用于食品等的包装，并可进行蒸煮杀菌。但 PP 易于老化，因而在 PP 塑料中大多加有抗氧剂、光稳定剂等，应该注意这些塑料助剂对 PP 卫生性的影响。

五、聚丙烯常见品种及用途

PP 具有价格低廉、质轻、使用温度高、刚性和拉伸强度高、易于成型加工等特点，而且共聚、共混、填充、增强、交联发泡等改性技术在 PP 中的应用使其性能不断得到改善，新品种不断增加，这些都是 PP 用途不断扩大、应用日益广泛的原因。

1. 聚丙烯的类型

（1）PP 均聚物　至此为止，本节所讨论的合成、结构和性能均指 PP 均聚物，这是 PP 材料的主体，英文缩写代号为 PPH，简称 PP。但在塑料工业中 PP 一词往往也包括共聚、填充等改性品种。

PP 均聚物中除了为了满足成型加工和使用要求而添加有少量抗氧剂等外，不再加入其他助剂，因而组成单纯。其性能主要取决于等规度和分子量的情况，成型加工和用途与 MFR 有密切的关系。PP 均聚物适应各种成型加工方法，用途广泛。

（2）PP 共聚物　英文缩写代号为 PPC，主要包括 PP 无规共聚物和抗冲击 PP 共聚物。

PP 无规共聚物（PP-R）是在 PP 主链上无规则地插入不同的单体分子而制得，最常用的共聚单体是乙烯，含量为 1% ～ 7%。乙烯单体无规地嵌入阻碍了 PP 的结晶，使其性能发生了变化。与 PP 均聚物相比，PP 无规共聚物具有较好的透明性、耐冲击性和低温韧性，熔融温度降低更便于热封合。但刚性、硬度有所降低。PP 无规共聚物主要用于韧性要求较高的薄膜、管材、中空制品和注塑制品中。

抗冲击 PP 共聚物中乙烯等单体含量可高达 20%，聚合工艺也较为复杂，有些是 PP 嵌段共聚物（PP-B），产物中含有橡胶相是其具有较高抗冲击能力的原因。抗冲击 PP 共聚物克服了 PP 均聚物韧性不足的缺点，保留了易加工和优良的物理性能的特点，因而大量用于汽车、家用工具、中空容器、热成型片材等方面。

PP 均聚物和 PP 共聚物的性能比较见表 3-11。

表 3-11　PP 均聚物和 PP 共聚物的性能比较

性能	PP 均聚物	PP 无规共聚物	PP 嵌段共聚物
热变形温度 /℃	100 ～ 110	105	90
脆化温度 /℃	−10 ～ 8	−5 ～ 10	−25
悬臂梁冲击强度 /(kJ/m²)	0.01 ～ 0.02	0.02 ～ 0.05	0.05 ～ 0.1
落球冲击强度 /(kJ/m²)	0.05	0.1 ～ 0.15	1.4 ～ 1.6
拉伸强度 /MPa	30 ～ 31	26 ～ 28	23 ～ 25
硬度 (R)	90	80 ～ 85	60 ～ 70

（3）填充和增强 PP　将含有颗粒状填料的 PP 称为填充 PP，将含有纤维状填料的 PP 称为增强 PP。实际上，近年来随着颗粒状填料的细化及表面处理等技术的发展，二者的界线已趋于模糊。

PP 最常用的填料是碳酸钙、滑石粉和玻璃纤维。为提高填料的分散性和与树脂的亲和力，可对填料进行表面处理。PP 填充后其密度、刚性、硬度、耐热性有所提高，而拉伸强度和韧性有所下降；纤维增强 PP 除保持了 PP 原有的优良性能外，拉伸强度、刚性、硬度、冲击强度、耐热性、抗蠕变性等均大幅提高，而且制品收缩率小，尺寸稳定性好。

（4）茂金属聚丙烯　茂金属聚丙烯系指采用茂金属催化剂聚合的 PP。茂金属催化聚合的聚丙烯均聚物可生成近似无规的低立构规整性到高立构规整性的茂金属聚丙烯，低立构规整性的 mPP 具有较高韧性和透明性，高立构规整性的 mPP 具有高刚性。使用茂金属催化剂聚合间规 PP 取得了突破，与 PP 均聚物相比，间规 PP 具有密度低、结晶度低、球晶尺寸小、透明度高、韧性好的特点，在包装方面展现了良好的应用前景。

除上述类型外，PP 还有众多的改性品种，一般以 PP 专用料的形式供给汽车、家电、薄膜等生产企业，以满足产品特定的性能要求。

2. 聚丙烯的成型加工与应用

一般树脂生产厂将不同 MFR 和不同改性方法制得的 PP 分成若干等级。对不同树脂品种的特性和用途加以说明，可以根据成型加工方法和用途加以选用。为了满足使用要求，成型加工厂家也可进行适当的改性。

PP 的 MFR 标志着其流动性能的好坏，也间接表示了分子量的大小，是 PP 选用时的重要依据。一般工业生产的 PP MFR 为 0.1 ～ 30g/10min，使用不同的加工方法成型各类制品时，应选用不同 MFR 的 PP 树脂品种，见表 3-12。

表 3-12　PP 的 MFR 与成型方法及制品的关系

成型方法	MFR/(g/10min)	制品举例
挤出成型	0.5 ～ 2	管材、板材、片材、棒材
	0.5 ～ 8	单丝、编织袋、捆扎绳、打包带
	1 ～ 4	双向拉伸薄膜
	6 ～ 12	吹塑薄膜
注塑成型	1 ～ 30	汽车配件、家电配件、医疗器械
中空成型	0.5 ～ 1.5	瓶、容器
熔融纺丝	10 ～ 20	纤维、地毯、织物、一次性卫生用品

（1）PP 挤出成型及其制品　PP 挤出成型制品种类较多，一般选用 MFR 较小的 PP 树脂。

挤出型材、片材、管材要求有优异的力学性能，二次加工时松弛要小，成型时要求有较高的熔体强度，保持挤出物的均匀性，因而常选用 MFR 为 2g/10min 以下的 PP 树脂，或选用 MFR 为 1g/10min 左右的 PP 共聚物，也可用热塑性弹性体进行共混改性。PP 棒材主要用来生产零部件，如齿轮、线轴、滑轮等；PP 片材可采用热成型、焊接等二次加工技术，制造卡车内衬、浴盆、箱子衬里、电动机和泵的罩壳、液体贮槽等；PP 管材在 80℃下可长期使用，在 100 ～ 120℃下可短期使用，使用压力在 20℃时一般不超过 5MPa，100℃时不超过 0.7MPa，常用于输送酸、碱、盐液，以及石油和热水管道。近年来开发的 PP-R 管广泛用于建筑等冷热给水系统。

PP 具有良好的拉伸特性，经牵伸后其强度大大提高，大量用于编织袋、捆扎绳、打包带等拉伸制品的成型。生产中，重包装用的扁丝、窄带和绳索、渔网用的单丝，要求强度高、易牵伸，宜选用 MFR 为 0.5 ～ 5g/10min 的 PP 树脂。尤其是塑料编织袋的生产主要采用 PP 树脂，其耗量占我国 PP 总产量的 50% 左右。生产中 PP 经挤出拉伸为扁丝，再经编织、缝制而成塑料编织袋。塑料编织袋具有 PP 的一系列优点，大量用于粮食、食盐、化肥、树脂、矿物等重型包装。图 3-6 是几种典型的 PP 拉伸制品。

图 3-6　几种 PP 拉伸制品

　　PP 薄膜中除少量采用吹塑法外，主要是采用双向拉伸技术制得高度取向的双向拉伸薄膜，简称 BOPP 薄膜。PP 双向拉伸薄膜与吹塑薄膜相比，低温韧性、拉伸强度、冲击强度、透明性、光泽和气体阻隔性等方面都有很大的改善，在包装和电器方面有广泛的应用。若双向拉伸后不经热处理定型可制得热收缩薄膜，适用于热收缩包装。薄膜通常需要进行表面处理以提供良好的印刷性，同时还可采用多层复合和涂覆技术来提高薄膜对气体的阻隔性。生产中一般选用 BOPP 薄膜专用树脂，根据需要添加不同母料赋予其某些功能。

　　（2）注塑成型及其制品　注塑成型用 PP 的 MFR 范围较宽，一般为 1 ～ 30g/10min，选用时主要考虑制品的性能要求及制品的大小、形状、壁厚等因素。PP 的注塑制品表面光洁，具有较高的表面硬度、刚性、耐应力开裂性和耐热性，是 PP 应用的重要方面。其中耐低温、耐冲击的 PP 共聚物在注塑成型中占有重要地位。

图 3-7　PP 注塑制品

　　高速发展的汽车工业是 PP 注塑制品应用的重要领域，除 PP 均聚物外，应用于较多的是 PP 专用料，如 PP 共聚物、填充和增强 PP 及 PP 合金等，典型的产品主要用于制造方向盘、保险杠、蓄电池箱、加速器踏板、反冲板、鼓风轮、风扇罩、散热片、车内装饰等；在机械工业可制造各种零件，如法兰、接头、泵叶轮、风扇叶；在化学工业可用于管件、阀门、泵、搅拌器、洗涤机部件等；在电器方面用于制造收录机、电视机、仪器仪表的外壳，洗衣机桶（图 3-7）以及座体、面板等。此外，还用于耐蒸汽消毒的医疗器械，耐弯曲疲劳的盒子、箱子以及餐具、盆、桶、书架、玩具等日常生活用品。

　　（3）中空成型及其制品　中空成型制品主要要求耐冲击和耐环境应力开裂，宜选用 MFR 较小的 PP 树脂。

　　对于中空成型而言，由于 PP 的气密性和刚性不如 PVC，成型加工性和冲击强度不如 PE，因而发展比较缓慢。随着拉伸吹塑成型工艺的应用，PP 中空制品的透明性和冲击强度有很大提高，用拉伸技术制得的薄壁瓶子已用于洗涤剂、化妆品、药品、饮料包装等方面。

　　尽管近些年来开发了 PP 共聚物和透明 PP 使其在韧性、透明、成型加工方面大大改善，但在中空制品应用领域仍不如 HDPE 发展迅速。

　　除上述应用外，PP 还被大量用于纺织纤维和丝，俗称"丙纶"，产品有衣料、地毯、人工草坪、滤布等，尤其是用 PP 纤维制成的无纺布在一次性卫生用品和医用服装上的应用得到了快速发展。

六、聚丙烯的简易识别

(1) 外观印象　白色蜡状，半透明，手感较 HDPE 坚硬。

(2) 水中沉浮　比水轻，浮于水面。

(3) 受热表现　160～175℃熔融，熔融过程中逐渐呈透明状，315℃以上分解。

(4) 燃烧现象　易燃，离火后继续燃烧，火焰上端黄色下端蓝色，有少量黑烟，燃烧后熔融滴落并发出石油气味。

(5) 溶解特性　室温下无溶剂可溶，高温下溶于或部分溶于正己烷、苯乙烯、二氯甲烷等。

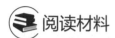 阅读材料

我国天然高分子科学领域的杰出科学家——张俐娜

张俐娜（1940 年 8 月 14 日～2020 年 10 月 17 日），籍贯江西萍乡，出生于福建省光泽县，高分子物理化学家，中国科学院院士，武汉大学化学与分子科学学院教授、博士生导师。

张俐娜长期致力于高分子物理与天然高分子材料的基础和应用研究，涉及高分子物化、农业化学、环境材料和生物学交叉学科。1963 年毕业于武汉大学化学系；1963 年至 1973 年在北京铁道科学研究院金属及化学研究所工作；1973 年调任武汉大学化学系讲师；1985 年至 1986 年获日本学术振兴会奖学金（JSPS）赴大阪大学做客座研究员，从事高分子溶液理论研究；1986 年 12 月加入中国民主同盟；1988 年晋升为副教授；1993 年晋升为教授，同年创建了武汉大学天然高分子及高分子物理实验室；2011 年当选为中国科学院院士，同年获得美国化学会安塞姆·佩恩奖；2014 年成为英国皇家化学会会士。2019 年 6 月退休。

张俐娜院士是中国化学会纤维素专业委员会发起人，曾先后兼任中国化学会高分子专业委员会分子表征学科组主任，中国材料研究学会环境材料分会第一届委员会委员，国家自然科学基金委员会化学科学部第十、十一届评审组委员，中国化学会第二十九届理事会常务理事，第十届全国政协委员，第八、九届民盟中央委员，第八届湖北省政协常委。担任美国化学会刊物 *ACS Sustainable Chemistry & Engineering* 副主编，《高分子学报》、*Cellulose*、*Chinese Journal of Polymer Science*、*Journal of Biobased Materials and Bioenergy*、*Journal of Applied Polymer Science*、*Bioactive Carbohydrates and Dietary Fibre* 等多个国内外学术刊物编委。

张俐娜院士毕生致力于高分子物理与天然高分子材料的基础和应用研究工作，积极投身国家可持续发展战略，屡挑重担，尤其是在天然高分子及高分子物理领域潜心研究，攻坚克难，取得一系列开创性的研究成果。在纤维素和甲壳素的研究方面，张俐娜院士针对农林废弃物中大量的纤维素以及海产品加工废弃物中的甲壳素和壳聚糖等天然高分子，利用水溶剂实现其"绿色"转化；面对最难溶解的高分子，她开创了一系列崭新的无毒、低成本的"绿色"溶解技术，并初步实现了绿色工艺生产再生纤维素纤维和甲壳素纤维的工业化。这些成果在生物医学、能源储存、污水处理和纺织制造等方面极具应用前景。

作为我国天然高分子科学领域的杰出科学家，张俐娜院士把自己的一生无私奉献给了祖国的科研和教育事业，为中国化学学科特别是高分子物理与天然高分子材料领域的研究和发展做出了卓越贡献。生命不息，奋斗不止，张俐娜院士身上体现的以德执教、求真求新、淡泊名利、勇于开拓、无私奉献的精神，永远值得我们敬仰和学习。

知识能力检测

1. 写出 LDPE 和 HDPE 的密度，从链结构方面说明产生这种差异的原因。

2. LDPE 和 HDPE 又习惯称为高压聚乙烯和低压聚乙烯，这种称呼有什么根据？

3. 通常从外观上看 LDPE 比 HDPE 透明些，为什么？

4. 用指甲用力感知 LDPE 和 HDPE 粒料，较硬的是哪一种？为什么？

5. PE 的力学强度不高，简单描述一下 LDPE 和 HDPE 各自的力学性能特点。

6. PE 具有较好的耐寒性，是何原因？

7. PE 用于食品包装材料有何优点？长期包装食品是否适合？

8. 与 PVC 相比 PE 用于绝缘材料有何优势和劣势？实际生产中是如何克服这种劣势的？

9. 举例说明 PE 的 MFR 值与性能、成型加工及制品间的关系。

10. LDPE 薄膜主要用于哪些方面？有何优点？

11. HDPE 主要用于生产哪些塑料制品？如何选材？

12. CPE、EVA、UHMWPE、茂金属聚乙烯各有何特性及用途？

13. PP 单体结构与 PVC 相似，为何前者是结晶塑料而后者是非晶塑料？

14. PE 与 PP 在力学性能和热性能方面有何差异？为什么？

15. 如何控制 PP 的结晶来达到改善其性能的目的？

16. PP 是常用塑料中相对密度最小的，这对 PP 的应用有何优势？举例说明。

17. PP 与 PE 相比力学性能如何？为什么？

18. 写出 LDPE、HDPE 和 PP 的熔点及使用温度，PP 在热性能上有何特点？为什么？

19. PP 和 PE 的耐候性如何？其原因是什么？

20. PP 户外使用时应注意什么问题？如何解决？

21. 举例说明 PP 的 MFR 值与性能、成型加工及制品间的关系。

22. 写出 PP 成型加工温度范围及加工中应注意的问题。

23. PP 共聚物与均聚物相比性能有哪些改善？主要用于哪些方面？

24. 填充和增强 PP 有何特点？主要用于哪些制品？

25. 结合网络和图书期刊资料了解 PE 和 PP 工业原料的型号和用途。

第四章
苯乙烯类塑料

 **学习目标**

知识目标：了解聚苯乙烯和丙烯腈/丁二烯/苯乙烯树脂的制备方法和结构特点，丙烯腈/丁二烯/苯乙烯三元共聚物中各组分对其性能的影响，了解聚苯乙烯刚、硬、脆、透明及丙烯腈/丁二烯/苯乙烯树脂的综合力学性能好、制品光泽度较高的性能特征。

能力目标：能识别聚苯乙烯、丙烯腈/丁二烯/苯乙烯树脂，能描述聚苯乙烯、丙烯腈/丁二烯/苯乙烯树脂及其他苯乙烯类塑料的成型加工性能特点和主要用途。

素质目标：培养在苯乙烯塑料生产、使用过程中"绿色制造"的生产观。

第一节 聚苯乙烯

聚苯乙烯（PS）于20世纪30年代后期开始工业化生产以来，一直是主要的热塑性塑料品种之一。它质地坚硬，呈刚性，化学性能和电绝缘性优良，易成型出各类透明、色彩鲜艳、表面光泽的制品，广泛用于电气、仪器仪表包装、装潢和日常生活等方面。

PS的主要缺点是脆性较大，力学强度不高，耐热性差，在一定程度上限制了它的应用。为了改善上述性能，长期以来人们对PS的改性进行了大量的研究，发展了以苯乙烯为基础的一系列聚合物，使PS的缺点得到了不同程度的改善。

由于PS泡沫塑料多属于一次性产品，且密度小、不易降解，容易浮于水面或随风飘移，造成环境污染，因此PS泡沫塑料及其制品的回收再利用非常重要，既能减少环境污染，又能节约资源。

一、苯乙烯的聚合

1. 苯乙烯单体

苯乙烯是芳香族碳氢化合物，常温下为无色透明液体，其蒸气有轻度毒性，略带有香甜味，但经空气快速氧化后生成的醛、酮等氧化物有刺激性异味。工业用苯乙烯纯度在99.4%以上，含有少量醛、乙苯等杂质。杂质的存在对聚合反应的影响不大，但对聚合物的性能有不良影响。

苯乙烯的制造方法很多，工业上以乙苯催化脱氢方法为主。乙苯主要以乙烯和苯为原料经烷基化合成得到，催化脱氢的反应式如下：

$$\underset{\text{（苯环）}}{CH_2-CH_3} \xrightarrow[\text{催化剂}]{\text{温度}} \underset{\text{（苯环）}}{CH=CH_2} + H_2$$

2. 苯乙烯单体的聚合

苯乙烯单体可以通过本体聚合、悬浮聚合、溶液聚合、乳液聚合、离子型聚合等方法合成PS，工业上应用较多的是本体聚合和悬浮聚合，反应式如下：

$$n \underset{\text{（苯环）}}{CH=CH_2} \xrightarrow[\triangle]{\text{引发剂}} \left[-CH-CH_2- \right]_n$$

（1）本体聚合　本体聚合是将苯乙烯通过加热或引发剂等引发而进行的自由基型聚合。聚合时先将苯乙烯在预聚釜中于95～115℃下进行预聚合，待转化率达30%～35%后，再送入连续塔式反应器，反应温度从100℃分段递增至约180℃，维持反应使最终转化率达95%左右。最后反应产物在真空罐中进行脱气处理，去除未反应挥发物后，从底部排出，经过挤出造粒得到PS粒状物。

由于本体聚合基本不需加入辅助材料，因此所得产物纯度高，具有良好的透明性和电性能。但是由于聚合体黏度高，散热困难，温度不易控制，导致产物分子量较低；同时，搅拌困难，易造成局部温度过高，引起分子量分布不均，使产品的力学性能受到一定影响。

（2）悬浮聚合　苯乙烯的悬浮聚合以水为介质，根据反应温度不同，可分为低温聚合和高温聚合。

低温聚合是以聚乙烯醇为主分散剂，以过氧化二苯甲酰为引发剂，在85℃以下经强烈搅拌形成悬浮液进行聚合；高温聚合无须使用引发剂，以碳酸镁或碳酸钙为分散剂，用苯乙烯-顺丁烯二酸酐钠盐为助分散剂，在150℃高温下进行聚合。经悬浮聚合后得到浆状的苯乙烯聚合物，用氮气驱逐未反应的苯乙烯单体再经水洗、离心分离、气流干燥得到珠粒状PS树脂。

悬浮聚合温度易于控制，反应热易于散发，产品具有分子量分布均匀、综合性能优良的特点。但产品中会残留少量分散剂，对制品透明性有一定影响，工艺过程也较本体聚合复杂。该法所得产品除用于一般工业品外，也常用来生产可发性PS珠粒。

二、聚苯乙烯的结构

PS的本体聚合和悬浮聚合都遵循自由基聚合机理，大分子链基本呈无规构型，这使得PS为典型的无定形热塑性聚合物，具有良好的透明性；PS的大分子链基本上是线型的，聚合反应的链转移和链终止反应会产生少量的支链和不饱和结构。不饱和结构会形成老化时的敏感点。

PS大分子链上苯环的存在使空间位阻效应较大，大分子链较为僵硬，宏观上表现出刚而脆的性质。因此，其产品会在成型工艺条件不当的情况下产生内应力，从而造成制品产生银纹，甚至开裂。

由于体积效应削弱了PS大分子间的作用力，在热的作用下，大分子间容易产生滑移，所以其熔体在成型加工中具有很好的流动性。

因为苯环共轭体系能将辐射能量在苯环上均匀分配，从而减少聚合物本身遭受破坏情况发生，所以 PS 有较高的耐辐射性。只有在大剂量（＞ 10^6Gy）辐射能作用下，性能才会发生明显变化。

工业生产的 PS 分子量为 4 万～ 20 万。分子量的大小及分布与聚合方法和聚合条件有关，对 PS 的力学性能有较大影响。

随着茂金属催化剂的开发和应用，间规 PS 已商业化生产。间规 PS 中苯环交替排列在大分子链两侧，呈间规结构，具有高度的结晶性，熔点高达 270℃左右，性能类似于工程塑料。

三、聚苯乙烯的性能

1. 力学性能

由于 PS 大分子链取代基苯环的体积较大，使分子的内旋转受到限制，在拉伸过程中常表现出硬而脆的性质，力学性能见表 4-1。从表 4-1 中可以看出，它的拉伸弹性模量和弯曲强度较高，是刚性较大、抗弯能力较强的塑料品种。但是，冲击强度较低，常温下脆性大，并且在成型加工中容易产生内应力，在较低的外力作用下即产生应力开裂，故 PS 制品在使用中常表现出较低的力学强度。

表 4-1　PS 的力学性能

性能	本体法聚苯乙烯	悬浮法聚苯乙烯	性能	本体法聚苯乙烯	悬浮法聚苯乙烯
拉伸强度 /MPa	45	50	拉伸弹性模量 /MPa	3300	
弯曲强度 /MPa	100	105	冲击强度（无缺口）/(kJ/m²)	12	16

分子量增大，PS 力学性能提高。比如，分子量在 5 万以下，PS 的拉伸强度较低；随着分子量增加，拉伸强度增大。但当分子量超过 10 万时，拉伸强度的改善就不明显了。

2. 热性能

PS 的 T_g 为 80 ～ 105℃，脆化温度约为 -30℃，熔融温度为 140 ～ 180℃。由于 PS 的力学性能与制件所承受载荷大小和承载时间有关，随温度的升高明显下降，因而 PS 使用温度不宜超过 80℃。

PS 的热性能与分子量大小、单体含量及其他杂质含量有关。单体和杂质的存在会使导热性能下降，例如含单体 5% 的 PS 软化点下降约 30℃。

PS 的热导率较低，为 0.04 ～ 0.15W/（m·K），几乎不随温度而变化，因而具有良好的隔热性。它的比热容亦低，约为 1.33kJ/（kg·K），随温度变化较大；PS 的线膨胀系数变化范围为 $6×10^{-5}$ ～ $8×10^{-5}$℃ $^{-1}$，增塑会使此值增大，填充则使此值降低。

3. 化学性能

PS 是饱和的碳氢聚合物，具有一定的化学稳定性。但是，由于它的聚集态结构是无定形的，且大分子链上的苯环和受苯环活化的 α 位上的氢原子易于发生氧化等化学反应，这些均对 PS 的化学稳定性和老化性能产生不良影响。

PS 耐各种碱、盐及其水溶液，对低级醇类和某些酸类（如硫酸、磷酸、硼酸、10% ～ 30% 的盐酸、1% ～ 25% 的乙酸、1% ～ 90% 甲酸）也是稳定的，但是浓硝酸和其他氧化剂能破坏 PS。许多非溶剂物质，如高级醇类和油类，可使 PS 产生应力开裂或溶胀。

PS 的溶度参数（δ）为 $1.74×10^3$ ～ $1.90×10^3$（J/m³）$^{1/2}$，它能溶于许多与其溶度参数相近的

溶剂中，如四氯乙烷、苯乙烯、异丙苯、苯、氯仿、二甲苯、甲苯、四氯化碳、甲乙酮、酯类等；不溶于某些脂肪烃类（如己烷、庚烷等）、乙醚、丙酮、苯酚等，但能被它们溶胀。

PS 在热、氧及大气条件下易发生老化现象，尤其是在 PS 中含有微量的单体、硫化物等杂质情况下更易造成大分子链的断裂和变色，这是 PS 在长期使用中变黄变脆的原因。但是，PS 的老化性能并不像预想得那样差，在苯乙烯类聚合物中它是比较稳定的一种，原因是庞大苯环的体积效应及共轭效应削弱了 α 位氢原子的反应活性。

4. 电性能

PS 的体积电阻率和表面电阻率高，分别为 $10^{16} \sim 10^{18}\Omega \cdot cm$ 和 $10^{15} \sim 10^{18}\Omega \cdot cm$。介电损耗角正切值极低，在 60Hz 时为 $1 \times 10^{-4} \sim 6 \times 10^{-4}$，并且不受频率和环境温度的影响，是优异的电绝缘材料。此外，由于 PS 在 300℃ 以上开始解聚，挥发出的单体能防止其表面炭化，因而还具有良好的耐电弧性。但由于 PS 的耐热性差，限制了它在电气方面的某些应用。

在用不同的聚合方法所获得的 PS 中，本体聚合的 PS 杂质含量最少，因而电性能较好。

5. 光学性能

PS 的折射率为 $1.59 \sim 1.60$，透光率达 $88\% \sim 92\%$，具有优良的光学性能和透明性，在塑料中折射率、透明性仅次于丙烯酸类聚合物。但 PS 受阳光、灰尘作用后，会出现浑浊、发黄等现象，因而用作光学部件可加入 1% 不饱和脂肪酸胺、环胺或氨基醇类化合物，以改善 PS 的耐候性，制得高透明度的制品。

四、聚苯乙烯的成型加工特性

PS 是热塑性塑料中较易成型加工的品种之一，成型加工性能可概括为下述几点。

① PS 的熔融温度与分解温度相差较大，成型温度范围宽，熔体黏度低，易于成型加工。表观黏度对剪切速率和温度都较敏感，对剪切速率更甚。

② PS 的比热容较 PE 和 PP 低，塑化速率和固化速率较快，因而在注塑成型中生产周期可以缩短。

③ PS 是无定形聚合物，成型收缩率小（0.45%），制品尺寸稳定性好。

④ PS 的吸水率低，对于一般的制品可以不干燥而直接成型加工。但是对于外观质量要求较高的制品，成型前需在 $60 \sim 80$℃ 下干燥适当时间，除去原料中的游离水分。

⑤ 由于 PS 分子链的刚性大、质脆，热膨胀系数比金属大，故制品不宜带有金属嵌件，以免在嵌件周围产生应力而开裂。如果必须带有金属嵌件，嵌件最好用铜质或铝质的，并进行预热。此外，在制品设计时，若无特殊需要，应当避免有直角、锐角、缺口等。

⑥ 在成型加工中，PS 熔体在进入模腔时受到较高的剪切，大分子易于沿着料流方向取向而产生内应力。这时可对制品进行热处理，即将制品放入 $60 \sim 80$℃ 的热水中，或在鼓风干燥烘箱内静置 $1 \sim 4h$，然后缓慢冷却至室温。处理后取向的大分子链得到松弛，从而避免制品因内应力而产生银纹或开裂。

⑦ PS 极易着色，可与有机或无机着色剂混合，制成各种色泽鲜艳的制品。

五、聚苯乙烯常见品种及用途

PS 树脂既有均聚物也有改性品种，种类较多。中国工业生产的 PS 主要有三类：通用 PS（GPS）、高抗冲击 PS（HIPS）和可发性 PS（EPS）。

1. 通用聚苯乙烯

GPS 主要指以本体聚合和悬浮聚合合成的 PS 均聚物。根据挥发物的含量、分子量、所加助剂不同，工业上常把 GPS 分为耐热型、中等流动型和高流动型三类。耐热型 GPS 树脂的分子量较高，残存苯乙烯单体含量低，软化点比一般 GPS 高 7℃左右，适合于挤出成型和注塑高质量的制品；中等流动型和高流动型 GPS 的分子量较低，加有一定量的润滑剂（硬脂酸丁酯、液体石蜡、硬脂酸锌等），流动性提高，耐热性降低，特别适合成型薄壁制品和形状复杂的制品。

图 4-1　GPS 产品

GPS 主要用于注塑和挤出成型，也可用于模压、压延等成型方法。注塑成型时，物料温度控制在 170～250℃，注塑压力 60～120MPa，模具温度 40～80℃。GPS 注塑成型制品表面光泽度高，具有良好的尺寸稳定性，产品精致美观，广泛用于工业和日常生活中。例如汽车灯罩、仪器表面、化学仪器零件、光学仪器零件、电信零件、珠宝盒、香水瓶、牙刷、肥皂盒、果盘等（图 4-1）。挤出成型用 GPS 的分子量偏高，这样便于制品的挤出定型，挤出制品有薄膜、管材、容器、板、片等，用于化工、包装、装潢等方面。

PS 易于着色、印刷、雕刻和表面金属化处理，制品图案清晰美观，色彩丰富。

2. 高抗冲击聚苯乙烯

HIPS 实质上是 PS 的改性品种，通过 PS 与橡胶共混或苯乙烯与橡胶共聚来改善 GPS 的脆性，提高冲击强度。近年来 HIPS 的发展迅速，应用范围不断扩大。

（1）HIPS 的生产　HIPS 的生产始于 20 世纪 40 年代末，早期采用机械共混法，现在主要采用接枝共聚法。接枝共聚法是将顺丁胶或丁苯胶溶于苯乙烯中进行接枝共聚，聚合方法分为本体聚合和本体悬浮聚合。本体聚合生产工艺简单，生产工序连续，但由于聚合过程中物料黏度大，因而对设备及物料的输送技术要求高；本体悬浮聚合易于变换产品品种，但产物的后处理工序复杂。从目前生产实际看，前者是接枝聚合的主要方法。

（2）HIPS 的性能及应用　HIPS 具备 GPS 的大多数特点，如刚性、易加工性、易染色性等，但拉伸强度有所下降，透明度丧失殆尽。HIPS 突出的性能是卓越的冲击韧性，冲击度比 GPS 高出 7 倍以上。影响 HIPS 性能的因素很多，除制法不同影响其韧性外，组成中橡胶含量及其分散性是决定 HIPS 性能的关键。HIPS 的橡胶含量一般在 15% 以下，随橡胶含量的增加冲击强度提高，但拉伸强度下降，见表 4-2。

表 4-2　橡胶含量对 HIPS 力学性能的影响

性能	丁二烯含量 3%～4%	丁二烯含量 5.1%	丁二烯含量 14.5%
悬臂梁冲击强度（缺口）/(kJ/m²)	3.24	7.0	24.3
拉伸强度 /MPa	24.6	20.0	13.3
弹性模量 /MPa	3100	2200	1600
伸长率 /%	1.4	3.5	17

HIPS 主要用于生产电视机、录音机、电话机、吸尘器和各种仪表的机壳和部件，也可用于生产板材、冰箱内衬、电器零件、设备罩壳、容器、家具、玩具及其他对韧性要求较高的文教和生活用品。

3. 可发性聚苯乙烯

EPS 是在一定条件下使苯乙烯单体进行悬浮聚合而制得的珠状产品，一般要求珠粒大小均匀性要好。该种 PS 易于加入发泡剂制得整体内含有无数微孔的泡沫塑料。发泡剂可在聚合过程中加入，也可在成型时加入，前者称为一步法，后者称为两步法。

比较而言，生产 EPS 泡沫塑料常采用两步法。成型时，在 EPS 中加入低沸点脂肪烃类（如石油醚、丙烷、丁烷、戊烷及其异构体）或卤代脂肪烃（二氯甲烷、氟碳化合物等）发泡剂，通过加热加压使发泡剂渗入 PS 珠粒中并使其溶胀，冷却后发泡剂便存留在珠粒中，由此制得 EPS 珠粒。制得的 EPS 珠粒经熟化后可通过模压和挤出成型制得各种 PS 泡沫塑料材料或制品。

PS 泡沫塑料质轻、热导率低、吸水性小、电性能好，具有绝热、减震、隔声的优点，广泛用作建筑、冷藏、冷冻和化工的保温、隔热材料，运输、家电、仪器仪表的缓冲包装材料。图 4-2 是 EPS 缓冲包装材料制品。

图 4-2　EPS 缓冲包装材料制品

六、聚苯乙烯的简易识别

PS 原料为无毒、无色透明粒状物（图 4-3），密度为 1.05g/cm³，吸水率约为 0.05%。宏观上质硬似玻璃，落地或敲打时发出金属般的清脆声音。易燃，燃烧时软化、起泡，有浓黑烟，并伴有苯乙烯单体的甜香味。

图 4-3　聚苯乙烯颗粒

可以通过以下方式对 PS 进行简易识别：

（1）外观印象　通用物料为透明粒状物，制品质硬似玻璃，性脆易断裂，落地或敲打时发出金属般的清脆声音。

（2）水中沉浮　密度与水相似，在水中悬浮，或在器皿底部似沉似浮。

（3）受热表现　温度近 100℃时逐渐变软，140～180℃以上熔融，300℃以上分解。

（4）燃烧现象　易燃，燃烧时软化、起泡，火焰黄色，有浓黑烟，并伴有苯乙烯单体的甜香味。

（5）溶解特性　溶于苯、甲苯、三氯甲烷等。

第二节 丙烯腈/丁二烯/苯乙烯（ABS）树脂

丙烯腈/丁二烯/苯乙烯树脂简称ABS树脂，它是丙烯腈（A）、丁二烯（B）和苯乙烯（S）或其衍生物的三元共聚物或丙烯腈-丁二烯的共聚物与丁二烯/苯乙烯共聚物的掺混物，是在PS改性基础上发展起来的一种热塑性通用工程塑料。最早的ABS树脂出现于20世纪40年代，是在PS改性基础上发展起来的，采用苯乙烯/丙烯腈共聚物（AS）和丁腈橡胶（NBR）混炼而得，由于其具有刚、硬、切的优点，用量与PS相当，而现在应用范围已远远超过PS，成为一种独立的塑料品种。早期ABS列为热塑性通用工程塑料，现在国内把其分类在五大通用树脂中。实际上，就其性能、价格和用途而言，ABS既可用于普通塑料，又可用于工程塑料。

一、ABS的生产方式

1.原料的制备

生产ABS树脂的原料有苯乙烯、丙烯腈、丁二烯。苯乙烯的制备前一节已经进行了讨论，下面就后面两种原料的制备简述如下。

（1）丙烯腈　丙烯腈（CH_2CHCN）是无色液体，沸点78℃，蒸气有毒，溶于大多数有机溶剂。由于丙烯腈是合成纤维、橡胶和塑料的重要原料，因而在三大合成工业中占有重要地位。

早期工业生产的丙烯腈主要采用乙炔与氢氰酸加成的方法。由于石油化学工业的发展，现在工业上主要用丙烯与氨氧化合成法来生产丙烯腈，中国目前也用这种方法。反应式如下：

$$CH_2\!=\!CHCH_3 + NH_3 + \frac{3}{2}O_2 \xrightarrow[47℃]{催化剂} CH_2\!=\!CHCN + 3H_2O$$

此法的特点是原料价廉易得、工艺简单、成本低，制得的丙烯腈产品纯度高。

（2）丁二烯　丁二烯是无色气体，易液化，不溶于水，易溶于有机溶剂。由于具有共轭双键，丁二烯性质活泼，易于聚合，是合成橡胶的重要原料。

合成丁二烯的方法很多，工业上主要采用石油加工副产品的C_4组分来制取，如正丁烷脱氢：

$$CH_3\!-\!CH_2\!-\!CH_2\!-\!CH_3 \longrightarrow CH_2\!=\!CH\!-\!CH\!=\!CH_2 + 2H_2$$

将正丁烷和循环的正丁烷-正丁烯混合物一起加热到600～620℃之后压入装有氧化铬、氧化铝催化剂的反应器，经脱氢反应生成丁二烯，提纯后即可作为单体使用。

2.ABS的生产

早期的ABS树脂是采用混炼法生产的，先分别制得AS树脂和NBR后，再通过共混的方法制得ABS树脂。例如，将65～70份含丙烯腈30%的AS树脂在开炼机上加热到150～200℃，使树脂完全熔融，再加入30～35份NBR及适量的硫化剂等，于150～180℃继续混炼20min，即得到均匀的混合物——ABS树脂。由于混炼法制得的ABS树脂质量差，长期使用易变质或分层，因而现在ABS树脂的生产主要采用接枝共聚法。下面以常用的乳液接枝掺混法和连续本体法为例加以说明。

（1）乳液接枝掺混法　乳液接枝掺混法是目前生产ABS树脂最常用的方法，该工艺主要流程如图4-4所示。从图4-4中可以看出，乳液接枝掺混法一般包括下面几个生产步骤：丁二烯胶乳的制备、丁二烯胶乳与苯乙烯和丙烯腈的接枝共聚、掺混及后处理。

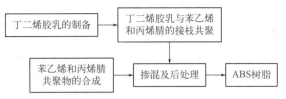

图 4-4　乳液接枝掺混法 ABS 生产过程

丁二烯胶乳的制备是 ABS 生产过程中的一个主要单元，一般采用乳液聚合工艺。首先将丁二烯加入聚合釜中，以合成的脂肪酸钾皂等为乳化剂，有机过氧化物为引发剂，在 5～20℃下进行乳液聚合制得聚丁二烯乳胶。之后，转入接枝釜中加入苯乙烯和丙烯腈，在 50～75℃下进行乳液接枝共聚，使丙烯腈和苯乙烯共聚物接枝到聚丁二烯上，得到 ABS 乳液。接枝的 ABS 乳液可直接用于掺混，也可经凝聚、离心洗涤、干燥得到 ABS 接枝粉后再进行掺混。

用于生产 ABS 的苯乙烯和丙烯腈共聚物（AS）的制法有本体聚合、悬浮聚合、乳液聚合三种合成方法，目前常用的是前两种。尤其是本体聚合，采用热引发、连续聚合，产品纯度高、质量稳定，对环境污染少，近年来取得较大发展。该法是把苯乙烯、丙烯腈单体和分子量调节剂按一定比例连续地加入反应器中进行聚合，产物经脱出未反应的单体后送到挤出工序造粒，最终得到 AS 粒状物。

上述制得的接枝 ABS 和 AS 共聚物经掺混、挤出造粒得到最终产物——ABS 树脂。掺混方法有干法和湿法两种。就 ABS 接枝粉和本体聚合 AS 的干法掺混而言，具有对设备要求不高、工艺比较简单、对环境影响小、分子量和组分易于控制、适应性广等优点。生产中先将 ABS 接枝粉和 AS 共聚物经干燥脱除其中水分，以干态进入掺混设备进行掺混，掺混物在双螺杆挤出机中经过加热、塑炼、造粒得到粒状 ABS 产品。

干法掺混可以非常方便地通过调整 ABS 接枝粉和 AS 共聚物及各种助剂的比例来改变 ABS 的性能，极大地丰富了 ABS 树脂的品种。

（2）连续本体法　连续本体法是将用于增韧的橡胶（如聚丁二烯、丁苯橡胶）溶于单体和少量溶剂中进行接枝聚合，随着聚合反应的进行，体系中形成以接枝橡胶为分散相、以 AS 共聚物为连续相的两相结构，当反应物分子量和单体转化率达到要求时脱除残余挥发物，经造粒制得连续本体法 ABS 树脂颗粒料。

二、ABS 的结构

ABS 树脂的结构通常可用下式表示：

$$\left[\left(CH_2-CH\right)_x\left(CH_2-CH=CH-CH_2\right)_y\left(CH-CH_2\right)_z\right]_n$$

（结构式中 CN 连接于第一单元，苯环连接于第三单元）

从构成 ABS 的各单体含量来看：丙烯腈 20%～30%，丁二烯 6%～30%，苯乙烯 45%～70%。每一种组分赋予 ABS 不同的性能，并表现出很好的协同作用。丙烯腈使 ABS 具有良好的耐化学腐蚀性、高的表面硬度和耐热性；丁二烯使 ABS 具有较高的韧性和冲击强度；苯乙烯则赋予 ABS 良好的刚性和易加工性。各组分在 ABS 中所占的比例不同、相互组合方式不同，ABS 的性能随之改变。

从聚集态上看 ABS 树脂的形态结构是个复杂的聚合物共混体系，即由接枝共聚物（以聚丁二烯为主链，AS 等为支链）、AS 共聚物以及少量未接枝的聚丁二烯三种主要成分构成；从 ABS 树脂分子链结构来看，对橡胶主链来说，具有树脂性质的 AS 支链起到了增强作用，对 AS 支链来说，橡胶部分则起到了增韧作用；从相态上看，它具有在连续的树脂相中分散着橡胶相的两相结构。树脂相与橡胶相的界面是接枝层，接枝层在两相之间具有偶联作用使二者之间有良好的结合力。正是 AS 树脂连续相中存在的橡胶分散相颗粒具有终止银纹发展的作用，从而使 ABS 显示出较高的冲击韧性。

生产方法不同、各种成分的含量不同、分子量及其分布不同、形态结构不同等，导致了 ABS 树脂性能上的差别。

三、ABS 的性能

ABS 具有坚韧、质硬、性刚的综合性能。但不同品种之间性能差别较大，影响因素较多。下面就 ABS 的一般性能加以讨论。

1. 力学性能

ABS 树脂的力学性能见表 4-3。从表 4-3 中可以看出，ABS 突出的力学性能是冲击强度高。较高的冲击强度来源于 ABS 中橡胶组分对外界冲击能的吸收和对银纹发展的抑制。ABS 的冲击强度随温度的降低下降缓慢，即使在 -40℃的温度时，仍能保持原冲击强度的 1/3 以上。

表 4-3　ABS 树脂的力学性能

性能	耐热型 ABS	高抗冲击型 ABS	性能	耐热型 ABS	高抗冲击型 ABS
拉伸强度 /MPa	45 ～ 57	35 ～ 44	洛氏硬度 (R)	105 ～ 115	65 ～ 109
伸长率 /%	3 ～ 20	5 ～ 60	悬臂梁缺口冲击强度 /(J/m²)	11 ～ 25	16 ～ 44
拉伸弹性模量 /MPa	2300 ～ 3000	1600 ～ 3300	弯曲弹性模量 /MPa	2100 ～ 3000	1600 ～ 2500
压缩强度 /MPa	65 ～ 71	49 ～ 64	压缩弹性模量 /MPa	1700	1200 ～ 1400
弯曲强度 /MPa	70 ～ 85	52 ～ 81			

ABS 的力学性能与其组成中橡胶含量有关。随橡胶含量增多冲击韧性提高，但材料抗蠕变性下降，热膨胀性和熔体黏度增大。橡胶含量减少，材料拉伸强度、刚性、硬度、耐热性均提高。图 4-5 直观地表达了橡胶含量对 ABS 力学性能的影响。

除冲击强度外，ABS 的其他力学性能并不是很高，但它没有明显的力学缺陷，显示出较好的综合力学性能，因而被广泛地用作通用塑料和工程塑料。

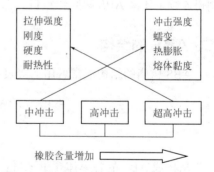

图 4-5　橡胶含量对 ABS 力学性能的影响

2. 热性能

ABS 的耐热性一般，在 1.86MPa 压力下的热变形温度为 85℃左右，制品经热处理后，热变形温度可提高 10℃。大多数 ABS 在 -40℃时仍具有一定的冲击强度，表示出较好的低温韧性。由以上两方面可知，ABS 的使用温度范围为 -40 ～ 85℃，一般不超过 100℃。

ABS 的热导率为 0.16 ～ 0.29W/(m·K)，线膨胀系数为 $6.2×10^{-5} ～ 9.5×10^{-5}K^{-1}$，在热塑性

塑料中属于线膨胀系数较小的品种，易制得尺寸精度较高的制品。

3. 化学性能

ABS 能耐水、无机盐、碱及弱酸和稀酸，但不耐氧化性酸，如浓硫酸和浓硝酸；大多数烃类、醇类、矿物油、植物油等化学介质与 ABS 长期接触时会引起应力开裂，但对无应力制品影响不大；酮、醛、酯及氯代烃会使 ABS 溶解或形成乳浊液。

由于结构中有双键存在，ABS 树脂的耐候性较差，在紫外线和热氧的作用下易发生氧化降解。例如，ABS 制品在室外暴露于大气中半年，冲击强度降低 45%。变硬发脆是 ABS 在紫外线和热氧作用下发生老化的特征。为了提高其耐候性，常加入炭黑和酚类抗氧剂等。炭黑成本低，稳定效果好，是 ABS 常用的稳定剂兼着色剂。

4. 电性能

ABS 的电性能与悬浮法 PS 相似，数值见表 4-4。温度、湿度和频率对 ABS 电性能的影响不显著。

表 4-4　ABS 的电性能

性能		耐热型 ABS	高抗冲击型 ABS	性能	耐热型 ABS	高抗冲击型 ABS
相对介电常数	60Hz	2.4 ～ 5.0	2.4 ～ 5.0	介电损耗角正切 (60 ～ 10^6Hz)	0.003 ～ 0.015	0.003 ～ 0.015
	10^3Hz	2.4 ～ 4.5	2.4 ～ 4.5			
	10^6Hz	2.4 ～ 3.8	2.4 ～ 3.8			
体积电阻率 /$\Omega \cdot$ cm		1.0×10^{16} ～ 5.0×10^{16}	2.7×10^{16}	介电强度 /(kV/mm)	13 ～ 20	13 ～ 20

四、ABS 的成型加工特性

随组成的不同，ABS 树脂的熔体流动性有所不同，其熔体黏度比硬质 PVC 小，但比 PS 和 LDPE 大，大体上与 HIPS 相似。ABS 熔体属于假塑性流体，表现出"剪切稀化"的特性，成型加工中既可通过提高成型温度也可通过增大剪切速率来改善熔体的流动性。

ABS 为无定形聚合物，无明显熔点，黏流温度在 160℃ 左右，分解温度达 250℃ 以上，属于成型加工性能良好的材料。一般，注塑成型温度在 160 ～ 240℃，挤出温度在 160 ～ 210℃。

ABS 树脂因有氰基（—CN）而易于吸湿，吸水率为 0.3% 左右，有时表面吸水率可达 0.8%，因而在成型前常需进行干燥处理，使吸水率降至 0.2% 以下。生产中多采用带有干燥系统的加料装置，也可采用循环鼓风干燥烘箱，干燥温度为 70 ～ 90℃，时间约为 6h。使用干燥后的树脂可获得表面高度光洁的制品。

ABS 的成型收缩率为 0.4% ～ 0.8%，可以制得尺寸精度较高的制品。另外，如果采用抛光或研磨光洁的模具来成型，制品具有高度光泽且色彩丰富。

成型后的制品通常可以不进行热处理，如果有特殊要求，例如制件需电镀等表面装饰时，可在 75 ～ 90℃ 下热处理适当时间，以消除内应力，得到外观完好的装饰性制品。

ABS 是最适宜电镀和进行冷成型的品种之一。作为易电镀品种，电镀层与 ABS 的黏结力要比其他塑料高 10 ～ 100 倍，电镀制品的表面硬度、耐热性、耐磨性、耐腐蚀性等提高，并可增加美观性。冷加工与热加工比较，具有加工方法简单、经济、快速的特点，具有较好的发展前景。

五、ABS 常见品种及用途

1. ABS 的品种

如前所述，ABS 树脂是一种多组分聚合物，组成十分复杂，由于 ABS 合成和改性工作的不断发展，新品种在不断出现，因而 ABS 的品种、牌号很多，性能各异。中国生产的 ABS 树脂品种主要有通用型、挤出型、高流动型、耐热型、耐寒型、阻燃型和电镀型等，特征见表 4-5。

表 4-5　不同类型 ABS 的特征

类型	特征
通用型	无特殊添加剂和功能，产量大，流动性好（MFR 一般为 1.5 ~ 10g/10min），主要用于注塑成型；可根据橡胶含量和冲击强度高低，分为中抗冲型（橡胶含量 8% ~ 14%）、高抗冲型（橡胶含量 14% ~ 18%）和超高抗冲型（橡胶含量 18% 以上）
挤出型	无特殊添加剂和功能，MFR 通常小于通用型，多为 0.2 ~ 2.0g/10min，用于挤出成型，主要有板材级和管材级两种；板材级树脂耐环境应力开裂性和低温韧性好，卫生性和外观良好，管材级树脂综合性能好，冲击强度高，有较好的耐光氧老化性能
耐热型	一般采用在体系中引入空间位阻大、具有刚性的分子制备的耐热组分，或与耐热性好的高聚物（如聚碳酸酯）共混，使用温度可提高 10 ~ 20℃
透明型	由 ABS 合成中引入甲基丙烯酸甲酯或用甲基丙烯酸甲酯取代丙烯腈而制得，具有透明性
电镀型	橡胶含量高、粒径较大、镀层与基材黏结力强、热膨胀系数小，易于电镀
阻燃型	主要采用添加阻燃剂和与难燃聚合物共混而制得，阻燃性能可达到 UL94 V-0 标准
其他	为扩大用途，新品种不断出现，例如，抗静电及电磁屏蔽型 ABS、高光泽 ABS、耐低温 ABS、增强 ABS、高刚性 ABS、高流动 ABS、消光 ABS、气体阻隔性 ABS、食品及医用级 ABS、发泡 ABS 等，可根据性能要求选用

2. ABS 的成型加工与应用

ABS 树脂具有良好的成型加工性能，适宜于注塑、挤出、吹塑、压延、发泡、真空成型等多种成型方法。成型加工的工艺条件视 ABS 树脂的性能指标而定。

通用型 ABS 树脂的品种牌号较多，各种牌号的冲击强度及其他性能有所不同，可满足不同的用途，大多采用注塑成型，可制得各种机壳、汽车部件、电气零件、机械部件、冰箱内衬、灯具、家具、安全帽、杂品等；挤出型 ABS 与通用型 ABS 相似，一般情况下 MFR 较低，分子量较高，可成型各种板材、片材、管材、棒材、大型壳件等，用于汽车、石油、化工及日用品等方面；耐热型 ABS 树脂是通过与其他组分进行共聚或共混而制得（如以 α- 甲基苯乙烯代替苯乙烯单体进行共聚，与聚碳酸酯或聚砜等耐热性能较好的聚合物共混），其耐热性优于通用型 ABS 树脂。例如，中国兰州化学工业公司合成橡胶厂生产的通用型 ABS 的维卡软化点为 94℃，耐热型为 98 ~ 118℃，耐热性提高，可应用于各种需要耐热的机壳、仪表盘等方面；耐寒型 ABS 比一般 ABS 具有更好的耐低温性能，耐低温可达 -60℃，并且有较高的冲击强度，能在严寒地区和零度以下的环境中使用；阻燃型 ABS 的生产方法主要有两种，一是添加阻燃剂（如溴化物），但阻燃剂的加入往往导致 ABS 韧性下降；二是与难燃类树脂共混，通常将 ABS 与 PVC 共混，共混后具有良好的阻燃性能，可用于各种要求阻燃的部件和制品，如计算机、电信设备等；电镀级 ABS 比通用型 ABS 与金属镀层有更高的结合力，是易于电镀的塑料品种，电镀后可增加制品的美观和装饰性，降低线膨胀系数，提高表面导热性、导电性等。ABS 电镀制品可代替某些金属，应用于汽车工业、电器仪表、装潢、家具等方面。

就世界范围看，ABS 在汽车工业的应用发展迅速，用量约占其总用量的 20%。但我国 ABS 的最大应用领域是电子电气，约占总消费量的 80%，在汽车工业领域消费量较低。可见，我国 ABS 在汽车工业上的应用具有巨大的发展潜力。图 4-6 是 ABS 注塑汽车零部件。

图 4-6　ABS 注塑汽车零部件

六、ABS 的简易识别

ABS 树脂呈浅象牙色、不透明（图 4-7），无毒无味，相对密度为 1.05 左右，吸水率为 0.2%～0.7%。ABS 燃烧缓慢，离火后继续燃烧，火焰呈黄色，有黑烟，燃烧后塑料软化、焦化，伴有橡胶燃烧气味，无熔融滴落现象。

可以通过以下方式对 ABS 树脂进行简易识别：

（1）外观印象　不透明，物料和制品呈浅象牙色，一般制品有高度光泽性，手感坚韧。

（2）水中沉浮　密度比水略大，在水中缓慢下沉。

（3）受热表现　温度达 110℃以上逐渐变软，150～160℃以上熔融，270℃以上分解。

（4）燃烧现象　燃烧缓慢，离火后继续燃烧，火焰呈黄色，有黑烟，燃烧后塑料软化、焦化，伴有橡胶燃烧气味，无熔融滴落现象。

图 4-7　ABS 树脂颗粒

（5）溶解特性　溶于丙酮、二甲苯、四氢呋喃、乙酸乙酯等，制品开裂或破碎，可以用毛笔蘸取少量溶剂，小心地涂在破裂处，合拢待干后便可以粘牢。

第三节　其他苯乙烯类共聚物

ABS 树脂具有良好的综合性能，但也存在耐候性差、不透明等缺点，为此不断开发了一系列其他苯乙烯类共聚物。例如，丙烯腈／苯乙烯共聚物（AS 或 SAN）、丙烯腈／苯乙烯／丙烯酸酯共聚物（ASA）、甲基丙烯酸甲酯／丁二烯／苯乙烯共聚物（MBS）、丙烯腈／氯化聚乙烯／苯乙烯共聚物（ACS），以及苯乙烯类弹性体等。

一、丙烯腈／苯乙烯共聚物（AS）

AS 是丙烯腈与苯乙烯的共聚物，其中 S 代表苯乙烯，A 代表丙烯腈。AS 常采用连续本体聚合，产物经造粒后得到水白色至微黄色的透明或半透明材料。其大分子结构为：

$$\left[CH-CH_2-CH-CH_2 \right]_n$$

$$CN$$

1. AS 的性能特征

从其结构可看出，大分子链上引入了强极性的侧—CN 基，提高了材料的分子间作用力，内聚能增大。因而 AS 保留了 PS 原有的刚性和透明性，而韧性改善，扩展了 PS 的应用范围。AS 的一般性能如表 4-6 所示。

表 4-6 AS 的一般性能

性能	数值	性能	数值
相对密度	1.06 ～ 1.08	最高使用温度 /℃	75 ～ 90
折射率	1.57	体积电阻率 /Ω·cm	> 10^{15}
悬臂梁缺口冲击强度 /(J/m²)	16 ～ 18	相对介电常数 (10^6Hz)	2.8
热变形温度 (1.8MPa)/℃	82 ～ 105	成型收缩率 /%	0.5 ～ 0.7

与 PS 相比 AS 在性能上有以下改善：

① 刚性有所提高，成型收缩率及其波动范围减小，有利于成型精度较高的制件；

② 脆性降低，韧性改善，材料耐应力开裂性和裂纹扩展性提高；

③ 耐热性提高，维卡软化点比 PS 提高 25 ～ 40℃，最高连续使用温度在 75 ～ 90℃之间，热变形温度为 82 ～ 105℃（1.81MPa）；

④ 耐溶剂性提高，如耐油脂性和耐烃类溶剂，耐醇类和多数氯代烃类及耐酸碱、洗涤剂、去污剂等能力，均有所改善。

2. AS 的成型与应用

AS 熔体黏度有所增大，流动性不如 PS。同时，由于—CN 基的存在，材料吸湿性增大，成型前需在 70 ～ 85℃下预热干燥 2 ～ 4h。

AS 适用于多种方法成型加工，可注塑、挤出、吹塑、热成型等，但最常采用的是注塑和挤出成型。注塑成型温度 180 ～ 270℃，模具温度范围 65 ～ 75℃。挤出成型在 180 ～ 230℃温度范围内进行。

AS 可代替 PS 用于力学性能要求较高的场合，如餐具、杯、盘、牙刷柄、渔具、灯具等日用品，化妆品等包装容器，面罩、面板、旋钮、标尺、透镜等仪器仪表零件，尾灯罩、仪表壳、仪表盘等汽车零部件，以及机械零件和文教用品等。

二、丙烯腈／苯乙烯／丙烯酸酯共聚物（ASA）

ASA 是由丙烯腈（A）、苯乙烯（S）和丙烯酸酯（A）制得的三元共聚物，生产方法是先合成聚丙烯酸酯作为主链，然后再与丙烯腈、苯乙烯进行接枝共聚而制得。从结构上看，聚丙烯酸酯作为橡胶微粒分散于丙烯腈和苯乙烯的接枝共聚物中，含量约 30%。ASA 的结构式可表示如下：

$$\left[(CH_2-\underset{CN}{CH})_x (CH_2-\underset{COOR}{CH})_y (CH_2-\underset{}{CH})_z \right]_n$$

1. ASA 的性能特征

ASA 与 ABS 一样，不透明，呈微黄色，密度为 1.07g/cm³ 左右。力学性能也与 ABS 接近，具有较高的冲击强度。表 4-7 列出了已工业化生产的两种 ASA 与 ABS 的一般性能比较。

表 4-7　ASA 与 ABS 一般性能的比较

性能	ASA-1	ASA-2	ABS
密度 /(g/cm³)	1.08	1.07	1.07
成型收缩率 /%	0.3 ~ 0.9	—	0.5
拉伸强度 /MPa	40	44	41
拉伸弹性模量 /MPa	2300	2300	2130
伸长率 /%	35	20	25
弯曲强度 /MPa	50	65	80
弯曲弹性模量 /MPa	2500	—	2500
缺口冲击强度 /(kJ/m²)	10	14	30
洛氏硬度 (R)	95	102	102
热变形温度 (1.86MPa)/℃	83	82	89
体积电阻率 /Ω·cm	$1.5×10^{16}$	10^{14}	$2×10^{16}$
相对介电常数 (60Hz)	4.2	—	3 ~ 5

与 ABS 相比，ASA 以丙烯酸酯代替了丁二烯，消除了双键对材料老化性能的影响，耐候性比 ABS 提高 10 倍左右。ASA 室外露置两年仍可弯曲不断，而 ABS 制品于 50 天后就已脆化。优异的耐气候、耐紫外线和耐热老化性是 ASA 重要的性能特征。

2. ASA 的成型与应用

ASA 的热稳定性好，能进行注塑、挤出、压延、中空等成型。挤出的片材能进行快速真空成型而无应力变形，也可以像加工金属那样冷成型。ASA 有一定的吸水性，所以成型前应在 80 ~ 85℃下干燥 3 ~ 4h。

ASA 是优良的工程塑料，制品光泽度高，具有优异的耐候性、良好的化学稳定性和耐热性，以及高的低温冲击强度。因而 ASA 不仅适宜于用作室外使用的材料，还适用于室内有强光的汞灯及荧光灯照射下的器械和部件，如汽车车体、农机部件、灯罩、计算机壳、仪表壳、安全头盔、家具等。

三、甲基丙烯酸甲酯 / 丁二烯 / 苯乙烯共聚物（MBS）

MBS 树脂是由甲基丙烯酸甲酯（M）、丁二烯（B）和苯乙烯（S）通过乳液接枝而制得，基体树脂是甲基丙烯酸甲酯与苯乙烯的共聚物，分散相是聚丁烯或丁苯橡胶与甲基丙烯酸甲酯、苯乙烯的接枝共聚物。

1. MBS 的性能特征

MBS 粒料呈浅黄色，密度为 1.09 ~ 1.11g/cm³，透光率达 90%，可任意着色成为透明、半透明或不透明制品。

同样是透明材料，与 PS 相比 MBS 的冲击强度提高，耐热性和耐寒性改善。MBS 的悬臂梁缺口冲击强度达 100 ~ 150J/m²，即使在 -40℃仍有好的韧性；热变形温度为 75 ~ 80℃，制品在 85 ~ 90℃，仍能保持足够的刚性。与 ABS 相比，甲基丙烯酸甲酯代替了丙烯腈使其更耐紫外线，具有高度透明性，被称作透明 ABS。MBS 之所以透明是因为减小了体系中橡胶相的粒径，缩小了基体树脂与橡胶相折射率之间的差异所致。

实际上，丙烯腈与苯乙烯的无规共聚物（AS）及 ABS 合成中引入甲基丙烯酸甲酯所制得的四元共聚物（MABS）也具有较好的透明性，它们与 MBS 一起统称为透明 ABS。表 4-8 列出了它们的一般性能。

表 4-8　MBS、AS、MABS 的一般性能比较

性能	MBS	MABS	AS
密度 /(g/cm³)	1.09 ～ 1.11	1.09	1.06 ～ 1.07
透光率 /%	85	85	78 ～ 88
拉伸强度 /MPa	38.4	41.2 ～ 43.1	63.2 ～ 84.4
伸长率 /%	—	—	1.5 ～ 3.7
洛氏硬度 (R)	100	—	76 ～ 80
维卡软化点 /℃	—	—	85 ～ 90
体积电阻率 /Ω·cm	$2.07×10^{11}$	—	$1×10^{16}$

2. MBS 的成型与应用

MBS 主要用于注塑成型，也可用挤出成型生产片材、管材、型材，挤出成型生产的片材能方便地进行热成型。

MBS 制品具有一定的韧性、较高的表面光泽和良好的透明性，主要用于制造透明、耐光和装饰性产品，如电视机前屏、外壳、仪表罩、包装材料、汽车零件、家具、文具、装饰品等。此外，MBS 作为硬质 PVC 的冲击改性剂可制得透明片材、管材及注塑制品。

四、丙烯腈 / 氯化聚乙烯 / 苯乙烯共聚物（ACS）

ACS 树脂是丙烯腈和苯乙烯接枝到氯化聚乙烯主链上形成的接枝共聚物，组成为丙烯腈 20%、氯化聚乙烯 30%、苯乙烯 50%。

1. ACS 的性能特征

ACS 树脂的许多性能与 ABS 极为相似，其具有的突出性能特征是优异的难燃性和耐候性。难燃性来源于氯化聚乙烯组分中氯原子的引入，随氯化聚乙烯含量增加阻燃性增强，可达到 UL94 V-0 级的要求；在 ACS 中用氯化聚乙烯代替了具有双键结构的丁二烯，从而使 ACS 的耐候性优于 ABS，甚至优于 ASA，三者室外老化性能的比较见表 4-9。

表 4-9　ACS、ASA、ABS 室外老化性能的比较

树脂品种	落锤冲击强度 /g						
	起始	1 个月	2 个月	3 个月	4 个月	5 个月	6 个月
难燃抗冲 ACS	1000	800	630	505	500	490	490
高抗冲 ASA	800	605	340	170	115	100	100
高抗冲 ABS	1000	50	15	0	0	0	0

ACS 中氯化聚乙烯的含量不但影响其阻燃性和耐候性，而且与力学性能关系密切。冲击强度随氯化聚乙烯含量的增加而提高，拉伸强度随之下降。根据聚合方法和氯化聚乙烯含量不同，ACS 可分为多种级别，如通用级、难燃级、高抗冲击级等，表 4-10 列出了它们的一般性能。

表 4-10　ACS 一般性能

性能	通用级	难燃级	高抗冲击级
密度 /(g/cm³)	1.07	1.17	1.09
MFR/(g/10min)	3.3	3.5	3.2
拉伸强度 /MPa	33	35	42
伸长率 /%	20	20	50
悬臂梁缺口冲击强度 /(J/m²)	100	100	400
热变形温度 (1.8MPa)/℃	85	76	81
体积电阻率 /Ω·cm	6.8×10^{15}	7.3×10^{15}	3.8×10^{13}
介电损耗角正切 (1kHz)	0.007	0.008	0.038

2. ACS 的成型与应用

ACS 适宜注塑和挤出成型加工。由于 ACS 中含有氯元素，成型加工时应在体系中加入适量的热稳定剂，加工温度也要比 ABS 低一些，不宜超过 200℃，否则会由于热分解而使色泽变深。

ACS 可以作为难燃级 ABS 使用，表面易于进行印刷、上漆等装饰，特别适宜制作箱体和壳体，如办公设备、台式计算机和复印机的箱体和零件，家用电器如电视机、录像机等的外壳及零件。

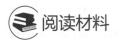 阅读材料

ABS 的无卤阻燃研究进展

ABS 树脂的燃烧机理十分复杂，但本质上与其他聚合物类似，燃烧过程中均有活性非常高的 HO·自由基生成，而 HO·的浓度又决定了树脂燃烧的速度。当高分子与 HO·相遇，会生成高分子自由基和水；高分子自由基在氧气氛围中又会产生 HO·自由基，使反应能够连续进行，最终生成 H_2O 和 CO_2。ABS 燃烧的三要素是可燃物、氧气和热能，要想阻止燃烧就得除去三要素中的至少一个。为此采用添加化学阻燃剂的方法阻燃 ABS 是十分有效的。

1. ABS 无机阻燃体系

无机阻燃剂拥有抑烟、稳定性好、无腐蚀性、无毒等优点。但其阻燃效率较低，为满足材料的阻燃要求，需要加入大量阻燃剂。而无机阻燃剂与聚合物的相容性较差，因此会严重影响产品的加工性能和力学性能。

李景庆等研究了包覆红磷及其与氢氧化铝的复合阻燃剂对 ABS 阻燃性能的影响。实验结果显示，当包覆红磷：氢氧化铝 =9∶20［总量为 29%（质量分数）］时，其协效阻燃作用最佳，所得 ABS 制品的力学性能和阻燃性能均较优良。崔永岩探索了 $(NH_4)_2SO_4$ 和 $Mg(OH)_2$ 对 ABS 阻燃性能的影响。实验发现，体系的 LOI 值随 $(NH_4)_2SO_4$ 或 $Mg(OH)_2$ 添加量的提高而增加，平均每增加 20 份，LOI 分别提高 2.4% 和 1.5%。当 $(NH_4)_2SO_4$ 添加量为 80 份或 $Mg(OH)_2$ 添加量为 100 份时均能使体系的 UL94 等级达到 V-0 级。实验中还研究了无机阻燃剂的表面改性对体系力学性能的影响。结果表明，添加经过表面活性剂改性过的 $(NH_4)_2SO_4$ 体系较添加未改性的 $(NH_4)_2SO_4$ 体系，其缺口冲击强度提升了约 50%。

虽然无机阻燃剂有较明显的优点，但由于其阻燃效率低、与聚合物相容性差，严重影响了

体系的力学性能。因此，提高无机阻燃剂与 ABS 树脂的相容性以及提高其阻燃效率，是发展 ABS 无机阻燃剂所需面对的难题。

2. ABS 磷系阻燃体系

由于 ABS 树脂中不包含含氧官能团，燃烧时无法形成炭层，而炭层可抑制 ABS 树脂的热降解从而提高其阻燃性能。因此当单独选用磷系阻燃剂时，不能达到理想的阻燃效果。因此需要在磷系阻燃剂中加入成炭协效剂，促进 ABS 在燃烧过程中形成炭层，从而提高体系阻燃性能。

通常，聚合物的氧指数跟其成炭率呈正相关，当聚合物的成炭率为 40% ~ 50% 时，其氧指数可达到 30% 以上。这是由于燃烧过程中形成的炭层附着在聚合物表面，达到隔热、隔氧的作用，从而使燃烧停止。高成炭率聚合物燃烧时形成的炭层为非晶炭，其本身非常难以燃烧，氧指数高达 65%，如果炭层中还包含无机物质，则炭层热稳定性更好。主链上存在芳基较多的聚合物，如聚酰亚胺、酚醛树脂、聚碳酸酯等，燃烧过程中可形成芳构形炭，能明显减少可燃性挥发物的形成，故而其氧指数较高。

3. ABS 膨胀型阻燃体系

近年来，膨胀型阻燃剂越来越受到人们的关注。其作为新型复合阻燃剂具有不含卤素、无需添加氧化锑、阻燃效率高等优点，符合当今环保阻燃剂的发展趋势。因此，膨胀型阻燃剂被认为是研发无卤阻燃 ABS 最重要的方向之一。

Ma 等制备了一种适用于 ABS 的新型磷 - 氮膨胀型阻燃剂——PDSPB（聚 4,4- 二苯胺甲烷螺旋环状季戊四醇二磷酸酯）。实验结果显示，加入 PDSPB 后，体系燃烧产生的炭层中磷酸及其化合物含量较多，这有助于聚合物成炭，且所形成的炭层为多细胞结构，结构稳定，从而有利于提高体系阻燃效率。当 PDSPB 含量为 30% 时，体系的氧指数可达 28.6%，说明其具有较高的阻燃效率。

4. ABS 硅系阻燃体系

目前，硅油作为塑料改性剂已经得到广泛应用。硅油具有优良的耐燃性、耐候性、耐热性和润滑性等特性。将其应用于 ABS 改性可明显提高 ABS 树脂的耐燃性、流动性、润滑性、耐热性、脱模性、耐磨性、耐寒性、耐候性等性能。现今，由于国内外已开发出的硅油改性 ABS 制品的阻燃性能还不能达到 UL94 V-0 级，因此限制了其应用范围。因此研发具有协效阻燃作用的硅油很重要。

硅油根据侧基基团不同可分为烷基硅油、苯基硅油、氨基硅油等。由于硅油侧基不同，必然导致其性质有差异，因此其对 ABS 树脂的阻燃性能影响也不同。如表 4-11 所示，为黏度相近的不同硅油对 ABS 树脂阻燃性能的影响。

表 4-11　不同种类硅油对 ABS 树脂阻燃性能（氧指数）的影响

项目	二甲基硅油	羟基硅油	乙烯基硅油	苯基甲基硅油	含氢硅油	氨基硅油
氧指数 /%	21	20	20	22	22.5	26

注：硅油的添加量为 6.7PHR。PHR 表示每 100 份树脂所添加硅油的份数。

由表 4-11 可以看出，用烷基硅油（如二甲基硅油、羟基硅油、乙烯基硅油等）阻燃 ABS，其氧指数较低，仅 20% 左右。其原因可能是由于烷基官能团上的 C—H、C—C 键能较小，燃烧时容易断裂。由于苯基硅油（如苯甲基硅油）中含有六元不饱和碳环，故其刚性好，含碳量高，可以增加燃烧炭层的致密性，从而提高阻燃效果。含氢硅油侧甲基的数量较少，且 Si—、H—

之间容易发生热交联，因此其阻燃 ABS 的氧指数也较高。从表中可以看出，氨基硅油对 ABS 的阻燃效果最好，其氧指数可以达到 26%。其阻燃机理可能是由于氨基容易发生热反应，促进硅油与树脂发生交联，从而提高 ABS 树脂的阻燃性能。

张超等对硅油及不同脂肪酸盐复配，结果显示氨基硅油对 ABS 树脂阻燃效果最佳，当氨基硅油与硬脂酸镁的质量比为 1∶2，添加 5PHR 时，极限氧指数为 31.3%。

5. ABS 纳米阻燃体系

聚合物 / 无机物纳米复合阻燃剂已经逐渐应用于高分子材料的阻燃中。当其应用于 ABS 树脂中时，不仅能够满足其阻燃等级的需求，还能保持甚至改善 ABS 树脂的性能，因此聚合物 / 无机物纳米复合阻燃剂具有广阔的发展空间。例如，聚合物 / 蒙脱土纳米复合材料，由于蒙脱土中的片层结构极好地限制了聚合物分子链的运动，因此具有极好的阻燃效果。

赖学军等将间苯二酚与酚醛环氧树脂 / 有机蒙脱土纳米复合材料复配，并应用于 ABS 阻燃中。实验发现，两者复配后有良好的协同阻燃效果，且当有机蒙脱土、酚醛环氧树脂、间苯二酚的用量为 0.5%、6%、9% 时，体系的氧指数可达 39%，且具有良好的力学性能。杨欣华等通过实验发现，在 ABS 树脂中加入纳米 $Mg(OH)_2$ 后，可明显提高氧指数，并能降低发烟量。若先用硅烷偶联剂处理纳米 $Mg(OH)_2$，还能进一步改善 ABS 树脂的流动性。

传统的无机阻燃剂往往需要改性或与其他无机物复配才能达到较好的阻燃效果；而磷酸酯类阻燃剂，对 ABS 的阻燃效果也是非常有限的。要真正实现 ABS 的无卤高效阻燃，可以考虑纳米无机物和膨胀型阻燃剂与常规阻燃剂复配，或着重改善无卤阻燃 ABS 的成炭问题，从而提高阻燃性能。

🖊 知识能力检测

1. 与 PE 和 PP 相比，PS 物料为透明颗粒，燃烧时黑烟较浓烈，是何原因？

2. PS 力学性能有何特点？为什么？

3. 写出 PS 的 T_g、T_f、T_d。

4. 写出 PS 的成型加工温度范围及成型加工中应注意的问题。

5. 什么是 GPS、HIPS 和 EPS？各有哪些用途？

6. ABS 中三种组分对其性能各有什么贡献？其力学性能有何特点？

7. ABS 与其他非晶塑料材料比在结构上有何特点？

8. 为什么通用 PS 透明而 HIPS 和 ABS 一般不透明？

9. PS 和 ABS 的耐热性与 PP 相比如何？是何原因？

10. 如无特殊要求 ABS 制品常为黑色，为什么？

11. 写出 ABS 注塑和挤出成型加工温度范围。

12. 生产中对 ABS 进行干燥有何意义？写出干燥工艺条件。

13. 应用中 ABS 有多种型号，超高抗冲击型、耐热型和透明型在组成上有何特点？

14. ABS 常用于生产哪些制品？说明原因。

15. ASA、ACS、MBS 与 ABS 相比有何特性及用途？

16. 苯乙烯类热塑性弹性体有何特性及用途？

17. 结合网络和图书期刊资料了解 ABS 不同品种与制品间的关系。

第五章
丙烯酸酯类塑料

 学习目标

　　知识目标：了解有机玻璃浇注成型的原理和方法，掌握聚甲基丙烯酸甲酯及其他丙烯酸酯类聚合物的结构和性能特征。

　　能力目标：能识别聚甲基丙烯酸甲酯，能描述聚甲基丙烯酸甲酯的成型加工性能特点和应用。

　　素质目标：培养在丙烯酸酯类塑料生产、使用过程中"绿色制造"的生产观。

第一节　聚甲基丙烯酸甲酯

　　丙烯酸酯类树脂是指以丙烯酸或丙烯酸衍生物为单体聚合或以它们为主与其他不饱和化合物共聚所制得的聚合物。以丙烯酸酯类树脂为基材的塑料即为丙烯酸酯类塑料。丙烯酸类单体主要有甲基丙烯酸甲酯、丙烯酸、丙烯酸甲酯、丙烯酸乙酯、丙烯酸丁酯、丙烯酸-2-乙基己酯、甲基丙烯酸等。这一类单体聚合得到的多数是无色透明的聚合物，在塑料、橡胶、涂料、胶黏剂、石油开采和水处理等领域得到了不同程度的应用。

　　丙烯酸酯类树脂中最重要的是聚甲基丙烯酸甲酯（PMMA），又称作亚克力或有机玻璃，1932年实现工业化生产。PMMA具有质硬、不易碎裂、高度透明、耐候性好、易于染色和成型等特点，是应用广泛的透明塑料材料。

一、甲基丙烯酸甲酯的聚合

1. 甲基丙烯酸甲酯单体

　　甲基丙烯酸甲酯（MMA）在常温下是无色透明的液体，有一定毒性，沸点100～101℃，挥发性很强，较浓蒸气对人体感官有强烈刺激作用。常温常压下，在空气中的体积分数达2.12%～12.5%时，遇火花极易发生爆炸，因而在贮存和运输中应加以注意。

　　甲基丙烯酸甲酯的合成方法较多，下面仅介绍两种常用的工业生产方法。

　　（1）丙酮氰醇法　丙酮氰醇法是甲基丙烯酸甲酯传统的工业生产方法，技术成熟，单体收率高，目前仍是甲基丙烯酸甲酯的重要生产方法。丙酮氰醇法用丙酮作原料，通过下列反应制得甲基丙烯酸甲酯：

$$CH_3-\underset{CH_3}{\overset{O}{\underset{|}{C}}} \xrightarrow{HCN} CH_3-\underset{CH_3}{\overset{OH}{\underset{|}{\underset{|}{C}}}}-CN \xrightarrow{H_2SO_4} CH_2=\underset{CH_3}{\overset{O}{\underset{|}{C}}}-C-NH_2\cdot H_2SO_4$$

$$CH_2=\underset{CH_3}{\overset{O}{\underset{|}{C}}}-C-NH_2\cdot H_2SO_4 + CH_3OH \longrightarrow CH_2=\underset{CH_3}{\overset{O}{\underset{|}{C}}}-C-OCH_3 + NH_4HSO_4$$

反应中丙酮首先和氢氰酸加成生成丙酮氰醇，后者和甲醇共热，同时进行脱水、水解、酯化反应，即生成甲基丙烯酸甲酯。生产中产生的含氰污水和酯化残液会造成环境污染，必须采取曝气或焚烧法加以处理。

（2）异丁烯氧化法　由于丙酮氰醇法中的氢氰酸有毒，随着石油工业的发展，出现了多元化的合成方法，异丁烯氧化法生产甲基丙烯酸甲酯是其中重要的一种。

异丁烯氧化法合成甲基丙烯酸甲酯有三步化学反应：首先是异丁烯被四氧化二氮和硝酸液氧化，生成 2- 甲基 -2- 硝基丙酸，随后水解成 α- 羟基异丁酸，最后经脱水、酯化生成甲基丙烯酸甲酯。其反应式如下：

$$CH_2=\underset{CH_3}{\overset{|}{\underset{|}{C}}}-CH_3 + N_2O_4 \xrightarrow{HNO_3} CH_3-\underset{NO_2}{\overset{CH_3}{\underset{|}{\underset{|}{C}}}}-COOH$$

$$\xrightarrow{H_2O} CH_3-\underset{OH}{\overset{CH_3}{\underset{|}{\underset{|}{C}}}}-COOH + CH_3OH \xrightarrow{HNO_3} CH_2=\underset{|}{\overset{CH_3}{\underset{|}{C}}}-COOCH_3 + H_2O$$

异丁烯来源于石油尾气，价廉易得，不使用剧毒的氰化氢，生产成本比丙酮氰醇法低，工艺简单，操作方便。

此外，PMMA 加工时的边角料和废弃制品通过热裂解可回收甲基丙烯酸甲酯单体。

2. 甲基丙烯酸甲酯的聚合

按自由基聚合机理，甲基丙烯酸甲酯可进行本体聚合、悬浮聚合、溶液聚合和乳液聚合。通过不同的聚合方法，得到不同性能和用途的聚合物。通常，采用本体法和悬浮法生产 PMMA 树脂，溶液聚合和乳液聚合仅限于生产涂料和黏结剂等。

（1）本体聚合　由于本体聚合散热困难，反应过程中有明显的自动加速现象，因而在工业生产中常采用三段式聚合：预聚合、聚合和高温处理。

首先在单体中加入定量的引发剂（如偶氮二异丁腈）、增塑剂（如邻苯二甲酸二丁酯）、脱模剂（如硬脂酸）等在普通反应釜中进行预聚合，反应温度控制在 90 ～ 95℃，待转化率达到约 10% 后，浇注到事先制好的模具内于 40 ～ 50℃下聚合一定时间，当转化率达 90% ～ 95% 后，再升高温度，于 100 ～ 120℃下进行高温处理，使单体反应完全。

本体聚合产物分子量较高，可达 10 万左右，且杂质少，具有高度透明性。通常，本体聚合反应器也就是模具，反应结束后，可获得与模具形状相同的产品，主要有板、棒、管等。

（2）悬浮聚合　甲基丙烯酸甲酯的悬浮聚合是以水为介质，以过氧化二苯甲酰为引发剂，分散剂有滑石粉、碳酸镁、聚乙烯醇等。反应在压力釜内进行，温度控制在 80 ～ 120℃，2h 后反应即可基本完成。反应产物经洗涤、脱水、干燥，得到透明坚硬的微小圆珠状粒料，粒料可直接用于成型，可根据需要制成各种模塑料后使用。

　　悬浮聚合工艺控制较容易，聚合物的分子量较低，可进行注塑、挤出等成型加工。但聚合过程中加入的分散剂等易残留于产品中，因而其纯度不如本体法树脂。

二、聚甲基丙烯酸甲酯的结构

　　PMMA 是主链为柔性的—C—C—单键结构的线型大分子，结构式如下：

$$\left(\!CH_2\!-\!\underset{\underset{O=C-O-CH_3}{\overset{\displaystyle CH_3}{|}}}{\overset{\displaystyle |}{C}}\!\right)_{\!n}$$

　　从分子结构看，PMMA 是线型热塑性塑料，大分子主链与 PE 相似。通常，自由基聚合得到的 PMMA 结构单元中 α-碳原子上的甲基和甲酯基破坏了分子链的空间规整性，大分子链呈无规立构，是一种典型的无定形聚合物。同时，取代基也妨碍了大分子的内旋转，使大分子链有一定的刚性，致使 PMMA 的 T_g 比 PE 高得多。较高的 T_g 和无定形结构使 PMMA 在室温条件下是一种质硬而透明的材料。

　　本体聚合 PMMA 的分子量高，大分子呈无规缠结状态。同时，由于极性甲酯基的存在，使分子间的作用力比 PS 大，熔体黏度较高，常常难以进行一般的注塑和挤出成型。而悬浮聚合 PMMA 的分子量较低，具有适当的黏流温度和熔体黏度，适用一般的热塑性塑料的成型加工方法，但与本体法 PMMA 相比，耐热性和力学性能稍差。

　　此外，将 PMMA 在 T_g 以上进行双向拉伸，形成高度有序的取向态结构，可提高制品的冲击强度、抗应力开裂性能，并能消除银纹，得到定向有机玻璃产品。

三、聚甲基丙烯酸甲酯的性能

1. 光学性能

　　PMMA 最大的特点是具有优异的光学性能，这也是其俗称"有机玻璃"的由来。PMMA有均一的折射率（1.49），透光率达 92%，比无机硅酸盐玻璃还高，透明性是常用塑料中最好的。PMMA 可透过大部分紫外线和部分红外线，透过光波波长极限为 2600nm，这是其他塑料所不及的，其透光率与波长的关系如图 5-1 所示。

PMMA 透光率高的原因在于它是无定形聚合物，质地均匀，其内部分子排列方式不会影响进入内部的光线在各个部分通过时的速度，光线能以同样速度前进，不会使光线四面分散、互相干扰。

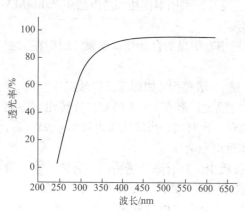

图 5-1　**PMMA 透光率与波长的关系**

　　表面极光滑的 PMMA 片或棒状物，在弯曲到一定限度内，能将从一端射入的光线，全部在其内部反射，最后从另一端射出，好像水在弯曲的管道中流过一样。光线在其内部传导前进，不容易从外面观察到，这是因为 PMMA 十分透明、洁净，没有任何杂质微粒存在，因而光线不会改变行程或反射出它的体外。但其表面某部分磨毛时，光线就可从这一部分逸出而显示出光亮，可利用这种性质制造边缘发光装置及外科医疗用具等。

2. 力学性能

PMMA 具有较高的拉伸强度和弹性模量，冲击强度是无机玻璃的 7～18 倍，韧性高于 PS，但比 ABS 树脂低得多，具有一定的脆性，在较高冲击能的作用下会破裂，但是碎裂后所生成的碎片不像无机玻璃那样锋利。主要力学性能见表 5-1。

PMMA 的表面硬度不足，易于被硬物擦伤、擦毛而失去光泽，不过细微的划痕可用抛光膏打磨除去。

表 5-1　聚甲基丙烯酸甲酯的力学性能

力学性能	数值	力学性能	数值
密度 /(g/cm³)	1.17～1.19	弯曲强度 /MPa	110
拉伸强度 /MPa	55～77	压缩强度 /MPa	130
伸长率 /%	1400～2800	洛氏硬度 (M)	80～105
拉伸弹性模量 /MPa	2.5～6	冲击强度 /(kJ/m²)	12～14

PMMA 的弯曲强度和压缩强度在 T_g 以下受温度影响较小，低温时基本保持不变，在接近 T_g 时有明显下降。而拉伸强度和冲击强度对温度较敏感，图 5-2 给出了温度对 PMMA 拉伸强度的影响。

为扩大 PMMA 在航空等领域的应用，可通过与极性组分（如甲基丙烯酸、丙烯腈、甲基丙烯酰胺等）共聚，加入交联剂使其形成网状结构，经拉伸形成定向结构等手段来提高 PMMA 的力学性能。

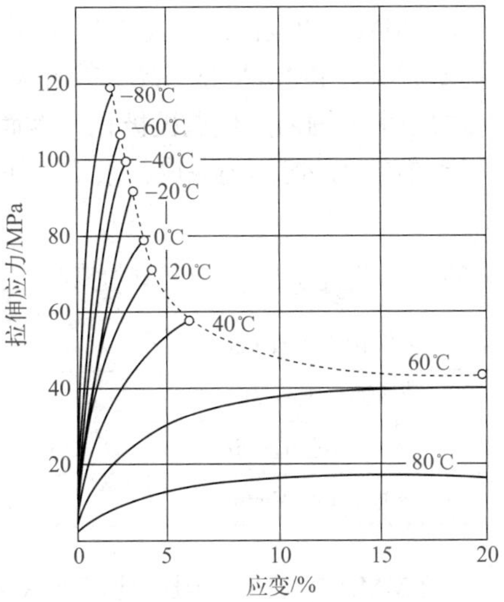

3. 热性能

PMMA 属易燃材料，点燃离火后不能自熄，火焰呈浅蓝色，下端为白色。燃烧时起泡、熔融滴落，分解产生甲基丙烯酸甲酯等单体，并伴有腐烂水果、蔬菜的气味。

图 5-2　温度对 PMMA 拉伸强度的影响

PMMA 的 T_g 为 105℃，维卡软化点为 100～102℃，脆化温度在 -60℃ 以下。PMMA 可在 -60～65℃ 范围内长期使用，短时使用温度不宜超过 105℃。

4. 化学性能

（1）耐化学腐蚀性　PMMA 耐水溶性盐、弱碱和某些稀酸。但不耐氧化性酸和强碱，如氰氢酸、铬酸、王水、浓硫酸和硝酸等均能使其受到侵蚀。同时，介质的浓度和温度对其化学稳定性也有很大影响，一般来说介质的浓度增大，温度升高，PMMA 的稳定性下降。例如，对 50% 的磷酸、25% 的硫酸、50% 的乙酸，在 20℃ 时 PMMA 具有很好的稳定性，但是在 60℃ 时则不稳定；而对 25% 的磷酸、20% 的硫酸和 10% 的乙酸，在 60℃ 的温度下 PMMA 也是稳定的。再如，对 30% 的氨水，在 20℃ 时 PMMA 是稳定的，但在 60℃ 时即使 10% 的氨水也会受到侵蚀。

在有机化合物中，PMMA 对长链烷烃、简单的醚类、油脂较为稳定，不耐短链的烷烃、醇、酮等。溶于芳烃、氯代烃等有机溶剂中，如四氯化碳、二氯乙烷、四氯乙烷、甲酸、苯、丙酮、二甲基甲酰胺等。接触这些化学药品会引起 PMMA 材料或制品产生银纹，甚至开裂。

（2）耐候性　与其他树脂相比，PMMA 具有优良的耐候性。在室外大气条件下经过 4 年的老化试验，它的拉伸强度和透光率仅稍有下降，质量基本保持不变，外观色泽泛黄，但无裂纹、翘曲、起泡等现象。表 5-2 是 PMMA 在自然老化条件下拉伸强度和冲击强度随时间的变化情况。

表 5-2　自然老化条件下 PMMA 的力学性能随时间的变化

力学性能	老化时间 / 月											
	0	4	8	12	16	20	24	28	32	36	40	48
拉伸强度 /MPa	68	67	68	60	68	57	54	65	59	66	64	64
冲击强度 /(kJ/m^2)	12	13	14	13	12	14	13	13	13	13		

大气暴露老化试验表明，试样的老化总是由表及里，向阳面的老化速度较背阳面快，这说明 PMMA 的老化主要是紫外线的作用。除此之外，溶剂（包括水）以及生产、加工、安装、使用等过程引入的内应力是加速老化的重要因素，也是引起 PMMA 材料和制品产生裂纹的根本原因。

5. 电性能

PMMA 的电性能见表 5-3。尽管 PMMA 的大分子链与 PE 相似，但电性能却比 PE 差得多，主要原因是 PMMA 分子链上带有极性的酯基。这些侧基在低于 T_g 温度时并没有被冻结，在适当的频率范围内产生偶极极化，因而有较高的介电常数值。随着频率的升高，侧基的偶极极化不能在有效的时间内完成，跟不上外界电场的变化，介电常数值反而明显减小。

表 5-3　PMMA 的电性能

电性能	数值	电性能		数值
体积电阻率 /Ω·cm	> 10^{15}		60Hz	3.7
表面电阻率 /Ω	> 10^{16}	相对介电常数	10^{3}Hz	3.0
介电损耗角正切	0.02 ~ 0.06		10^{6}Hz	2.3
介电强度 /(kV/mm)	20			

PMMA 的表面电阻率比其他大多数塑料高，而且在一定的范围内不受气候和温度的影响，具有良好的耐电弧性，具有减弧能力。

四、聚甲基丙烯酸甲酯的成型加工特性

PMMA 成型加工方法主要有浆液浇注成型和模塑料熔融挤出、注塑成型，就熔融成型加工而言，性能特点如下。

① PMMA 分子结构中酯基的存在使其易于吸湿，因而物料在成型加工前必须进行干燥，使水分含量降低到 0.02% 以下。否则，水分在加热时挥发成气体或促使其产生高温水解，导致制品起泡，产生斑纹、银纹等。不但影响制品的透明性和外观质量，力学性能也大大降低。

干燥时，可采用循环鼓风干燥或远红外线干燥等方法，干燥温度 80 ~ 95℃，干燥时间视料层厚度而定，一般为 4 ~ 10h。

② PMMA 的成型加工温度范围较窄，一般为 180 ~ 250℃，温度超过 260℃易引起材料分解，因而成型加工中必须严格控制温度。

③ 在成型加工温度下 PMMA 的熔体黏度较高，对温度的敏感性大。一方面要求成型加工设备能产生较高的成型压力，另一方面要求严格控制成型加工温度，温度波动时难以得到尺寸

精度较高的制品。

④ PMMA 大分子链具有一定刚性，为减小制品内应力，成型模具温度一般不低于 40℃，对力学性能和尺寸精度要求较高的制品可进行热处理。

五、聚甲基丙烯酸甲酯的常见品种及应用

1. PMMA 的常见品种

根据不同生产方式进行分类，PMMA 可分为浇注成型产品和模塑料成型产品。

浇注成型是指在不加压或稍加压的情况下，将单体、树脂或其混合物注入模内使其成为制品或型材的方法。PMMA 的浇注成型一般先将甲基丙烯酸甲酯单体预聚成一定黏度的浆液，再浇注于一定温度下的模具中经本体聚合直接得到制品或型材，产品有透明、半透明或不透明的各种颜色及珠光的板、棒、管等。该种 PMMA 的分子量较高，性能较好，是有机玻璃的主要品种。

模塑料成型是指用甲基丙烯酸甲酯模塑料，通过挤出、注塑等模塑成型设备加工成所需形状的产品。工业生产的甲基丙烯酸甲酯模塑料多指以甲基丙烯酸甲酯与苯乙烯或丙烯酸甲酯等单体的共聚物为主体的珠状料或颗粒料，也称丙烯酸酯模塑料。甲基丙烯酸甲酯与苯乙烯共聚模塑料的成本低，熔体具有较好的流动性，易于成型加工，可用于制造模塑义齿粉。与丙烯酸甲酯共聚的模塑料具有较好的成型加工性能，其韧性和耐表面擦伤性能优于普通的有机玻璃。这两种模塑料都适宜于注塑和挤出成型，制造各类透明制品或配件，广泛应用于仪器仪表、汽车、光学、电气、文教和日用品等方面。甲基丙烯酸甲酯模塑料的生产方法有悬浮聚合、溶液聚合和本体聚合。悬浮聚合技术成熟，更换品种方便，目前世界各国多采用此法；溶液聚合和本体聚合可实现生产连续化，产品质量高，具有一定发展潜力。

（1）PMMA 浇注件　PMMA 浇注件是通过浇注成型得到的有机玻璃，是 MMA 单体本体聚合的典型产品。PMMA 浇注成型的生产工艺主要包括制浆、制模、聚合及其他辅助环节，典型的生产工艺流程如图 5-3 所示。

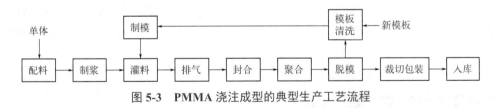

图 5-3　PMMA 浇注成型的典型生产工艺流程

① 制浆。制浆是将 MMA 单体中加入引发剂［如偶氮二异丁腈（AIBN）］、增塑剂［如邻苯二甲酸二丁酯（DBP）］、脱模剂（如硬脂酸）等助剂混合均匀后通过自由基引发进行预聚合，制得转化率约为 10% 的具有一定黏度的浆液。为提高产品的耐热性和强度可加入少量甲基丙烯酸（MAA）进行共聚。常用 PMMA 有机玻璃生产配方见表 5-4。

表 5-4　常用 PMMA 有机玻璃生产配方

板材厚度 /mm	MMA	MAA	AIBN	DBP	硬脂酸
1～1.5	100	0.15	0.06	10	1
2～3	100	0.10	0.06	8	0.6
4～6	100	0.10	0.06	7	0.6
8～12	100	0.10	0.025	5	0.2

板材厚度 /mm	MMA	MAA	AIBN	DBP	硬脂酸
14 ～ 25	100		0.020	4	
30 ～ 45	100		0.005	4	

注：20 ～ 25mm 的产品夏季 AIBN 用量改为 0.01。

制浆可以减少聚合时的体积收缩，防止模具渗漏，可缩短生产周期，提高生产效率。常用的制浆方法为预聚法。根据配方将一定量的 MMA 精制单体、引发剂单体溶液、脱模剂和增塑剂混合均匀，经过滤后加入预聚反应釜，维持釜温 90 ～ 94℃，待转化率约为 10%，料液黏度达到要求后，逐渐冷却至 40℃。按需要加入定量 MAA，继续搅拌，冷却至 30℃后放入预聚浆液贮槽，制得所需浆液。

② 制模。模具强度要求不高，可以使用硅橡胶、无机玻璃、水泥、石膏等廉价材料。生产 PMMA 有机玻璃的模具，通常用两块表面平整洁净的无机玻璃，四边封上贴有玻璃纸的间隙夹条，外面再连续包封硅橡胶的密封条，四周加固后即可制得。

制造大型制件，常在模具外面加固模框和支座，复杂的制品可使用金属材料制造模具。此外，进行水浴聚合还应注意密封问题。

③ 聚合。聚合是将上述制得的浆液灌入已制好的模具中，排气密封后进行水浴聚合或进行烘房聚合。水浴聚合是以水作为传热介质，聚合温度和时间与产品厚度有关。以厚度 2 ～ 3mm 平板透明有机玻璃为例，首先进行低温聚合，水浴温度控制在 48℃，时间 12h，低温聚合结束后，聚合物基本固化，再升温至水浴沸腾，保持 1.5h 后停止加热，使其自然冷却至 80℃。此后采用向水浴掺入冷水的快速冷却方法使体系的温度降至 40℃以下，所需时间约 2 ～ 2.5h。冷却后的模具取出拆卸，所得半成品经去边、裁切、检验，即得最终产品。烘房聚合与水浴聚合相似，所不同的是烘房的高温处理温度在 100℃以上，聚合转化率高，产品的力学性能较好。

在 PMMA 有机玻璃聚合成型过程中，杂质的引入对聚合物性能产生较大影响。如机械杂质除明显降低有机玻璃的光学性能外，还使其耐热性及力学性能下降；低沸点有机物的存在，使聚合物制品内部产生气泡等缺陷；少量水的存在，使聚合物制品表面产生银纹，水分含量增加，易形成雾状物，影响制品的透明度，大量水分存在时，会产生严重乳化现象，甚至使聚合物丧失使用性能。因此聚合成型过程中应严格控制杂质含量。

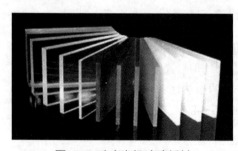

图 5-4 珠光有机玻璃板材

在透明 PMMA 有机玻璃生产配方中加入珠光颜料，经过特殊的工艺控制和操作可制得色彩鲜艳、具有珍珠般光泽的有机玻璃，称为珠光有机玻璃。珠光有机玻璃从内部发出均匀、致密、晶莹的闪光与五彩缤纷、鲜艳夺目的色调，广泛用作高级装潢材料，如图 5-4 所示。

配方中珠光颜料用量一般为 1% ～ 2%，若生产有色珠光有机玻璃，还需加入各种染料和颜料，为克服它们的阻聚作用，引发剂用量也需适当增加。由于珠光颜料的密度较甲基丙烯酸甲酯的密度大，通常的聚合方法易产生沉降，导致珠光颜料排列不均匀，造成珠光效果不佳。因此在聚合过程中要选用特殊聚合工艺，避免珠光粉沉降，常用的聚合方法是振动聚合。

振动聚合的目的是使模具内预聚体通过微小移动产生内摩擦，避免珠光粉沉降，得到性能良好的珠光玻璃。一般振动频率在 300 次 /min 左右，振幅 1～20mm，待反应至料液无明显流动时，停止振动，在低温下继续聚合使料液达到凝胶化状态后进行高温处理，经冷却脱模即可得到珠光玻璃。

（2）PMMA 挤出件　使用 PMMA 模塑料进行挤出成型，可生产板、管、棒等型材，尤其是有机玻璃板材在发达国家的产量已接近浇注板材。随着挤出工艺技术的日趋成熟，所成型板材的产品质量类似于浇注板材，但热变形温度和表面硬度略低。

有机玻璃板材挤出成型生产线主要由单螺杆挤出机、扁平机头、三辊压光机、牵引机、切边机、裁切机等组成，生产工艺流程如图 5-5 所示，生产中温度控制可参考表 5-5。

图 5-5　挤出成型有机玻璃板材生产工艺流程

表 5-5　有机玻璃板材挤出成型中温度的控制

设备	温度控制 /℃
挤出机	加料段：200～220；压缩段：220～250；减压段：220～230；均化段：220～230
机头	机头连接器：220～230；机头口模：225～245
辊压光机	上辊：110～120；中辊：100～110；下辊：90～110

挤出成型除生产一般平板有机玻璃外，还可生产彩色、花纹、波纹、中空及复合有机玻璃板。

（3）PMMA 注塑件　注塑成型可成型出尺寸精确、表面光洁的零件和制品。成型中要充分注意前面所讨论的 PMMA 的成型加工性能，其工艺参数列于表 5-6 中。

表 5-6　PMMA 注塑成型工艺参数

项目	成型工艺参数
温度 /℃	料筒：160～240；喷嘴：180～230；模具：40～80
压力 /MPa	一般制品：80～140；形状复杂的制品：110～200
时间 /s	注射：15；保压：20～40；冷却：20～90

由于 PMMA 熔体黏度较高，流动性较差，成型后制品易产生较大内应力。如需要可用红外线灯或在鼓风电热干燥箱中将制品加热到 75～85℃，保温 3～4h 后缓慢冷却至室温，消除内应力。

2. PMMA 的应用

PMMA 具有优良的耐候性、光学透明性及力学性能，在航空、交通、建筑、仪表、采光、照明、光学等领域作为无机硅玻璃的替代品应用极为广泛，表 5-7 给出了在这些方面的具体用途。

表 5-7　PMMA 作为无机硅玻璃的替代品的应用

应用领域	用途举例
航空	飞机座舱盖、风挡、机舱、舷窗、宇航器械
交通	汽车、船舶的防弹玻璃及窗玻璃、汽车及摩托车的挡风玻璃、路标
仪表	仪表零件、指示灯罩、表面覆盖板、仪表盘
建筑	彩色有机玻璃浴缸、洗脸盆等高级洁具，大理石

应用领域	用途举例
采光	太阳能集热器的外罩、林业温室、水族馆海底隧道
照明	室内外照明器具、汽车尾灯、交通信号灯罩
光学	光学镜片（如眼镜、放大镜、各种透镜）、激光防护镜、光导纤维、电视屏幕

PMMA 作为一种医用高分子材料，是制造义齿及牙托粉的传统材料，也是整形外科制作假肢、假鼻、假眼及医用导光管的基本原料；此外，PMMA 还可用于制作婴幼儿保护箱的透明防护罩。

作为透明和装饰性材料用于日用品及文化用品方面，如各种制图用具、示教模型、标本及标本防护罩、各种笔杆、纽扣、发卡、糖果盒、肥皂盒、各种容器及其他日用装饰品、高级装饰品、广告牌与广告灯箱、陈列橱窗及食品和化妆品包装等。

功能性有机玻璃具有某些特殊性质，可满足特殊场合下的需要，扩大了有机玻璃的使用范围，如吸收紫外线有机玻璃可用作微机和电视机屏幕保护板；光致变色有机玻璃用于建筑窗玻璃和变色太阳镜；光学有机玻璃应用于照相、电视摄像机镜头和激光唱片基盘及可记忆、可擦写的 CD 用材等。

六、聚甲基丙烯酸甲酯的简易识别

图 5-6　PMMA 管棒材料

PMMA（图 5-6）是高度透明、无毒无味的无定形热塑性塑料，外观优美，是经常使用的玻璃替代材料。

可以通过以下方式对 PMMA 进行简易识别：

① 外观印象。俗称有机玻璃，高度透明，色彩丰富。用手或布摩擦 PMMA 表面，会有水果香味。

② 水中沉浮。密度比水大，在水中下沉。

③ 受热表现。温度达 105℃以上逐渐变软，120℃时能自由弯曲，可手动加工。170℃以上熔融，260℃以上分解。

④ 燃烧特性。能缓慢燃烧，离火后不能自熄，火焰呈浅蓝色，顶端白色。燃烧时塑料融化，有烂花果臭和腐烂蔬菜的臭味。

⑤ 溶解特性。溶于三氯甲烷、二氯乙烷、四氯化碳、丙酮等。

第二节　其他丙烯酸酯类聚合物

除 PMMA 外，具有工业实用价值的丙烯酸酯类聚合物主要有聚丙烯酸甲酯、聚丙烯酸乙酯、聚丙烯酸丁酯、聚丙烯酸 -2- 乙基己酯、聚甲基丙烯酸乙酯、聚甲基丙烯酸丁酯等。可以用本体聚合、悬浮聚合、溶液聚合和乳液聚合等各种聚合方法进行均聚或共聚，性能主要取决于单体的化学性能及其聚合条件。这类聚合物一般为非晶结构，其 T_g 较甲基丙烯酸酯类聚合物低，具有较大的柔顺性及弹性。在一定程度上随酯基上碳原子数目增多，大分子链的构象数增加，T_g 降低，力学强度下降，逐渐显现出塑性，见表 5-8。

表 5-8　几种丙烯酸酯类聚合物的性能

聚合物	拉伸强度 /MPa	玻璃化转变温度 T_g/℃	特性
聚丙烯酸甲酯	7 ～ 18	8	质硬、有弹性
聚丙烯酸乙酯	0.38	-22	柔软而有弹性、有一定塑性
聚丙烯酸丁酯	0.02	-54	有塑性、有较好的胶黏性
聚丙烯酸 -2- 乙基己酯		-85	塑性好、胶黏性好

通过溶液或乳液方法聚合而成的丙烯酸酯均聚物多以溶液或乳液状态存在，常用作纸张、木材和织物的浸渍以及皮革制品的表面处理剂。如用聚丙烯酸酯乳胶浸渍玻璃纤维，可压制半透明波纹板，也可用于橡皮膏的生产；聚丙烯酸溶液可作为保护金属和木材的涂料；在建筑方面，将聚丙烯酸酯聚合物加到混凝土中，可使混凝土具有防水性能，也可作为墙壁内部涂料的底漆或用于浸渍多孔建筑材料等。有些乳液法生产的聚丙烯酸酯树脂不需添加增塑剂就可制作性能优良的管材或薄膜、电线外皮等。丙烯酸乙酯和丙烯酸甲酯的共聚物则是制造丙烯酸酯橡胶的主要原料。

丙烯酸酯类单体除均聚物外，也可与其他乙烯基单体共聚，用来改善聚合物的力学性能及加工性能。如丙烯酸酯与氯乙烯、偏二氯乙烯、乙酸乙烯酯等共聚，可以起内增塑的作用，改善这些聚合物的耐光性和耐热性；丙烯酸乙酯与丙烯腈的共聚物适宜用作油脂和食品包装薄膜。

 阅读材料

塑料光纤

自 1926 年产生以来，光导纤维经过 90 多年的发展，已达数十种，按光纤用材料分主要有三类：塑料光纤（POF）、石英光纤和多组分玻璃光纤。塑料光纤使用的是透明塑料，主要有 PS 芯光纤、PMMA 芯光纤、聚碳酸酯（PC）光纤等。与多组分玻璃光纤和石英光纤相比，塑料光纤具有直径大、重量轻、柔软性杰出和弯曲性能优异等特点，而且使用中耦合连接容易，易于加工，成本低。

塑料光纤一般由芯和皮构成，二者均为非晶透明塑料，各向同性，不含发色基团，折射率均一。若皮层是结晶塑料则要求整体的密度和折射率相近，晶区尺寸小于可见光波长，从而具有较好的透明性。为了使光以全反射方式传输，芯皮层的折射率应有一定差值。塑料光纤的生产多采用涂覆法和共挤法：涂覆法是先由挤出机成型出塑料纤维芯材，再进入皮材溶液涂覆器，使纤维芯材均匀涂上皮材溶液，经干燥后就形成了具有芯皮结构的塑料光纤；而共挤法是一台挤出芯材，另一台则挤出包覆皮层，由同一模头熔融共挤成型，再经拉伸成型塑料光纤。

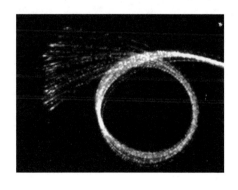

尽管塑料光纤还不能像石英光纤那样广泛用于远距离干线通信，但因其使用方便和成本较低被称为"平民化"光纤。在光纤到户、光纤到桌面整体方案中，塑料光纤是石英光纤的补充，可共同构筑一个全光网络；给一个能变幻各种颜色的光源，通过塑料光纤就能带领人们进入一个绚丽的世界，从而在工艺品和装饰装潢领域获得广泛应用。

随着塑料光纤的不断发展，其应用领域不断扩大，现在塑料光纤在汽车、医疗、环境保护、建筑和光纤通信局域网等方面都有用武之地。塑料光纤冷光照明被认为代表未来照明装饰趋势，而用于光纤传感器和光疗的侧面发光塑料光纤，更是有独特的表现。可以预见，随着科学技术的进步，塑料光纤在21世纪会有更加广阔的发展空间。

 ## 知识能力检测

1. 本体聚合和悬浮聚合的 PMMA 从结构到性能及应用方面有何不同？
2. PMMA 俗称有机玻璃，其原因是什么？与无机玻璃相比有何特点？
3. 写出 PMMA 的使用温度范围，并解释原因。
4. 简述有机玻璃浇注成型的原理、工艺过程及制品用途。
5. 简述 PMMA 模塑料成型加工性能特点及制品应用。
6. 定向有机玻璃是如何制得的？与非定向有机玻璃相比在性能上有何差别？
7. PMMA 二次成型加工有何重要意义？加工中应注意什么问题？

第六章 聚氨酯塑料

知识目标：了解聚氨酯泡沫塑料、聚氨酯人造革和合成革等制品的配方组成，了解上述产品的合成工艺、材料的性能，熟悉典型产品的加工方法和应用。

能力目标：能描述聚氨酯材料的结构和性能特征，以及典型产品的生产方法和应用，能根据性能及应用需求，初步设计聚氨酯材料配方、生产工艺。

素质目标：培养注重聚氨酯相关产品设计生产过程中的安全环保思想意识，树立安全防护观念。

第一节 聚氨酯的基本原料

聚氨酯（PUR）是主链结构中含有—NH—$\overset{\text{O}}{\overset{\|}{\text{C}}}$—o基团的一类高分子化合物的统称，在20世纪30年代德国首先实现工业化生产。利用PUR树脂可制成泡沫塑料、弹性体、革制品、涂料、胶黏剂、纤维等产品。PUR性能范围宽，用途涉及各行各业，在高分子材料工业中占有相当重要的地位。

PUR所用的原料主要有：异氰酸酯、多元醇、催化剂、泡沫稳定剂、发泡剂、交联剂等。

一、异氰酸酯

异氰酸酯是PUR的主要原料之一，分子结构中均含有异氰酸酯（—NCO）基团。生产PUR用得最多的是甲苯二异氰酸酯（TDI）、二苯基甲烷二异氰酸酯（MDI）和多亚甲基多苯基多异氰酸酯（PAPI）。

（1）甲苯二异氰酸酯 TDI的合成是以甲苯为原料，经硝化、还原、光气化及精制过程而制得。制得的TDI有2,4-TDI和2,6-TDI两种同分异构体，前者的活性大，后者的活性较小。工业生产中通常采用两种异构体的混合物。按混合比例不同有三种产品：TDI-80、TDI-65和TDI-100，它们常用于软质PUR泡沫制品。

TDI是水白色或浅黄色液体，具有强烈的刺激性气味、毒性大，对皮肤、眼睛和呼吸道有强烈的刺激作用，吸入高浓度TDI蒸气对人体有害。

（2）二苯基甲烷二异氰酸酯　MDI 是由二胺缩合及光气化反应而制得，有三种同分异构体：2,4′-MDI、2,2′-MDI 和 4,4′-MDI，其中应用最多的是 4,4′-MDI。由于 MDI 结构对称，因而蒸气压比 TDI 低，毒性比 TDI 弱，使用较方便。MDI 常用于半硬和硬质 PUR 泡沫塑料。

（3）多亚甲基多苯基多异氰酸酯　PAPI 是一种不同官能度的多异氰酸酯混合物，通常 MDI 占混合物总量的 50%，其余是具有 3 官能度以上、分子量为 350～420 的低聚合度异氰酸酯，主要用于硬质 PUR 制品及混炼、浇注 PUR 制品。

二、多元醇

制备 PUR 的多元醇一般为分子内含有两个以上羟基的有机化合物，常见的有聚酯多元醇和聚醚多元醇。它们在 PUR 中的含量决定了材料的软硬、柔韧性和刚性。

（1）聚醚多元醇　一般是以多元醇、多元胺或其他含有活泼氢的有机化合物与氧化烯烃开环聚合而成，主要品种有聚氧化丙烯醚二醇和聚四氢呋喃醚二醇。这类多元醇黏度低，可在常温下混合，制得的 PUR 弹性大、成本低，适用于软质 PUR 泡沫塑料制品。

（2）聚酯多元醇　是由有机多元酸与多元醇经缩聚反应制得，常见的品种有二元酸与二元醇反应生成的线型聚酯多元醇，主要用于软质 PUR 制品；二元酸与三元醇反应生成的支化聚酯多元醇及芳香聚酯主要用于硬质 PUR 制品。

使用聚酯多元醇制得的 PUR 制品具有力学强度高、绝缘、耐油、耐热、尺寸稳定性好等优点，但由于自身黏度大，与其他组分互混性差，施工较困难，加上原料成本高，因而用途不如聚醚多元醇广泛。

三、添加剂

为了调节 PUR 树脂合成反应及产品性能，在反应过程中需要加入各种助剂，如催化剂、稳定剂、交联剂、杀虫剂、着色剂等，以满足各类制品使用性能的要求。

（1）催化剂　催化剂的作用主要是降低反应活化能、调节反应速率、缩短反应时间、加快反应混合物流动性。

常用催化剂分为两大类：一类为有机叔胺类催化剂，如三乙胺、三亚乙基二胺、三乙醇胺等。这类催化剂对异氰酸酯与水反应（发泡反应）的催化效率高，主要用于 PUR 泡沫塑料的生产。另一类是金属有机化合物类，常用的有辛酸亚锡、二月桂酸二丁基铅、辛酸铅等。该类催化剂对凝胶反应的催化效率较为显著，能有效地促进链增长反应。在具体反应体系中要根据反应及制品要求选择合适的催化体系，一般生产中将上述两种催化剂协同使用。

（2）扩链剂及交联剂　扩链剂用于改善 PUR 软、硬度，常用的有伯胺、仲胺、乙醇和 1,4-二丁醇；交联剂为产生交联点的反应物，常用的有甘油、三羟甲基丙烷、季戊四醇等。

（3）发泡剂　发泡剂用于生产 PUR 泡沫塑料。一种为水或液态 CO_2，用于生产开孔软质泡沫塑料；另一种为一氟三氯甲烷，主要用于生产闭孔硬质泡沫塑料。由于一氟三氯甲烷分解物会破坏臭氧生态环境，世界各国多致力于研究其代用品，如二氯甲烷、戊烷及环戊烷等已投入实际应用。

（4）泡沫稳定剂　用于生产泡沫塑料时降低体系表面张力，控制泡孔大小和泡壁强度，常用水溶性聚醚硅氧烷。

（5）其他助剂　根据 PUR 制品性能和使用要求还可加入其他添加剂，如抗氧剂、光稳定剂、阻燃剂、抗静电剂和填料等。

第二节 聚氨酯泡沫塑料

以 PUR 为基材可制成内部具有无数微小气孔的塑料材料或制品，称为 PUR 泡沫塑料。它是 PUR 合成材料的主要品种，在世界范围内占 PUR 总产量的 90%。根据所用原料的不同以及配方用量的变化，可制成软质、半硬质和硬质 PUR 泡沫塑料，以满足各种不同用途的需要。

一、聚氨酯泡沫塑料生产原理

异氰酸酯与多元醇生成 PUR 的反应在所有 PUR 泡沫塑料制备中都存在，主要包括以下化学反应。

（1）PUR 合成反应　异氰酸酯与多元醇反应生成聚氨基甲酸酯：

$$n\text{NCO}-\text{R}-\text{NCO} + n\text{HO}\sim\sim\text{OH} \longrightarrow \left[\begin{matrix}\text{O}\\\|\\\text{CNH}\end{matrix}-\text{R}-\text{NH}-\begin{matrix}\text{O}\\\|\\\text{C}\end{matrix}-\text{O}\sim\sim\text{O}\right]_n$$

（2）发泡反应　异氰酸酯和水反应首先生成不稳定的氨基甲酸，然后分解成胺和 CO_2：

$$\sim\sim\text{NCO} + \text{H}_2\text{O} \longrightarrow \sim\sim\text{NHCOOH} \longrightarrow \sim\sim\text{NH}_2 + \text{CO}_2\uparrow$$

氨基进一步和异氰酸酯反应生成含有脲基的高聚物：

$$\sim\sim\text{NCO} + \sim\sim\text{NH}_2 \longrightarrow \sim\sim\overset{\text{H}}{\underset{}{\text{N}}}-\overset{\text{O}}{\underset{}{\text{C}}}-\overset{\text{H}}{\underset{}{\text{N}}}\sim\sim$$

取代脲

（3）脲基甲酸酯反应　氨基甲酸酯中氮原子上的氢与异氰酸酯反应形成脲基甲酸酯：

$$\sim\sim\text{NCO} + \sim\sim\overset{\text{O}}{\underset{}{\text{NHC}}}-\text{O}\sim\sim \longrightarrow \sim\sim\text{NH}$$

脲基甲酸酯

（4）缩二脲反应　脲基中氮原子上的氢与异氰酸酯反应生成缩二脲：

$$\sim\sim\text{NCO} + \sim\sim\overset{\text{O}}{\underset{}{\text{NHC}}}-\overset{\text{H}}{\underset{}{\text{N}}}\sim\sim \longrightarrow \sim\sim\text{NH}$$

缩二脲

上述 4 种反应中，反应（1）、（2）为链增长反应，反应（3）、（4）为交联和支化反应。一般链增长反应使体系形成凝胶，并快速产生气体（包括外加发泡剂产生的气体）而发泡，随之进行交联和支化反应，最终形成高分子量和具有一定交联度的 PUR 泡沫塑料。泡沫塑料制品性能随原料配方的不同而异。

二、硬质聚氨酯泡沫塑料

硬质 PUR 泡沫塑料为高度交联结构，基本为闭孔结构，在一定负荷作用下不发生明显变形，当负荷过大时发生变形不能恢复到原来形状。这类泡沫塑料具有绝热效果好、质量轻、比强度大、化学稳定性好等优点。

1. 硬质 PUR 泡沫塑料的成型

硬质 PUR 泡沫塑料采用 MDI 和 4～8 官能团的聚醚多元醇，改变组分可获得半硬质 PUR 泡沫塑料。发泡工艺是将异氰酸酯、多元醇、水、催化剂及其他助剂原料一起混合后在高速搅拌下使链增长、交联和发泡反应几乎同时完成而制得泡沫体，该法称为一步法发泡工艺。具体成型方法主要有注塑发泡、反应注塑成型（简称 RIM）、复合发泡等。

（1）注塑发泡　该法是硬质 PUR 泡沫塑料常用的成型方法，即将各种原料混合均匀后，注入模具或制件的空腔内发泡成型。

聚醚和聚酯均能作为注塑发泡的原料，但应用较广的是聚醚型多元醇，如甘油聚醚、三羟甲基丙烷聚醚等。异氰酸酯以 MDI 为主，催化剂以叔胺类化合物为主，也可适当加一些有机锡类化合物，发泡剂一般选用一氟三氯甲烷。生产中按配方将各种原料混合均匀后注入模具或制件的空腔内发泡成型即可。生产中应注意下述问题。

① 由于混合时间短，物料混合的均匀性十分重要。混合均匀，泡沫孔细而均匀，质量好；相反，泡孔粗大、不均，甚至出现局部化学组成不符合配方要求的现象，影响制品质量。

② 生产中环境温度以 20～30℃为宜，原料温度可控制在 20～30℃或稍高一些。温度过高或过低均得不到高质量的制品。当环境温度难以控制时，可适当控制原料温度，并调节催化剂用量。

③ 模具温度的高低直接影响反应热移走的速度。模温低，制品密度大，表皮厚，模温高则相反。一般模温控制在 40～50℃。

④ 一般混合料注入模具后需固化 10min 左右，过早脱模可能会由于熟化不充分而导致泡沫变形。

（2）反应注塑成型　完整的 RIM 生产工艺流程（图 6-1）主要包括以下几个步骤：①物料配制及预聚合；②高压计量与瞬间混合；③模塑与固化；④卸压、脱模；⑤清洗模具并喷脱模剂；⑥产品后熟化、精加工等。

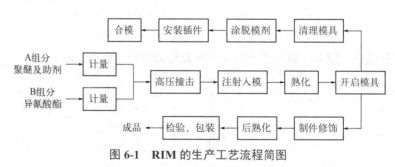

图 6-1　RIM 的生产工艺流程简图

RIM 成型工艺是将液态的高活性反应物料在高压下同时喷入混合室，瞬间混合均匀，随之注入模腔中迅速反应得到模塑品。该法生产的泡沫塑料内芯为泡沫而表皮为不发泡的密实结构，从表皮到芯部密度逐渐降低，内外形成一体。硬质 PUR 结构泡沫塑料的高密度表皮使其具有良好的力学性能，低密度泡沫芯部又使其具有质轻、隔热等优点，是性能优良的工程结构材料。

（3）复合发泡　该法是指以 PUR 泡沫塑料为芯材，以薄钢板、铝板、塑料板或沥青纸为面材制得复合板材的成型方法。这种板材质轻、强度高、绝热效果好，是理想的隔热材料，用于建筑物、活动房屋、冷藏车、冷库等。

PUR 硬泡夹芯复合板材成型方法可采用连续复合成型法、非连续复合成型法和硬泡块料切割法等。

2. 硬质 PUR 泡沫塑料的性能与应用

（1）硬质 PUR 泡沫塑料的性能　PUR 大分子中含有各种不同柔性和刚性链节，其中苯环和芳杂环具有刚性，使 PUR 的耐热性、力学强度提高；而醚键、硫醚键赋予其柔韧性和弹性。

对于硬质 PUR 泡沫塑料而言大部分是交联结构，因而交联度是决定其性能的重要因素之一。硬质 PUR 泡沫塑料属于高交联、低密度硬质塑料，随交联度提高，其硬度、耐热性、弹性模量增加，断裂伸长率下降。一般硬质 PUR 泡沫塑料在 100℃ 环境下尺寸不会发生明显变化，耐热性较好的使用温度可达 150℃。

硬质 PUR 泡沫塑料在发泡过程中泡孔壁保持较为完整，基本为闭孔泡沫塑料，因而绝热性能好，是一种优质的绝热保温材料。

硬质 PUR 泡沫塑料能耐多种有机溶剂，能经受增塑剂、燃油、矿物油、弱酸和弱碱的突然侵蚀以及机动车或工业腐蚀性污染物的作用，但它在一些强极性的溶剂里会发生溶胀，不耐强酸和强碱。

（2）硬质 PUR 泡沫塑料的应用　如上所述，硬质 PUR 泡沫塑料具有一系列优点，在冷冻冷藏设备、工业保温隔热、建筑材料、灌封材料等方面得到广泛应用，具体情况如表 6-1 所示。图 6-2 给出了硬质 PUR 泡沫塑料作为天然气运输管道绝热材料方面的应用。

表 6-1　硬质 PUR 泡沫塑料的应用

应用领域	制品举例
冷冻冷藏	冰箱、冰柜绝热夹层的浇注；冷冻冷藏室、大型冷库、冷藏车及冷藏集装箱的绝热材料，一般采用硬泡夹芯复合板材组装，方便快捷
工业保温隔热	酿酒、化工、贮运等企业采用浇注、喷涂、粘贴工艺作为贮罐的保温材料；石油、天然气、化工、供热管道绝热夹层的浇注
建筑材料	硬泡夹芯复合板材大量用于工业厂房、仓库、体育场馆、住宅、别墅、活动房屋的屋面板和墙板；结构泡沫塑料应用于门窗等
其他	灌封材料；交通工具的箱体、盖板、部件；仿木材料；包装材料；采用玻璃纤维增强反应注射成型生产汽车保险杠、方向盘等

图 6-2　天然气运输管道绝热材料

三、软质聚氨酯泡沫塑料

软质 PUR 泡沫塑料是指具有一定弹性的一类柔软性 PUR 泡沫塑料，泡孔结构绝大多数互相联通，是开孔泡沫塑料。特点是密度低、回弹性好、吸声、透气性好，俗称"海绵"。

1. 软质 PUR 泡沫塑料的成型

软质 PUR 泡沫塑料生产工艺一般采用块状发泡工艺和模塑工艺。块状发泡是通过连续发泡工艺生产出大体积块状泡沫后再经切割得到所需形状的泡沫制品，模塑工艺是将原料直接加入模具中发泡成型，制品取模具形状。下面以块状发泡工艺为例介绍软质 PUR 泡沫塑料的生产。

该法是最早实现工业化生产的 PUR 制品方法之一，生产工艺成熟，有 80% 的软质 PUR 泡沫塑料是由此法生产。块状发泡工艺主要有连续机械发泡和箱式间歇发泡两种，以连续机械发泡为主。根据使用的发泡设备不同，连续机械发泡常分为平顶水平发泡工艺和垂直发泡工艺。下面以平顶水平发泡工艺为例说明，工艺流程如图 6-3 所示。

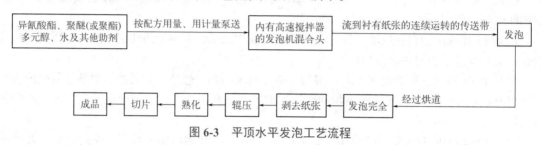

图 6-3　平顶水平发泡工艺流程

生产中首先将物料计量混合送入机械混合头，经高速混合均匀后进入带有牛皮纸的皮带运输机上进行发泡。发泡过程为 60 ～ 120s，再经熟化 40 ～ 100s，即可达到最终强度要求。泡沫体经去除表皮，切割成所需形状即为成品。块状发泡设备的产量较大，适宜大规模生产。

块状发泡工艺原料配方体系多采用聚醚型多元醇，异氰酸酯以 TDI 为主，常用 TDI-80，如采用聚酯型多元醇则选用活性相对较低的 TDI-65。配方不同，原料选择不同，可得到性能不同的软质 PUR 泡沫塑料制品。表 6-2 给出了三种块状发泡软质 PUR 泡沫塑料的配方，三种配方的密度分别为 0.224g/cm³、0.140g/cm³ 和 0.280g/cm³。

表 6-2　三种块状发泡软质 PUR 泡沫塑料配方

原料	配方			原料	配方		
	1	**2**	**3**		**1**	**2**	**3**
聚醚型多元醇	100	100	100	叔胺催化剂	0.2		
TDI-80	46	73	44	有机锡催化剂	0.4		
水	3.6	5.5	3.0	辛酸亚锡		0.36	0.25
二氯甲烷		15	2.5	有机硅泡沫稳定剂	1.0	1.9	0.9
三亚乙基二胺		0.25	0.2				

2. 软质 PUR 泡沫塑料的性能与应用

具有开孔结构的软质 PUR 泡沫塑料以减震、吸声为其性能特征。就其力学性能而言，以压缩强度和压缩永久变形较为重要。各种软质 PUR 泡沫塑料的压缩强度与其密度有关，一般随密度增大而增大，受原料配方及环境等诸多因素的影响，表 6-3 是块状发泡工艺生产的某种软质 PUR 泡沫塑料的力学性能指标。

表 6-3　某种软质 PUR 泡沫塑料的力学性能指标

性能	数值		性能	数值	
密度 /(g/cm³)	0.168	0.222	拉伸强度 /kPa	55.1	134.4

性能	数值		性能	数值	
20% 压缩强度 /kPa	1.9	5.4	伸长率 /%	180	275
65% 压缩强度 /kPa	3.7	9.8	撕裂强度 /(N/m)	322	473

软质 PUR 泡沫塑料的压缩永久变形一般应小于 10%，当环境温度超过 70℃时压缩永久变形急剧增大，若需改进耐热性可适当提高交联度。

软质 PUR 泡沫塑料具有高回弹性，吸声效果好，透气性和透湿性优良，广泛应用于家具、座椅、织物复合及隔声材料等方面。

四、聚氨酯的简易识别

（1）外观印象　液态反应性单体原料，作为塑料主要用于泡沫塑料、合成革。合成革具有较好的仿皮性，手感韧性好。

（2）水中沉浮　密度比水大，在水中下沉（泡沫塑料除外）。

（3）受热表现　交联结构制品不熔融，热塑性弹性体在温度达 170℃以上熔融，230℃以上分解。

（4）燃烧特性　在火焰中燃烧，离火后缓慢燃烧，火焰黄色，边缘呈蓝色。燃烧时焦化，无熔融滴落现象，伴有异氰酸酯的刺激性气味。

（5）溶解特性　交联结构制品不溶解，热塑性弹性体溶于三氯甲烷、二氯乙烷、四氯化碳、丙酮等。

第三节　聚氨酯革制品

早期，高分子革制品主要使用硝酸纤维素，到 20 世纪 30 年代 PVC 代替了硝酸纤维素，70 年代初，PUR 革制品问世。PUR 革制品性能更为优异，材料性能、外观、手感等更接近天然皮革，具有质地柔软、美观、耐磨、耐寒、透气、耐老化等特点。

一、人造革与合成革

人造革是以经纬交织的纺织布为基材，表面涂覆树脂和助剂配混料的塑料制品；合成革是以无纺布为基材，经浸渍涂覆由树脂和助剂配混料而制成的塑料制品。二者的主要区别在于基材不同，人造革基材一般采用纺织布，涂覆后不具备天然皮革的基本结构，而合成革采用的是具有藕状断面结构的空心纤维制成的无纺布作基材，再经浸渍涂覆及一系列后处理过程使其结构和性能更接近天然皮革。

PUR 人造革和合成革生产工艺相似，后者工艺更为复杂。就性能而言，PUR 合成革在耐折牢度、伸长率和透湿性等方面优于人造革。

二、聚氨酯革制品的主要原料

PUR 革制品原料比较复杂，主要包括 PUR 浆料、胶黏剂和常用基材。

1. 浆料与胶黏剂

（1）浆料　PUR 浆料主要是指用聚酯多元醇（如聚己二酸己二醇）、MDI 与一定量的催化剂、扩链剂、溶剂等一起制成的热塑性 PUR 溶液。制造方法有两种：一是 NCO 过量法；二是 NCO 欠量法。

NCO 过量法是先由聚酯多元醇与 MDI 进行逐步加成缩聚反应制成低分子量预聚体，然后加入扩链剂进行扩链反应，使溶液聚合到一定黏度，得到所需分子量的浆料；NCO 欠量法是将聚酯多元醇、扩链剂、催化剂（如二月桂酸二丁基锡、2-乙基己酸铅）、溶剂（如二甲基甲酰胺）混合均匀加热到 $80 \sim 85$℃后，先加 90% 的 MDI，视黏度增加情况再逐步加入其余的 10% MDI，最后制得所需分子量的 PUR 浆料。

（2）胶黏剂　PUR 革制品胶黏剂的主要作用是层间黏合，连接面层与基材，它决定着产品剥离强度的大小。

胶黏剂有单组分与双组分两种：单组分成本低，不需交联剂进行固化，因此结构中不会形成交联结构，胶层耐热、耐溶剂性能相对较差；双组分需加入交联剂才能固化，具有较大的附着力，使用中必须进行加热促进固化反应才能达到较高的黏合强度。制备胶黏剂可采用 TDI 和 MDI，TDI 比 MDI 黏合强度好。

2. 基材

基材（也称底布）是 PUR 革制品主要组成之一，不同的基材适应于不同的革制品和用途。表 6-4 是几种 PUR 革制品常用基材及其特点。

表 6-4　几种 PUR 革制品常用基材及其特点

基材	品种	特点
机织布	平纹织物（平布）、斜纹织物（华达呢、咔叽）、毛缎织物（缎纹、直贡、横贡）	尺寸稳定性好
针织布	经编织物（平幅）、纬编织物（平幅）	质轻、弹性好
无纺布	针刺无纺布、水刺无纺布、纺粘无纺布	尺寸稳定性好、加工性好、似天然革

三、聚氨酯革制品的生产与应用

PUR 革制品生产方法主要有干法和湿法两种，下面分别以干法人造革和湿法合成革为例进行介绍。

1. PUR 人造革的生产与应用

干法 PUR 人造革是把溶剂型 PUR 树脂涂覆于基材上而得到的多层薄膜、基材和面料构成的一种具有多层结构体的塑料制品。生产方法分直接涂刮法与间接涂刮法。间接法又分载体法、复印法、离型纸法。目前中国干法 PUR 革制品以离型纸法为主，工艺流程如图 6-4 所示。

离型纸不但是人造革生产中的载体，而且能人工赋予人造革天然皮革的花纹和手感，可进一步通过人工艺术进行创作得到各种样式的图案。

PUR 人造革质轻而强韧，具有较好的耐热性、耐寒性和化学稳定性，尤其是在寒冷条件下手感变化小，质量稳定。从中国国家标准规定的适用范围来看，PUR 人造革主要用于箱包、家具、包装、服装等。

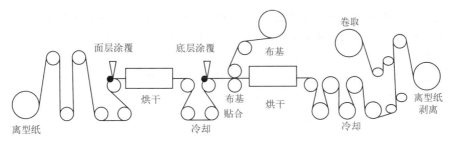

图 6-4　PUR 离型纸法人造革工艺流程

2. PUR 合成革的生产与应用

湿法 PUR 合成革是以超细纤维无纺布为基材，用聚乙烯醇含浸并经烘干、磨皮后涂覆 PUR 浆料，再经凝固、水洗、干燥及后处理制得最终产品。

湿法 PUR 合成革具有连续气孔结构，透湿和透气性好，既有类似于天然皮革的结构，又有天然皮革的手感，比天然皮革轻，力学强度高。可制成品种繁多、色彩丰富的各类仿皮制品，主要用于制鞋、服装、高档箱包、家具、篮球、足球、排球等。

 阅读材料

超细纤维合成革

随着世界人口的增长，人类对天然皮革的需求倍增，数量有限的天然皮革早已不能满足这种需求。为解决这一矛盾，科学家们几十年前即开始研究开发人造革、合成皮革。

PVC 人造革是人工皮革的第一代产品，到 20 世纪 70 年代，合成纤维无纺布的出现使人们制得了性能接近天然皮革的 PU 合成革，其外观和内在结构及其他物理特性都接近于天然皮革的指标，而色泽比天然皮革更鲜艳。

超细纤维合成革是第三代人工皮革，全称是"超细纤维聚氨酯合成皮革"。超细纤维组织结构的纤维丝非常细，只有 1/1000 旦（旦是纤维的纤度单位，质量为 1g、长度为 9000m 的丝为一旦），极细的超细纤维更像天然皮革的胶原纤维，通过切短、梳棉铺网和针刺法生产工艺制得海岛纤维无纺布。超细纤维三维结构网络的无纺布为合成革在基材方面创造了赶超天然皮革的条件，开孔结构的 PU 浆料浸渍、复合面层的加工技术，发挥了超细纤维巨大表面积和强烈的吸水性作用，使得超细纤维 PU 合成革具有了束状超细胶原纤维的天然皮革所固有的吸湿特

性。不论是内部微观结构，还是外观质感及物理特性等方面，都能与高级天然皮革相媲美。而超细纤维合成革在耐化学性、质量均一性、大生产加工适应性以及防水、防霉变性等方面更超过了天然皮革。

目前，国内超细纤维合成革的主要应用领域是：鞋革市场、服装革市场、家具和装饰市场、球类市场，而在汽车市场未来潜力巨大。

 ## 知识能力检测

1. 生产 PUR 的基本原材料有哪些？其相应的作用是什么？
2. 什么是 PUR 泡沫塑料？简述其成型原理。
3. 硬质和软质 PUR 泡沫塑料在性能、成型加工和用途上各有何特点？
4. 什么是 PUR 人造革和合成革？简述它们的组成、结构、性能特点和用途。

 学习目标

知识目标：了解热塑性弹性体性能特征，掌握热塑性弹性体的分类、结构和性能特征；掌握聚烯烃弹性体、苯乙烯类热塑性弹性体、聚氨酯弹性体三种热塑性弹性体的结构与性能，以及典型产品的生产方法和应用。

能力目标：能根据制品性能要求合理设计弹性体配方，能合理设计弹性体配方的混合塑化工艺。

素质目标：培养在热塑性弹性体制品配方设计、加工过程中的循环利用及可再利用的思想意识。

第一节　聚烯烃弹性体

热塑性弹性体（TPE）是在常温下显示橡胶弹性，高温下又能塑化成型的高分子材料，它可采用热塑性塑料的加工设备和成型方法高效而经济地生产出类似橡胶性能的制品。与橡胶相比，TPE 不仅成型加工周期大大缩短，而且边角废料可回收利用，既节约资源，又有利于环境保护。TPE 的主要品种有聚烯烃类、苯乙烯类和聚氨酯类等。

目前使用的聚烯烃弹性体根据制备方法不同主要有两类：共混型热塑性聚烯烃弹性体（TPO）和共聚型热塑性聚烯烃弹性体（POE）。

一、共混型热塑性聚烯烃弹性体

TPO 是由 PO 类橡胶为软段和 PO 类树脂为硬段经混炼而制得的共混物，工业化生产和应用最多的是 EPDM（三元乙丙橡胶）/PP 共混体系。

1. 机械共混 EPDM/PP 热塑性弹性体

这是早期开发利用的 EPDM/PP 共混材料，主要采用简单的机械共混法制得，其中 EPDM 未经交联。共混物的性能与 EPDM 的含量、结晶性等有关。

机械共混 EPDM/PP 共混型热塑性弹性体耐臭氧老化、耐水和极性溶剂能力强，但耐烃类溶剂的能力差，使用温度为 70～80℃，属于性能较差、价格低廉的一类热塑性弹性体，主要用于电绝缘制品和一般汽车配件。

2. 动态交联 EPDM/PP 共混型热塑性弹性体

由于未交联 EPDM/PP 在性能上存在某些不足，根据 EPDM 的硫化特性开发了动态交联 EPDM/PP 共混型热塑性弹性体（TPV）。这种弹性体中由于橡胶相被交联，在相态上以交联的细小颗粒分散于 PP 基体中，因而具有 EPDM 的弹性性质和热塑性塑料 PP 的加工性能。基体中弹性体的分散尺寸及交联度与其性能密切相关，一般分散相尺寸减小，拉伸强度提高；交联度提高，拉伸强度提高，永久变形性降低。此外，所用硫化体系不同，性能也有所差异，常用的硫化体系有硫黄体系、有机过氧化体系和酚醛树脂体系。表 7-1 给出了硫黄动态硫化交联 EPDM/PP 共混型热塑性弹性体的配方及性能。

表 7-1　硫黄动态硫化交联 EPDM/PP 共混型热塑性弹性体的配方及性能

组分与性能	配方			
	1	2	3	4
EPDM	75	70	60	30
PP	25	30	40	70
硫黄	0.75	1.4	1.2	1.5
促进剂 DM[①]	0.188	0.35	0.3	0.38
促进剂 TMTD[②]	0.375	0.7	0.6	0.75
凝胶含量 /%	99	99.6	98.6	99.5
100% 定伸应力 /MPa	3.86	5.58	8	13.63
拉伸强度 /MPa	12.3	17.95	24.32	28.88
断裂伸长率 /%	480	470	530	580
拉伸弹性模量 /MPa	13.04	21.77	58.2	435

① 促进剂 DM 是二硫化二苯并噻唑。
② 促进剂 TMTD 是二硫化四甲基秋兰姆。

动态硫化是将 EPDM/PP 与硫化体系一起在混炼设备中完成的，混炼设备常采用密炼机、开炼机和挤出机等。混炼过程中 EPDM 与硫化体系在一定的温度和时间下发生动态硫化反应生成硫化橡胶，并经机械剪切作用被分散成细小颗粒，均匀分散于 PP 组分中形成交联 EPDM/PP 共混型热塑性弹性体。

与未交联 EPDM/PP 相比，交联 EPDM/PP 共混型热塑性弹性体的性能大大提高，具有优异的耐候性、耐油性和耐溶剂性，良好的耐高、低温性能和电性能，冲击强度高，弹性好，压缩永久变形小，易于成型加工，而且成本较 EPDM 橡胶低。交联 EPDM/PP 共混型热塑性弹性体可采用类似于热塑性塑料的成型加工方法制得各种产品，如注塑制品、挤出制品、压延制品和模压制品等。

二、共聚型热塑性聚烯烃弹性体

POE 主要是指近年来使用茂金属催化剂开发的新型热塑性弹性体，是乙烯和辛烯的嵌段共聚物，其中辛烯单体的质量分数超过 20%。通过调整组分配比及分子量，可合成一系列具有不同相对密度、不同熔融温度、不同黏度和不同硬度的 POE。POE 中 PE 段结晶区起物理交联点的作用，提高材料的强度。一定量的辛烯引入削弱了 PE 的微晶区，形成无定形区赋予共聚物良好的弹性和透明性。具有代表性的是美国 Du Pont 和 DOW 化学公司生产的商品名为 Engage

的 POE，其性能见表 7-2。

表 7-2 Engage POE 热塑性弹性体的性能

牌号	辛烯含量 /%	密度 /(g/cm³)	MFR /(g/10min)	拉伸强度 /MPa	伸长率 /%	邵氏硬度 (A)	用途
8180	28	0.863	0.5	10.0	800	66	通用品
8100	24	0.870	1.0	60	750	75	通用品
8411	20	0.880	18	10.6	1000	76	注塑
8003	18	0.85	1.0	30.3	700	86	电器
8440	14.5	0.897	1.6	32.6	710	92	挤出
8403	9.5	0.913	30	13.7	700	96	注塑

POE 热稳定性、光学性能和抗开裂性优于 EVA，耐候性好，使用寿命长，脆化温度约 -76℃，在低温下仍有较好的韧性和延展性。POE 可用有机过氧化物、硅烷通过辐射方法交联，交联后材料的力学性能、耐化学溶剂及耐臭氧性能与 EPDM 相当，而耐热氧和紫外线老化性能则优于 EPDM，因此，更适合户外使用。

POE 物料呈颗粒状，可直接与其他树脂进行共混，与 EPDM 相比在加工操作上更为方便。同时由于辛烯的支化作用，使共聚物剪切速率敏感性上升，可加工性大大增强，有利于注射成型，特别适宜成型像汽车保险杠之类注射流程较大的制品。

POE 作为一种新型材料，用于挤出件、注塑件、模压件、电线电缆、汽车部件、织物涂层等方面，特别是用作聚烯烃塑料的冲击改性剂效果显著，经接枝处理后用于聚酰胺等可使其冲击强度大幅提高。

第二节 苯乙烯类热塑性弹性体

苯乙烯类热塑性弹性体［又称苯乙烯类嵌段共聚物（styreneic block copolymers，SBCs）］，是目前世界上与橡胶性能最为相似、产量最大、发展最快的一种热塑性弹性体。苯乙烯类热塑性弹性体一般以烷基锂为引发剂，由苯乙烯、丁二烯或异戊二烯通过阴离子聚合技术制得。苯乙烯类热塑性弹性体按嵌段成分分为苯乙烯 - 异戊二烯 - 苯乙烯嵌段共聚物，苯乙烯 - 丁二烯 - 苯乙烯嵌段共聚物以及其相应的加氢产物。苯乙烯类热塑性弹性体通常为嵌段共聚物，由 PS 或聚苯乙烯衍生物构成硬段，聚二烯烃或氢化聚二烯烃构成软段，常见的有苯乙烯 - 丁二烯 - 苯乙烯嵌段共聚物（SBS）、苯乙烯 - 异戊二烯嵌段共聚物（SIS）和苯乙烯 - 乙烯 - 丁二烯 - 苯乙烯嵌段共聚物（SEBS）。

一、苯乙烯 - 丁二烯 - 苯乙烯嵌段共聚物（SBS）

SBS 属于苯乙烯类热塑性弹性体，是苯乙烯 - 丁二烯 - 苯乙烯三嵌段共聚物的简称。根据合成技术的不同，SBS 有星型结构和线型结构，线型 SBS 的结构式为：

$$C_4H_9-(CH_2-CH)_{x_1}-(CH_2-CH=CH-CH_2)_{y_1}-(CH_2-CH)_{y_2}-(CH_2-CH)_{x_2}-H$$

星型 SBS $[(SB)_nR]$ 的结构式为：

$$\left[C_4H_9 + CH_2-CH \right)_{n_1} + CH_2-CH=CH-CH_2 \right)_{m_1} + CH_2-CH \right)_{m_2}\right]M_y$$

苯乙烯类热塑性弹性体的性能依赖于苯乙烯与二烯烃的比例及单体的化学结构和序列结构。苯乙烯含量较低的热塑性弹性体柔软，拉伸强度低，随着苯乙烯含量增加，材料的硬度逐渐增大，最终成为性能类似于高抗冲聚苯乙烯的材料。由于 SBS 结构上的特点，它作为胶黏剂使用时具有许多优势，SBS 能被溶剂快速溶解，获得高固含量、低黏度的高分子溶液，溶液与很多化合物组分能很容易地混合，形成的配方能方便地涂布于基体上。同时由于 SBS 独特的两相结构，使其有很强初粘力和持粘力，有利于增加 SBS 胶黏剂的内聚强度和持粘力。SBS 的用途得到广泛发展，至今已产生几十个牌号混合粒料系列产品，已广泛应用于道路沥青改性、制鞋行业、防水卷材、黏合剂、塑料改性等领域。

二、苯乙烯 - 异戊二烯嵌段共聚物（SIS）

苯乙烯 - 异戊二烯嵌段共聚物（styrene-isoprene-styrene，SIS）结构式为：

$$+CH_2-CH\rangle_x + CH_2-C=CH-CH_2\rangle_y + CH_2-CH\rangle_z$$
$$\quad CH_3$$

苯乙烯 - 异戊二烯嵌段共聚物（SIS）是 SBS 的姊妹产品，是美国 Phillips 石油公司和 Shell 化学公司分别于 20 世纪 60 年代同步开发，并在 70 年代获得进一步发展的新一代热塑性弹性体。它具有优异的波纹密封性和高温保持力，其独特的微观分相结构决定了它在用作黏合剂时具有独特的优越性，配制成的压敏胶和热熔胶广泛应用于医疗、电绝缘、包装、保护掩蔽、标志、粘接固定等领域，特别是用其生产的热熔压敏胶（HMPSA），具有不含溶剂、无公害、能耗小、设备简单、粘接范围广的特点，深受用户欢迎，近年来的发展速度很快。SIS 最大的问题是耐热性差，使用温度一般不能超过 80℃。SIS 及其加氢产品氢化苯乙烯 - 异戊二烯共聚物（SEPS）则主要应用于沥青改性与热熔型胶黏剂。

三、苯乙烯 - 乙烯 - 丁二烯 - 苯乙烯嵌段共聚物（SEBS）

由于 SBS 中存在双键结构，易氧化降解，以乙烯与丁烯的共聚物为软段制得氢化的 SBS，即苯乙烯 - 乙烯 - 丁二烯 - 苯乙烯嵌段共聚物（styrene-ethylene-butylene-styrene，SEBS），不含双键，具有良好的耐紫外线和热氧老化性能。

SEBS 的结构式为：

$$+CH_2-CH\rangle_x + CH_2-CH_2-CH_2-CH_2-CH_2-CH\rangle_z + CH_2-CH\rangle_y$$
$$\quad CH_2$$
$$\quad CH_3$$

由于 SEBS 中丁二烯段的碳 - 碳双键被氢化饱和，因而其具有良好的耐候性、耐热性、耐压缩变形性和优异的力学性能：①较好的耐温性能，其脆化温度≤ -60℃，最高使用温度达到

149℃，在氧气气氛下其分解温度大于270℃。②优异的耐老化性能，在人工加速老化箱中老化一个星期其性能的下降率小于10%，臭氧老化（38℃）100h其性能下降小于10%。SEBS主要用于医疗用品、胶黏剂、家电、汽车和自动化办公设备。

SEBS共混物可以采用注射、挤出及吹塑等热塑性加工方法制造各种物件。SEBS与SBS在产品结构方面有所不同，加工温度也略有不同。在加工温度方面，SBS加工温度一般在150～200℃之间，而SEBS一般在190～260℃之间；SBS加工时，要求剪切速率较低，而SEBS加工时要求剪切速率较高；注塑成型时，SBS一般采用适中的剪切速率，挤出成型一般采用低压缩比的螺杆，而SEBS加工时，宜采用高注塑率和高压缩比的螺杆。

第三节　聚氨酯弹性体

一、概述

聚氨酯弹性体（UE）通常是以低聚多元醇、异氰酸酯、扩链剂、交联剂等为原料制得的嵌段共聚物，是性能介于塑料和橡胶之间的一种弹性聚合材料，也称为聚氨酯橡胶。

UE分子链中的醚、酯和亚甲基等构成柔性链段，呈无规卷曲状态，通常称为软段；而芳香基、氨基、甲酸酯、脲基等在常温下形成刚性链段，呈僵硬的棒状，称之为硬段。不同类型的UE均可看作柔性链段和刚性链段连接而成的（AB)$_n$型嵌段共聚物（结构如图7-1所示）。UE的硬段排列规整，形成微晶区，赋予材料较高的强度、刚度和熔点；而软段则无规卷曲形成无定形区，赋予弹性体以柔性、弹性、吸湿性和耐低温性能。

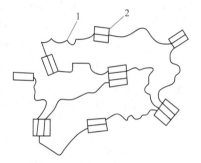

图7-1　由软段和硬段构成的UE结构示意图
1—软段；2—硬段

由于UE分子结构中大量极性基团的存在，UE分子内及分子间可形成氢键而具有物理交联结构，这些结构在UE中起着极其重要的作用。物理交联的密度越大，弹性体的强度越高。

从上述UE的结构特征可以看出，UE具有优异的综合性能，兼备了从橡胶到塑料的许多宝贵特性，是其他材料难以比拟的。

① 较高的强度和弹性。UE的硬度范围宽，在高硬度下，仍具有良好橡胶弹性和伸长率。普通橡胶的硬度范围在邵氏硬度A20～A90，塑料在邵氏硬度A95～D100，而UE硬度低至邵氏硬度A10，高至邵氏硬度D80。邵氏硬度A10～D80 PUR的断裂伸长率高达600%～800%，而天然橡胶最高硬度为邵氏硬度A70，断裂伸长率为550%。

UE拉伸强度是橡胶的2～3倍，撕裂强度可达天然橡胶的2～10倍。

② 耐磨性优异。UE的耐磨性非常突出，为天然橡胶的3～10倍。但摩擦系数较高，用作运动部件时可用油类和脂类进行润滑，也可加入二硫化钼、石墨和硅油等进行改性。

③ 耐候性好。UE具有良好的耐紫外线辐照和户外气候老化性能，耐氧和臭氧性能也十分优异。

④ 良好的生物相容性。UE材料无毒，卫生性好，无致畸变作用，是有价值的合成医用材料之一。

除上述优异的性能外，UE 还具有良好的耐油性，在燃料油和机械油中几乎不受浸蚀，但在醇、酯、醚、卤代烃及芳烃中溶胀显著，并受强酸、强碱的浸蚀；由于主链中酯基和醚基易高温氧化，UE 的耐热性差，长期使用温度不宜超过 90℃，但低温下表现出较好的柔曲性；就电性能而言，UE 分子极性大，对水有亲和性，在一般工作温度下电绝缘性较好，但电性能随环境湿度变化大，所以不适宜作高频和潮湿环境下的电气材料使用。

按生产方法的不同，习惯上把聚氨酯弹性体分为浇注型、混炼型和热塑性三类。实际上，聚氨酯弹性体还可采用 RIM、溶液涂覆、喷涂等新工艺成型加工，尤其是 RIM 制品取得了较快发展。

二、常用聚氨酯弹性体

1. 浇注型聚氨酯弹性体

浇注型聚氨酯弹性体（CPU）在加工成型前为黏性液体，故有"液体橡胶"之称。它是通过浇注工艺，由液体树脂浇注并反应成型而生产的一类聚氨酯弹性体，又称"浇注胶"。在聚氨酯弹性体产品中，产量最大。

（1）CPU 的生产工艺　在 CPU 生产中主要有一步法和预聚体法。

① 一步法合成 CPU 是将二元醇、二异氰酸酯和扩链剂放在一起，经充分混合后浇入模具中在一定温度下固化成型的方法。

一步法生产成本低，对生产设备要求不高，但反应较难控制，所得 CPU 结构不规整，力学性能较预聚体法低，一般用于制造低硬度、低模量制品，如印刷胶辊、小型工业实心轮胎等。

② 采用预聚体法可克服一步法的不足，现已成为 CPU 的主要生产方法。预聚体法是先将聚醚型二元醇和二异氰酸酯进行预聚反应生成预聚体，再由预聚体和扩链剂反应制备 CPU。该法易于控制，制得的 CPU 分子链段排列规整、性能好，工艺流程如图 7-2 所示。

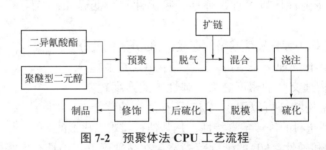

图 7-2　预聚体法 CPU 工艺流程

（2）CPU 制品及应用　CPU 制品加工成型方法很多，常用的有手工间歇法和机械连续法，可根据制品形状、质量要求和加工成本进行选择。产品广泛应用于选煤、矿山、冶金行业的筛板、耐磨衬里、输送带、密封圈（图 7-3）、减震块等；应用于钢铁、采矿、印刷、造纸、纺织和各种传送设备的胶辊；应用于制鞋、自行车座、保龄球、水上滑板、汽车部件等方面。

2. 反应注射聚氨酯弹性体

UE 反应注射成型的原理与浇注相同，与普通浇注成型相比具有自动化程度高、生产效率高、节能、产品质

图 7-3　CPU 密封圈

量好的优点，主要用于成型微孔 UE，也可生产实心产品。生产原料包括聚醚多元醇、异氰酸酯、发泡剂和脱模剂等。成型中一般将多种原料分成不同的两组分料液经计量泵精确计量输入混合头，经螺杆充分混合后迅速注入模具，材料在模具中反应形成聚合物。

RIM 的 UE 可在一次操作中生产出由实心皮层和低密度芯部组成的特殊的夹芯结构，称为结构泡沫塑料。与其他泡沫塑料相比，UE 结构泡沫材料表面光滑，硬度高，具有较高的冲击强度和热变形温度，因而大量用于汽车工业，如保险杠饰带、车体模塑件、结构件以及要求刚性较大的防护板、地板和门板等。非汽车应用包括雪上车辆的发动机罩、电子设备罩、器具、家具、包装容器、箱板及运动器具等。

再加入玻璃纤维的反应注射称为增强反应注射（RRIM），利用该法生产的 UE 制品其性能达到或接近铝和低碳钢，相对密度仅是铝和低碳钢的 3/20 ～ 4/9。该制品大部分用于汽车保险杠，代替金属以降低汽车的自重。

3. 热塑性聚氨酯弹性体

热塑性聚氨酯弹性体（TPU）通常是由聚醚或聚酯多元醇以及低分子量二元醇扩链剂反应制得的嵌段共聚物。按结构特点分为全热塑性聚氨酯弹性体和半热塑性聚氨酯弹性体。

全热塑性聚氨酯弹性体大分子之间无化学交联键，低温下形成物理交联，高温下物理交联被破坏而呈现熔融流动状态；半热塑性聚氨酯弹性体分子之间含有少量脲基甲酸酯化学交联键，这些化学键在热力学上是不稳定的，在 150℃以上加工温度下会断裂，成型冷却后又会重新形成，由此构成了聚氨酯的热塑性。而少量化学交联键的存在对改善制品的压缩永久变形性能起重要作用。

TPU 与热塑性塑料相似，在室温下具有橡胶弹性或塑料塑性，在高温下会熔融流动，可按热塑性塑料加工方式进行成型。为便于使用，TPU 通常经过造粒，然后以颗粒状物料进一步加工成型。最常用的成型工艺为注塑、挤出和压延。一般成型温度介于 170 ～ 220℃之间，成型压力也较热塑性塑料低。

TPU 以优异的耐磨性著称，力学性能好，主要用于汽车部件、机械零件、鞋底、各类管材、薄膜、电线电缆、医用弹性制品以及黏结剂、涂料等。

4. 混炼型聚氨酯弹性体

混炼型聚氨酯弹性体（MPU）是研制最早的一类弹性体，是先合成贮存稳定的固体生胶，再采用普通橡胶的混炼加工工艺而制得。MPU 在工业生产上不多，仅占 UE 总产量的 10%。MPU 制品具有高耐磨、高弹性、高强度，使用温度比 TPU 高，可用于制造密封圈垫、泥浆泵活塞、耐磨防滑鞋底等。

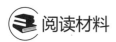 阅读材料

TPE 材料发展前景

热塑性弹性体产品既具备传统交联硫化橡胶的高弹性、耐老化、耐油性各项优异性能，同时又具备普通塑料加工方便、加工方式广的特点，因此热塑性弹性体已成为取代传统橡胶的最新材料。

热塑性弹性体行业产业链上游为原材料环节，主要包括丁二烯、苯乙烯、异戊二烯、NBR、EPDM、PP、PE、二异氰酸酯等；中游为热塑性弹性体生产供应环节；下游广泛应用于制鞋业、基建、防水卷材、玩具、地面铺装材料、光纤光缆、汽车、家电、医疗、润滑油等日

常生产所需的领域。

丁二烯是热塑性弹性体生产的重要原材料之一，近年来，随着乙烯工业不断发展以及下游需求增加，我国丁二烯行业生产能力稳步增长。据统计，截至 2021 年我国丁二烯产能增长至542.1 万吨／年。

TPE 是一种石油节约型、能源节约型的可持续发展的新型"绿色"高分子材料，它兼具传统橡胶的高弹性能和塑料材料的热塑性加工性能，充分满足了低能耗加工、可重复性加工性能的要求。TPE 不但解决了传统橡胶难以回收再利用的问题，缓解了石油资源危机和实现了可持续发展的目标，还从很大程度上实现了节能的目的。资料显示，2021 年我国热塑性弹性体产量为 247.28 万吨，同比增长 8.6%；需求量为 275.27 万吨，同比增长 8.5%。

苯乙烯类 TPE 又称 TPES，是应用最广泛的一种热塑性弹性体，约占到全球热塑性弹体市场需求的 45% 左右，而其中 SBS 是 TPES 产品中产能、产量最大的 TPES 产品，消费量约占TPES 的 70%。近年来，我国 SBS 行业快速发展，产能及产量规模迅速扩张。资料显示，2020年我国 SBS 产能为 157 万吨，同比增长 10.6%；产量为 97.6 万吨，同比增长 14.8%。

热塑性弹性体作为新型功能性高分子复合材料，一直是国家有关部门重点关注的对象，为了促进行业的发展，近年来陆续出台了一系列相关政策，为行业的发展提供了良好的政策环境。

随着科技的发展和国民生活水平的不断提高，TPE 凭借优良的特性，其应用领域不断拓展，对传统材料的替代范围越来越大，目前已经广泛应用于橡胶制品、沥青改性、汽车制造、建筑工程、电子产品、铺装材料、医疗卫生等领域，而且 TPE 在高速列车制造和航空、航天等新兴领域应用也开始崭露头角。同时由于 TPE 产品具有无毒安全无味、触感舒适的特点，在玩具、地面铺装材料等行业的产品应用中，应用比重将不断增加。此外，由于 TPE 的性能及其稳定性直接影响下游行业的产品质量，因此技术要求十分严格，而且 TPE 的产品种类众多，性能差异也相对较大，往往需要针对客户需求来研发个性化的产品生产配方。随着国内 TPE 产品的需求日益扩大、应用方式不断创新，根据客户对产品性能要求量身定做 TPE 材料将成为未来高端高分子复合材料的发展趋势，这将对 TPE 生产企业的研发能力和专业化水平提出更高的要求。

中国 TPE 消费量约占全球总消费量的 33%，是全球 TPE 需求增长最快的国家之一，尤以汽车为中心应用市场将保持年均 15% 左右的高速增长。未来几年，TPE 需求依然强劲，预计消费年均增速将在 8% 左右，高于世界平均水平。现阶段，热塑性弹性体（TPE）已经成为广泛替代传统橡胶和部分塑料的极具发展前景的新型材料。

✏ 知识能力检测

1. 聚烯烃弹性体有哪几种？有什么特性和用途？

2. EPDM/PP 弹性体为何进行动态硫化？硫化后性能有何变化？

3. 苯乙烯类弹性体有哪几种？有什么特性和用途？

4. SBS 与 SEBS 有何区别？

5. UE 有哪些独特性能？与其分子结构有何关系？

6. 如何制得浇注型聚氨酯弹性体？其有哪些用途？

7. 热塑性聚氨酯弹性体在性能和成型加工上有何特点？

第八章
通用工程塑料

学习目标

知识目标：熟悉五大通用工程塑料的生产、结构、性能和用途，重点掌握它们的结构和性能特点；熟悉工程塑料的应用领域，理解它们的成型加工特性和常见加工方法。

能力目标：能设计通用工程塑料常用配方，熟悉外观鉴别法、密度法、燃烧法等鉴别五大通用工程塑料的简易方法。

素质目标：培养正确把握工程塑料材料的两面性，选材、用材要充分发挥材料的优势，并避免或改进其缺陷的意识。

第一节　聚酰胺

工程塑料中开发利用最早的品种是聚酰胺，在 20 世纪 40 年代主要用作纤维，50 年代后期逐渐用作工程塑料。工程塑料问世早期由于其价格高、成型加工困难而发展缓慢，近 30 年来随着科学技术的进步对高性能材料的需求日益增长，工程塑料得到了快速发展，产量以每年 15% 的速度增长，超过了通用塑料的增长速度。但就其产量而言仅占塑料总产量的 7% ～ 10%，显示了较大的发展潜力。本章主要讨论五大通用工程塑料品种：聚酰胺、聚甲醛、聚碳酸酯、热塑性聚酯和聚苯醚。

聚酰胺（PA，俗称尼龙）是指大分子链结构单元中含有重复酰氨基$-\overset{\text{O}}{\overset{\|}{\text{C}}}-\overset{\text{H}}{\overset{|}{\text{N}}}-$的一类聚合物的总称，常用的有聚己内酰胺、聚己二酰己二胺、聚癸二酰己二胺、聚癸二酰癸二胺、聚十一内酰胺、聚十二内酰胺等。其中聚己二酰己二胺是美国杜邦公司于 20 世纪 60 年代首先工业化生产，聚己内酰胺于 1943 年由德国法本公司首先工业化生产。这两种 PA 的产量最大，约占 PA 总产量的 90%。聚癸二酰癸二胺于 1959 年由中国首先工业化生产，此后中国又先后自行开发了聚己二酰己二胺、聚癸二酰己二胺、聚己内酰胺、聚十二内酰胺等品种。

一、聚酰胺的合成与命名

PA 按其主链结构可分为脂肪族 PA、半芳香族 PA、全芳香族 PA、含杂环芳香族 PA 及脂环族 PA 等，目前塑料工业常用的是脂肪族 PA。PA 的品种很多，但合成原理和聚合工艺过程十分相似，下面以常用品种为例进行介绍。

1. 由氨基酸或相应的内酰胺合成聚酰胺

这类聚酰胺的通式 $\{NH\{CH_2\}_{x-1}CO\}_n$ 中，x 为氨基酸或内酰胺分子中的碳原子数，称为聚酰胺 x（PA-x）或尼龙 x。该类 PA 中最常用的是聚己内酰胺，它是己内酰胺开环缩聚的产物，称为聚酰胺 6（PA-6）或尼龙 6。

PA-6 可由己内酰胺开环聚合得到，故称聚己内酰胺。原料单体己内酰胺可由苯加氢法、苯酚法、甲苯法、硝基环己烷法等进行生产，其中苯加氢法广为使用。近年来丁二烯法已成为具有竞争力的工艺流程。己内酰胺的聚合按机理不同可分为水解聚合、碱性阴离子催化聚合、固相聚合和插层聚合。工业上应用最多的是水解聚合。水解聚合是指己内酰胺在水、醇、酸存在下引发的聚合反应。反应中先将单体和 5%～10% 的水加热至 250～270℃，压力 4.9～9.8kPa，维持反应数十小时即可获得分子量为 1.5 万～2.3 万的 PA-6。己内酰胺水解聚合反应比较复杂，基本反应如下。

① 水解成氨基酸：

$$NH(CH_2)_5CO + H_2O \Longleftrightarrow H_2N(CH_2)_5COOH$$

② 缩聚：

$$H\{NH(CH_2)_5CO\}_m OH + H\{NH(CH_2)_5CO\}_n OH \Longleftrightarrow H\{NH(CH_2)_5CO\}_{m+n} OH$$

③ 加成：

$$NH(CH_2)_5CO + H\{NH(CH_2)_5CO\}_n OH \Longleftrightarrow H\{NH(CH_2)_5CO\}_{n+1} OH$$

上述聚合过程中水解反应最为关键，直接影响到聚合物分子量。要得到高分子量的 PA-6 必须设法除去体系中的水分。为便于使用，聚合产物需经挤出造粒制得 PA-6 粒料。

2. 由二元胺和二元酸缩聚成聚酰胺

这类聚酰胺的结构通式 $\{NH\{CH_2\}_x NHCO\{CH_2\}_{y-2}CO\}_n$ 中 x 表示二元胺中的碳原子数，y 表示二元酸中的碳原子数，称为聚酰胺 xy（PA-xy），如由己二胺和己二酸合成的聚酰胺称为聚酰胺 66 或 PA-66，由癸二胺和癸二酸合成的聚酰胺称为聚酰胺 1010 或 PA-1010。

PA-66 的主要原料是己二酸和己二胺，工业上常采用熔融缩聚的方法。由于聚酰胺聚合反应的平衡常数较大，一般不需加入催化剂，反应初期也不需考虑平衡移动问题。反应中为保证己二酸和己二胺物质的量相等，通常先中和生成 PA-66 盐再进行缩聚。反应式如下。

① PA-66 盐的形成：

$$HOOC(CH_2)_4COOH + H_2N(CH_2)_6NH_2 \longrightarrow {}^-OOC(CH_2)_4COO\ H_3^+N(CH_2)_6NH_3^+$$

② PA-66 盐的缩聚：

$$nH_3^+N(CH_2)_6NH_3^+\ {}^-OOC(CH_2)_4COO^- \longrightarrow \{NH(CH_2)_6NHCO(CH_2)_4CO\}_n + 2nH_2O$$

工艺过程分为间歇法和连续法两种。连续法适合大型化生产，生产中控制反应温度为 230～285℃、压力为 0.28～1.7MPa。

PA-1010 是中国特有的聚酰胺品种，生产中以蓖麻油为基础原料，先制得癸二酸和癸二胺，在一定条件下，将两单体制成 PA-1010 盐，经熔融缩聚制得 PA-1010。由于 PA-1010 的熔点较低，熔融缩聚可在较低温度下进行，一般反应温度 220～250℃、压力 1.2MPa。制得的 PA-1010 先凝固成条状物，再经切粒、干燥、包装获得最终产品。

3. 由多种二元胺、二元酸或内酰胺进行共缩聚制得聚酰胺

PA 的共缩聚常指在内酰胺或氨基酸进行的均缩聚中加入第二种单体，以及在二元胺和二元酸进行的混缩聚中加入第三种单体的聚合反应。如尼龙 66/尼龙 6（60:40），表示由 60% 的 66 盐和 40% 的己内酰胺所制得；尼龙 66/尼龙 610（50:50），表示由等质量的 66 盐和 610 盐所制得。

二、聚酰胺的结构特征

1. 聚酰胺的分子结构

脂肪族 PA 如 PA-6、PA-66、PA-610 等都是线型结构，因此都是典型的热塑性聚合物。PA 分子链上具有极性酰氨基（—CONH—），可以使分子链之间形成氢键。氢键是一个分子链上酰氨基中与氮原子相连的氢与另一个分子链上酰氨基中与碳原子相连的氧之间相互吸引而形成的。大分子链中氢键含量增加，PA 的力学强度、吸水率和熔点等增大。不同 PA 形成氢键的数量与链节中碳原子数目的多少和碳原子数目的奇偶性有关。链节中碳原子数目增加，分子间形成的氢键数目减少，大分子间作用力减弱，柔性增加，力学强度下降。如 PA-12 链节中碳原子数目是 PA-6 的两倍，因而力学强度较 PA-6 低得多。当链节中碳原子数相近时，对于氨基酸或相应的内酰胺合成 PA 而言，碳原子数为奇数的 PA 分子链上酰氨基可 100% 形成氢键，碳原子数为偶数的 PA 上的酰氨基仅有 50% 形成氢键，因而吸水率和熔点较低；对于由二元胺和二元酸缩聚而成的 PA，碳原子数均为偶数的二元酸和二元胺所构成的 PA 熔点较高，而碳原子数均为奇数或一为奇数一为偶数的熔点较低。这也是因为前者大分子链中的酰氨基均能形成氢键，后者仅有半数能形成氢键所致。

氢键构成使 PA 分子间的作用力增大，内聚能高达 $744J/cm^3$，几乎是 PE 的 3 倍、PS 的 2.4 倍，加上 PA 分子结构较规整，易于结晶，所以 PA 具有较高的力学强度和熔点。同时 PA 分子链的酰氨基之间嵌有非极性的亚甲基结构，此结构单元可在晶区，也可在非晶区。这种结晶和非晶共存、极性和非极性共存的结构使 PA 宏观上表现出坚而韧的性质。

酰氨基是亲水基团，因而 PA 的吸湿性大，吸水率随分子结构中酰氨基的密度增加而增大。例如：在大气中，PA-3 的平衡吸水率为 7%～9%，PA-4 为 4%～7%，PA-6 为 3.5%，而 PA-1010 仅为 1.0%。吸水率对制品的影响主要表现在两个方面：一是因吸水后发生尺寸变化，制品尺寸稳定性降低；二是力学性能对吸水率有较大依赖性，在使用时必须考虑环境湿度的变化。

2. 聚酰胺的结晶性

由于 PA 大分子链中极性的酰胺基团空间排列规整，分子间作用力强，因而具有较高的结晶能力，结构对称性越高，越易结晶。同时，如前所述，结晶结构和熔点对在大分子链中所形成氢键数量有较大依赖性。

成型加工条件对 PA 结晶形态和结晶度的影响较大。一般，对 PA 模塑制品进行缓慢冷却，然后退火，结晶度可达 50%～60%，并且形成较大尺寸的球晶结构。结晶度高可使 PA 的拉伸强度、刚度、硬度、耐磨性提高，并可提高其抗热氧老化性能。但结晶度高、球晶体积增大对 PA 的冲击强度有不利影响。对 PA 制品进行快速冷却时，结晶度降低，形成结晶度为 10% 的微小球晶结构。具有这种结晶结构的 PA 制品在使用中遇热、有外力作用或暴露在潮湿环境中会发生二次结晶现象，导致制品后收缩。

由多种二元胺、二元酸或内酰胺进行共缩聚制得的 PA 因分子链规整性和氢键遭到较大程度的破坏，结晶能力大大下降，结晶度低，具有较好的韧性和透明性。此外，采用在主链上引入支链法或采用不同单体进行共聚的方法可制得具有无定形结构的 PA 品种，称为透明 PA，透明性接近于有机玻璃。

3. 分子量

PA 分子量不高，不超过 5 万。增加 PA 的分子量可提高力学强度、耐热性和尺寸稳定性。如常用的 PA-6 分子量为 2 万～ 3 万，而单体浇注 PA-6 的分子量达 7 万，后者的力学性能和热变形温度大大高于前者。

尽管 PA 的分子量不高，但由于大分子间能形成氢键和结晶，因而具有工程塑料的优良性能。

三、聚酰胺的主要性能

PA 无毒、无味、不霉烂，外观为半透明或不透明的乳白色或淡黄色粒料。密度一般在 $1.02 \sim 1.36 \text{g/cm}^3$ 之间，吸水率为 0.3% ～ 9.0%，随着链节中碳原子数的增加，密度和吸水率下降。

总体来看，PA 的结构可以看作是 PE 分子链中每间隔一定的距离嵌入一个酰胺基团，这种间隔随链节中碳原子数的增加而增大，受酰胺基团的影响减弱，其性能逐渐接近 PE。例如 PA 的拉伸强度、弯曲强度、熔点和吸水率等都随着链节中碳原子数的增加而降低。但由于酰氨基的存在，PA 类聚合物都显示出耐磨和易吸湿的共性。

1. 力学性能

PA 是典型的硬而韧的聚合物，综合性能优于前面介绍的各种通用塑料。与金属材料相比，PA 的刚性比较低，但它的比拉伸强度大于金属，比压缩强度与金属相当，可代替某些金属材料使用。几种 PA 的力学性能见表 8-1。

表 8-1　几种 PA 的力学性能

性能	PA-6	PA-66	PA-610	PA-1010	PA-11	PA-12
拉伸强度 /MPa	63	80	60	55	55	43
拉伸弹性模量 /MPa	—	2900	2000	1600	1300	1800
伸长率 /%	130	60	200	250	300	300
弯曲强度 /MPa	90	—	90	75	70	—
弯曲模量 /MPa	2650	3000	2200	1300	1000	1400
缺口冲击强度 /(kJ/m²)	3.1	3.9	4.0	4.5	4.1	11.3

PA 的拉伸强度、弯曲强度和硬度随温度和吸水率的增大而降低，冲击强度则明显提高。PA 的品种不同，强度受温度和吸水率的影响也不同，随酰氨基之间亚甲基数的增加，受温度和吸水率的影响减弱。玻璃纤维增强 PA 的强度受温度和吸水率的影响较小。

优良的耐磨性是 PA 力学性能的一个显著特点。尤以 PA-1010 的耐磨性最佳。它的密度约为铜的 1/7，而耐磨性却是铜的 8 倍。各种 PA 的摩擦系数差别不大，通常在 0.1 ～ 0.3 之间。几种 PA 在不同润滑情况下的摩擦系数见表 8-2。从表 8-2 中可以看出，PA 对钢的摩擦系数在油润滑下有明显下降，在水润滑下反而比干燥状态时更高。如果在 PA 中添加二硫化钼、石墨等填料或聚四氟乙烯粉末，可进一步提高 PA 的耐磨性。

表 8-2　几种不同品种的 PA 对钢的摩擦系数

条件		PA-6	PA-66	PA-12
干燥状态		0.20	0.25	0.20
水润滑	20℃、65%RH 条件下放置 2 个月后	0.10	0.23	0.20
	水中放置 2 个月后	0.25	0.49	0.40
油润滑		0.08	0.12	0.12

　　PA 具有良好的耐疲劳性，在 12～40MPa 交变循环应力作用下的疲劳寿命达 10^7 次，与铸铁和铝合金等金属材料相当，显示了适宜于制作承受循环载荷部件的特性。PA 的疲劳寿命随吸水率的增大而降低，随分子量的增大而提高。若用玻璃纤维增强可以有效地改善其耐疲劳性，增强 PA 的疲劳强度约为未增强 PA 的 2.5 倍。

　　实际上，纤维增强已成为提高 PA 力学强度的重要手段，增强后不仅疲劳强度大大提高，其冲击强度、硬度、抗蠕变性以及耐热性和尺寸稳定性也大大改善，进一步扩大了作为工程塑料的应用范围。表 8-3 给出了两种 PA 用玻璃纤维增强前后的性能比较。

表 8-3　两种 PA 用玻璃纤维增强前后的性能比较

项目	纯 PA-6	30% 玻纤增强 PA-6	纯 PA-66	30% 玻纤增强 PA-66
密度 /(g/cm³)	1.13	1.36	1.14	1.38
拉伸强度 /MPa	78	170	83	189
伸长率 /%	70	5	60	3
弯曲弹性模量 /MPa	2700	8000	3000	9100
悬臂梁冲击强度 /(J/m²)	33	110	39	102
热变形温度 (1.82MPa)/℃	63	215	60	248

2. 热性能

　　PA 是结晶性聚合物，分子间作用力大，熔点较高。PA 的熔融温度范围窄，具有较明晰的熔点，通常在 180～280℃之间，随品种和结构的不同而异。不同 PA 的 T_m 高低取决于分子链中所含连续亚甲基的数量及甲基的奇偶数。

　　PA 的熔点虽然较高，但长期使用温度不高，不宜超过 100℃，通常在 80℃左右。若在 100℃以上的温度下长期与氧接触会引起其表面缓慢热氧降解，使制品逐渐呈现褐色，丧失使用性能。为提高 PA 的耐热性，20 世纪 60 年代开发了芳香族 PA，其长期使用温度可达 200℃。

　　PA 的线膨胀系数约 $12×10^{-5}K^{-1}$，是金属的 5～7 倍。热导率为碳钢的 1/200、黄铜的 1/400，因而作为耐磨材料使用时，考虑到摩擦热的排除，宜与金属配合使用，或采用油润滑，避免热量的积聚。此外，加入铜粉或石墨可提高 PA 的散热能力。

　　大多数 PA 具有自熄性，少数品种虽具有可燃性，但对火焰的传播速度很慢。

3. 化学性能

　　PA 在室温下耐稀酸、弱碱和大多数盐类，但强酸和较高浓度的酸及强氧化剂会使其明显受到侵蚀。酸类的破坏作用会引起大分子链断裂，使制品表面产生不同深度的细裂纹或网状裂纹，如将 PA-66 或 PA-6 浸泡在 20～50g/L 浓度的盐酸中（20℃），几个月后即出现裂纹。因而在实际使用时，如果有无机酸和氧化剂存在，最好先经过仔细试验。一般，PA 中酰氨基分布密度越大，耐酸性越差。

PA 的耐溶剂性优良，能耐烃类、油类及一般溶剂，如四氯化碳、乙酸甲酯、环己酮、苯、四氢呋喃等。耐油性好是 PA 的一个重要特性，它对矿物油、植物油和油脂均呈惰性。但水和醇及其类似的化合物能使 PA 产生溶胀，PA 在常温下能与某些溶剂形成氢键而被溶解，如 PA 溶于甲酸、冰醋酸、苯酚、甲酚及氯化钙的甲醇溶液等。工业上常利用 PA 的这一特性对其制品进行粘接。

PA 的耐候性一般。制品在室内或不受阳光照射的地方使用其性能随时间的延长变化不大，但直接暴露在大气中或在热氧的作用下则易于老化，导致制品表面变色，力学性能下降。通常加入炭黑、胺类和酚类稳定剂可明显提高其耐候性，也能使耐热性得到改善。

4. 电性能

PA 在低温及低湿度条件下是较好的电绝缘体，体积电阻率达 $1×10^{13} \sim 8×10^{14}\Omega \cdot cm$，但温度及湿度增加时，绝缘性能恶化，这主要是 PA 分子链中含有的极性酰氨基易吸水所致。介电常数和介电损耗与此相反，随吸水率的增加而增大，这是因为水是 PA 中的主要杂质，水的存在会增加它的极化度。因此，PA 不适合作为高频和在潮湿环境下工作的电绝缘材料。

5. 成型加工性能

① 在 PA 的成型加工中首先会遇到吸水率的问题，吸水率较高的制件不仅使熔体黏度下降，制品表面出现气泡、银丝、斑纹，而且制品的力学性能和电性能也显著降低。因此，成型前必须对树脂进行干燥，使吸水率降低至 0.2% 以下。为避免氧化，通常采用真空干燥法，干燥温度 80 ~ 100℃，干燥时间 6 ~ 10h。

② PA 的熔体黏度对温度较敏感，在成型过程中通过温度的控制能有效地调节黏度，使之满足成型加工的要求。

③ PA 的熔程窄，一般在 10℃ 左右。熔融后，熔体黏度低，流动性大，在成型加工中应防止流延和溢边现象的发生。此外，熔融状态的 PA 热稳定性差，易降解和氧化，故应严格控制物料温度和在高温下的停留时间。一般成型加工温度高于 PA 熔点 5 ~ 50℃，受热时间不宜超过 0.5h。

④ PA 的结晶性使其具有较大的成型收缩率，一般为 1.5% ~ 2.5%，同时，由于结晶的不完全性和不均匀性，往往还会导致制品在成型后出现后收缩，产生内应力。这些也是导致 PA 制品尺寸稳定性差的因素。因此，对于使用温度高于 80℃ 或精度要求较高的制品，成型后可以进行退火处理，即将制品置于高于使用温度 20℃ 的非氧化性油中停留适当时间，通常不超过 0.5h；为了提高制品的尺寸稳定性和冲击强度，也可以将制品放入水或乙酸钾水溶液中进行调湿处理，调湿温度为 80 ~ 121℃，时间随制品的厚度而定。

四、聚酰胺的成型加工与应用

PA 的品种虽多，但都具有相似的成型加工性能，可采用一般热塑性塑料的加工方法来成型，如注塑、挤出、吹塑、模压等，也可采用特殊的工艺来成型，如烧结、浇注、涂覆等。其中以注塑成型应用最为广泛，约占其制品总量的 65%。

（1）注塑成型与制品 通过注塑成型可以制得各种形状复杂、尺寸精度较高的 PA 制品。由于 PA 的品种较多，各类注塑制品在材料选择上既要注意其共性，又要了解各种品种的特性，根据实际使用环境和条件进行选用。例如，作为耐磨和自润滑材料，PA 齿轮在各方面得到了广泛应用，而各种 PA 齿轮的性能有所不同，具有各自的适应范围：PA-66 齿轮具有较高的力学强度和刚性、优良的耐磨性、自润滑性、耐疲劳性及耐热性，可在中等负荷、较高温度（100～120℃）、无润滑或少润滑条件下使用；而 PA-1010 齿轮的力学强度、刚度和耐热性稍低于 PA-66，但它的吸水率低，具有较好的尺寸稳定性、突出的耐磨性和自润滑性，可在轻负荷，温度不高、湿度波动大，无润滑或少润滑的条件下使用。除齿轮外，PA 还用来制造轴承、轴瓦、凸轮、滑块、涡轮、接线柱、滑轮、导轨、脚轮、螺栓、螺母等，广泛用于汽车、机械、电子电气、精密仪器等工业。图 8-1 给出了几种尼龙制品的图例。

图 8-1　几种挤出和注塑料 PA 制品

（2）挤出成型与制品　挤出制品占 PA 塑料制品总量的 25% 左右，产品主要有薄膜、管材、棒材、单丝、片材等。生产薄膜主要采用 PA-6、PA-66 以及 PA-66/PA-6 共聚物。与其他薄膜相比，PA 薄膜的力学强度高，气密性好，尤其是对香味、油脂和氧的阻隔性能突出，但成本稍高，主要用于价值较高的食品包装，如肉类、奶酪和药品等；PA 管材有两类，一类是采用 PA-11、PA-12 或增塑过的 PA-6 生产的柔软管材，另一类是采用 PA-6 或 PA-66 生产的硬质管材，主要用于汽车、石油、天然气方面；挤出生产的 PA 棒材可以通过二次加工制成各种机械零件，弥补小批量 PA 产品的需要。

（3）单体浇注　是指己内酰胺采用碱为催化剂，直接在模具内聚合成型，一般简称为单体浇注尼龙（MC 尼龙）。MC 尼龙分子量是 PA-6 的 2 倍左右，因而其力学性能、尺寸稳定性、耐热性、电性能等大大高于 PA-6。由于 MC 尼龙成型设备及模具简单，可直接浇注，特别适合于大件、多品种和小批量制品的生产，如大型齿轮、高负荷轴承、辊轴、导轨等。

此外，涂覆聚酰胺的产品表面光滑美观，具有 PA 的许多优点，可用作耐磨、密封、绝缘、吸声、减震、防蚀、装饰等材料；与注塑成型制品相比，烧结成型制品的残余应力小，填料混合方便，可成型一些形状简单的制品，应用于包装和化工等方面。

五、聚酰胺的简易识别

（1）外观印象　透明，显微黄色，制品手感刚、韧，与有机玻璃相比表面不易划伤，落地有金属般声响；具有良好的尺寸稳定性，耐蠕变。

（2）水中沉浮　密度比水大，在水中下沉。

（3）受热表现　各品种熔点不同，温度达熔点（180～280℃）以上熔融，熔融过程中逐渐呈透明状，300℃以上分解。

（4）燃烧特性　慢燃，离火后缓慢熄灭，火焰蓝色而上端为黄色，燃烧时塑料熔融滴落，起泡，有特殊的羊毛或指甲烧焦气味。

（5）溶解特性　溶于甲酸、苯酚、2-苯酚、间苯二酚等。

第二节　聚碳酸酯

聚碳酸酯（PC）是 20 世纪 50 年代末发展起来的重要热塑性工程塑料，产量仅次于 PA。具有优异而均衡的力学、热和电性能，特别是冲击强度为一般热塑性塑料之冠。易于成型加工，可以用注塑、挤出等方法制成各种产品。

PC 是一类主链链节含有碳酸酯基的聚合物，通常根据结构单元的组成分为芳香族、脂肪族和脂肪 - 芳香族三类。作为工程塑料的品种主要是双酚 A 型的芳香族 PC，本节所述即此类。

一、聚碳酸酯的合成

工业生产双酚 A 型 PC 主要采用的是光气法和酯交换法，以光气法为主。主要单体是 2,2- 对二苯酚基丙烷，俗称双酚 A。此外，根据聚合方法不同，还用到两种单体：光气和碳酸二苯酯。

1. 光气法

光气法分为界面缩聚和溶液缩聚两种。界面缩聚是将一定配比的双酚 A、氢氧化钠溶液、催化剂、分子量调节剂和溶剂加入反应釜中，于常温常压下通入光气进行光气化和缩聚反应。反应式如下：

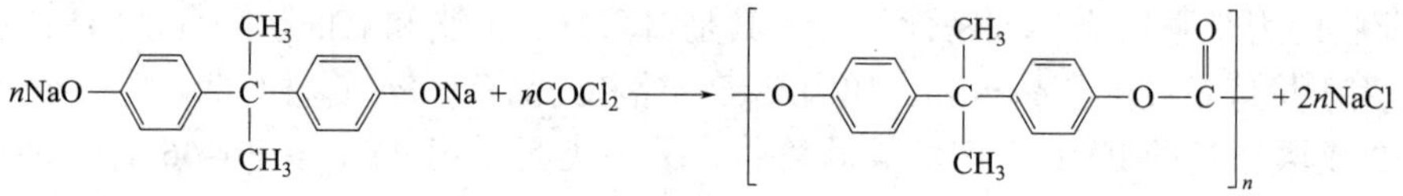

当反应终了时静置分层，除去上层盐液后再经后处理可得到絮状或粉状树脂。最后加入所需的塑料助剂进行挤出造粒即得产品。

若在上述反应中用吡啶代替氢氧化钠溶液，则称为溶液缩聚。由于吡啶成本高，目前多采用界面缩聚。

2. 酯交换法

酯交换法是在碱性催化剂存在下，双酚 A 和碳酸二苯酯在高温、高真空条件下进行的熔融缩聚。反应式如下：

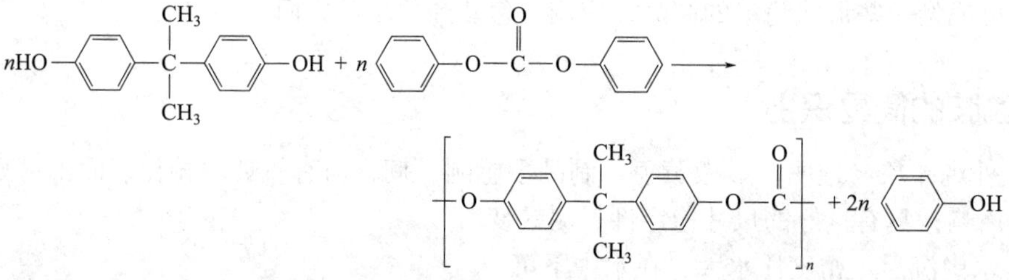

该法工艺流程简单，聚合时不使用溶剂，产物不需要后处理，可以直接挤出造粒而获得产品。但反应物料黏度较高，物料的混合和散热困难，难以制得高分子量的 PC 树脂。同时，反应需在高温、高真空下进行，因而对设备要求较高。

二、聚碳酸酯的结构特征

由于主链中存在柔软的碳酸酯基和刚性的苯环，使 PC 大分子结构显示出刚柔相济的特性。亚苯基构成了主链上的刚性部分，使 PC 呈现出较高的力学强度、耐热性及较高的尺寸稳定性。但是亚苯基的存在阻碍了大分子的取向和结晶，当受外力强迫取向后又不易松弛，造成残余内应力难以消除，易引起制品产生应力开裂现象。同时刚性基团也阻碍了大分子间的相对滑移运动，从而使其熔融温度升高，熔体黏度增大。此外，苯环的存在还降低了聚合物在有机溶剂中的溶解性和吸水性。

氧基则使链段容易围绕其单键发生内旋转，赋予大分子链一定的柔性，这正是 PC 具有较高冲击强度的原因之一；酯基是极性基团因而削弱了 PC 在有机溶剂中的稳定性，使其较易溶于极性有机溶剂中，也是 PC 的电绝缘性能不及非极性的 PE 以及较易水解的基本原因。

PC 大分子链具有对称性、规整性，理论上具有结晶能力。但由于 PC 大分子链刚性大，玻璃化转变温度高于制品的成型模温，成型中熔体温度很快降低到玻璃化转变温度以下，完全来不及结晶而成为无定形制品。因而，一般认为 PC 是无定形结构，具有较好的透明性，可作为透明材料使用。但若在合适的结晶条件下，PC 也能结晶，生产中对 PC 制品进行热处理后透明度和韧性下降就是这个道理。

PC 的分子量对其性能和成型加工影响较大。分子量增大力学性能提高。通常酯交换法 PC 的分子量在 2.5 万～ 3 万之间，光气法 PC 的分子量范围较宽，一般控制在 10 万以内。分子量过高，对力学性能的改善已不显著，会给成型加工带来困难。

三、聚碳酸酯的主要性能

PC 是一种无味、无臭、无毒、透明的无定形热塑性聚合物，密度为 $1.2g/cm^3$，吸水率小于 0.2%。燃烧缓慢，离火自熄，燃烧时熔融、起泡，伴有腐烂花果臭气味。PC 可制成透明、半透明和不透明制品，其性能见表 8-4。

表 8-4　PC 的性能

性能	数值	性能	数值
密度 /(g/cm³)	1.20	最高连续使用温度 /℃	120
吸水率 /%	0.18	热分解温度 /℃	340
拉伸屈服强度 /MPa	60 ～ 68	脆化温度 /℃	−100
拉伸强度 /MPa	58 ～ 74	玻璃化转变温度 /℃	145 ～ 150
伸长率 /%	70 ～ 120	热导率 /[W/(m·K)]	0.145 ～ 0.22
拉伸弹性模量 /MPa	2200 ～ 2400	比热容 /[J/(kg·K)]	1090 ～ 1260
弯曲强度 /MPa	91 ～ 120	透光率 /%	85 ～ 90
压缩强度 /MPa	70 ～ 100	折射率 /%	1.585 ～ 1.587
缺口简支梁冲击强度 /(kJ/m²)	45 ～ 60	相对介电常数 (10⁶Hz)	3.05
无缺口简支梁冲击强度 /(kJ/m²)	不断	介电损耗角正切 (tanδ,10⁶Hz)	$(0.9 ～ 1.1)×10^{-2}$
布氏硬度 /MPa	90 ～ 95	体积电阻率 /Ω·m	$4×10^{16}$
热变形温度 (1.82MPa)/℃	126 ～ 135	介电强度 /(kV/mm)	15 ～ 22
黏流温度 /℃	220 ～ 230	氧指数 /%	25 ～ 27

1. 力学性能

从表 8-4 可看出，PC 是典型的硬而韧的聚合物，力学性能优良，尤为突出的是它的冲击强度，高出 PA 3 倍，属于冲击强度优异的工程塑料品种。它的冲击强度受分子量的影响较大，当分子量小于 2 万时，冲击强度很低，没有使用价值。随着分子量的增大，冲击强度上升，在 3 万左右出现峰值，此后随其增大，反而有所降低。通常，分子量高的 PC 低温冲击强度比分子量低的要好。此外，PC 的冲击强度对缺口较敏感，与成型工艺也有较大关系。

与其他热塑性塑料比较，PC 的刚性大，蠕变值很小，具有良好的尺寸稳定性，性能优于

PA 和聚甲醛。

PC 的不足之处是疲劳强度和耐磨性一般，较易产生内应力而引起应力开裂。PC 的耐磨性不如 PA 和 POM 等工程塑料，但仍比某些金属好，属于中等耐磨材料。例如，用 PC 作轴，分别用锌合金和黄铜作轴套，二者配合后分别以 600r/min 和 3500r/min 转速运转 30h 后，磨耗量比值分别为 1∶5 和 1∶3。

2. 热性能

PC 的 T_g 较高（约 150℃），熔融温度为 220～230℃，T_d 在 320℃以上，长期工作温度可高达 120℃，短时使用温度可达 140℃；同时它也具有良好的耐寒性，脆化温度低达 -100℃，甚至在 -180℃的低温下，也不会像玻璃那样破碎。PC 其他热性能参数见表 8-4。

3. 化学性能

室温下，PC 耐无机和有机的稀酸溶液、食盐溶液、饱和的溴化钾溶液、耐脂肪烃、环烷烃及大多数醇类和油类。尤其是耐油性优良，在 123℃的润滑油中浸泡 3 个月，尺寸和质量不发生变化。但是，它不耐碱液、浓硫酸、浓硝酸、王水和糠醛等。稀的氢氧化钠水溶液能使它缓慢破坏，浸入 70℃的 70% 硝酸溶液中，一周后会变黄，并发生尺寸和质量的变化。

PC 分子结构中含有酯基，易于和极性有机溶剂作用。它溶解于四氯乙烷、二氯甲烷、1,2-二氯乙烷、三氯甲烷、三氯乙烯、三氯乙烷、二氯六环、吡啶、四氢呋喃、三甲酚、噻吩、磷酸三甲酯等溶剂中，能被氯化烃类（如四氯化碳）、芳香族溶剂（如苯）、酮（如丙酮）和酯（如乙酸乙酯）等所溶胀。甲酸和乙酸对其也有轻微侵蚀作用。

PC 对热、氧、大气和紫外线均有良好的稳定性。但长期在室外使用或受强烈光照下，表面会变暗，失去光泽、泛黄，甚至产生龟裂。为了提高它的耐候性，可加入抗氧剂 1076 和紫外线吸收剂 UV-P 等稳定化助剂。

4. 电性能

PC 是极性聚合物，电性能比非极性的碳氢聚合物稍差，但仍属于电性能优良的塑料品种，再加上它具有较高的耐热性、透明性、自熄性及优异的力学性能，使其在电气方面有一定应用。PC 的电性能见表 8-4。

5. 光学性能

纯净的 PC 无色透明，具有良好的透过可见光的能力，可作为透明塑料应用，图 8-2 是用 PC 制作的护目镜。

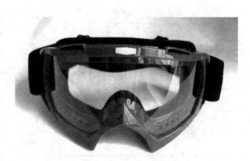

图 8-2　PC 护目镜

PC 透光率与制件厚度有关，2mm 厚度的薄板可见光透过率可达 90%，制件厚度减小，透过率增大。PC 透光能力还与制品表面光洁度有关，因为 PC 表面硬度不高，耐磨性也不够理想，因此表面容易发毛而影响透光率。此外，应注意波长 290nm 附近的紫外线会引发 PC 光氧化反应而导致逐渐老化，如长期在光照环境中使用需加入紫外线吸收剂以提高防老化性能。

6. 成型加工性能

PC 吸水率在通用工程塑料中是较小的，正常使用吸水率 0.18%。尽管 PC 的吸水率不大，但由于酯基易发生高温水解，在成型加工温度（220～300℃）下微量的水分也能导致其降解，放出 CO_2 等气体，产生变色，分子量急剧下降，制品表面出现银丝、气泡等。因此，PC 在成型前必须进行干燥，使其水分含量降低到 0.02% 以下。通常干燥温度应在 135℃ 以下，料层厚度一般不超过 30mm，干燥时间因干燥方法不同而异。

PC 大分子链刚性大，其熔体黏度高（240 ～ 300℃，黏度为 $10^4 \sim 10^5 Pa \cdot s$），流动特性接近牛顿流体，即熔体黏度受剪切速率的影响较小，对温度变化敏感。因此，成型加工中常用温度来调节熔体的流动性，并需采用较高的成型压力。此外，在注塑成型中应适当提高模具温度，以减少制品内应力的产生，根据制品厚度大小，模具温度控制在 80 ～ 120℃。

PC 对缺口敏感，因而制品设计中应尽量减少尖角、缺口以及厚度突变的区域，以免产生应力集中而导致制品破坏。

PC 熔体冷却时收缩均匀，成型收缩率小，一般在 0.4% ～ 0.8% 的范围内。通过正确控制熔体温度、模具温度、注塑压力和保压时间等工艺条件，可制得尺寸精度较高的制品。若需要进一步提高制品的尺寸稳定性，可将制品在 110 ～ 135℃ 下进行热处理。热处理可减小 PC 在成型加工中产生的内应力，提高其拉伸强度、弯曲强度、硬度和热变形温度等。对 PC 制品进行热处理是提高其尺寸稳定性和耐环境应力开裂性的常用方法。但需注意的是热处理后常因结晶增多而导致冲击强度降低。

四、聚碳酸酯的成型加工与应用

工业生产的 PC 既有纯树脂，也有改性品种，不同的规格、型号可满足不同的用途。中国国家标准对 PC 的命名和型号做了规定，以黏度表征纯树脂的特征性能。在实际使用中可以根据成型方法和制品种类来选用不同型号或不同平均分子量的 PC。注塑成型一般选用平均分子量为 2 万～ 4 万的 PC；挤出成型可选用分子量较高的 PC，通常在 3 万～ 4 万以上，分子量提高不但有利于挤出成型，而且有利于提高制品的力学性能，尤其是耐环境应力开裂性。

由于 PC 熔体黏度大，流动性差，使成型制件的残余应力大，容易产生应力开裂。由此开发了一系列 PC 合金，如 PC/ABS、PC/PE、PC/PP 等，其中 PC/ABS 合金问世最早，应用最广泛。这些合金大大提高了材料的流动性，改善了成型加工性能。此外，也可使用纤维增强来进一步改善 PC 的力学性能。这些改性品种可根据实际需要进行选用。

PC 可采用注塑、挤出、吹塑、热成型和流延等加工方法制得能够满足不同用途的各类制品，广泛应用于光学、电子电气、汽车工业、机械制造、医疗、建筑等方面，图 8-3 是 PC 在各领域的常见应用。

图 8-3　PC 常见应用部件

① 光学应用。计算机用光盘，如 CD、VCD、DVD 盘的基础材料；光学照明器材，可用来制作大型灯罩、防护玻璃、光学仪器、左右目镜筒；光学玻璃如眼镜片、防护镜片、飞机上的透明材料等。

② 汽车工业。可用于生产汽车前灯、侧灯、尾灯、镜面、透镜、车窗玻璃；PC/PBT 合金用于轿车的保险杠，PC/ABS 等合金广泛用于汽车内外装饰件。

③ 电子电气。广泛用作接线柱、插头、线圈框架、墙壁插板、管座、绝缘套管、矿灯电池壳，以及电子计算机终端机、电视机、录像机、电话、音响设备的零件和壳体等。

④ 机械设备。用于制作传递中、小负荷的机械零件，如齿轮、齿条、蜗轮、蜗杆、凸轮、棘轮、直轴、曲轴、杠杆，以及受力不大的紧固件和转速不太高的耐磨件，如螺钉、螺帽、铆钉、轴套、管套、保持架、导轨、防护壳体。

⑤ 医疗器材。PC 无毒、无味、不易污染、有较好耐热性和耐药品性，并可进行高能辐射、高压蒸汽等消毒处理，可用于制造高压注射器、血液采集和分离器、牙科器械、药品容器、手术器械以及医用杯、筒、瓶等。

⑥ 其他方面。PC 可用于制作大水瓶、奶瓶、餐具、玩具、防护头盔、家用器具部件等，尤其是 PC 中空板，可用作公路隔声板、阳光板、警察盾牌等。

五、聚碳酸酯的简易识别

（1）外观印象　透明，显微黄色，制品手感刚、韧，与有机玻璃相比表面不易划伤，落地有金属般声响；具有良好的尺寸稳定性，耐蠕变。

（2）受热表现　温度达 150℃以上逐渐变软，220℃开始熔融，320℃以上分解。

（3）燃烧特性　慢燃，离火慢熄，火焰呈黄色，黑烟碳束，燃烧后塑料熔融、起泡，发出特殊的烂花果臭气味。

（4）溶解特性　溶于四氯乙烷、二氯甲烷、1,2- 二氯乙烷、三氯甲烷、三氯乙烯、三氯乙烷、四氢呋喃、三甲酚等。

第三节　聚甲醛

聚甲醛（POM）是指分子链重复单位结构为氧亚甲基 $\pm CH_2O\pm$ 的线型聚合物，自 20 世纪 60 年代初工业化生产以来，因具有优异的综合力学性能、良好的尺寸稳定性和成型加工性，获得了较快发展，现在已成为工程塑料中的一个重要品种，产量在工程塑料中仅次于 PA 和 PC 居第三位。

一、聚甲醛的合成

POM 分为均聚甲醛和共聚甲醛两种，前者是甲醛或三聚甲醛的均聚体，后者是三聚甲醛和少量共聚单体（常用 1,3- 二氧五环）的共聚物。反应式如下。

均聚反应：

$$n\text{HCHO} \longrightarrow \text{——}[\text{CH}_2\text{O}]_n\text{——}$$

共聚反应：

$$\frac{1}{3}n \ \begin{array}{c} O \\ CH_2 \quad CH_2 \\ O \qquad O \\ CH_2 \end{array} + m \ \begin{array}{c} CH_2—CH_2 \\ O \qquad O \end{array} \longrightarrow \ \text{┤}(CH_2O)_n(CH_2—O—CH_2—CH_2—O)_m\text{├}$$

虽然均聚甲醛的结晶度、密度、力学强度较高，但热稳定性不如共聚甲醛，且共聚甲醛合成工艺简单、易成型，所以，目前工业生产以共聚甲醛为主。常用的聚合方法有溶液聚合和本体聚合。

采用溶液聚合、本体聚合的 POM 都带有不稳定的半缩醛端基和聚合时产生的低聚物，受热后容易从端基开始解聚，导致 POM 的降解。因此，必须进行封端处理，通常采用的是氨水法、高醇法和熔融法。处理后，再加入稳定剂，经造粒而得到产品。

二、聚甲醛的结构与性能

1.聚甲醛的结构特征

POM 的分子结构与 PE 较相似，链节结构简单、对称，无支化现象，因而容易结晶，是典型的结晶聚合物。POM 大分子链上的 C—O 键的键长较小（C—C 键为 0.154nm，C—O 键为 0.146nm），有极性，因而它的分子敛集紧密，显示出比 PE 高得多的刚度和硬度。同时，C—O 键的存在使大分子的内旋转容易，因而 POM 的熔体流动性好，固体冲击强度高。

与均聚甲醛比较，共聚甲醛的分子结构中具有部分 C—C 键，因而其大分子链的敛集紧密程度和规整性稍差，影响了它的结晶性，通常，均聚甲醛的结晶度为 75%～85%，共聚甲醛为 70%～75%，这也正是共聚甲醛的力学强度不如均聚甲醛的原因。但共聚甲醛中的 C—C 键对降解有终止作用，使其具有较好的热稳定性，而均聚甲醛热稳定性则较差。

POM 的聚合度在 1000 以上，分子量超过 3 万。分子量增大，力学强度提高，但成型加工性能下降。

2.聚甲醛的主要性能

POM 原料外观呈淡黄或白色，为粉状或粒状固体物，密度为 $1.42g/cm^3$，吸水率小于 0.25%。POM 易燃，燃烧时，火焰上端呈黄色，下端蓝色，有熔融滴落现象，并伴有刺激性甲醛味和鱼腥臭味。

（1）力学性能　POM 的力学性能见表 8-5。从表 8-5 中可看出 POM 的硬度大、模量高，冲击强度、弯曲强度、疲劳强度和耐磨性均较优异。较高的拉伸弹性模量是它突出的特性，使得 POM 表现出了较好的刚性。像 POM 这种既具有刚性又具有较高的冲击强度、疲劳强度及耐磨性的特点在工程塑料中是很宝贵的，这种优良的综合力学性能使其在很多领域中可替代钢、铝、铜等有色金属材料，因而俗称"赛钢"。

表 8-5　POM 的力学性能

项目	均聚甲醛	共聚甲醛	25% 玻纤增强共聚甲醛
洛氏硬度	94(M)	80(M)	
拉伸强度 /MPa	70	60	130
伸长率 /%	40	60	
拉伸弹性模量 /GPa	2.9～3.6	2.88	8300

项目	均聚甲醛	共聚甲醛	**25% 玻纤增强共聚甲醛**
弯曲强度 (屈服)/MPa	99	92	182
弯曲弹性模量 /MPa	2880	2640	7600
压缩强度 /MPa	126.6	112.5	
剪切强度 /MPa	67	54	
无缺口冲击强度 /(kJ/m²)	108	95	
有缺口冲击强度 /(kJ/m²)	7.6	6.5	

POM 的表面硬度与铝合金接近，动态摩擦时具有自润滑作用，无噪声，因其优良的耐磨性，适用于作长期经受滑动的部件；POM 的耐蠕变性与 PA 及其他工程塑料相似，在 23℃、21MPa 负荷下，经过 3000h 后，其蠕变值仅为 2.3%，而且蠕变值受温度变化影响小；耐疲劳强度高，在反复的冲击负荷下保持较高的冲击强度，图 8-4 给出了 POM 与 ABS 和 PC 落球疲劳冲击强度的比较。

环境温度对 POM 力学性能的影响比较平缓，冲击强度随温度的变化不大，在 -40℃仍能保持 23℃时冲击强度的 5/6；拉伸强度、弯曲强度、拉伸弹性模量、弯曲弹性模量、耐蠕变性随温度上升下降得比较缓慢。图 8-5 所示是温度对弯曲弹性模量、拉伸弹性模量的影响。

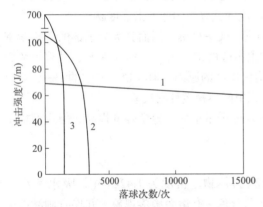

图 8-4　三种塑料的落球疲劳冲击强度
1—POM；2—ABS；3—PC

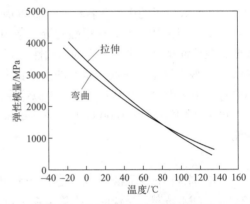

图 8-5　共聚甲醛拉伸弹性模量和
弯曲弹性模量与温度的关系

（2）热性能　POM 是结晶性聚合物，均聚甲醛熔点为 175℃，共聚甲醛熔点为 165℃。

POM 具有较高的热变形温度，在 0.46MPa 负荷下，均聚甲醛和共聚甲醛的热变形温度分别为 170℃和 158℃。但 POM 的使用温度不宜过高，长期使用温度不超过 100℃。若在受力较小的情况下，短时使用温度可达 140℃。

POM 属热敏性聚合物，在成型温度下的热稳定性差，易分解，一般在造粒时加入 0.1% 双氰胺和 0.5% 的抗氧剂 2246 作为稳定剂。

（3）化学性能　POM 有良好的耐溶剂性，特别能耐非极性有机溶剂（如烃类、醇类、醛类、酯类和醚类等），对油脂类（如汽油、润滑油）也有较好的稳定性。尤其是均聚甲醛耐有机溶剂的性能更为突出，在 70℃以下还没有发现有效的溶剂，在温度大于 70℃以后，能被某些酚类（如卤代酚）、酰胺（如甲酰胺）等有效溶解。

均聚甲醛只能耐弱碱，共聚甲醛耐强碱及碱性洗涤剂，但它们都不耐强酸和强氧化剂；

POM 吸水性比 PA、ABS 要低，一般在 0.2% ～ 0.25%。即使在潮湿的环境中仍能保持较好的尺寸稳定性。

POM 的耐候性不理想，经大气环境下和日光暴晒会使分子链降解，表面粉化，变脆变色。POM 用于室外，需加入适当紫外线吸收剂或抗氧剂，以提高它的耐候性。

（4）电性能　POM 具有优良电性能，相对介电常数几乎不受温度和湿度影响，如图 8-6、图 8-7 所示。但其耐候性差，因而它的电性能不如其他工程塑料。

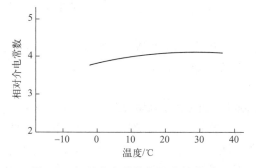

图 8-6　相对介电常数与温度的关系

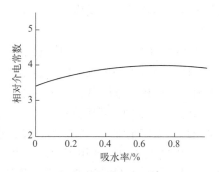

图 8-7　相对介电常数与湿度的关系

三、聚甲醛的成型加工与应用

1. 聚甲醛的成型加工

POM 是热塑性塑料，可以进行注塑、挤出、中空吹塑、压制等成型加工。其中以注塑成型应用最为广泛。挤出成型多用于型材的生产，如板材、棒材等，通过机械加工制得最终产品。无论采用哪种成型加工方法，均需注意 POM 下述成型工艺特性。

① POM 的结晶度高，熔融温度范围窄，有明显的熔点。其熔体的流变行为属非牛顿型，熔体黏度对剪切速率较敏感。因而对注塑来说，要增加其流动性，可以从增大注射速率、改进模具结构、控制模具温度等方面来考虑。

② 热稳定性差，加工温度不宜大于 250℃，若温度过高，受热时间长，会引起物料分解，逸出强烈刺激性的甲醛气体，再进一步氧化成甲酸使制品产生变色和气泡。因此在加工 POM 制品时，在保证物料充分塑化条件下应尽量降低温度，缩短物料在高温下的停留时间，图 8-8 给出了共聚甲醛物料温度与停留时间的关系。

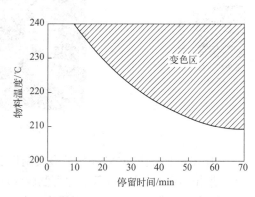

图 8-8　共聚甲醛物料温度与停留时间的关系

③ 吸湿性。POM 吸水率低，一般为 0.2% ～ 0.25%，因此成型前可不进行干燥处理。但对于成型大面积的薄壁制品及制品要求有较高的表面质量或树脂表面吸附水分时，必须进行干燥。干燥温度控制在 90 ～ 100℃，时间约 5h。

④ POM 结晶度高，成型收缩率较大，约为 1.8% ～ 3.5%，因此在加工 POM 制品时应适当延长保压时间，防止收缩，以保证制品尺寸和形状的稳定性。一般来说，成型后 POM 制品的尺寸稳定性好，受温度和湿度的影响较小。但若制品的使用环境温度较高，可对制品进行热处

理，以提高制品的尺寸稳定性。

⑤ POM 结晶能力强，凝固速率快，固体表面硬度和刚性大，摩擦系数小，可快速脱模。但控制不当会造成充模困难，制品表面出现皱褶、斑纹、熔接痕等，因而成型时，应加大充模速度，改进模具结构，控制模具温度在 80℃以上。

2. 聚甲醛的应用

POM 的比强度和比刚度与金属十分接近，其制品 80% 以上用于代替铜、锌、铝等有色金属制造各种零部件，广泛应用于汽车工业、机械制造、精密仪器、电子电气、农业和日用制品等方面。

① 在电子电气工业作为内部的棘轮、齿轮、滑轮及其他运动部件主要用于电报、办公设备、绘图仪及其他精密仪器中。也用来制造电扳手外壳、电动剪外壳、煤钻外壳等，还可用于洗衣机、干燥机、电风扇、厨房用具等家用电器中。

② 汽车工业中主要代替锌、铜、铝等有色金属制件，如代替铜制作汽车上的半轴、行星齿轮、发动机燃料系统输油管、散热器箱盖、水泵叶轮、油门踏板、曲柄、把手、安全带扣等零部件。

③ 机械工业中广泛用于要求耐磨、润滑、高刚性的机械部件，如齿轮、链条、链轮、阀门、轴承、轴、凸轮、滚轮、弹簧及各种泵体、壳体、衬套、管接头和机械构件等，图 8-9 是 POM 在机械工业上的应用实例。

聚甲醛齿轮
配方设计

图 8-9　POM 在机械工业上的应用

④ 在农业方面 POM 能代替金属制作手动喷雾器部件、播种机的连接与联运部件、排灌泵壳、进出水阀、接头套管等，也可制成浮球阀、喷头等用于农业灌溉和草坪维护的喷灌设施。

除上述用途外，POM 无毒卫生，可用于医疗方面，如人工心脏瓣膜、起搏器及假肢等医用修补物；此外，POM 也可以挤出片材、棒和管材等制品。

四、聚甲醛的简易识别

（1）外观印象　原料为白色粉料或白色、淡黄色粒料，制品表面光滑、有光泽，硬而致密，比大多数塑料手感沉。

（2）水中沉浮　密度大，在水中快速下沉。

（3）受热表现　温度达 165～175℃熔融，熔融过程中逐渐呈透明状，250℃以上分解。

（4）燃烧特性　易燃，燃烧时，火焰上端呈黄色，下端蓝色，有熔融滴落现象，并伴有刺激性甲醛味和鱼腥臭味。

（5）溶解特性　溶于二甲基酰胺（150℃）、二甲基亚砜等。

第四节　热塑性聚酯

聚酯是指大分子链节中含有酯基的一类聚合物，主要分为饱和聚酯和不饱和聚酯两大类。饱和聚酯的品种主要有聚对苯二甲酸乙二酯（PET）和聚对苯二甲酸丁二酯（PBT），又称为热塑性聚酯或线型聚酯，而不饱和聚酯是重要的热固性树脂。

一、聚对苯二甲酸乙二酯

聚对苯二甲酸乙二酯（PET）于 20 世纪 40 年代末期问世，起初主要用于生产涤纶，后用于生产薄膜、饮料瓶等，逐渐在塑料工业得到应用。

1. PET 的结构和性能

PET 是对苯二甲酸或对苯二甲酸二甲酯与乙二醇进行酯交换反应而制得的热塑性树脂，分子结构式为：

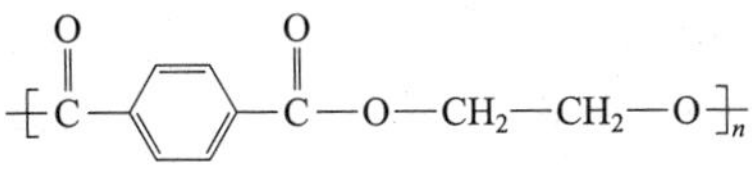

PET 是支化度极小的线型大分子，属结晶性高聚物，但它的结晶速度慢，结晶温度高，故结晶度不高，可在一定条件下制成透明度很高的制品。另外，大分子链上既含有苯环，也含有酯基，苯环使分子链变得刚硬，酯基使其具有一定的柔性，这种刚柔相济的分子结构赋予了PET 优良的力学性能。

综合来看，PET 具有较高的拉伸强度、刚度和硬度，良好的耐磨性和耐蠕变性，能在较宽的温度范围内保持这种良好的力学性能；它的长期使用温度可达 120℃，能在 150℃ 下短时间使用，脆化温度为 -70℃，故在 -40℃ 下仍具有一定韧性；PET 易受强酸、强碱的侵蚀，但对大多数有机溶剂和油类具有良好的化学稳定性；具有一定的吸水性，但与其他酯类塑料相比，吸水率仅 0.4%，相对较低，需注意在高温高湿、碱及沸水中易水解；PET 具有优良的气体阻隔性，在包装领域得到了广泛应用。PET 的综合性能见表 8-6。

表 8-6　PET 和 PBT 的综合性能

性能	PET		PBT	
	纯树脂	30% 玻璃纤维	纯树脂	30% 玻璃纤维
密度 /(g/cm³)	1.2～1.3	1.5～1.6	1.31～1.32	1.52
拉伸强度 /MPa	73	140～160	60	135
伸长率 /%	50～200	5	200	2.5
弯曲强度 /MPa	117	180～200	87	168
缺口冲击强度 /(kJ/m²)	4～5	8	5	10
吸水率 /%	0.08～0.2	0.08	0.08	0.05

性能	PET		PBT	
	纯树脂	30% 玻璃纤维	纯树脂	30% 玻璃纤维
热变形温度 (1.81MPa)/℃	85	215	58	203
洛氏硬度	83(M)	90(M)	100(R)	116(R)
相对介电常数	3.15(1MHz)	3.5～4(1MHz)	3.1(1kHz)	3.6(1kHz)
体积电阻率 /Ω·m	> 10^{16}	> 10^{16}	10^{15}	10^{14}
介电强度 /(kV/mm)	> 16	> 24	20	25

2. PET 的成型加工与应用

PET 属极性聚合物，熔融温度和熔体黏度都较大，熔体为非牛顿流体，黏度对温度的敏感性小而对剪切速率敏感性大。PET 吸水性大，加工前必须干燥处理，干燥条件为温度 130～150℃，时间 3～4h。PET 的加工温度范围较窄，一般为 270～290℃，接近分解温度 300℃，加工中要注意温度不能太高。PET 的结晶速度慢，为促进结晶，常选用高模温，一般为 100～130℃。PET 的成型收缩率较大，改性后可大大降低，但生产高精度制品需要进行后处理。后处理的条件为：温度 130～140℃，时间 1～2h。

作为塑料 PET 主要有三大应用领域：薄膜、饮料瓶、工程制件。

（1）薄膜　PET 经挤出成型可制得双轴拉伸薄膜和透明基材。PET 双轴拉伸薄膜为无色、透明、光泽度高、力学性能好的薄膜，有优良的电气和耐热性能，拉伸强度与铝箔相似，比 PE 高 9 倍，比 PA 高 3 倍。常用于绝缘胶带、磁带、感光胶片、录像带、金属镀膜、电工膜和软磁盘等。

（2）饮料瓶　PET 用于饮料瓶获得了巨大成功，并占有该产品的大部分市场份额。PET 饮料瓶（图 8-10）常称为聚酯瓶，它是采用注—拉—吹成型，先注塑成型得到型坯，再进行拉伸、吹胀、冷却而获得的中空制品。

图 8-10　PET 饮料瓶

聚酯瓶强度高、韧性好、透明、无毒卫生，对 H_2O、H_2、CO_2 等的阻隔性好，便于回收利用，符合环保要求。目前聚酯瓶不仅用于饮料包装，而且用于食用油和调味类商品包装及热充包装。此外，采用共聚、复合、共混、涂覆等改性方法后还可制得新型阻隔包装瓶，用于啤酒、白酒和其他酒类包装制品。

（3）工程制件 PET 进行增强、填充改性后具有优异的强度、刚性和耐热性（见表 8-6），良好的尺寸稳定性和成型加工性能，称为工程级 PET，这种材料主要用于注塑成型，其制品应用于电子电气、汽车行业和家具等方面。

二、聚对苯二甲酸丁二酯

聚对苯二甲酸丁二酯（PBT）于 20 世纪 70 年代后实现工业化生产以来，成为通用工程塑料中发展速度最快的一个品种。PBT 以其良好的成型加工性能和较高的性能价格比成为工程塑料的后起之秀，具有优良的综合性能。

1. 结构性能特征

PBT 是对苯二甲酸或对苯二甲酸二甲酯与 1,4- 丁二醇进行缩聚反应而制得的热塑性树脂，分子结构式为：

$$\begin{array}{c} O \qquad\quad O \\ \| \qquad\qquad \| \\ +C-\!\!\left\langle\bigcirc\right\rangle\!\!-C-O-(CH_2)_4O\!\!+_n \end{array}$$

与 PET 相比，PBT 大分子链的重复单元有 4 个亚甲基，即柔性链增长，刚性部分密度降低。故其刚性、硬度、T_g 和 T_m 都较 PET 低，但韧性较高。PBT 较易结晶，结晶速率较 PET 快，对成型加工性能有较大影响。

PBT 外观为乳白色或淡黄色，表面有光泽，密度为 $1.31 \sim 1.32 g/cm^3$，分子量为 3 万～ 4 万，主要性能见表 8-6。PBT 的主要性能特征有以下两个方面。

① 综合性能优异。由于未增强的 PBT 力学性能较低，目前 PBT 大部分采用玻璃纤维增强改性以获得具有优良力学性能和热性能的制品。从表 8-6 中可看出，增强后冲击强度提高 2 倍多，拉伸强度提高 2 倍多，耐热温度提高约 4 倍。PBT 另一个突出的性能是电绝缘性能优良，即使在潮湿、高温、高频及恶劣环境中工作，电绝缘性也不会出现问题，使其在电子、电气工业中具有重要应用价值。

PBT 的主要缺点是缺口冲击强度低，成型收缩率大，不阻燃。可通过共混、增强和添加塑料助剂的方法加以改进，因而出现了众多 PBT 的改性品种。

② 易于成型加工。PBT 的熔体黏度低（仅次于 PA），具有足够的流动长度，适合于薄壁、形状复杂、长流道的各类制品，是注塑成型的好材料。而且 PBT 的结晶速度快，成型周期短，注塑时模具为常温也能得到结晶度较高的制品，因而特别适合快速注塑，以满足提高生产率的要求。值得注意的是，在熔体温度高于 270℃的条件下停留较长时间可能因热降解而使制品性能变差。

2. 成型加工与应用

（1）成型加工 PBT 可采用注塑、挤出、模压等成型方法，也可进行涂装、黏结、超声波熔接等多种二次加工。其中以注塑成型为主。

注塑成型采用单螺杆注塑机，料筒温度一般控制在 $230 \sim 270℃$之间，料筒温度过高，会使拉伸强度下降。未增强 PBT 模具温度为 60℃左右，增强 PBT 为 80℃左右。在上述模具温度下，能得到表面光泽度很高的制品，有利于脱模。

（2）应用 PBT 应用的最大市场是电子、电气行业，中国 PBT 树脂 65% 用于电子电气，其次是汽车及交通运输业。

第五节　聚苯醚

聚苯醚（PPO）具有优良的力学性能及优异的耐高温和耐蠕变特性，但熔体流动性差、成型加工困难。为此，常将 PPO 与 PS 或 HIPS 进行共混或共聚改性，以提高熔体流动性，改善成型加工性能，同时成本也得到降低，目前实际生产中使用的主要品种即是此类，称为 MPPO，占 PPO 产量的 90% 以上。

一、聚苯醚的制备

聚苯醚的制备是以苯酚为原料，在 MgO 催化作用下与甲醇反应先得到 2,6- 二甲酚，再在 $CuCl_2$ 和（CH_3）$_2$NH 催化下进行氧化偶联聚合而成，其反应式为：

聚合得到的 PPO 与 PS 或 HIPS 按 7∶3 配比进行共混，经双螺杆挤出机造粒得到 MPPO。如需进一步提高力学性能可加入 25% 的短切玻璃纤维进行增强。

二、聚苯醚的结构与性能

（1）结构特征　PPO 大分子主链是由芳环和醚键交替而构成，芳环使得分子链本身具有较高的刚性和硬度，在受力时体现出形变小、尺寸稳定的特征，而大量醚键存在又使得分子链具有一定的柔性，赋予 PPO 优良的抗冲击性和低温性能；由于两个甲基封闭了酚基上两个邻位的活性点，PPO 具有优良的化学稳定性；PPO 本身不含极性基团，因而具有优良的电绝缘性；此外，PPO 的分子结构中无任何可水解的基团，具有十分突出的耐水性。

PPO 为无定形聚合物，但由于 PPO 本身结构规整且对称，具有一定的结晶能力，只是由于其 T_m（257℃）与 T_g（210℃）相差较小，在冷却时，从熔融状态到形成结晶的时间很短，使大分子链来不及结晶，所以一般生成无定形聚合物。但在 T_m 附近恒温一定时间，可得到结晶 PPO。

（2）性能特征　PPO 是一种综合性能优良的热塑性工程塑料。

① 力学性能。PPO 树脂为线型无定形聚合物，外观为无毒的粉末固体，粒料为琥珀色透明体。其密度为 1.06g/cm³，熔融状态密度为 0.96g/cm³，难燃。

PPO 具有优良的力学性能，拉伸强度和弯曲强度高，冲击性能优于 PC。尤其是优异的抗蠕变性能在所有工程塑料中名列前茅，即使在 120℃、10MPa 负荷下经 500h 后，蠕变值仅 0.98%。

② PPO 的热性能优良，玻璃化转变温度为 211℃，熔融温度为 268℃，热分解温度为 350℃以上，负荷热变形温度为 190℃，脆化温度为 -170℃，长期使用温度达 -127 ～ 121℃，间断使用温度可达 205℃。相比较而言，MPPO 耐热性低于 PPO，与 PC 接近。MPPO 热变形温

度与 HIPS 含量有关。当 HIPS 含量增加时，热变形温度大大下降。

③ PPO 电绝缘性优异，具有介电常数和介电损耗小、体积电阻率高的特点，可在较宽的温度（-150 ～ 200℃）和频率范围（10 ～ 10⁶Hz）内保持良好的电性能。

④ PPO 具有优良的耐化学介质和耐水性，以水为介质的药品如酸、碱、洗涤剂等不管是在室温还是在高温下，一般对其均无影响。但 PPO 能溶于矿物油和酮类，酯类会使其发生应力开裂，卤代烃、脂肪烃会使其溶胀。PPO 耐水性优异，吸水率极低，在 92℃的热水中 104h 后，它的拉伸强度、伸长率和冲击强度没有明显变化。

⑤ 其他性能。PPO 的阻燃性好、具有自熄性。但 PPO 的耐光性差，在阳光或荧光灯下使用颜色变黄，这是紫外线使芳香族醚键断裂所致，可加入紫外线吸收剂或炭黑进行改善。如加有炭黑的 PPO 制品在室外使用一年，拉伸强度和冲击强度均无变化。

三、聚苯醚的成型加工与应用

（1）加工特性　PPO 吸水性小（0.03%），成型时不需干燥。但含水量大时，成型会产生气泡，此时可在 130℃以下干燥 3 ～ 4h。干燥后可提高制品的表面质量和力学强度。

PPO 分子链刚性大，熔体黏度高，成型时模具温度应保持在 100℃以上，以削弱制品内应力；同时，PPO 的玻璃化转变温度高，一旦产生取向很难松弛，使制品在使用过程中发生应力开裂现象，因而成型后制品一般需进行热处理，以消除内应力。后处理一般在 180℃油浴中进行，时间为 4h 左右。

（2）制品应用　PPO 可通过注塑和挤出等方法加工成各种制品。成型加工时应注意适当提高温度和压力，以提高熔体的流动性。

PPO 制品主要应用于汽车、电子电气和机械工业等方面，如格栅、车轮罩、镜框、窗框、连接器、仪表板件、减震器、仪表盘、嵌槽、电视机调谐片、线圈芯、微波绝缘件、屏蔽套、转接器、继电器、发电机罩、齿轮、轴承、泵叶轮、鼓风机叶片、阀门、气动装置、量器、泵体、壳体、管道、滤片、电动工具、食品加工器、烘烤机、电吹风、电熨斗、家具、杀菌器以及航空器和军用运输工具部件等。

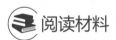 阅读材料

我国工程塑料行业发展趋势

经过多年发展，尤其是近 20 年的快速发展，我国工程塑料产业规模和技术实现了巨大进步，产业整体从基本依赖进口转变为绝大部分国产化，产品也从低端逐步向中高端发展、从通用树脂向专用树脂发展。

1. 聚酰胺

聚酰胺横跨化纤、薄膜与工程塑料几大行业。业界通常将化纤用聚酰胺俗称锦纶，工程塑料级聚酰胺俗称尼龙。全球聚酰胺工程树脂以 PA-6 和 PA-66 为主，占比约为 90%。中国的 PA-6 占比约为 75%，PA-66 占比约为 20%，其余为小品种产品。

目前我国 PA-6 生产技术相对成熟，已成全球最大的 PA-6 消费国。PA-6 行业发展迅速，生产能力逐年提升，产业集中度不断提升，规模经济效益也较为明显，目前 PA-6 切片产量已超过 500 万吨 / 年。下游应用领域也已由尼龙纤维领域拓展至工程塑料及薄膜领域。但是当前我国 PA-6 塑料产品基本集中在中、低端市场；高性能尼龙产品进口量较大，对外依存度较高，PA-6

在高端工程塑料方面仍有较大的发展空间。

"十三五"期间，我国PA-66行业取得了快速发展。截至2019年底，我国PA-66树脂生产能力由2015年的约27万吨/年，提升到49万吨/年，生产能力扩大近1倍；产量达到近35万吨；需求量约为52万吨。

当前国内尼龙产业链环境发生了巨大变化，随着英威达在上海40万吨/年己二腈项目、天辰齐翔项目，以及神马己二腈项目陆续启动，制约行业发展的关键因素基本解除；随着温州华峰、英威达（上海）项目投产，神马平顶山本部和海安工厂不断扩产，以及山东等地的项目陆续投产，行业总产能快速增长，供需状况将发生根本转变；己内酰胺产能超过400万吨/年、PA-6聚合产能超过500万吨/年，比上个五年计划各翻了一番，单一装置的规模不断扩大；己内酰胺第三代技术的公开化，以及第四代技术的研发，将推动整个产业发生革命性变化，己内酰胺产能还将进一步扩大。

为拓展尼龙市场，各大生产企业都在不断加大科研投入，加强新产品、新应用的开发力度。另外，国内的MDI、TDI、HDI等项目建设提速，为尼龙中间体发展提供了机遇。国家发改委、科技部都将长碳链尼龙、耐高温尼龙等列为重点支持项目，势必促进国内以生物发酵法合成长碳链尼龙新工艺的快速发展，扩大此种工程塑料在汽车、电子电器行业中的应用。

2. 聚碳酸酯

聚碳酸酯（PC）一直是国家重点鼓励发展的新型高分子工程塑料，也是行业内用量最大的工程塑料品种。"十三五"期间是我国自有PC产能迅速发展的时期，国内新增产能不断增加，整体产能从2015年的67.5万吨/年，发展到2019年的161万吨/年。国内PC最大的下游应用市场为电子电气，其次为板材/薄膜，两者（不含家电）占据了整个PC消费量的一半以上。此外，汽车也是PC非常重要的下游应用市场，约占总消费量的16%（包含车灯、车窗及车用改性塑料等）。其他主要是光学、家电、包装、医疗等相对占比较小的市场。PC也是国民经济发展各种新兴领域应用的重点材料，如新能源汽车充电桩、无人机轻量化材料、VR及智能家庭等应用都有突破性进展。

虽然目前国内PC产能的自给率还只有约50%，但行业正处于产能的集中释放期，预计3～4年内将迅速发展为供过于求的状况。值得警惕的是，同期全国各地还有超过市场需求数倍的拟建产能在规划中或将陆续开工建设。另外，国内虽然每年PC进口量超过100万吨，但有50万吨左右都是目前国内产品不能替代的高端料。国内PC已从供不应求迅速过渡到了通用产品供大于求的状态，通用料市场竞争惨烈，各企业不得不面对如何求生存和发展的问题。

"十四五"期间，国内PC整体产能将超过消费量，全新市场开拓以及高端产品的国产化替代将是国内企业面对的最大挑战，整个PC行业需要从传统的从无到有，逐渐转向从有到强、从量变到质变的发展路径上来。同时，鼓励国内企业设立PC创新应用研发中心；重点扶持和加强前瞻性的基础研究投入，实现产业转型升级；产业链条应合力攻关，进行应用研发；鼓励高性能材料开发，鼓励新应用开发从通用型材料推广转向专用料市场开发；探索高值回收技术研究，推动行业可持续发展。

3. 聚对苯二甲酸丁二酯

我国聚对苯二甲酸丁二酯（PBT）行业现已呈现饱和态势，国内产能目前超过100万吨/年，已严重过剩，装置开工率不高，企业利润受到严重影响。自2014年始，国内PBT出口量超越进口，成为PBT净出口国。但国内市场存在结构性供应不足，目前仍需进口一些特殊牌号的PBT树脂来满足需求。国内市场中，PBT产品的部分应用领域处于扩张阶段，例如在新型城镇化趋势下，基建、电子电气等领域还将保持一定的增长，因此光缆和改性产品将依然是国内

PBT 市场增长的主要依托。

行业下一步应大力推进材料生产过程的智能化和绿色化改造，重点突破材料性能及成分控制、生产加工及应用等工艺技术，不断优化品种结构，提高质量稳定性，降低生产成本，提高先进基础材料国际竞争力。应鼓励 PBT 树脂生产企业延伸产业链，通过 PBT 改性架起基础材料与终端应用之间的桥梁，进一步拓展应用领域。PBT 改性方向包括：增韧增强改性无卤阻燃 PBT 复合材料、玻纤增强阻燃 PBT 复合材料、聚酰亚胺长纤维增强 PBT 复合材料、纳米二氧化硅增强增韧 PBT 复合材料、PC/PBT 合金和 PET/PBT 合金等。

4. 聚甲醛

我国聚甲醛发展较晚，直到 20 世纪初才开始有小规模装置，尤其是"十一五""十二五"期间列入国家推荐产业目录中推荐扶持的新兴材料产业后，以云南云天化股份有限公司、中海油天野化工有限公司和中国化工上海蓝星聚甲醛有限公司为代表的国内企业开始陆续引进技术和设备，积极推进 POM 产品的国产化。目前国内 POM 生产企业，有云天化重庆天聚新材料有限公司、河南能源集团开封龙宇化工有限公司、国家能源集团宁夏煤业有限责任公司、中海油天野化工有限责任公司、开滦集团唐山中浩化工有限公司、兖矿集团鲁南化工有限公司、中国化工上海蓝星聚甲醛有限公司和天津渤化集团渤化永利化工股份有限公司，行业装置总产能41万吨/年。虽然国内 POM 产业经过快速发展进入生产大国行列，但与高质量发展的要求仍有较大差距，存在着明显的短板与不足。总体上看，"十三五"期间国内 POM 行业基本是在挣扎中求生存。由于国外大公司的技术封锁，国内技术总体处于落后状态，产品很难在高端市场占有一席之地。同时，过高的生产成本制约市场竞争能力，难以形成竞争优势。而且专业人才储备欠缺，研发能力严重不足。

目前，我国 POM 产业已解决了"有无"问题，未来发展应考虑如何与经济发展相匹配及适度的问题。POM 企业应对标国际先进，持续加大研发投入，通过工艺优化以及新技术的应用，进一步提升国内 POM 产品质量。要围绕重点领域的需求，积极研发诸如航天航空材料、高端装备材料、海洋工程和建筑工程材料（POM 纤维）、新一代电子信息材料、前沿生物医用材料和新能源材料，关注 5G 通信材料、柔性显示材料等方向需求，促进研发与应用联系更加紧密，延伸高附加值产业链，使国内关键战略领域需求和国计民生材料的自给率有更大的提高，以满足市场的多元化需求。要下大力量加强和完善企业实验室研发平台建设工程，使生产过程与实验室攻关紧密结合，解决生产工艺过程的难点和缺陷问题，提升产品质量，提升企业竞争力。同时，要加大与知名高校、科研院所的紧密合作，联合开展 POM 生产关键技术和产业应用技术攻关，加快 POM 高端科研技术产业化速度和成果转化，形成对 POM 行业转型升级发展的有力支撑，力争我国 POM 产业从生产大国向产业强国的转变。

5. 聚苯醚

聚苯醚（PPO）是一种耐高温的热塑性工程塑料。由于 PPO 树脂关键原料的合成技术复杂，生产技术难度较大，门槛高，全球目前只有 4 家生产企业，其中最大的是美国 SABIC，产能为14 万吨/年；日本旭化成公司产能为 4 万吨/年。由 PPO 树脂改性、注塑制备的工程塑料制品具有耐热、耐高温蠕变性、难燃、自熄等优良的化学和机械加工性能，广泛用于汽车、电子电器等行业领域，市场前景广阔。

"十三五"期间，我国 PPO 树脂产能迅速发展，从 2015 年的 1 万吨/年，迅速发展到 6 万吨/年。其中中国化工集团旗下南通星辰公司在芮城拥有 2 万吨/年 PPO 树脂生产装置，是我国最早拥有万吨级 PPO 树脂的生产厂家。该公司依托芮城现有工艺技术在南通投建了新一代 3 万吨/年 PPO 装置，主要进行 PPO 树脂及改性产品生产。至此，其 PPO 树脂产能达到 5 万吨/年，产能规模跃居全球第二。河北鑫宝1万吨/年PPO树脂装置于2015年下半年投入生产，据悉其还有4万吨/年项目在建。

由于PPO树脂产品性能的特殊性，需要通过改性后才能直接使用。目前国际PPO改性产品（MPPO）生产能力达到30万吨/年，生产比较集中，主要由SABIC和旭化成垄断，两家企业占全球总产能的75%以上。这两家企业商品PPO树脂极少外售，多为自用做改性PPO产品；中国占比25%，主要为PPO树脂销售。中国是最大的PPO改性产品销售市场，年销售量约10.4万吨，占全球销售份额的30%。

国内PPO树脂最大的下游应用市场为IC Tray、新能源和光伏，其次为电子电器和LED等，近年PPO树脂在新能源和光伏等行业的应用需求量剧增。PPO树脂原料是介电常数和介电损耗最小的工程塑料品种之一，几乎不受温度、湿度的影响，可用于低、中、高频电场领域，这一性能奠定了PPO树脂在5G市场的广阔应用前景。

随着经济的不断发展，PPO树脂新的应用领域不断扩大，预计国内PPO树脂年需求增长速度将在7%左右。据悉，中国化工集团已制定战略规划，将通过国内整合或扩建弥补缺口，逐步占领国内市场，因此未来国内PPO市场将继续维持产销平衡。

当前全球经济形势发生了很大变化，经济全球化受到前所未有的挑战，高端材料国产化需求愈发迫切。国家将重点针对新材料、半导体、光电材料和电子化学品等领域，以举国之力全力攻克"卡脖子"技术，我国工程塑料和特种材料行业正迎来重要发展机遇，前景光明。

但当前产能结构性过剩、创新不足也已经成为我们必须面对的问题，必须通过原料、催化剂、工艺、加工应用和助剂等环节的一系列技术创新，进一步调整材料的结构与性能，使之高性能化和功能化，以满足科技和生活快速发展的需求，方可使我国工程塑料行业在十几年后具有国际竞争力，使整个产业具有良好的盈利能力，这对于我国加快供给侧结构性改革和加快建设创新型国家同样具有重要的意义。

🖊 知识能力检测

1. PA主要有哪些品种？哪种是我国独创产品？写出它们的结构式。

2. 举例说明PA不同品种间强度、吸水率和熔点的变化规律及原因。

3. PA在力学性能上有何特点？显著特征是什么？

4. PA用纤维增强后性能有哪些变化？有何意义？

5. MC尼龙与一般PA性能相比有何差别？原因何在？

6. 与PP相比常用PA品种的熔点较高，使用温度二者相比如何？为什么？

7. 成型加工中如何注意PA熔体的黏流特性？

8. PA物料在成型加工前必须进行干燥，写出干燥方法和工艺控制。如干燥不足对制品质量有何影响？

9. PA和PC成型后制品在什么情况下要进行后处理？如何处理？

10. PA适应于哪些成型加工方法？其制品主要应用于哪些领域？

11. 写出双酚A型PC的分子结构式，并指出PC分子结构中不同基团的作用。

12. PC在力学性能上有何特点？显著特征是什么？

13. 比较PC与PS、PMMA、PVC的T_g和使用温度的高低，说明原因。

14. PC物料成型前必须干燥吗？如何干燥？

15. 成型加工中如何根据PC熔体的黏流特性来制定合理的成型工艺条件？

16. 写出PC应用于不同领域的典型制品，并说明理由。

17. POM 有哪两种？写出它们的结构式，并说明结构和性能上的主要异同。

18. POM 俗称赛钢，说说理由。

19. POM 是热敏性聚合物，成型加工中应注意什么？

20. POM 主要应用于哪些领域？举出典型制品的例子。

21. 简要说明 PET、PPO 的结构和性能特征及主要用途。

22. 比较 PP、PA、POM、PET 与 PVC、PS、ABS、PC 的成型收缩率，有什么规律？为什么？

23. 结合网络和图书期刊资料了解工程塑料在我国的发展现状。

第九章
特种工程塑料

 学习目标

知识目标：了解特种工程塑料典型品种氟塑料、聚砜、聚苯硫醚、聚酰亚胺、聚芳酯、氯化聚醚、聚醚醚酮的结构和性能特征及主要应用。

能力目标：能熟练掌握特种工程塑料的主要性能，能进行耐高温塑料制品的选材及配方设计。

素质目标：培养设计耐高温、耐腐蚀、高强度等特殊性能要求制品时的思维扩散意识。

第一节　氟塑料

氟塑料为含有氟原子的各种塑料的总称，是含氟单体的均聚物或共聚物。主要品种包括聚四氟乙烯（PTFE 或 F₄）、聚三氟氯乙烯（PCTFE 或 F₃）、聚全氟乙丙烯（FEP 或 F₄₆）、聚偏氟乙烯（PVDF）和聚氟乙烯（PVF）等。这些氟塑料均是性能优异的特种工程塑料，其中应用最广、产量最大的是 PTFE，其次是 PCTFE 和 FEP。

一、聚四氟乙烯

PTFE 是由美国杜邦公司于 1949 年实现工业化生产。由于具有优异的化学稳定性、耐候性、低摩擦系数和自润滑性、电绝缘性以及耐热性和耐寒性，故有"塑料王"之称。它在氟塑料中产量最大，占氟塑料总产量的 60%～80%。

1. 聚四氟乙烯的合成

PTFE 是四氟乙烯单体在自由基型引发剂存在下通过链式聚合反应而制得，一般采用悬浮聚合和乳液聚合，反应式如下：

$$n\mathrm{CF_2CF_2} \Longleftrightarrow \!\!-\!\!\left[\mathrm{CF_2CF_2}\right]_{\!n}$$

（1）悬浮聚合　以水为介质，以无机过氧化物（过硫酸铵、过硫酸钠等）为引发剂，使四氟乙烯（TFE）在充分搅拌下溶于水中进行聚合反应。反应温度 30～50℃、压力 0.5～0.7MPa，时间为 1～2h。聚合结束后，PTFE 由釜底出料，经过滤、洗涤、干燥得到粉状物料，用于模压或挤出成型，颗粒细的用于成型薄膜和薄壁制品。

（2）乳液聚合　在反应釜中加入引发剂（如过硫酸盐）、乳化剂（如全氟辛酸铵），以石蜡或氟碳化合物为稳定剂，使 TFE 在脱氧蒸馏水中聚合，控制反应温度为 80 ～ 90℃，压力约为 2.7MPa。聚合结束后，得到浓缩乳液，也可将乳液经搅拌、凝聚、水洗、干燥后得到粒度比悬浮聚合更细的粉状树脂。粉状树脂主要用于糊状挤压成型、制造管件、棒材制品；浓缩乳液用于喷涂、流延、浸渍、湿法混合填料的制品。

2. 聚四氟乙烯的结构与性能

PTFE 的分子结构与 PE 相似，对称性和规整度好，几乎无支链，具有线型结构，因而易于结晶。一般制品结晶度达 57% ～ 75%，最高可达 93% ～ 97%。结晶度的高低取决于分子量和成型加工中的冷却速率，分子量增大，冷却速率加快，制品结晶度降低、密度减小。

PTFE 大分子链中只存在 C—F 键和 C—C 键，具有高度的稳定性。从空间上讲，碳链周围紧紧包围着一层氟原子，氟原子的体积大（半径为 $0.64×10^{-10}$m，比氢原子大一倍多），能把主链上的碳原子屏蔽起来，这种结构使其具有耐高温、耐腐蚀性，以及优异的耐候性。

虽然氟原子的电负性很强，但由于对称使得大分子的偶极矩接近为零，分子没有极性，大分子间及与其他分子间引力都很小，表面呈极端惰性。一方面使其具有优异的电绝缘性，另一方面也使得 PTFE 大分子的表面自由能很低，是已知固体材料中表面自由能最小的材料之一，因此，具有高度的不黏附性和最低的摩擦系数。

综合上述 PTFE 的结构特征，主要性能特点如下。

① 物理性能。一般 PTFE 为白色、无臭、无味、无毒的蜡状白色粉末，不燃烧、难粘接、不吸水，表面手感滑腻。根据结晶度的不同，密度在 2.14 ～ 2.30g/cm³，是现有塑料材料中密度最大的品种。

② 力学性能。PTFE 的拉伸强度较低，一般为 15 ～ 30MPa，与 PE 相当，弹性模量为 400MPa，略低于 HDPE。且弯曲强度、硬度和压缩强度较低，回弹性差。它的抗蠕变性亦差，制品在长期载荷作用下会发生变形，随载荷增大、时间延长和温度升高变形加剧。

PTFE 突出的力学性能是摩擦系数小，对钢的动、静摩擦系数均为 0.04，是现有塑料材料中最小的，是一种良好的耐磨、减摩和自润滑材料，如图 9-1 所示的 PTFE 活塞环就利用了这一特性。但其磨耗较大，可加入二硫化钼、二氧化硅等加以改进。

③ 热性能。PTFE 具有优异的耐高、低温性能，长时间工作温度范围在 -195 ～ 260℃之间，短期甚至可达 300℃。它的热导率约为 0.25W/(m·K)，在塑料中居中等水平，但线膨胀系数在塑料中具有较大值，为 $1×10^{-4}$ ～ $1.5×10^{-4}$K^{-1}，大于钢材 10 ～ 20 倍。

图 9-1　PTFE 活塞环

④ 电性能。PTFE 具有优良的电性能，相对介电常数小于 2.1，体积电阻率为 10^{15} ～ 10^{16}Ω·cm，不受温度、湿度和频率的影响，可在潮湿环境下使用。它的耐电弧性好，最高可达 360s，但耐电晕性不好，不能作高压绝缘材料。

⑤ 化学性能。PTFE 具有优异的化学稳定性，即使在高温下也不与强酸、强碱、强氧化剂发生作用，甚至在王水中煮沸，质量和性能均无变化，这是称之为"塑料王"的重要原因之一。对有机化合物，除了卤化胺类和芳烃对其有轻微溶胀外，其他所有有机溶剂对 PTFE 都无作用，只有熔融的碱金属和高温下的三氟化氯等对它有侵蚀作用。它的化学稳定性超过了玻璃、陶瓷、不锈钢，甚至比金、铂还稳定。

PTFE 具有良好的热稳定性，且不受氧、臭氧、紫外线影响，不易老化，也不易受潮湿、霉菌、虫、鼠等的影响。据报道，PTFE 制品在光线和大气中老化 20 ～ 30 年而无任何变化。它的分解温度约 415℃，在 250℃高温条件下经 240h 老化后，力学性能基本不变。

3. 聚四氟乙烯的成型加工与应用

（1）成型加工　PTFE 的熔体黏度极高，加热到熔点 327℃以上也不能流动，因此，不能用一般热塑性塑料加工方法，目前采用较多的是与"粉末冶金"类似的冷压与烧结相结合的成型加工方法。常用的有冷压烧结成型、模压成型、挤出成型、推压成型、液压成型等。不同的成型加工方法适应不同的产品，如冷压烧结成型可成型各种零部件，挤出成型主要成型棒材和管材，推压成型适合成型薄壁制品如薄膜等。但无论哪种方法都必须先后经过制坯、烧结、冷却三个步骤。下面以冷压烧结成型为例简单介绍。

冷压烧结成型是 PTFE 的重要成型方法，主要成型厚壁非连续制品，如各种零部件以及板、棒、套管等。成型分为以下三个步骤。

① 制坯。选用悬浮法 PTFE 树脂，加入模具，缓慢升压 30 ～ 50MPa。对大直径型坯，升压速度为 5 ～ 10mm/min，保压 10 ～ 15min；对于一般型坯，升压速度为 10 ～ 20mm/min，保压 3 ～ 5min。保压后缓慢卸压，即得制品型坯。

② 烧结。将压制好的型坯放入热空气回转炉或烧结炉内，升温至 370 ～ 380℃。大型制品升温速度 30 ～ 40℃/h，小型制品 80 ～ 120℃/h，最后保持烧结温度至型坯完全形成胶状半透明体。烧结时间的长短取决于烧结温度、树脂的热稳定性以及制品的厚度。需要注意的是：PTFE 的熔点为 327℃，温度上升到 390℃时开始分解，因此烧结时温度一般不得超过 415℃，否则会产生分解，放出有毒气体。

③ 冷却。冷却过程是一个相变过程，即由非晶相转变为晶相的过程。制品的结晶度取决于冷却速度的快慢。

图 9-2　PTFE 涂覆金属管道

对于厚度大于 4mm 的制品，冷却速度为 15 ～ 20℃/h，冷却太快制品易产生内应力，甚至会出现开裂；厚度小于 4mm 的制品，冷却速度可快些。冷却到室温后即得所需制品。

此外，PTFE 乳液涂覆在金属、陶瓷、橡胶、塑料表面形成防腐、耐磨、防水涂层，图 9-2 是 PTFE 涂覆金属管道，在化学工业广泛使用。也可制成流延薄膜和纤维，PTFE 纤维在低温下很柔软，可以编制成人工血管、密封件、滤布、人工关节、防护布等。

（2）应用　PTFE 的优异性能使它成为尖端科学、军事以及机械、冶金、石油化工等工业领域不可缺少的材料。应用举例见表 9-1。

表 9-1　PTFE 的应用举例

项目	应用
防腐材料	广泛用于防腐材料，如化工设备、化工机械的阀门、阀座、管道、多孔的板材、反应器、蒸馏塔、搅拌器、设备衬里、过滤材料、电池隔膜等
电子电气工业	适用于高频、高温或潮湿环境中作绝缘材料，如电线、电缆广泛用于微型电机、航空、雷达、火箭等工业
减摩耐磨	制备各种活塞环、轴承、轴瓦、滑块、垫圈、密封环、阀座等耐磨部件

项目	应用
防粘	用于塑料加工的润滑剂和防粘剂及食品工业、家用品（如防粘锅）的防粘涂层
医药材料	血管、人工心脏、人工心肺、人工食道、各种插管、导液管、消毒保护器等

二、其他氟塑料

1. 聚三氟氯乙烯

PCTFE 是由三氟氯乙烯单体经链式聚合而得到的线型聚合物，反应式如下：

$$n\mathrm{CF_2{=}CFCl} \longrightarrow \text{┤}\mathrm{CF_2{-}CFCl}\text{├}_n$$

PCTFE 属结晶性聚合物，结晶度可达 85% ～ 90%。当熔体快速冷却时可形成无定形结构，因而 3mm 左右厚度的片和膜透明度好。由于引入了氯原子，所以分子间的作用力增大，使 PCTFE 的力学强度大于 PTFE。因大分子具有极性，电性能和耐化学腐蚀性稍逊于 PTFE，但仍优于其他塑料。它的 T_g 为 58℃，T_m 为 215℃，T_d 为 260℃，具有较好的耐寒性，能在 -195 ～ 120℃下长期使用。

PCTFE 与 PTFE 不同，受热可熔融流动，因而可采用一般热塑性塑料的成型加工方法进行注塑、挤出、模压和涂覆成型。但其熔体黏度高，230℃时黏度为 10^6Pa·s，因此成型加工需采用较高的成型温度和压力。此外，PCTFE 高温分解后会放出腐蚀性气体，对设备和人体有害，生产中必须采取有效的防护措施。

与 PTFE 相比，PCTFE 压缩强度高，抗蠕变性较好，并有与 PTFE 相似的化学稳定性，具有透光性，因此可用来制造耐腐蚀的高压密封零件、高压阀的阀瓣、泵和管道零件、衬里、隔膜、计量仪器、视镜、光学窗等。

2. 聚全氟乙丙烯

FEP 是四氟乙烯与六氟丙烯的共聚物，分子结构式为：

$$\text{┤(}\mathrm{CF_2{-}CF_2})_x\text{(}\mathrm{CF_2{-}CF})_y\text{├}_n$$
$$\mathrm{CF_3}$$

第二单体含量在 14% ～ 18% 之间，工业上主要采用乳液聚合方法制得。

FEP 主链结构与 PTFE 相同，属于线型无规共聚物，是一种软质塑料，有弹性记忆特性。它的吸水性小于 0.01%，密度 2.14 ～ 2.17g/cm³，在氟塑料中仅次于 PTFE。主要性能特点是具有良好的耐高、低温性能，可在 -85 ～ 205℃长时间工作，即使在 200 ～ 260℃条件下性能也不会恶化；无极性，吸湿率小，是一种性能优异的电绝缘材料；具有极高的化学稳定性和良好的耐候性。但它的强度、耐磨和抗蠕变性能均低于其他一些工程塑料。

FEP 比 PTFE 容易成型加工，它能生产出一些 PTFE 不可能得到的制件。FEP 可采用注塑、挤出、模压、涂覆等方法制成薄膜、片材、棒和单丝，用于管线、化工设备、电线、电缆等。

三、聚四氟乙烯的简易识别

（1）外观印象　原料为白色蜡状粉末，制品不透明，手感滑腻，有光泽，致密，手感沉重；但表面硬度不高，指甲用力掐有划痕。

（2）水中沉浮　密度大，在水中快速下沉。

（3）受热表现　温度达327℃以上开始熔融，逐渐呈透明状，但难流动，390℃以上开始分解。

（4）燃烧特性　不燃，但在火中有刺激性氢氟酸气味放出，有毒。

（5）溶解特性　不可溶。

第二节　聚砜类塑料

聚砜类塑料是一类主链结构中含有二苯砜基的线型热塑性工程塑料。按其结构聚砜可分为三类：双酚A型聚砜、聚芳砜、聚醚砜，其中双酚A型聚砜产量最大、应用最广。这类塑料具有优良的耐热性、电绝缘性、尺寸稳定性、抗蠕变性而成为综合性能很好的工程塑料，自20世纪60年代问世以来已获广泛应用。

一、双酚A型聚砜

双酚A型聚砜（PSU）是最早问世的聚砜类塑料品种，目前常用的聚砜类塑料即指此类。

1. PSU的合成

PSU的生产过程是先由双酚A和氢氧化钠（或氢氧化钾）在二甲基亚砜溶剂中反应生成双酚A钠（钾）盐，再与4,4'-二氯二苯砜进行溶液缩聚反应生成聚砜。反应式如下：

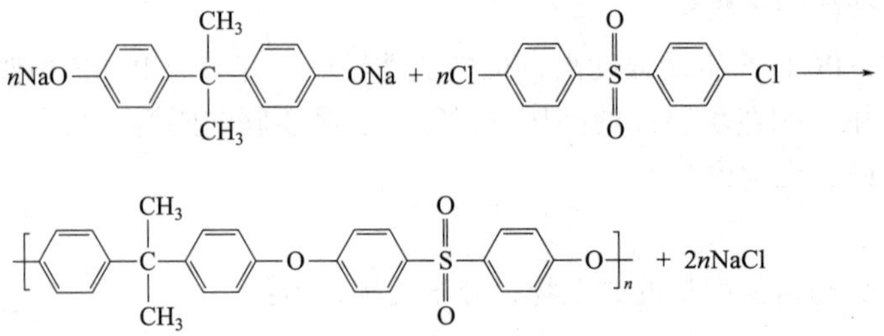

2. PSU的结构与性能

由上述合成反应可看出，PSU分子结构是由亚异丙基、醚基、砜基把苯乙基连接成线型大分子的聚合物。亚异丙基因其取代基结构对称且无极性，可减小分子间作用力，加之醚键的存在，赋予了聚合物一定的韧性和熔融加工特性；砜基和苯基则使大分子主链显示出较大的刚性，导致PSU难以结晶；二亚苯基的砜基上氧原子对称、主链上硫原子处于最高氧化状态，使聚合物具有优良的抗氧化能力，且砜基与相邻两个苯环组成了高度共轭的二苯砜结构，使聚合物具有刚硬、热稳定性高（$T_d > 426℃$）、抗辐射等特性。综合而论，PSU是一种具有较高力学性能和耐热性的非晶聚合物，主要性能特征如下。

（1）力学性能　PSU的拉伸强度和弯曲强度优于POM、PA和PC等通用工程塑料，即使在150℃时拉伸强度仍能达到60MPa，而此时大多数通用工程塑料已失去使用价值。这种高温时仍能保持其室温下所具有的力学性能的性质是一般工程塑料所不及的。

PSU的抗蠕变性十分优异，室温时在21MPa应力作用下经1000h，蠕变量仅为1%，在99℃的热空气中，在上述应力作用下一年，蠕变量仍低于2%。表9-2列出了聚砜类塑料的综合性能。

表 9-2　聚砜类塑料的综合性能

性能	双酚 A 型聚砜 (PSU)	聚芳砜 (PAS)	聚醚砜 (PES)
相对密度	1.24	1.37	1.14
吸水率 /%	0.22	1.8	0.25
成型收缩率 /%	0.7	0.8	0.6
拉伸强度 /MPa	75	91	85
弯曲强度 /MPa	108	121	89
断裂伸长率 /%	$50 \sim 100$	13	80
拉伸弹性模量 /MPa	2530	2600	2500
弯曲弹性模量 /MPa	2740	2780	2650
压缩强度 /MPa	97.7	126	110
缺口冲击强度 /(kJ/m^2)	14.2	8.7	12.1
无缺口冲击强度 /(kJ/m^2)	310	243	296
长期使用温度 /℃	150	260	180
玻璃化转变温度 /℃	196	288	225
体积电阻率 /Ω·cm	5×10^{16}	3.2×10^{16}	5×10^{17}
相对介电常数 (60Hz)	3.07	3.94	3.5

（2）热性能　PSU 的 T_g 为 190℃，热变形温度为 175℃，可长期在 $-100 \sim 150$℃ 下使用。而且 PSU 具有极好的耐热氧老化性，在 150℃ 时经 2 年的热氧老化，拉伸屈服强度和热变形温度不降反而有所提高，冲击强度仍能保持原来 55% 的数值。

尽管 PSU 的长期使用温度不高，仅为 150℃，但它是所有耐热塑料中价格最便宜的一种，相当于 PTFE 的 1/2。

（3）电性能　PSU 具有优良的电绝缘性，尤其是在高温环境和水及潮湿空气中放置后仍能保持良好的电绝缘性。电性能数值见表 9-2。

（4）化学性能　PSU 对一般无机酸、碱、盐以及脂肪烃、醇类和油类都较稳定，但会受到强溶剂浓硫酸、硝酸作用，某些极性溶剂如酮类、卤代烃、芳香烃、甲基甲酰胺等会使其发生溶解和溶胀。

3. PSU 的成型加工与应用

PSU 易吸湿，微量的水存在也会使制品产生气泡，表面带有银丝，因而成型前必须进行干燥处理，使吸水率降低至 0.05% 以下；鉴于 PSU 大分子的结构特征，熔体黏度大，流变性接近于牛顿型流体，需采用较高的成型加工温度（$250 \sim 395$℃）；PSU 的大分子链刚性大，T_g 高，成型中易产生内应力，因而需采用较高的模具温度（一般为 $120 \sim 160$℃），并要求制品进行热处理。

PSU 可采用注塑、挤出、吹塑等成型，制品主要应用于以下几方面。

① 电子电气工业。制造电视机、电子计算机集成电路板、各种电器设备外壳、电镀槽、示波器套管、电线电缆的包覆层等。

② 机械工业。制作各种机械零配件，代替铜、铝、铅等金属材料；用于制造钟表壳体及零件、复印机、照相机零件、微波烤炉设备、咖啡加热器、吹风机等。

③ 医药、食品领域。由于聚砜具有耐蒸汽、耐水解、无毒、耐高压蒸汽消毒、高透明性、长期稳定性好等优点，可制成人工心脏瓣膜、人工义齿、内视镜零件、消毒器皿等。

④ 航空航天。聚砜薄膜及中空纤维用于制造宇航员的面罩及宇航服等。

二、聚芳砜

聚芳砜（PAS）是由 4,4'-二苯醚二磺酰氯与芳环进行缩聚而成，其分子结构式如下：

$$\left[\!\!\left[\;\bigcirc\!\!-\!O\!-\!\bigcirc\!\!-\!\overset{\overset{\displaystyle O}{\|}}{\underset{\underset{\displaystyle O}{\|}}{S}}\!-\!\bigcirc\!\!-\!\bigcirc\!\!-\!\overset{\overset{\displaystyle O}{\|}}{\underset{\underset{\displaystyle O}{\|}}{S}}\;\right]\!\!\right]_n$$

与 PSU 相比，PAS 分子结构中不含脂肪族亚异丙基而含有大量联苯及二苯酚基，可看作高度共轭体系，使聚合物耐热性和耐氧化能力大大提高。另外，分子链中醚键使聚合物的链具有一定的柔顺性，因而 PAS 可在 -240℃ 的低温下使用。并可采用通常的熔融加工技术，但由于其软化点大大提高，流动性差，成型加工较 PSU 更为困难。

PAS 的突出性能特点是耐高温和较高的热老化稳定性。它的 $T_g > 288℃$，在 1.86MPa 应力下热变形温度高达 280℃，比许多其他热塑性塑料高出近 150℃。PAS 可在 260℃ 下长期使用，在 310℃ 下短期使用，把 PAS 置于 260℃ 热空气中 2000h 后，对强度无影响。

PAS 常用作耐高温的结构材料，如代替铅、锌合金及传统材料在高速喷气机上用作接触燃料和润滑油的机械零件；耐高温的电绝缘材料，如线圈芯子、开关部件、印刷线路板等。

三、聚醚砜

聚醚砜（PES）的分子结构式为：

$$\left[\!\!\left[\;\bigcirc\!\!-\!\overset{\overset{\displaystyle O}{\|}}{\underset{\underset{\displaystyle O}{\|}}{S}}\!-\!\bigcirc\!\!-\!O\;\right]\!\!\right]_n$$

与 PSU 和 PAS 相比，PES 无脂肪族键，不含联苯结构，分子结构中含有砜基、醚基和亚苯基。砜基和苯基能赋予其耐热性和优良的力学性能，醚基使之在熔融状态时具有良好的流动性。所以，PES 兼备了 PSU 和 PAS 的优点，被人们誉为第一个综合了高热变形温度、高冲击强度和高流动性的工程塑料。除此之外，PES 的透明性在聚砜类塑料中是最好的，透光率达 88%。综合性能见表 9-2。

PES 易于成型加工，可注塑、挤出、模压、涂覆、粉末烧结、真空成型等。成型中经干燥并控制适当的工艺条件，可生产出低应力、高质量的制件。PES 与玻璃纤维、碳纤维的复合材料具有密度小、强度高、耐候、难燃、发烟量低等特点，广泛用于飞机、宇航、运输车辆等领域。近年来聚醚砜膜和中空纤维滤材大量用于医药、净水、化工、环保等方面，图 9-3 所示为 PES 折叠滤芯。

图 9-3　PES 折叠滤芯

四、聚砜（PSU）的简易识别

（1）外观印象　透明或带琥珀色，制品手感刚硬，具有良好的尺寸稳定性，耐蠕变。

（2）水中沉浮　密度比水大，在水中下沉。

（3）受热表现　温度达 190℃以上逐渐变软，310℃开始熔融，410℃以上分解。

（4）燃烧特性　难燃，离火后熄灭，呈黄褐色烟，燃烧时熔融而带橡胶焦味。

（5）溶解特性　溶于二甲基甲酰胺、二甲基乙酰胺、N- 甲基吡咯烷酮、二甲基亚砜等。

第三节　聚苯硫醚

聚苯硫醚（PPS）是由美国菲利浦石油公司于 1968 年实现工业化生产的一种综合性能优异的特种工程塑料。

一、聚苯硫醚的合成

（1）溶液聚合　常压下以对二氯苯和硫化钠在强极性有机溶剂［如六甲基磷酸三酰胺（HPT）或 N- 甲基吡咯烷酮（NMP）］中进行溶液缩聚，反应式如下：

$$n\text{Cl}——\text{Cl} + n\text{Na}_2\text{S} \xrightarrow[175\sim350℃]{\text{HPT或NMP}} \left[——\text{S}\right]_n + 2n\text{NaCl}$$

（2）自缩聚　以对卤代苯硫酚金属盐在吡啶溶液中或无溶剂下缩聚，反应式如下：

$$n\text{X}——\text{SM} \xrightarrow[\text{N}_2]{200\sim250℃} \left[——\text{S}\right]_n + (n-1)\text{MX}$$

式中，X 为氟、氯、溴、碘；M 为铜、锂、钠、钾。

二、聚苯硫醚的结构性能特征

聚苯硫醚的分子结构较简单，分子主链由苯环和硫原子交替排列构成，具有很高的稳定性；主链中苯环的存在使分子链呈刚性，硫醚键的存在又使其具有一定柔顺性；分子链简单、规整，具有结晶能力，结晶度最高可达 80%。综合结构因素，PPS 的主要性能特征如下。

① PPS 的 T_g 为 110℃，熔点为 286℃，在 1.86MPa 应力下的热变形温度为 260℃，因此 PPS 的短期使用温度高达 260℃，可在 200 ~ 240℃ 间长期使用。同时 PPS 的力学强度随温度升高下降较小，在 200℃ 仍能保持较高的力学强度。

PPS 具有优异的热稳定性，350℃ 以下空气中长期稳定，400℃ 空气中短期稳定，可耐 500℃ 高温而不分解。

② 就力学性能而言，PPS 具有较高的刚性和抗蠕变性，但脆性较大，缺口冲击强度较低。通常可采用共混和增强的方法来提高冲击韧性。

③ PPS 分子结构对称，无极性，吸水率低，能在高温、高湿、高频率的条件下使用，表现出优异的电气性能。

④ 突出的耐化学腐蚀性是 PPS 优异特性之一，化学稳定性与 PTFE 相近，除了受氧化酸（浓硫酸、硝酸、王水等）侵蚀外，对其他化学品都较稳定。在 205℃ 以下任何已知溶剂均不能将它溶解。

⑤ PPS 分子结构中 70% 为芳香环，30% 为硫，因此，阻燃性能优异，氧指数达 40% 以上，材料反复加工也不会丧失阻燃能力，是塑料中燃烧安全性最高的品种之一。

外观上 PPS 通常是白色粉状物，吸水率小于 0.03%，密度约 1.34g/cm³。由于 PPS 的冲击韧性差，伸长率低，成型加工较困难，作为工程塑料常用的多是其改性品种，如与 PA、PTFE、PSU 等共混，用云母、碳酸钙、玻璃纤维、碳纤维等填充增强，还可与其他单体共聚等。表 9-3 给出了三种不同 PPS 的力学性能。

表 9-3　三种 PPS 的力学性能

项目	纯 PPS	40% 玻纤增强 PPS	碳酸钙填充 PPS
密度 /(g/cm³)	1.3	1.6	1.8
拉伸强度 /MPa	67	137	99
弯曲强度 /MPa	98	204	136
弯曲模量 /GPa	3.87	11.95	12.60
压缩强度 /MPa	112	148	—
伸长率 /%	1.6	1.3	0.7
缺口冲击强度 /(J/m²)	27	76	27
洛氏硬度 (R)	123	123	121
吸水率 /%	< 0.02	< 0.05	< 0.03

三、聚苯硫醚的成型加工与应用

PPS 可采用注塑、挤出、模压、喷涂等方法成型加工，有些品种还可以进行中空成型。注塑成型一般用 MFR 为 10 ～ 100g/10min 的 PPS，工艺参数为：料筒温度 280 ～ 350℃，注塑压力 70 ～ 140MPa，模具温度 120 ～ 200℃。

图 9-4　几种 PPS 制品

对玻纤增强 PPS 可适当提高温度和压力。

PPS 具有优异的综合性能，且价格适中，在电子电气、汽车、机械、航空航天等领域得到了广泛的应用，图 9-4 是几种 PPS 制品的例子。

① 电子电气。PPS 产量约 35% ～ 50% 用于电子电气领域，主要用于制作接插件、变压器、继电器中的骨架、开关、磁性记录材料底膜、电动机转筒、磁传感器感应头、微调电容器、接触断路器、印刷基板、电子零件、调理器零件等。

② 汽车工业。汽车上一些需耐热、耐油和轻量化高强度部件，如汽车引擎盖，排气处理装置零件，汽油泵、汽化器等零件，点火零件，连接器、配油器零件，散热器零件，转向拉杆端部支持、车灯反光镜、灯座、刹车零件，离合器零件等。

③ 机械及精密零件。用于叶轮、风机、叶片、离合器、齿轮、泵外壳、泵轮、阀、流量计、压缩机零件、绝缘板、指示灯、滑轮、钩、喷嘴、管托架、测量计、电脑零件、CD 零件、照相机、转速表、手表、复印机零件等。

④ 航空航天。用玻璃纤维、碳纤维、硼纤维增强的 PPS 热塑性复合材料主要应用于飞机、

火箭、人造卫星、航空母舰、装甲车以及常规武器的零部件。

⑤ 轻工与其他。PPS用于造纸设备、纺织设备、包装材料、不粘锅、防火织物以及鱼竿、高尔夫球杆、网球拍等体育用品。

第四节　其他特种工程塑料

一、聚酰亚胺

聚酰亚胺（PI）是大分子主链结构中含有酰亚胺基团的芳杂环聚合物，于20世纪60年代初实现工业化生产，是当前耐热性最好的特种工程塑料品种之一。PI一般由二元酐和二元胺合成，根据原料品种不同，目前应用的主要品种有热固性聚酰亚胺、热塑性聚酰亚胺和改性聚酰亚胺。

热固性PI的主要品种是聚均苯甲酰二苯醚酰胺，其主要性能特点是突出的耐高温性，在空气中长期使用温度为260℃，抗蠕变、耐磨性好。由于不溶不熔，通常只能用浸渍法和流延法成型薄膜，也可用模压成型生产模压制品。制品有薄膜、增强塑料、泡沫塑料、涂料、漆包线以及特殊条件下工作的精密零件，如耐高温的自润滑轴承、电气设备等。

热塑性PI的主要品种是聚联苯甲酰二苯醚酰胺，具有线型结构，与热固性PI相比，最明显的是改善了韧性和热成型能力。该品种具有优异的电性能、耐热性和韧性。由于它的T_g高（270～370℃），所需成型加工温度高，加上熔体黏度很高，不能像聚烯烃等热塑性塑料那样反复熔融成型，所以有人称之为"假热塑性聚合物"。其产品主要用作耐磨材料、介电材料、宇航材料以及耐高温保护材料等。

改性PI的主要品种包括聚醚酰亚胺（PEI）、聚酰胺-酰亚胺（PAI）和聚双马来酰亚胺（BMI）等，它们的特性和用途如表9-4所示。

表9-4　改性PI的特性和用途

品种	特性与用途
聚醚酰亚胺	特性：琥珀色透明的非晶热塑性塑料，可采用热塑性塑料的成型设备加工，如挤出、注塑、热成型等；具有突出的化学稳定性和耐水性，耐辐射，阻燃性好，氧指数高达47% 用途：主要用于航天和飞机工业，如舷窗、机头部件、座椅、内壁板等，在交通运输、医疗器械、电气、包装、运动器具等方面也有应用
聚酰胺-酰亚胺	特性：优异的耐热性和综合力学性能，常温下的拉伸强度约为200MPa，在热塑性塑料中居首位，并可进行纤维增强使力学强度更高，能成型复杂而精密的注塑件 用途：制造飞机、汽车及重工业领域的结构件，如罩壳、箱体、齿轮、轴承、叶片等
聚双马来酰亚胺	特性：既具有热固性，类似于环氧树脂的良好加工性，又具有PI的耐高温、耐湿热及耐辐射等特征，而且可与多种化合物反应改性 用途：主要在航空航天工业中用作高性能结构复合材料及高温管、高温涂层

二、聚芳酯

聚芳酯（PAR）又称芳香族聚酯或聚酚酯，是分子主链中带有芳香环的聚酯树脂，它比脂肪族的聚酯（如PET、PBT）具有更高的耐热性和其他综合性能。

PAR 为线型无定形大分子，是一种非晶型的透明热塑性塑料，典型结构式为：

$$\left[O-\!\!\left\langle\!\!\bigcirc\!\!\right\rangle\!\!-\!\!\overset{\overset{\displaystyle CH_3}{|}}{\underset{\underset{\displaystyle CH_3}{|}}{C}}\!\!-\!\!\left\langle\!\!\bigcirc\!\!\right\rangle\!\!-\!\!O-\!\!\overset{\overset{\displaystyle O}{\|}}{C}\!\!-\!\!\left\langle\!\!\bigcirc\!\!\right\rangle\!\!-\!\!\overset{\overset{\displaystyle O}{\|}}{C}\right]_n$$

PAR 具有优良的耐蠕变性、耐磨性、抗冲击性能及应变恢复性；它的 T_g 达 193℃，热变形温度为 175℃，能经受 160℃ 的连续高温，线膨胀系数小，热收缩率低，尺寸稳定性好；由于分子链有一定极性，使 PAR 的高频电绝缘性受到一定影响，综合电性能与 PA、PC、POM 相近；此外，PAR 具有阻燃性、良好的耐候性，耐化学药品性与 PC 类似。

PAR 为线型热塑性高聚物，可采用常规的成型加工方法，如注塑、挤出等。制品已广泛用于电子电气、汽车、机械、医疗器械等方面。

三、氯化聚醚

氯化聚醚（CP）又称聚氯醚，问世于 20 世纪 60 年代。由于含氯量占质量的 46%，具有突出的耐热、耐腐蚀性，耐腐蚀性仅次于 PTFE。

CP 的分子主链中有—C—C—单键和—O—醚键结构，侧链为氯甲基，呈现出良好的柔韧性。结构规整、对称，具有一定的结晶性。

CP 为不透明或半透明线型结晶聚合物，相对密度为 1.4，吸水率约为 0.01%；它的突出特点是耐腐蚀性好，耐酸、碱、盐、烃、醇、酮、醚、羧酸以及油类，但易受强酸、较高温度的过氧化氢水溶液（俗称双氧水）等强极性溶剂侵蚀；CP 另一突出性能是具有优异的减摩耐磨性，优于 PA 和环氧树脂。

CP 的熔体流动性好，可用常规方法进行成型加工，如注塑、挤出、中空吹塑等。制品主要用于化工、石油、矿山、冶金和电镀领域内作防腐材料，如容器、反应器衬里、耐酸阀、泵、管道等；在机械工业用来代替有色金属及合金，生产轴承、导轨、凸轮、密封件等。

四、聚醚醚酮

聚醚醚酮（PEEK）在 1980 年首先由英国帝国化学公司投产，属于聚芳醚酮类树脂，是一种高性能新型耐热工程塑料，其结构式为：

$$\left[O-\!\!\left\langle\!\!\bigcirc\!\!\right\rangle\!\!-\!\!O-\!\!\left\langle\!\!\bigcirc\!\!\right\rangle\!\!-\!\!O-\!\!\overset{\overset{\displaystyle O}{\|}}{C}\!\!-\!\!\left\langle\!\!\bigcirc\!\!\right\rangle\right]_n$$

PEEK 分子结构中含有大量苯环、酮基、醚键，因此它的分子链呈现刚柔兼备的特点。由于大分子链规整且有一定柔性，具有结晶能力，最大结晶度可达 48%。

PEEK 具有优异的耐热性，熔点达 334℃，长期使用温度在 240℃ 以上，经玻璃纤维增强的品种可高达 300℃；力学强度高于一般塑料，抗蠕变，耐疲劳，耐磨性好；电气绝缘性能优异，在高频电场能保持较小的介电常数和介电损耗；除浓硫酸外，几乎能耐任何化学药品，在所有工程塑料中，具有最好的耐热水和耐蒸汽性，可在 200℃ 蒸汽中长期使用，在 300℃ 高压蒸汽中短期使用；阻燃性优良，一般场合很难燃烧；耐辐射性好，对 γ 射线抵抗能力是高分子材料中最好的。

PEEK 为线型热塑性塑料，可采用常规的成型方法，如注塑、挤压、静电涂覆等方法成型。

由于 PEEK 具有优异的综合性能，问世以来虽价格昂贵，但在电子电气、机械仪表及宇航等领域得到应用，是一类发展前景广阔的高分子材料，图 9-5 给出了几种 PEEK 的工业部件。

图 9-5　PEEK 工业部件

五、液晶聚合物

液晶聚合物（LCP）是指在液态下大分子链的某些部分仍能呈有序排列的一类聚合物。对该聚合物的研究起源于 20 世纪 50 年代，70 年代后开始应用于实际生产。液晶聚合物品种繁多，性能优异，是全新的高性能材料，应用前景十分广阔。

按照液晶形成的条件，液晶聚合物可分为热致液晶聚合物和溶致液晶聚合物。前者是在加热熔融形成液态过程中，高分子仍能保留一定的有序排列，即热致液晶聚合物的液晶态的形成是在自身受热致化的熔融态中形成的；后者是指在合适的溶剂和一定的浓度范围内大分子以一定规律呈有序排列，即在溶液中具有部分晶体的性质。溶致液晶聚合物主要用来制备高强度、高模量的耐热纤维，大量用作工程塑料的是热致液晶聚合物。

热致液晶聚合物的分子主链刚性大，在成型中能形成高度取向，因而具有较高的力学强度，如有些拉伸强度可达 110～165MPa，弹性模量达 10300～17000MPa；它的热膨胀系数比常规聚合物低得多，与一些金属相似，显示出优异的尺寸稳定性；具有良好的气体阻隔性是热致液晶聚合物又一特点，它对氧、氮、二氧化碳、氢、氦、氩气的渗透系数小；此外，这种聚合物特点还在于熔点以上具有很低的熔融黏度，易于成型加工，可进行注塑、挤出等成型加工，制品已用于宇航和电子电气工业等领域。

热致液晶聚合物还可与多种塑料制成聚合物共混材料，在这些共混材料中液晶聚合物起纤维增强作用，大大提高了共混材料的强度、刚度及耐热性。

六、新型特种工程塑料

聚醚酰亚胺（PEI）具有优良的机械性能、电绝缘性能、耐辐照性能、耐高低温及耐磨性能，并可透过微波。PEI 兼具优良的高温机械性能和耐磨性，故可用于制造输水管转向阀的阀件。由于具有很高的强度、柔韧性和耐热性，PEI 是优良的涂层和成膜材料，能形成适用于电子工业的涂层和薄膜。主要特点：连续工作温度范围大（-200～170℃长期工作），玻璃化转变温度与热变形温度接近，熔点高达 330℃；在低温／高温下仍保有高机械强度、高硬度、高抗蠕变性、良好韧性、杰出的抗析出性（适合用在利用蒸气消毒的杀菌室）；不易滋生细菌，常用于食品加工业；高抗辐射性优异、可透过红外光和微波辐射；电器绝缘性好、良好的电镀性能，较宽温度（-200～170℃）范围保持稳定的介电常数和损耗因数。主要应用：电子行业，连接件、普通和微型继电器外壳、电路板、线圈、软性电路、反射镜、高精度光纤元件、高温隔热板；汽车行业，连接件、高功率车灯和指示灯、控制汽车舱室外部温度的传感器、控制空气和燃料混合物温度的传感器、医疗器材等。

聚邻苯二甲酰胺（PPA）树脂是以对苯二甲酸或邻苯二甲酸为原料的半芳香族聚酰胺。PPA 在高温高湿状态下，拉伸强度比尼龙 6 高 20%，硬度更大，能抗长时间的拉伸蠕变，耐汽油、耐油脂和冷却剂的能力也比较强。这种耐高温尼龙材料，可以耐 200℃的持续高温，并能保持良好的尺寸稳定性。既有半结晶态的，也有非结晶态的。非结晶态的 PPA 主要用于要求阻隔性能的场合，半结晶态的 PPA 树脂主要用于注塑加工，也用于其他熔融加工工艺。

聚亚苯基砜（PPSU）树脂是聚砜（polysulfone，PSF）系列的产品，是新颖的热塑性工程塑料，指在分子主链中含有砜基及芳核的高分子化合物，具有非结晶性。聚亚苯基砜树脂由对聚苯硫与过乙酸反应制得的基本树脂组成。用于制备聚亚苯基砜的对聚苯硫是由硫化钠和对二氯苯反应制得。为略带琥珀色的线型聚合物。除强极性溶剂、浓硝酸和硫酸外，对一般酸、碱、盐、醇、脂肪烃等稳定。部分溶于酯酮、芳烃，可溶于卤烃 DM。刚性和韧性好，耐温、耐热氧化，抗蠕变性能优良，耐无机酸、碱、盐溶液的腐蚀，耐离子辐射，无毒，绝缘性和自熄性好，容易成型加工。该聚合物的玻璃化转变温度为（360±5）℃。

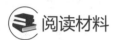 阅读材料

氟塑料膜结构在建筑上的妙用

膜结构建筑是 21 世纪最具代表性的一种全新的建筑形式，至今已成为大跨度空间建筑的主要形式之一。它集建筑学、结构力学、精细化工、材料科学与计算机技术等于一体，是具有标志性的空间结构形式。它不仅体现出结构的力量美，还让建筑师的设想结出璀璨的果实，而帮助建筑师们实现设想的正是氟塑料制成的膜结构。

氟塑料膜结构主要有两类：一类是以玻璃纤维为基材形成的 PTFE 膜材，另一类是直接由材料成膜的乙烯-四氟乙烯共聚物（ETFE）膜材，一种典型的非织物类膜材。1973 年首次将 PTFE 膜材用于建筑，该建筑在使用了 20 多年后，经跟踪检测材质基本如初，充分显示了塑料王自洁和耐老化的本性。与 PTFE 膜材相比，ETFE 膜材由于共聚而耐热性降低，但韧性和透明性大大提高，更能体现出设计者的创意，使建筑更充分地利用自然和非自然光线，营造出和谐自然、美轮美奂的环境。

2008 北京奥运会国家体育馆——"鸟巢"屋顶钢结构上覆盖了 PTFE 和 ETFE 双层膜结构，其中采用了 53000m² 的 PTFE 膜结构。国家游泳中心——"水立方"则是 ETFE 膜结构的完美体现。水立方的内外立面膜结构共由 3065 个气枕组成，展开面积达到 260000m²，是世界上唯

——个完全由膜结构来进行全封闭的大型公共建筑。ETFE 膜结构只有同等大小的玻璃质量的 1%，韧性好，不易被撕裂，耐候耐蚀，耐热难燃。从使用角度看，具有较强的隔热功能，易修补、轻巧，自洁性好，自身就具有排水和排污的功能以及去湿和防雾功能，尤其是防结露功能使其成为建造游泳馆的理想材料。而 ETFE 膜高度的透明性让每到夜晚的"水立方"在各种灯光的映照下更是五光十色，绚丽多彩。

知识能力检测

1. 何谓特种工程塑料？突出的性能特点是什么？

2. PTFE 有何独特的性能特点？与其分子结构有何关系？

3. 了解 PTFE 的加工特性，它与一般热塑性塑料加工有何不同？

4. PTFE 制品主要应用于哪些方面？对应于 PTFE 哪些特性？

5. 写出 PSU 的分子结构式，在性能上与 PC 相比有何特色？为什么？

6. 了解 PAS、PES 聚砜的化学结构式，与 PSU 相比它们的性能特点是什么？

7. 简要说明 PPS 的性能特点和用途。

8. 简要说明 PI 的性能特点及不同品种的性能差异。

9. 指出 PAR、CP、PEEK 的显著性能特点及用途。

10. 何谓液晶聚合物？按形成条件可分为哪两类？热致液晶聚合物在性能上有何特点？

11. 结合网络和图书期刊资料了解特种工程塑料的应用领域。

😊 学习目标

知识目标：了解热固性塑料的特点，理解酚醛树脂、不饱和聚酯和环氧树脂的固化原理，熟悉热固性塑料的组成、制备方法以及性能特征。

能力目标：能描述不同热固性塑料材料的固化方法及操作，能根据产品需求设计简单的热固性材料配方。

素质目标：掌握在设计热固性塑料配方时固化体系的适度原则，重视热固性塑料原料储存及使用过程的安全注意事项，树立安全防范意识。

第一节　酚醛树脂及塑料

热固性树脂在制造或加工的某阶段常常是液态或可溶可熔的固态，通过加热、催化或其他方法（紫外线、射线等）发生化学变化而交联成不溶不熔的三维网状结构树脂，主要品种有酚醛树脂、不饱和聚酯、环氧树脂、脲醛树脂、三聚氰胺-甲醛树脂等。在热固性树脂中添加填料及各种助剂可制得热固性塑料，其具有刚性和硬度大、尺寸稳定性好、耐热、耐燃、价格低廉等特性，在塑料材料中占有一定的地位。

酚醛树脂（PF）是由酚类与醛类缩聚制得的聚合物，是合成树脂中发现最早、最先实现工业化生产的树脂品种，迄今已有近百年的历史。由于原料易得，合成简便，价格低廉，制成的酚醛塑料具有良好的电性能、力学性能、耐热性能和化学稳定性，因而，在塑料生产中至今仍占有相当重要的地位。尤其是改性和成型加工技术的进步，使这一古老的树脂品种不断有新的发展，出现了适应于注射成型的快速固化PF及其他众多的改性新品种。

一、酚醛树脂的合成与固化

PF是热固性树脂，合成反应完全遵循体型缩聚的反应规律。为了能形成体型结构的聚合物，所使用的酚和醛两类单体的官能度总数不应小于5。常用的甲醛表现为2官能度，苯酚与甲醛反应主要发生在邻位和对位，可视作3官能度的单体。此外，酚醛塑料的合成中有时还用到糠醛和甲苯酚等。本章所述的PF是以苯酚和甲醛为原料合成的。

PF 的合成与所使用的催化剂类型、苯酚与甲醛的比例均有很大关系，通过控制这两个因素，可获得两类不同的 PF。一类是在酸性催化剂存在下，由过量苯酚与甲醛缩聚而制得的酸法 PF，又称为线型 PF 或热塑性 PF，在进一步的固化过程中必须加入固化剂；另一类是碱法 PF，它是在碱性催化剂存在下，由过量甲醛与苯酚缩聚而制得的热固性 PF，又称体型 PF。这两类树脂的合成和固化原理不同，分子结构和用途也不同，下面分别介绍这两种 PF。

1. 酸法酚醛树脂

当用酸（盐酸、草酸等）作催化剂，苯酚与甲醛的摩尔比为 1∶0.8 时，苯酚与甲醛首先生成羟甲基酚：

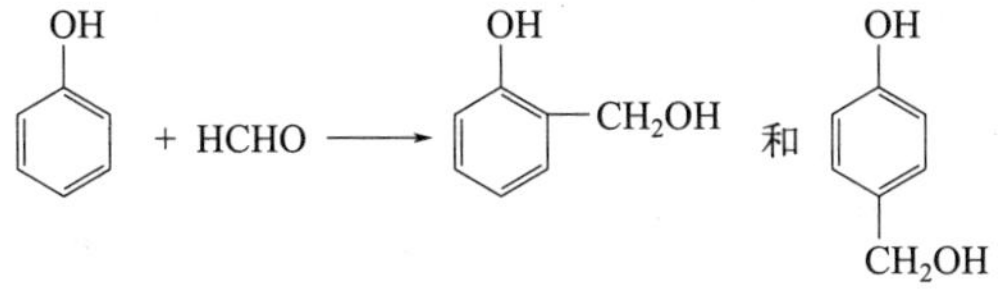

羟甲基酚在 pH<7 时不稳定，彼此间或与苯酚很快反应，生成二羟基二苯基甲烷：

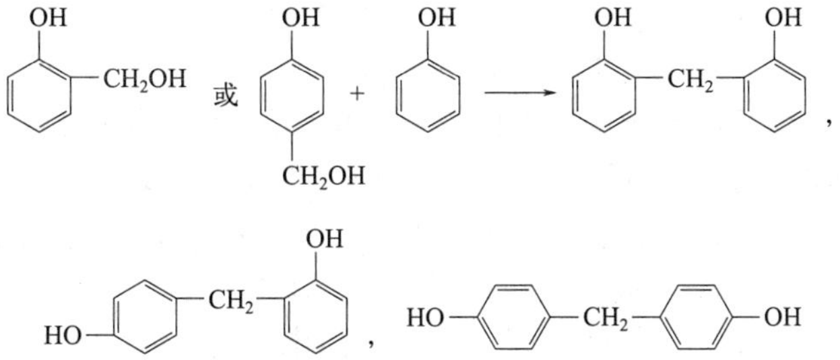

再进一步缩聚成聚合度为 4 ~ 12 的线型 PF：

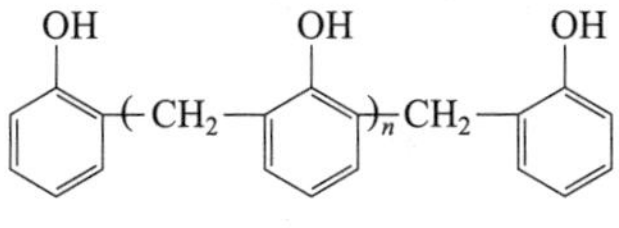

$$（n=4 \sim 12）$$

上述缩聚反应制得的线型 PF 分子中不存在自身能进一步反应的基团，即使在加热条件下也不能形成体型结构。但是，由于其分子中尚有未反应的活性点（苯酚），一旦补充加入可与之反应的单体，则缩聚反应可继续进行，直到转变成体型结构为止。因而，这种线型 PF 通常需加入固化剂制成酚醛塑料粉，供成型加工使用。由于这种树脂分两个阶段进行反应，故又称为二阶树脂。

六亚甲基四胺是酸法 PF 最常用的固化剂。它是氨与甲醛的加成物，外观为白色晶体，在温度超过 100℃时会发生分解，从而与 PF 发生反应。尽管六亚甲基四胺与 PF 的固化机理尚待研究，但一般认为固化时六亚甲基四胺中任何一个氮原子上连接的三个化学键可依次打开，与三个线型 PF 分子链上活性点反应，形成交联结构。反应过程如下：

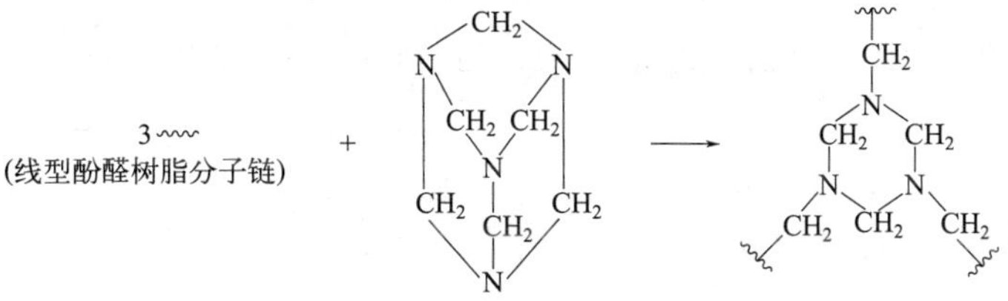

2. 碱法酚醛树脂

当用碱（NaOH、氨水等）作催化剂，苯酚与甲醛摩尔比为 0.8∶1 时，苯酚与甲醛生成的羟甲基酚是稳定的，能继续生成二羟甲基酚和三羟甲基酚：

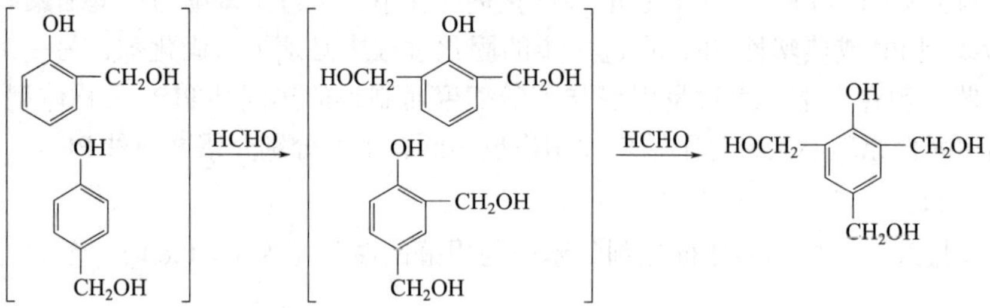

$$\text{[结构式]} \xrightarrow{\text{HCHO}} \text{[结构式]} \xrightarrow{\text{HCHO}} \text{[结构式]}$$

然后，这些产物再缩聚，生成具有游离羟甲基（—CH_2OH）的 PF：

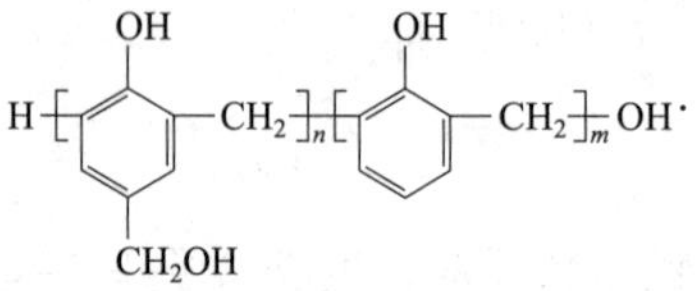

$$\text{[结构式]} \quad (m=2\sim5,\ m+n=4\sim10)$$

该树脂称为甲阶 PF，能溶于酒精、丙酮及碱的水溶液中。由于它含有较多的可进一步反应的羟甲基和反应活性点，受热时逐步转变为乙阶 PF，不溶于碱液中，可部分或全部溶解于丙酮或酒精中；若升高温度使反应继续进行则转变为不溶不熔的体型结构的丙阶 PF，不含或很少含能被丙酮抽提出来的低分子。因而，在工业生产中，通过控制反应温度来控制各种反应速率，使反应在丙阶段前停止下来，合成适合于各种用途的体型 PF。如反应控制在甲阶段，可制得水溶性的 PF，用于胶接木材、制造胶合板等；若反应控制在乙阶段，可用作清漆、涂层等。

在加热条件下（一般在 170℃左右）使碱法 PF 固化是最常用的固化方法，称为热固化，故碱法 PF 又称为一阶树脂。但用作黏结剂或浇注树脂时，需要较低的固化温度，甚至室温固化，此时在树脂中加入适当的无机酸或有机酸即可实现，如加入盐酸、磷酸、对甲苯磺酸、苯酚磺酸等，此法常称为酸固化或室温固化。

二、酸法酚醛树脂与模塑粉

PF 模塑粉又称压塑粉，是指以 PF 为基础，加入粉状填料（木粉、云母粉、棉绒等）、固化剂、促进剂、润滑剂等添加剂，经一定加工工艺制成的粉状物料。一般制备模塑粉主要选用酸法树脂，碱法树脂仅用于要求电性能高、气味小及耐碱性的用途中。

1. 模塑粉的组成

模塑粉中除酸法 PF 外，其他组分可根据制品性能和用途进行选用，模塑粉典型配方见表 10-1。

表 10-1　酚醛树脂模塑粉典型配方

组分级别	通用级	绝缘级	中抗冲级	高抗冲级	组分级别	通用级	绝缘级	中抗冲级	高抗冲级
酸法 PF 树脂	100	100	100	100	木粉	100	120		
六亚甲基四胺	12.5	14	12.5	17	云母				
氧化镁	3	2	2	2	织物碎块				150
硬脂酸镁	2	2	2	3.3	棉绒			100	
对氮蒽黑染料	4	3	3	3	石棉		40		

（1）固化剂　酸法树脂常用的固化剂为六亚甲基四胺，主要用来提供亚甲基桥，使树脂固化，一般用量以 10% ～ 15% 为佳。用量不足，模塑粉的固化速度较慢，交联度较低，制品的耐热性及刚性降低；用量过多，并不能增加固化速度及耐热性，反而使其耐水性、电绝缘性能变差，还会使制品因低分子物过多，在成型时产生较多的挥发物，使制品产生鼓泡、肿胀现象。

（2）促进剂　酸法树脂常用氧化镁、氧化钙等促进剂，除能增加酸法树脂与固化剂混合物的固化速度外，还起到中和多余酸性物质，防止模具、设备等腐蚀的作用；对碱法树脂而言，促进剂可促进其固化，提高制品的耐热性、耐水性及硬度。通常，促进剂的用量为 2% 左右。

（3）润滑剂　使用润滑剂的目的在于防止物料在成型加工中发生粘模现象，以便于制品脱出，并能增加模塑粉的流动性，有利于成型加工。常用的润滑剂有油酸、硬脂酸、硬脂酸钡和硬脂酸锌等。用量为树脂质量的 1% ～ 2%，用量过多会影响制品光泽，妨碍各组分的混合和塑化。

（4）填料　加入一定量的填料可以提高或赋予 PF 某些性能，克服树脂的脆性和收缩率过大的缺点，同时可降低材料成本。PF 常用的填料有木粉、云母、滑石粉、石英粉、红土、硅藻土、石棉、氧化铝、石墨、玻璃纤维等。各种填料性能各异，应根据制品性能要求选用。如木粉用作填料不仅能提高制品的力学强度，而且能有效地降低树脂在成型时的放热和收缩现象，使制品外观光滑美观，成本降低，但木粉易吸水而降低制品电性能；石棉粉能提高制品耐热性、力学强度及尺寸稳定性，但其卫生性差。通常，填料占模塑粉的 30% ～ 60%。

（5）色料　着色剂可赋予酚醛塑料制品色彩，但由于 PF 本身呈黄色至棕色，所以常将它制成黑色或棕色制品。

（6）其他助剂　有时为了改进某些性能还常加入聚合物进行改性，例如，为提高冲击强度，常加入丁腈或丁苯橡胶；为提高耐热性而加入有机硅；为提高拉伸强度可以加入 PVC、PA；此外，还可加入防霉剂、抗静电剂、阻燃剂等。

总之，根据不同用途，添加不同的助剂及聚合物加以改性可获得不同性能和用途的 PF 塑料。

2. 酸法 PF 模塑粉的制备与成型

酸法树脂模塑粉的生产有干法和湿法两种，较常用的是干法，其工艺过程是根据配方将各种原、辅材料在捏合机、螺带式混合器或球磨机中混合，再在开炼机上加热混炼，使树脂受热熔融，借助于辊筒产生的剪切力，使其与填料等充分浸渍、混合，使树脂进一步缩聚，部分达到乙阶段。为了缩短成型时的固化时间，使模塑粉有一定的流动性，必须严格控制混炼温度和时间。通常混炼温度为 100 ～ 150℃，时间为 3 ～ 4min。混炼后经冷却、粉碎、过筛、并批、包装，即得模塑粉，如图 10-1 所示。

混炼过程也可采用挤出工艺，利用螺杆旋转的剪切作用使物料混合均匀并塑化，挤出后冷却、粉碎、过筛、包装即可。

模塑粉一般需在 150 ～ 190℃、15 ～ 20MPa 下，采用模压法或铸压（传递）法成型；此外，经过特殊配方后 PF 模塑粉也可用特殊注塑机进行注射成型。

3. 酸法 PF 模塑粉的性能与应用

PF 模塑粉制成的制品刚度和表面硬度高，使用温度范围宽，具有良好的力学性能、电性能、化学稳定性和阻燃性。加入的填料和助剂的品种及数量不同，其性能之间有一定差异，表 10-2 给出了几种 PF 模塑材料及制品的性能比较。

我国生产的 PF 模塑料根据所加填料和助剂的不同分为若干种类，如电气类、绝缘类、高频类、高电压类、耐酸类、湿热类、耐热类、日用类等，主要用作电气方面的绝缘件，也可用于制造日用品和机械零件等，图 10-2 是用 PF 制作的手柄。

图 10-1 PF 模塑粉

图 10-2 PF 手柄

表 10-2 PF 模塑材料及制品的性能比较

性能	注塑制品 （无填料）	酚醛树脂模塑料		
		木粉填充	碎布填充	矿粉填充
相对密度	1.34	1.35～1.4	1.34～1.38	1.9～2.0
拉伸强度 /MPa	28～70	35～56	35～56	21～56
弯曲强度 /MPa	49～84	56～84	56～84	56～84
剪切强度 /MPa	42～56	56～70	70～105	28～105
压缩强度 /MPa	70～175	105～245	140～224	140～224
缺口冲击强度 /(kJ/m²)	1～3.26	0.54～2.7	1.66～16.6	1.36～8.15
比热容 /[kJ/(kg·K)]	0.4	0.35	0.34	0.3
线胀系数 /(×10⁻⁵K⁻¹)	3～8	3～6	2～6	2～6
相对介电常数 (10⁶Hz)	4	5～15	5～10	5～10
介电强度 /(V/mm)	8～12	4～12	4～10	4～10
体积电阻率 /Ω·cm	$10^{12}～10^{14}$	$10^9～10^{12}$	$10^8～10^{10}$	$10^9～10^{12}$

三、碱法酚醛树脂与层压塑料

1. 层压塑料及制品

层压塑料是由树脂浸渍过的片状填料经干燥、加热、加压固化所制成的。主要组成是树脂和填料。制造 PF 层压塑料主要使用碱法树脂，填料有纸张、棉布、石棉布、玻璃纤维及织物等。

碱法 PF 的制备方法是将苯酚和甲醛（37% 水溶液）按摩尔比 1∶（1.25～2.5）进行配方，分别加入反应釜中，再加入一定量的氨水或 NaOH。升温至 60℃时停止加热，由于反应放热使温度继续升至沸腾。使反应在 92～95℃保持一段时间后，体系呈现浑浊状态，缩聚即告结束，反应产物经冷却、减压、脱水、干燥，即可得到碱法 PF。通常为了便于制造层压塑料，在脱水干燥后加入乙醇制成固体含量为 50%～60% 的液态树脂。

使用上述液态碱法 PF 浸渍片状填料，再经干燥、叠合、加热、加压可制得板、管、棒等层压制品。如把浸渍、干燥后的片材裁剪成一定的形状，叠合成一定厚度进行模压成型，可得到具有简单截面形状的工业配件等。

2. 层压塑料的性能与应用

在 PF 层压制品中应用较多的是层压板，特点是密度小、力学强度高、电性能好、热导率低、摩擦系数小、易于机械加工。表 10-3 列出了 PF 层压制品的性能。

表 10-3　PF 层压制品的性能

性能	纸基层压制品	布基层压制品	石棉层压制品
相对密度	1.24～1.38	1.34～1.38	1.6～1.8
拉伸强度 /MPa	40～140	56～140	42～84
弯曲强度 /MPa	70～210	84～210	84～140
剪切强度 /MPa	35～84	35～84	28～56
压缩强度 /MPa	140～280	175～280	140～280
缺口冲击强度 /(kJ/m^2)	1.66～8.15	5.44～21.7	2.7～8.15
线胀系数 /($\times10^{-5}$K^{-1})	2～3	2～3	2～3
相对介电常数 (10^6Hz)	4～8	8～12	10～18
介电强度 /(V/mm)	10～30	4～20	2～4
体积电阻率 /Ω·cm	10^{10}～10^{12}	10^{10}～10^{12}	10^9～10^{10}

　　牛皮纸及玻璃布层压板是电气工业中的重要绝缘材料，广泛地用于电机及电器设备；帆布及木质层压板在机器制造业中，可制成无噪声齿轮、轴瓦及其他零件；石棉层压板主要用作刹车片及离合器片等，也可用作具有高力学强度和耐热性的机器零件；以聚酰胺纤维、石墨、玻璃纤维、氧化硅织物为基材的 PF 层压板具有较高的力学性能和耐热性，可作为结构材料使用，用于飞机、汽车、船舶、电气等方面。图 10-3 所示为一些 PF 层压塑料制品。

　　碱法 PF 的乙醇溶液，除用于制层压制品和表面涂覆材料以外，还可用作泡沫塑料、浇注塑料、黏结剂、耐酸腐蚀材料和涂料等。

图 10-3　PF 层压塑料制品

四、酚醛泡沫塑料

　　酚醛泡沫塑料是以 PF 为主要原料，在发泡剂、表面活性剂、固化剂及其他助剂作用下制得的热固性塑料。酸法 PF 一般采用化学发泡，碱法 PF 一般采用物理发泡，后者生产过程更易控制，应用更为广泛。

1. 酚醛泡沫塑料的制备

　　（1）原料及配方　生产酚醛泡沫塑料的原料除树脂外，需加入发泡剂、表面活性剂、固化剂和改性剂等。表 10-4 给出了几种酚醛泡沫塑料的配方。

表 10-4　酚醛泡沫塑料的配方

酸法酚醛泡沫塑料		普通碱法酚醛泡沫塑料		阻燃碱法酚醛泡沫塑料	
原料	质量份	原料	质量份	原料	质量份
酸法酚醛树脂	100	碱法酚醛树脂	100	碱法酚醛树脂	100
六亚甲基四胺	10	正戊烷	14	碳酸氢钠	1

酸法酚醛泡沫塑料		普通碱法酚醛泡沫塑料		阻燃碱法酚醛泡沫塑料	
原料	质量份	原料	质量份	原料	质量份
AC	5	表面活性剂	3	表面活性剂	0.2
滑石粉	30	对甲基苯磺酸(40%)	7.5	苯酚磺酸	7
HSt	1	聚乙烯醇	20	阻燃剂	5
丁腈橡胶	20				

① 发泡剂。物理发泡剂可采用氟碳化合物,但它对生态环境有破坏作用,为减少对大气臭氧层的消耗,研制开发了低沸点烷烃和氯代烃,如二氯甲烷、己烷、戊烷、环己烷、石油醚等;化学发泡剂常用偶氮二甲酰胺(AC)、碳酸氢钠等。

② 固化剂。一般酸法 PF 使用六亚甲基四胺,碱法 PF 使用盐酸、磷酸、对甲基苯磺酸、苯酚磺酸等。

③ 表面活性剂。表面活性剂可降低表面张力,有利于形成细泡,减小气体扩散作用,使泡孔稳定而均匀。表面活性剂的正确使用对酚醛泡沫塑料成型工艺控制起重要作用。阳离子和阴离子表面活性剂都可用于 PF 发泡体系中,硅氧烷类非离子型表面活性剂效果最佳。

④ 改性剂。能有效改进酚醛泡沫塑料的性能,可根据制品性能需要选用。常用的有聚乙烯醇、间苯二酚、异氰酸酯、环氧树脂、聚酰胺、丁腈橡胶、聚氯乙烯、滑石粉、云母、石棉、阻燃剂等。

(2)酚醛泡沫塑料生产工艺　有碱法和酸法酚醛泡沫塑料两种。

① 碱法酚醛泡沫塑料常用间歇法,又称浇注法。首先按发泡组分的配比精确计量各组分,然后将树脂、表面活性剂、发泡剂及其他添加剂加入搅拌式混合器中,使各组分拌和均匀,再将酸性催化剂加入,使它们充分混合。在此过程中,树脂在酸性固化剂作用下发生缩聚反应而开始固化,反应放出的热量使物理发泡剂受热挥发产生气体,或外加的化学发泡剂在酸作用下分解而产生气体,这些气体都会引起混合液发泡。由于发泡和固化同时发生,混合液的黏度会迅速升高,因此必须快速将混合液浇注入模具型腔,待完全固化后脱模,即得硬质酚醛泡沫塑料制品。为方便制品脱模和清理模具,每次浇注前应在模具型腔壁面喷上脱模剂。

② 制备酸法酚醛泡沫塑料首先将酸法 PF 经水洗浓缩为固体粉末,与改性剂、固化剂和固体发泡剂等组成发泡混合料,经混合后装入模具型腔。闭模加热,混合料达到 100~150℃左右,树脂熔融,发泡剂分解产生气体在密闭型腔中膨胀发泡,并固化成型。开模可得到带密实表层的闭孔结构酚醛泡沫塑料模塑制品。

2.酚醛泡沫塑料的性能与应用

酚醛泡沫塑料的耐热性、尺寸稳定性、电绝缘性等良好;阻燃性能优异,通常氧指数在 30% 以上,即使与火焰直接接触也无扩展、无熔滴物及有毒气体产生;低密度酚醛泡沫塑料多为开孔结构,具有良好的缓冲、减震性能,但热导率和吸水率较高。

酚醛泡沫塑料最先应用于航空、航天、军用船舶机翼、隔热舱板。在 20 世纪 70 年代末,随着建筑技术的发展,作为新一代轻质、隔声、保温、防火的建材广泛用作屋顶、隔断、墙体、天花板和地板等(图 10-4);酚

图 10-4　PF 建筑保温板线

醛泡沫塑料与铝板或其他塑料板复合制成的泡沫夹心板也用作石化工程、车辆、船舶等的隔热板；酚醛泡沫能现场直接浇注密封包装，可替代散纸、木丝等作包装衬里材料；因其开孔结构和高孔隙率，在农业上用作透气材料，如农作物、鲜花、蔬菜的根基保存基材等。

第二节　不饱和聚酯树脂及塑料

　　不饱和聚酯（UP）是指分子主链上含有不饱和键的聚酯，由不饱和及部分饱和二元酸（或酸酐）与饱和二元醇缩聚而成，在缩聚反应结束后趁热加入一定量交联单体配制成黏稠的液体树脂。由于该树脂中含有不饱和双键，在适当条件下可转变成不溶不熔的体型结构。

　　UP 树脂于 20 世纪 40 年代初在工业上获得应用，用于塑料、涂料、粘接剂、胶泥等。用于塑料，UP 主要用于生产玻璃纤维增强塑料制品，俗称聚酯玻璃钢，产量约占不饱和聚酯树脂总产量的 70% ～ 80%。聚酯玻璃钢具有优异的力学性能、防蚀性能，质轻，成型加工方便，可代替金属应用于汽车、航空、造船、化工、建筑等方面。

一、不饱和聚酯的合成

　　合成 UP 的主要原料是不饱和二元酸（或相应的酸酐）、饱和二元酸、二元醇和乙烯基类交联单体。原料酸、醇和交联单体的种类、数量等对 UP 固化前后的性能有很大影响，使其性能在很大范围内具有可变性。

　　目前，UP 树脂品种甚多，差异主要在于所选用的原料单体不同，混合酸组分中不饱和酸与饱和酸的比例不同，交联单体用量不同，合成时的投料方式不同等，由此合成了具有不同性能的 UP 树脂，适应工业上不同用途的需要。但是，这些树脂的合成原理和生产过程却大体相似，下面以通用不饱和聚酯进行说明。

1. UP 的合成原理

　　通用 UP 是由二元醇、苯酐和顺酐缩聚，然后用苯乙烯稀释成一定黏度的液体树脂。用酸酐与二元醇进行缩聚的特点在于首先进行酸酐的开环加成反应形成羟基酸：

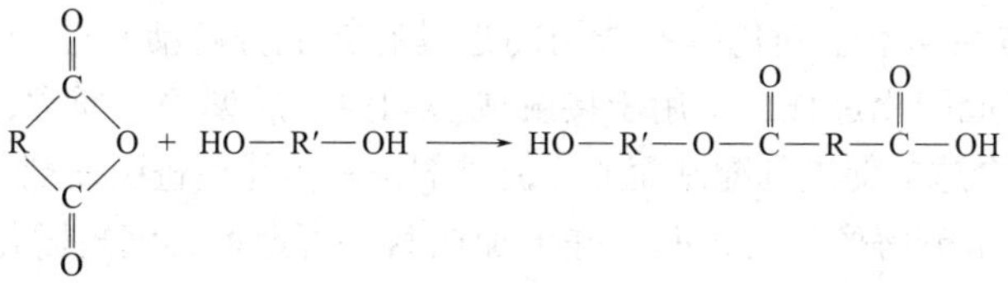

　　羟基酸进一步缩聚成聚酯。其反应过程完全遵循线型聚酯反应的历程，例如羟基酸分子间进行缩聚：

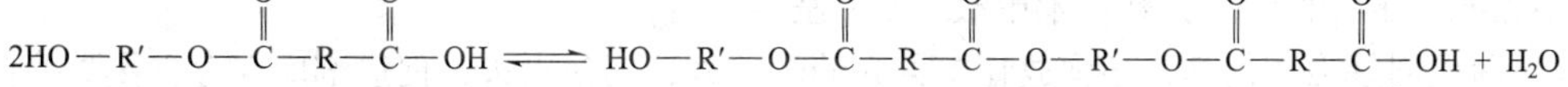

　　羟基酸与二元醇进行缩聚：

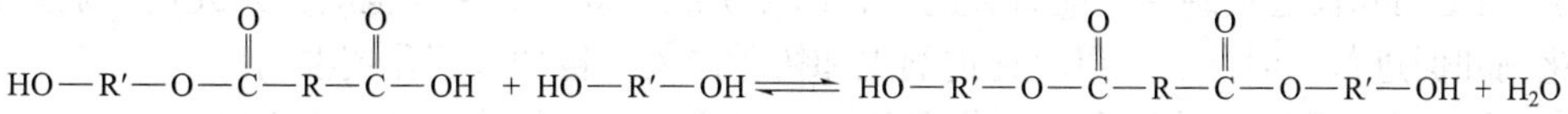

　　通常，UP 的分子量控制在 1000 ～ 7000。分子量增大，树脂固化后的力学性能、耐热性、

化学性能、电性能均会有所提高。但分子量过大，会使 UP 的黏度太高，与苯乙烯交联单体的相容性变差，易产生分层现象。同时，黏度过高的树脂溶液也会给以后的成型加工带来困难。因此，在 UP 的合成过程中，正确控制分子量大小是非常重要的。

2. UP 的合成过程

UP 树脂的合成过程包括线型不饱和聚酯的合成和用苯乙烯稀释剂制得液体树脂两部分。

工业上 UP 的合成多采用熔融缩聚。首先把二元醇和二元酸按一定配比加入已排除空气的不锈钢反应釜中，于 170～210℃进行缩聚反应。反应终点由测定体系的酸值来控制，当达到规定的酸值（如 40mg KOH/g）后，即为反应终点。然后，在稀释釜内预先投入计量的苯乙烯、阻聚剂等，搅拌均匀，再打开反应釜底阀，使 UP 慢慢放入稀释釜中，控制流速使混合温度不超过 90℃，稀释完毕，冷却至室温，再经过滤，即得到具有一定黏度的液体树脂。

二、不饱和聚酯的固化

UP 树脂可通过引发剂（即固化剂）或光及其他方式引发其分子结构中的双键与乙烯类交联单体（通常为苯乙烯）进行自由基型共聚反应，使线型不饱和聚酯分子链交联成具有三维网状结构的体型结构，此过程即为固化。一般，UP 的固化过程也就是其成型过程，通过固化成型可制得多种 UP 塑料制品。

UP 树脂的固化原理为自由基型共聚反应，重点讨论使用不同引发剂和引发体系对 UP 固化过程的影响及其固化特征。

1. 不饱和聚酯固化体系

UP 树脂固化使用的引发剂是一类分子内部含有—O—O—键的有机过氧化物，从化学结构上看，这一类化合物很不稳定，容易分解产生自由基，从而引发不饱和聚酯和苯乙烯中的双键进行交联固化反应，因此也习惯称为固化剂。加热或常温条件下能使 UP 固化的引发剂或引发体系有许多种，根据成型加工时的温度高低，可大致分为热固化体系和室温固化体系两种类型。

（1）热固化体系　热固化体系即所谓活性较低的引发体系，其临界温度较高，适宜于某些固化温度较高的成型工艺，如压制成型、SMC（片状模塑料）、BMC（团状塑料）。通常这些成型工艺的温度控制在 130～140℃，生产上多选用活性较低的过氧化二异丙苯、过苯甲酸叔丁酯等引发剂。

（2）室温固化体系　室温固化体系选用的是具有较低分解活化能的氧化 - 还原引发体系，该体系能在室温下完成固化过程，适用于接触成型和浇注成型等。通常，氧化 - 还原引发体系是由有机过氧化物与合适的促进剂配制而成。促进剂是一类能促进引发剂分解的活化剂，可以使引发剂在较低的温度下分解产生自由基，并可加快其分解速度，缩短固化时间。常用的室温固化体系有过氧化环己酮 / 环烷酸钴、过氧化甲乙酮 / 环烷酸钴、过氧化苯甲酸 / 二甲基苯胺等。

固化剂和促进剂的使用应注意以下问题。

① 固化剂和促进剂必须按规定配合使用，固定配合体系为：过氧化环己酮 / 环烷酸钴、过氧化甲乙酮 / 环烷酸钴、过氧化苯甲酸 / 二甲基苯胺等。

② 固化剂是强氧化剂，必须放在不见光的阴凉处，切勿近火，促进剂应保存在不见光的阴凉处。为安全起见，一般固化剂先和增塑剂配成糊状物使用，促进剂可和苯乙烯配成稀释液使用。

③ 固化剂和促进剂绝对不能直接混合，以免引起爆炸。保存时也应分开放置。配料时切勿将固化剂和促进剂同时加入，可将促进剂先和树脂混匀，再加入固化剂混匀。

④ 固化剂和促进剂的用量应根据需要（如制品性能、操作温度和使用期的长短等）来调

节。在热固化配方中可以不加促进剂。室温固化时可按凝胶时间来调节固化剂用量，通常为树脂用量的 2% ～ 4%，在确定固化剂用量的情况下，可通过改变促进剂的用量来调节凝胶时间。

2. 不饱和聚酯的固化特征

从宏观上看，热固性树脂固化过程中均具有三个不同的阶段，从起始液态树脂或加热后可流动的固态树脂转变为难以流动的凝胶态，最后转变为不熔不溶的坚硬固体。在 PF 一节中分别称这三种状态为甲阶段、乙阶段和丙阶段。UP 树脂的固化也具有这三个阶段，但在成型工艺上常称为凝胶、定型和熟化三个阶段。凝胶阶段树脂从流动态逐渐失去流动性形成半固体，定型阶段是指树脂体系从凝胶到具有一定硬度和固定形状，并能从成型模具中取出的一段时间。熟化阶段是将已硬化且具有一定力学性能的半成品经过后处理使其获得稳定的化学和物理性能而提供使用的阶段，该阶段大体上与丙阶段相当。UP 的固化完全与否，直接影响到制品的力学、化学等性能，目前，常用力学法、电化学法和化学法来评定其固化程度。

三、不饱和聚酯制品的性能

不饱和聚酯（UP）树脂固化后分子形成交联网状体型结构。网状结构交联密度高，呈现刚性与脆性，反之，则呈现弹性与韧性。调节线型不饱和聚酯中双键间的距离和反式与顺式双键的比例，选用具有不同竞聚率的单体组分等，可以获得具有各种交联密度和交联点间不同重复单元的网状结构，使固化树脂具有不同性能。

通常，纯 UP 树脂透明性好，易着色，刚度、硬度和电性能较好。但它的成型收缩率达 7% ～ 8%，易燃，冲击强度不高，化学性能不如 PF。为了克服上述缺点，工业上研制出了难燃、耐蚀、低收缩、耐热等新型 UP。同时，针对各种成型方法的特点开发了相应的树脂品种，如通用树脂、胶衣树脂、浇注树脂、SMC 和 BMC 用树脂、模压和拉挤树脂、发泡树脂、特殊用途树脂、可接触食品级树脂等，可根据成型加工方法和制品性能特点进行选用。

不饱和聚酯可以在室温下固化，常压下成型，工艺性能灵活，特别适合大型和现场制造玻璃钢制品。在 UP 配方体系中加入各种填料和增强材料，采用不同的成型方法其性能也发生很大变化。以玻璃纤维增强材料应用最为广泛。UP 玻璃钢具有优良的力学性能，力学强度高于铝合金，有些接近于钢材，密度仅为钢材的 1/5 ～ 1/4，因而，可代替金属用作承强结构材料。表 10-5 给出了 UP 塑料与金属材料的性能比较。

表 10-5　UP 塑料与金属材料的性能比较

性能	纯树脂	UP 玻璃钢	结构钢	铝合金
密度 /(g/cm³)	1.3	1.7 ～ 1.9	7.8	2.7
拉伸强度 /MPa	42	180 ～ 350	700 ～ 840	70 ～ 250
压缩强度 /MPa	150	210 ～ 250	350 ～ 420	70 ～ 170
弯曲强度 /MPa	90	210 ～ 350	420 ～ 460	70 ～ 180
热导率 /[kJ/(m·K)]	0.623	1.038	155.6	725.6
线胀系数 /($\times 10^{-5} \mathrm{K}^{-1}$)	1	0.1	0.12	0.23

四、不饱和聚酯的成型与应用

作为塑料材料，UP 具有流动性能好、固化速度快、易于成型的特点，可采用多种成型工艺成型出各类制品。尤其是 UP 玻璃钢制品种类繁多，性能优异，在化工、建筑、交通等方面得到了广泛应用。

1. 不饱和聚酯玻璃钢

UP 玻璃钢的主要组成是树脂和玻璃纤维，性能取决于树脂的种类、数量以及玻璃纤维的种类、数量、强度、处理方式等。由于 UP 可以常温低压成型，模具简单，操作方便，用手工就可以制得不同尺寸、不同构型、不同特性的制品，因而聚酯玻璃钢生产工艺一开始就采用手糊成型。但手糊法生产效率低、劳动强度大、生产方法落后，随着生产的发展出现了喷射成型工艺。喷射成型在工艺上维持了室温低压、接触成型的条件，只是用短切喷枪将玻璃纤维短切，同时将已引发的树脂和纤维一起喷射到模具表面上，达到所要求的厚度为止。手糊和喷射成型称为接触成型，至今，这两种成型方法在玻璃钢生产中仍占重要地位。表 10-6 给出了手糊成型常用 UP 树脂胶液配方。图 10-5 是采用接触成型制作的 UP 玻璃钢脱硫塔。

表 10-6　手糊成型常用 UP 树脂胶液配方

原料	配方编号					
	1	2	3	4	5	6
不饱和聚酯树脂	100	100	100	85	60	100
50% 过氧化环己酮二丁酯糊	4	4		4	4	
含 6% 萘酸钴的苯乙烯溶液	1～4	1～4		1～4	1～4	
50% 过氧化二苯甲酰二丁酯糊			2～3			2～4
含水量 10% 二甲基苯胺的苯乙烯溶液			4			
磷酸二甲酸二丁酯		5～10				
触变剂 [MgO、CaO、Ca(OH)$_2$]				15	40	

注：配方 1 为常用配方；配方 2 适用于有弹性要求的制品；配方 3 能快速固化，适用于低温潮湿环境，不易固化均匀；配方 4、5 适用于垂直面施工；配方 6 需加热固化。

虽然采用接触成型方法工艺和设备简单、方法灵活，但生产周期长，聚酯在常温下凝胶速度慢，制品一般要经过数百小时才能脱模，模具周转慢，产品质量不稳定，于是就进一步出现了机械化生产方法，如袋压成型、注塑成型、模压成型、拉挤成型等。各种玻璃钢成型工艺的特点见表 10-7。

图 10-5　UP 玻璃钢脱硫塔

表 10-7 几种常用玻璃钢成型工艺的特点

项目	接触成型		真空、气压、袋压成型	热压	注射成型	缠绕成型	连续拉挤成型
	手糊	喷射					
树脂系统	聚酯、引发剂、促进剂	聚酯、引发剂、促进剂	聚酯、引发剂、SMC预浸料	预浸料或SMC、BMC	BMC	聚酯、引发剂	聚酯、引发剂
增强材料	玻璃或其他纤维	玻璃纤维	玻璃或其他纤维	玻璃或其他纤维	玻璃或其他纤维	玻璃或其他连续纤维	玻璃或其他连续纤维
纤维含量 /%	25～35	25～35	25～60	25～70	10～65	60～80	60～75
固化温度 /℃	室温～40	室温～40	室温～50（聚酯），80～160（SMC）	室温～150	150～170	135～185	100～160
模具类型	单模/玻璃钢、木等	单模/玻璃钢、木等	单模/玻璃钢、金属等	对模/金属	金属	钢、石膏等	淬火钢
工具或设备	刷子、辊子	喷枪、辊子	真空泵、空压机、自动铺袋机等	液压机	注射成型设备	纤维缠绕机	拉挤连续成型机组
生产效率	低	低	低	高	很高	中等	很高
制品特点	单面光滑，质量取决于操作技术	单面光滑，质量取决于操作技术	两面光滑	表面光滑，质量高	表面光滑，质量高	内侧面光滑	表面光滑，质量好
典型用途	船、桌椅等一般制品	船、建筑板材等一般制品	飞机部件、各种板材等一般制品	汽车、工业电气部件等	中、小尺寸部件	管道、槽罐等	各种型材

其中 UP 树脂是片状与团状模塑料中的应用中很重要的一类品种。模塑料是 UP 制品的一种中间性材料，这种材料中 UP 在碱土金属氧化物或氢氧化物触变剂［如 MgO、CaO、Ca(OH)₂］作用下能很快稠化，形成"凝胶结构"，这一过程称为增稠过程。树脂处于这一状态时并未交联，在合适的溶剂中可溶解，加热时有良好的流动性，利用这一特性可制备 SMC 和 BMC，表 10-8 给出了 SMC 和 BMC 配方实例。

表 10-8　SMC 和 BMC 配方实例

材料	SMC 配方 1	SMC 配方 2	BMC 配方 1	BMC 配方 2
不饱和聚酯	38.7	33.6	30.2	31.5
过苯甲酸叔丁醇	0.28	0.6 ～ 1	0.3	
过氧化苯甲酰				0.3 ～ 0.6
碳酸钙	42	47 ～ 60	67.8	63
颜料分散体		1.7 ～ 2.7		3.2 ～ 4.8
ZnSt	1.92	1 ～ 1.3	1.8	
AlSt				0.9 ～ 1.2
MgO		0.6 ～ 1		
Mg(OH)₂	1.0			
玻璃纤维含量 /%	30	20 ～ 34	20	14 ～ 20

SMC 是玻璃钢工业 20 世纪 60 年代发展起来的新工艺，是以一定比例的树脂、填料、增稠剂、润滑剂、阻聚剂、过氧化物引发剂等配成糊状物，然后，浸渍玻璃毡片，两面再覆以 PE 薄膜制成的卷材。成型时，按规格要求裁剪和叠合后装入模具，用高压法成型。采用 SMC 成型技术可以实现自动化、机械化、连续化生产，并可压制大型制品。BMC 是用 12mm 以下的短切纤维与树脂、引发剂等混合而成的料团，该物料具有一系列优良的特性，如收缩率小，成型过程中不会产生裂纹，制品表面质量好，尺寸稳定，同时，制品的力学强度高，电性能亦好。BMC 可采用注射或挤出、模压成型，低压法、缠绕法等制得一系列性能优良的 UP 玻璃钢制品。近年来，SMC 在发展中解决了薄型、轮廓较平坦的制品因加助筋而造成的凹痕等问题，使其在汽车工业中得到了广泛应用。

2. 浇注成型

UP 的浇注成型首先需要把树脂、引发剂、促进剂和适量的填料混合成易流动的物料，然后浇入模具型腔内于室温下固化，固化后得到与模具型腔相似的制品。

纯 UP 浇注制品硬度高，具有透明性，易着色，可生产各种刀把、伞柄、标本、纽扣等。尤其是聚酯纽扣可加入各种颜料、珠光粉等，具有很强的装饰效果；UP 也可用来浇注水晶石板或水晶桌面，透明的聚酯能使各种彩色石粒、卵石呈现出鲜明的立体感，光彩绚丽，美观大方。此外，UP 通常还用于互感器和线圈的整体浇注。在建筑行业，利用浇注原理，采用 UP 进行墙面和地面的装饰，具有施工简便、装饰性好、耐磨耐蚀的特点。施工中，首先将固体粉料混合分散均匀，按配方配制好树脂等液料，接着将液料和粉料在施工现场拌匀，然后，即可像普通水泥一样进行施工。除单色墙面和地面外，还可仿制大理石和水磨石。

第三节 环氧树脂及塑料

环氧树脂（EP）是指分子中含有两个或两个以上环氧基团—CH—CH₂的能交联的一类树脂，目前最常用的是双酚 A 型 EP，约占总产量的 85%，其中用作塑料的占 30% ~ 40%，其他用于涂料和黏结剂工业。

一、环氧树脂的合成与性能

工业生产的 EP 最普遍的是由双酚 A 和环氧氯丙烷缩聚而成，简称双酚 A 型 EP。双酚 A型 EP 有低分子量和高分子量两种，前者为黄色至棕色透明的黏性液体，主要用作塑料和黏结剂，后者用作涂料和绝缘漆等。低分子量双酚 A 型 EP 合成时首先在反应釜中边搅拌边依次加入环氧氯丙烷和双酚 A，使二者形成悬浮液，随后加入起催化剂作用的 NaOH 溶液，在水冷却条件下于 55 ~ 65℃反应 2h。反应结束后静置分层，除去底层盐溶液，将树脂层溶液减压蒸馏，回收过量未反应的环氧氯丙烷，随后加入甲苯萃取树脂，经洗涤即可得到产品。

实际上该树脂是含有不同聚合度分子的混合物，其中，大多数是含有两个环氧端基的线型结构。中国就是根据环氧值给 EP 分类、命名的。环氧值是指每 100g 树脂中所含环氧基的物质的量，由环氧值可以大致上估计出该树脂的分子量。

EP 分子结构以分子链中含有活泼的环氧基团为特征，这使它可以与多种类型的固化剂发生固化交联反应，具有一系列优良的性能，主要体现在以下几个方面。

① 由于 EP 的分子量小，常温下具有很好的流动性，易于成型和固化。尤其是它与固化剂的反应是通过加成直接来完成的，没有水和其他挥发性副产物放出，因而，在固化过程中显示出比 PF 和 UP 低得多的收缩性，通常，纯树脂的收缩率为 2% ~ 3%，加入填料之后仅为0.25% ~ 1.25%，其是热固性塑料中收缩率最小的品种。

② EP 中具有羟基（—OH）、醚基（—O—）和极为活泼的环氧基，使它对其他物质有很高的黏结力，适宜粘接多种物质，俗称"万能胶"。

③ 由于 EP 中含有较多的极性基团，固化后的分子结构较为紧密，所以，它比 PF 和 UP 有更好的力学性能。

④ 固化后的 EP 具有优良的化学稳定性，耐酸、耐溶剂，尤其耐碱性是 PF 和 UP 所不及的。

⑤ EP 体系在宽广的频率和温度范围内具有良好的电性能，是一种具有高介电强度和耐电弧性的优良绝缘材料。广泛用于电气和电子领域元器件的包封料。

此外，EP 还具有防水、防潮、防霉、耐热、耐磨等性能。它的缺点是成本较高，在使用某些树脂和固化剂时有一定毒性。

二、环氧塑料的组成与性能

未固化的 EP 为线型结构，不能直接使用，必须加入固化剂在一定温度下进行交联固化反应，形成体型网状结构后才能使用。这种加入固化剂和其他添加剂形成的热固性材料及制品称为环氧塑料。

1. 环氧塑料的组成

（1）固化剂　用于 EP 的固化剂大体上可分为两类：一类可与 EP 分子进行加成，并通过逐步缩合反应的历程使它交联成体型网状结构，这类固化剂称为反应性固化剂，如胺类和酸酐类固化剂；另一类是催化性的固化剂，它可引发树脂分子中的环氧基，按照阳离子或阴离子聚合的历程进行固化反应，如叔胺和三氟化硼的配合物等。除上述两类固化剂外，还常用高分子类固化剂，如低分子量聚酰胺、PF 等。

（2）增韧剂　单纯的环氧塑料较脆，冲击强度及弯曲强度都较差。增韧剂是为了改善 EP 的韧性提高冲击强度而加入的一类物质。从本质上讲这类物质与增塑剂并无多大区别，而且有些本身就是增塑剂，如邻苯二甲酸酯类、磷酸酯类等。它们不含有能参与固化反应的活性基团，常称作非活性增韧剂。同时，由于它们黏度小，可兼作稀释剂，用量一般为 5% ～ 20%；另外一些增韧剂是含有各种活性基团（如环氧基、硫基、氨基等）的物质，如低分子量 PA、液体丁腈橡胶、UP、环氧植物油等。它们直接参与 EP 的固化反应，成为交联体系的组成部分，因而，称为活性增韧剂。这类增韧剂能很大程度地改善 EP 的韧性，提高冲击强度和伸长率。

（3）稀释剂　稀释剂是一类用来降低 EP 黏度，提高浸润、扩散、吸附能力的物质。加入后，可大大降低树脂的黏度，使之易于流动，改善成型工艺性能。此外，选择适当的稀释剂还有利于控制固化体系的反应热，延长固化周期，提高填料用量。但稀释剂用量过多会降低固化物的主要性能。稀释剂用量一般以树脂质量的 5% ～ 20% 为宜。

（4）填料　填料是热固性树脂常用的助剂。适当加入填料不仅可以相对减少树脂用量，降低成本，而且能获得以下效果：①改善成型性能，如抑制反应热、延长固化周期、降低收缩、调节黏度等；②提高耐热性；③改善电性能；④提高力学强度，如硬度、刚度、压缩强度、耐磨性等。EP 中加入各种填料可起到上述一种或几种作用。在实际生产中，应根据使用环境和制品性能要求选择不同的填料，常用的有玻璃纤维、石英粉、云母粉、滑石粉、高岭土、$CaCO_3$ 等。

2. 环氧塑料的性能

环氧塑料的性能主要取决于环氧树脂（EP）的类型、固化剂种类和添加剂。反应性固化剂在固化后成为 EP 结构的一部分，因此固化剂不同会给 EP 固化物性能带来很大的差异，如用低分子量聚酰胺固化所得环氧塑料的热变形温度约为 90℃，而用酸酐固化的环氧塑料热变形温度可超过 200℃，两者相差 100℃。由此可见，与其他热固性塑料相比，EP 固化剂的作用就显得特别重要。

概括地说，环氧塑料的性能有以下特点：力学性能较高，尤其是玻璃纤维增强的 EP 玻璃钢具有优异的拉伸、冲击强度；耐热性能优良，如采用含有苯环的酸酐类固化剂可进一步提高环氧塑料的耐热性；电性能良好，体积电阻率在 $10^{15}\Omega \cdot cm$ 左右，常用于电气设备及绝缘装置的封装材料；含有稳定的苯环和醚键，结构紧密，因而化学稳定性好，能耐一般酸、碱介质的侵蚀；线胀系数和成型收缩率较小，具有优良的尺寸稳定性。表 10-9 给出了使用不同固化剂的 EP 玻璃钢的力学性能。

表 10-9　EP 玻璃钢的力学性能

性能	E-42[①]/ 苯酐固化	E-51[①]/ 三乙醇固化	环氧 / 酚醛固化
拉伸强度 /MPa	299	294	450
拉伸弹性模量 /MPa	17650	16670	23170
压缩强度 /MPa	243	294	221
压缩弹性模量 /MPa	17650	11800	12900
弯曲强度 /MPa	402	461	415
弯曲弹性模量 /MPa	17650	15690	16170

性能	E-42^① / 苯酐固化	E-51^① / 三乙醇固化	环氧 / 酚醛固化
层间剪切强度 /MPa	49	—	41.8
冲击强度 /(kJ/m²)	180	270	284
树脂含量 /%	45	48	< 35

① E-42、E-51 分别为环氧值是 42、51 的双酚 A 型环氧树脂。

三、环氧塑料的成型与应用

1. 玻璃钢

EP 玻璃钢主要组分是树脂、玻璃纤维和固化剂等，成型方法与 UP 基本类似。从经济方面考虑，EP 玻璃钢不及 UP 和 PF 玻璃钢应用普遍，但它除具有一般玻璃钢的优点外，还可提供更高的拉伸强度和层间剥离强度，耐湿性也更为优异，更适宜于在苛刻条件下使用，因此，在航空、船舶、石油、化工、电气、国防等许多方面得到了应用。

2. 浇注成型与制品

EP 在浇注和固化过程中不易产生气孔、裂纹和剥离等现象，浇注件具有优良的电性能、力学性能、尺寸稳定性、化学稳定性、耐湿性，广泛用于电子电气工业零部件及大型绝缘设备的浇注，起到包装、绝缘、密封、防水、防潮、防蚀、耐热、耐寒、耐冲击等作用。被浇注的电子电气设备在潮湿的沿海地区或其他各种特殊环境中均具有良好的使用性能。

3. 其他

EP 采用化学和物理发泡方法制成泡沫塑料，不仅具有一般泡沫塑料的特点，而且结构坚韧，耐热、耐湿、难燃，电绝缘性能优异，应用于制备电子元件、飞机部件、电子灌封件、绝缘件，以及航空用夹层材料等；由于 EP 具有优异的粘接性和化学稳定性，在汽车、船舶、飞机、化工设备、电子电气、土木建筑等方面广泛用作胶黏剂。

第四节　氨基树脂及塑料

氨基树脂是由含有氨基官能团的化合物（如脲、三聚氰胺及苯胺等）与醛类（如甲醛）或可成醛的物质经缩聚制得的聚合物。主要品种有脲醛树脂（UF）、三聚氰胺 - 甲醛树脂（MF）等。

一、脲醛树脂及塑料

脲醛树脂是由脲（尿素）与甲醛缩聚制得的一种氨基树脂，是古老的合成树脂之一。早在 20 世纪 20 年代就开始了工业化生产，至今产量仍很大，但用作塑料的仅占 1/10，其余主要用于黏结剂和涂料。

1. 脲醛树脂的合成与固化

UF 的合成原理与酚醛相似，也包括加成反应和缩聚反应两个阶段。在工业生产中，合成反应是在不锈钢或搪瓷反应釜中进行的，尿素与甲醛投料摩尔比控制在 1∶（1.5 ～ 2）。先投入甲醛水溶液，用适量的碱（常用六亚甲基四胺或氢氧化钠）中和至中性，然后投入尿素，控制反应温度在 56℃左右，反应一段时间后形成羟甲基脲或羟甲基脲的低分子缩聚物，此时停止反应，即得到黏度适宜的 UF 树脂。

分子量不大，含有羟甲基和酰氨基的线型 UF 低聚物在固化剂作用下可继续发生缩聚反应，转变成交联网状结构。

2. 脲醛模塑粉

以 UF 为基体树脂，辅以固化剂、填料、润滑剂、着色剂可制得 UF 模塑料，俗称"电玉粉"，它主要用于模压成型，也可用于注射成型。

UF 模塑料中使用固化剂的目的在于提高固化速率和固化均匀性。常用的有草酸、邻苯二甲酸、酒石酸等。通常还加入六亚甲基四胺来中和固化反应中放出的酸性物质。一般固化剂用量不超过模塑料的 2%；使用的填料主要是纸浆，其次是木粉和无机填料；硬脂酸和硬脂酸盐类是 UF 模塑料中常用的润滑剂，润滑剂的加入一方面可避免粘模现象，同时也可增加物料的流动性，用量为 0.1%～0.5%；为赋予制品丰富的色彩，模塑料中还需加入着色剂。

UF 模塑料的制造与 PF 相似。首先把液态 UF 树脂与填料等辅助材料进行混合，经干燥、粉碎、过筛、并批后得到粉状模塑料。值得注意的是 UF 模塑料很容易从空气中吸收水分，受潮后初期流动性增大，随着贮存时间的延长，流动性又会下降。这不仅不利于成型加工，而且会使制品性能降低。所以，UF 模塑料应贮存于带有橡胶密封垫圈的密闭桶中，并置于干燥阴凉处。

3. UF 模塑制品的性能及应用

从结构上看，UF 固化产物中含有较多的氮原子，也存在少量未交联固化的羟甲基，一方面使其具有难燃、耐电弧、易着色和表面硬度高的优点，另一方面也使它存在耐湿性差、易受潮气和水的影响而发生变形或产生裂纹的缺点；它的耐热性较差，长期使用温度在 70℃以下；就化学结构而言，UF 固化后具有良好的耐溶剂性，不受弱碱、弱酸的影响，但强碱、强酸对其有侵蚀作用。脲醛模塑料的综合性能见表 10-10。

表 10-10　脲醛模塑料综合性能

性能	脲醛模塑料		
	填充 α- 纤维素	填充木粉	加增塑剂
相对密度	1.48～1.6	1.48～1.6	1.48～1.6
拉伸强度 /MPa	52～80	52～80	48～66
伸长率 /%	0.6	0.6	0.7～0.8
缺口冲击强度 /(kJ/m²)	1.2～1.4	1.0～1.4	1.0～1.3
无缺口冲击强度 /(kJ/m²)	7～10	7～10	7～10
弯曲强度 /MPa	76～117	76～114	93～107
压缩强度 /MPa	175～245	—	—
相对介电常数 (10⁶Hz)	6～7	6～7	6～7
介电强度 /(V/mm)	12～16	6～14	8～16
体积电阻率 /Ω·cm	10^{13}～10^{15}	10^{13}～10^{15}	10^{14}～10^{15}

UF 无毒、无臭、无味、本身呈透明状，加入纤维素填料后呈乳白色半透明状，加入钛白粉则呈不透明的纯白色，若加入其他着色剂可制成表面光洁、色彩鲜明的玉状制品，因而多用于食具、纽扣、把手、壳体、装饰品，也可用于电气、仪表等工业配件。

二、三聚氰胺－甲醛树脂及塑料

三聚氰胺-甲醛树脂是由三聚氰胺和甲醛缩聚而成的热固性树脂，于20世纪30年代开始实现工业化生产。

它的合成原理与UF相似，在弱碱性条件下，首先由三聚氰胺和甲醛进行加成反应，主要生成三羟甲基和三羟甲基三聚氰胺，然后三羟甲基三聚氰胺进一步缩聚形成树脂。

以MF为基材，加入固化剂、填料、着色剂、润滑剂等可制得MF塑料，简称蜜胺塑料。它不仅具有UF塑料类似的优点，而且吸水率低，具有更高的耐热性、耐湿性，可在沸水条件下长期使用，有时使用温度可达150～200℃。MF塑料制品表面硬度较高，耐污染，能像陶瓷那样方便地去除茶渍等污物，广泛地用作餐具（图10-6）、医疗器具以及耐电弧制品。

图 10-6　蜜胺餐具

MF除用来制造模塑料外，还可用于注射成型、制造层压塑料制品及黏结剂等。

三、热固性塑料的简易识别

（1）外观印象　原料一般为液态，制品通常含有大量填料，不透明，手感刚硬，少韧性，难变形。

（2）水中沉浮　密度比水大，在水中下沉。

（3）受热表现　随温度上升无变软现象，高温时分解。

（4）燃烧特性　大多难燃，燃烧时无软化、无熔融现象，直接烧焦。

（5）溶解特性　不溶解。

 阅读材料

世界上第一个人工合成塑料

18世纪末19世纪初刚刚萌芽的电力工业蕴藏着绝缘材料的巨大市场，使得一种产自于东南亚的天然绝缘材料——虫胶的价格飞涨。美籍比利时人列奥·贝克兰敏锐地发现了其间蕴含着的巨大商机。经过考察，贝克兰把寻找虫胶的替代品作为第一个商业目标。

实际上早在1872年，德国化学家阿道夫·冯·拜尔就发现：苯酚和甲醛反应后，玻璃管底部有些顽固的残留物。不过拜尔的眼光在合成染料上，而不是绝缘材料上，这种强烈绝缘的东西当时并没有引起他的注意。而对贝克兰来说，这种东西却是光明的路标。1904年，贝克兰开始研究这种反应。最初得到的是一种液体——苯酚-甲醛虫胶，但市场并不成功。通过不懈努力，3年后，他得到一种糊状的黏性物，模压后成为半透明的硬塑料——酚醛塑料。1907年

7月14日，贝克兰注册了酚醛塑料的专利，1909年2月8日，在美国化学协会纽约分会的一次会议上公开了这种塑料，1910年创办了通用酚醛塑料公司。

酚醛塑料绝缘、稳定、耐热、耐腐蚀、不可燃，贝克兰自称为"千用材料"。这是第一个完全人工合成的塑料。20世纪40年代以前，酚醛塑料是最主要的塑料品种，约占塑料产量的2/3。主要用于电气、仪表、机械和汽车工业。它被制成插头、插座、收音机和电话外壳、螺旋桨、阀门、齿轮、管道等。在家庭中，它出现在台球、把手、按钮、刀柄、桌面、烟斗、保温瓶、电热水瓶、钢笔和人造珠宝上。1924年《时代》周刊的一则封面故事提到：那些熟悉酚醛塑料潜力的人表示，数年后它将出现在现代文明的每一种机械设备里。1940年5月20日的《时代》周刊则将贝克兰称为"塑料之父"。

知识能力检测

1. 何谓酚醛树脂，分为哪两类？它们在结构、性能及用途上有何不同？
2. 简要说明热固性酚醛树脂的固化原理和影响固化的主要因素。
3. 简要说明热塑性酚醛树脂的固化原理和影响固化的主要因素。
4. 如何制得 PF 模塑粉、层压塑料和泡沫塑料？它们各有何特点和用途？
5. 什么是不饱和聚酯树脂？主要单体原料有哪些？
6. 使用不同的固化剂或固化体系对 UP 的固化过程有什么影响？各自用于何种场合？
7. 如何制得 UP 玻璃钢制品？玻璃钢制品有什么特点和应用？
8. 什么是环氧树脂和氨基树脂？
9. 制得的 UF 塑料为什么须贮存在密闭桶内并置于阴凉处？
10. 用表格的形式比较 PF、UP、EP、UF 及 MF 的性能特点和制品的主要用途。
11. 结合网络和图书期刊资料了解热固性塑料 SMC 和 BMC 的发展概况。

第十一章
常用塑料助剂

 **学习目标**

知识目标：理解常用助剂的作用机理，掌握常见助剂种类及其应用情况。

能力目标：能在塑料配方设计过程中合理选择相应的助剂，选择合理的添加量。能制定与助剂相匹配的混配工艺，避免因混料工艺导致助剂损失或者失效，确保助剂能发挥相应的作用。

素质目标：培养从配方设计初始就重视助剂选择和使用过程中的环保因素、安全因素的意识，避免对环境、塑料混配从业人员、塑料制品性能造成不良影响。

第一节　热稳定剂

一、概述

如前所述，PVC 是一种热敏性塑料，分子间作用力强，黏流温度 T_f（136℃）与分解温度 T_d（140℃）非常接近，给 PVC 的成型加工带来很大的困难。实际上，纯 PVC 树脂在 90℃就开始分解，120 ～ 130℃时已明显分解。为此，常通过加入热稳定剂以提高 T_d，软质制品还可加入增塑剂降低 T_f，这样可增大 T_f-T_d 范围，以便成型加工，同时延长材料的使用寿命。

研究指出，纯直链饱和 PVC 对光、热十分稳定，但合成时由于各种因素的存在，使得 PVC 分子链中总是含有一些不稳定结构，如双键、支链、"头 - 头"结构等。这些不稳定结构使 PVC 容易在热（高温）作用下引起降解。如 PVC 分子链中，产生一个双键后，就会引起与双键相邻的一些化学键键能的变化。

$$
\begin{array}{ccccccc}
H & H & H & H & H & H & H \\
| & | & | & | & | & | & | \\
-C & -C & -C & = & C & -C & -C & -C- \\
\text{③} & | \text{①} & & & | \text{②} & \text{④} & \\
& H\ Cl & & & H\ Cl & &
\end{array}
$$

上式中，与双键相邻的 C—Cl 键（①位，此处的 Cl 原子又称为 β-Cl，242.4kJ/mol）、C—H 键（②位，321.9kJ/mol）的键能较普通的 C—Cl 键（④位，321.9kJ/mol）、C—H 键（③位355.3kJ/mol）的键能有所降低。热降解首先从这些薄弱环节开始，弱键断裂，脱除 HCl。产生第二个双键后，与双键紧邻的 Cl 又被活化，会继续脱除 HCl。如此进行下去，发生"拉链式"降解。结果使分子链中共轭双键的数目越来越多。

当 PVC 分子链中这种共轭双键的数目平均超过 10 个时，制品就会开始变黄，随着共轭双键数目的增多，制品的颜色也会随之加深。同时，这种共轭双键的存在，也增加了制品对紫外线的吸收，从而还会促进光老化降解。

由此可知，要实现 PVC 的稳定，一方面通过合成工艺的改善来减少分子链中的不稳定结构，另一方面就是加入热稳定剂。对于塑料成型加工而言，后者更具有现实意义。

凡以改善聚合物热稳定性为目的而添加的助剂均可称为热稳定剂。但正如前所述，由于 PVC 的热稳定问题非常突出，因此通常所说的热稳定剂即专指 PVC 及氯乙烯共聚物使用的热稳定剂。

二、热稳定剂作用机理

PVC 大分子链上存在不规则分布的热分解引发源——烯丙基氯结构等，由于此氯原子的活泼性，故在受热时易于脱除氯化氢，形成共轭多烯结构。在初始阶段所形成的氯化氢和共轭多烯结构都能进一步促进 PVC 继续进行热分解，从而形成链式降解反应。因而 PVC 热分解脱除氯化氢的反应一旦开始，就会使得进一步脱除氯化氢的反应变得更为容易。

由此可见，如要防止或延缓 PVC 的热分解，就要消除分子链中热分解的引发源，如 PVC 中的烯丙基氯原子和双键等结构；同时消除所有对链断裂分解反应具有催化作用的物质，如 PVC 分解脱除的氯化氢等。据此可把 PVC 热稳定剂的作用归纳为以下几个方面。

1. 吸收氯化氢

大多数热稳定剂都具有吸收（捕捉）氯化氢的作用。例如：

三碱式硫酸铅 $3PbO \cdot PbSO_4 \cdot H_2O + 6HCl \longrightarrow 3PbCl_2 + PbSO_4 + 4H_2O$

金属皂 $ZnSt_2 + 2HCl \longrightarrow ZnCl_2 + 2HSt$

有机锡 $Bu_2SnY_2 + 2HCl \longrightarrow Bu_2SnCl_2 + 2HY$

环氧化合物

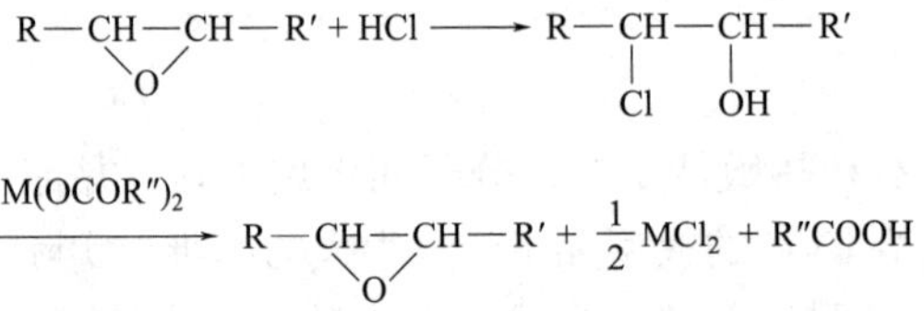

2. 消除不稳定氯原子

通过置换分子链中的活泼氯原子，可得到更为稳定的化学键并减小脱除氯化氢反应的可能性。例如：

金属皂

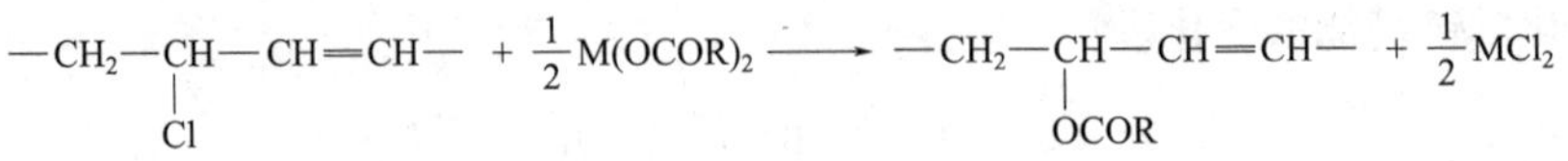

有机锡

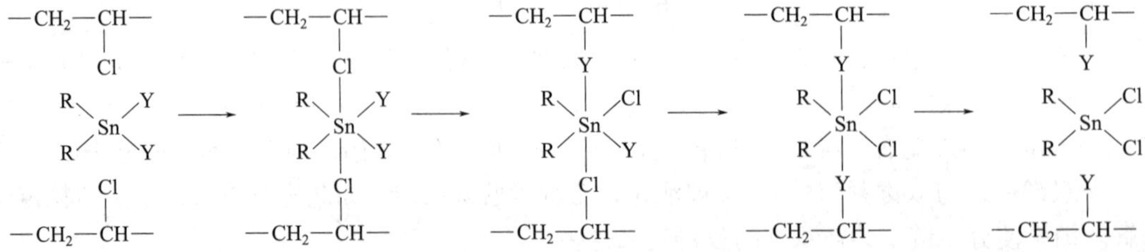

亚磷酸酯

$$-CH_2-CH-CH=CH- + P{<\atop OR}^{OR}_{O-\text{(苯基)}} \longrightarrow {<\atop Cl}^{-CH_2-CH-CH=CH-}_{O=P-OR\ \ O-\text{(苯基)}} + RCl$$

3. 其他

（1）捕获自由基　有机锡还具有捕获自由基的作用。其反应式如下：

$$-\overset{H}{\underset{\cdot}{C}}-H + R_2SnY_2 \longrightarrow -\overset{H}{\underset{R}{C}}-H + R\dot{S}nY_2$$

$R\dot{S}nY_2$ 还能与其他自由基发生终止反应。由于 $R\dot{S}nY_2$ 比 $-\overset{H}{\underset{\cdot}{C}}-H$ 稳定，因此减少了 PVC 分子链中不稳定的因素。

（2）与共轭双键进行双烯加成　马来酸二丁基锡（DBTM）可与共轭双键进行双烯加成反应：

$$\text{（双烯加成反应结构式）}$$

从上述反应可以看出，共轭双键被隔断，β-氯原子变为 γ-氯原子，增加了分子链的稳定性。硫醇有机锡也能起到类似的作用。

（3）捕捉高活性金属氯化物　锌皂和镉皂等高活性的金属皂，在置换 β-氯原子或捕捉 HCl 后能生成 $ZnCl_2$ 或 $CdCl_2$ 等高活性的金属氯化物，而它们的存在又会加速 PVC 脱除 HCl 的反应。因此，必须将它们除去。亚磷酸酯就能起到这种作用，反应式如下：

$$2(RO)_3P + ZnCl_2 \longrightarrow (RO)_2\overset{O}{\overset{\|}{P}}-Zn-\overset{O}{\overset{\|}{P}}-(OR)_2 + 2RCl$$

三、常用热稳定剂

热稳定剂的品种繁多，加上各种复合与新型热稳定剂不断问世，因而热稳定剂的分类比较复杂，从使用的角度可把 PVC 热稳定剂分为主热稳定剂（如碱式铅盐、金属皂和有机锡等）、辅助热稳定剂（如亚磷酸酯、环氧化合物等）以及复合热稳定剂。

1. 主热稳定剂

（1）碱式铅盐类　碱式铅盐类是带有未成盐的氧化铅（PbO，称为碱式）的无机酸或有机酸的铅盐。PbO 本身具有很强的吸收氯化氢的能力，可作为主热稳定剂。由于 PbO 带有黄色，一般不用 PbO 而用呈白色的碱式铅盐作热稳定剂。碱式铅盐类热稳定剂的主要作用是捕获 PVC 分解出的 HCl，从而抑制 HCl 对分解反应所起的催化作用。主要品种见表 11-1。

表 11-1　常用的碱式铅盐热稳定剂

碱式铅盐稳定剂	分子式	外观	毒性
三碱式硫酸铅	$3PbO \cdot PbSO_4 \cdot H_2O$	白色粉末	有毒
二碱式亚磷酸铅	$2PbO \cdot PbHPO_3 \cdot 1/2H_2O$	白色针状结晶	有毒
碱式亚硫酸铅	$nPbO \cdot PbSO_3$	白色粉末	有毒
二碱式邻苯二甲酸铅	$2PbO \cdot Pb(C_8H_4O_4)$	白色粉末	有毒
三碱式马来酸铅	$3PbO \cdot Pb(C_4H_2O_4) \cdot H_2O$	微黄色	有毒
二碱式硬脂酸铅	$2PbO \cdot Pb(C_{17}H_{35}COO)_2$	白色	有毒
碱式碳酸铅（铅白）	$2PbCO_3 \cdot Pb(OH)_2$	白色	有毒

三碱式硫酸铅（简称为三盐）和二碱式亚磷酸铅（简称为二盐），主要用于管材、板材等硬质不透明 PVC 制品以及电线包覆材料等方面。

此类热稳定剂的主要优点是：长期热稳定性好，电气绝缘性好；具有白色颜料的性能，覆盖力大，耐候性好；可作为发泡剂的活化剂；价格低廉。由于分散性差，相对密度大，所以用量亦较大，常达 2～7 份。

但其缺点也较明显：所得制品透明性差，毒性大，分散性差，易发生硫化污染。目前由于毒性和环保方面的原因，铅盐类稳定剂的使用受到限制。

（2）金属皂类　金属皂是指高级脂肪酸的金属盐，品种极多。作为 PVC 热稳定剂的金属皂主要是硬脂酸、月桂酸和棕榈酸的钡、镉、铅、钙、锌、镁、锶等金属盐。它们可以用 $M(OCOR)_n$（$n=1，2$）的通式来表示，可简写为 MSt，如硬脂酸锌简写为 ZnSt。

金属皂的热稳定作用主要表现在它能置换出 PVC 分子链中的 β-氯原子，其效能与金属皂对氯原子的置换能力有关，它们的活性大体为：Zn ＞ Cd ＞ Pb ＞ Ca ＞ Ba。除此之外，使用中还需注意以下方面。

① 金属皂不能单独使用，常需几种皂和其他热稳定剂配合作用。

② 金属皂类稳定剂的性能随着金属的种类和酸根的不同而异。

③ 镉、锌皂的初期耐热性好，而钡、钙、镁、锶皂的长期耐热性好，铅皂介于中间。

④ 耐候性：镉、锌、铅、钡、锡皂较好。

⑤ 润滑性：铅、镉皂的润滑性好，钡、钙、镁、锶皂则较差。酸根对润滑性也有影响，脂肪族较芳香族好，而对于脂肪族羧酸而言，碳链越长润滑性越好。

⑥ 压析性：钡、钙、镁、锶皂容易产生压析现象，而锌、镉、铅皂的耐压析性较好。脂肪酸皂的压析性较芳香羧酸盐高，对于脂肪酸皂而言，碳链越长，压析现象越严重。

⑦ 毒性：由于铅、镉皂的毒性大，且有硫化污染，所以在无毒配方中多用钙、锌皂；在耐硫化污染配方中则多用钡、锌皂。

金属皂外观多为白色粒状或白色微细粉末，大多数可用于透明制品。在配方中，金属皂的用量一般为 1～3 份。

（3）有机锡类　有机锡类热稳定剂突出的特点是具有透明性，近年来随着 PVC 硬质透明制品需求量的不断增加和有机锡化合物生产工艺的改进、成本的降低，用量不断增加，尤其是高效、低毒品种的需求量急剧上升。

有机锡化合物可用下面的通式表示：

$$Y-\underset{\underset{R}{|}}{\overset{\overset{R}{|}}{Sn}}-(X-\underset{\underset{R}{|}}{\overset{\overset{R}{|}}{Sn}})_n-Y$$

式中　R——甲基、丁基、辛基等烷基；

　　　Y——脂肪酸根；

　　　X——氧、硫、马来酸等。

根据 Y 的不同，有机锡类热稳定剂主要有下列三种类型：脂肪酸盐型、马来酸盐型与硫醇盐型。此类稳定剂的主要特点是：具有高度的透明性、突出的耐热性，低毒，耐硫化污染，是极有发展前途的一类重要的热稳定剂。

有机锡类稳定剂对于 PVC 有以下四个方面的作用：置换 PVC 分子链中的烯丙基氯，引入稳定的酯基，捕捉氯化氢以及与共轭双键加成等。下面介绍有机锡类热稳定剂的几个主要品种。

① 脂肪酸盐型。二月桂酸二（正）丁基锡（DBTL），结构如下：

$$n\text{-}C_4H_9 \diagdown \quad O\text{-}C\text{-}C_{11}H_{23}$$
$$\qquad\qquad Sn \qquad \quad \| \; O$$
$$n\text{-}C_4H_9 \diagup \quad O\text{-}C\text{-}C_{11}H_{23}$$

本品的工业品为淡黄色的油状液体或半固体，熔点 20 ～ 27℃，是有机锡类热稳定剂中使用最早的品种之一，其润滑性和成型加工性优良，耐候性和透明性亦较好，但前期色相较差，有毒，用量一般为 1% ～ 3%。

与本品性质相似的还有二月桂酸二（正）辛基锡（DOTL），含锡量较低，热稳定效率较 DBTL 低，成型加工容易，且无毒，可准许用作食品包装材料，用量一般不超过 2%。

② 马来酸盐型。马来酸盐型主要包括二烷基锡马来酸盐、二烷基锡马来酸单酯盐以及聚合马来酸盐。此类热稳定剂的特点是耐热性和耐候性良好，能防止初期着色，有高度的色调保持性，但缺乏润滑性，需与润滑剂并用。由于有起霜现象，故用量必须在 0.5% 以下。主要品种有马来酸二正丁基锡（DBTM）、马来酸二正辛基锡（DOTM）。

③ 硫醇盐型。具有突出的耐热性和良好的透明性，没有初期着色性，特别适用于硬质透明制品，还能改善由于使用抗静电剂所造成的耐热性降低的缺点。但价格昂贵，耐候性比其他有机锡差，且不能和含铅、镉的热稳定剂并用。

（4）稀土类热稳定剂　稀土类热稳定剂是由中国开发的一种新型热稳定剂。稀土元素包括原子序号从 57 到 71 的 15 个镧系元素以及与其相近的钇、钪共 17 个元素。稀土热稳定剂可以是稀土的氧化物、氢氧化物及稀土的有机弱酸盐（如硬脂酸稀土、脂肪酸稀土、水杨酸稀土、柠檬酸稀土、酒石酸稀土及苹果酸稀土等）。其中以稀土氢氧化物热稳定效果最好，稀土有机酸中水杨酸稀土要好于硬脂酸稀土。

稀土稳定剂的热稳定性与京锡 8831 相当，好于铅盐与金属皂类，是铅盐的 3 倍及 Ba/Zn 复合稳定剂的 4 倍；它无毒、透明、价廉，可以部分代替有机锡类热稳定剂而广泛应用，用量为 3 份左右。

2. 辅助热稳定剂

某些有机化合物单独作为热稳定剂使用时，性能尚有不足，若与其他类型的热稳定剂配合作用时，能产生优异的应用效果。其中尤以亚磷酸酯、环氧化合物使用较多，它们通常称为有机辅助热稳定剂。

（1）亚磷酸酯　亚磷酸酯是过氧化物分解剂，在聚烯烃、ABS、聚酯与合成橡胶中广泛用作辅助抗氧剂。作为辅助热稳定剂，亚磷酸酯与金属皂类配合使用时，能提高制品的耐热性、透明性、耐压析性、耐候性等使用性能。在 PVC 中主要使用烷基芳基亚磷酸酯，作用是螯合金属离子、置换烯丙基氯、捕捉氯化氢，同时有分解过氧化物和与多烯加成的作用。

亚磷酸酯广泛用于液体复合热稳定剂中，一般添加量为 10% ~ 30%；用于农业薄膜、人造革等软质制品中，用量为 0.3 ~ 1 份；在硬质制品中用量为 0.3 ~ 0.5 份。

（2）环氧化合物　用作辅助热稳定剂的主要是增塑剂型环氧化合物。常用品种有环氧大豆油、环氧硬脂酸酯、环氧四氢邻苯二甲酸酯和缩水甘油醚等。

环氧化合物单独作为稳定剂使用时，应用性能较差，但与其他热稳定剂（如金属皂、铅盐、有机锡类）配合使用时，有良好的协同效果。特别是与镉/钡/锌复合稳定剂并用时效果尤为突出。

其他辅助热稳定剂还有多元醇及 β- 二酮化合物，它们与主热稳定剂并用对提高 PVC 的热稳定性具有一定的作用。

3. 复合热稳定剂

所谓复合热稳定剂，是指有机金属盐类、亚磷酸酯、多元醇、抗氧剂和溶剂等多组分的混合物，呈液态状。使用复合热稳定剂具有方便、清洁、高效的优点。

金属皂类热稳定剂是复合热稳定剂的主体成分。从金属种类的配合来看，有以下几种常见的形式，如镉/钡/锌皂（通用型）、钡/锌皂（耐硫化污染型）、钙/锌皂（无毒型）以及其他钙/锡皂和钡/锡皂复合物等类型。盐中酸根也是多种多样，如辛酸、油酸、环烷酸、月桂酸、合成脂肪酸、苯甲酸、苯酚和亚磷酸等。常用的亚磷酸酯有亚磷酸三苯酯、亚磷酸一苯二辛酯、亚磷酸三异辛酯与三壬基苯基亚磷酸酯等。习惯上用双酚 A 作为抗氧剂，溶剂一般可用矿物油、高级醇、液体石蜡或增塑剂等。由于各生产厂家所用原料与制造方法均不相同，使得相同配方的液体复合稳定剂在组成、性能和用途等方面存在着较大的差异。因此在使用时，要以生产厂家的产品说明书为准。

四、热稳定剂的应用

1. 热稳定剂的选择

理想的热稳定剂应具备以下基本条件：①热稳定效能高，并具有良好的光稳定性；②与 PVC 的相容性好，挥发性小，不升华，不迁移，不起霜，不易被水、油或溶剂抽出；③具有适当的润滑性，在压延成型时使制品易从辊筒上剥离，不结垢；④不与其他助剂反应，不被铜或硫污染；⑤不降低制品的电性能、印刷性、高频焊接性和黏合性等二次加工性能；⑥无毒、无臭、无污染，可以制得透明制品；⑦加工使用方便，价格低廉。

2. 热稳定剂的协同效应

根据前面各类热稳定剂的介绍可知，单独使用一种热稳定剂有时难以满足要求或热稳定效能低，当两种或两种以上热稳定剂配合使用时，可大大提高热稳定效能，这就是热稳定剂的协同效应。

（1）金属皂之间的配合　金属皂有高活性与低活性之分。对于锌皂、镉皂等高活性皂而言，单独使用时，对 β- 氯原子具有较强的置换能力，能很好地抑制树脂的前期着色，但置换后生成的金属氯化物（如 $ZnCl_2$）能活化 PVC 分子链中的 C—Cl 键，促进脱 HCl 反应，故后期色相很差。用锌皂造成的 PVC 后期急剧变黑，称为"锌灼烧"现象。而对于钙皂、钡皂等低活性皂来说，单独使用时，置换 β- 氯原子的能力弱，故前期色相差，但其相应的金属氯化物（如 $CaCl_2$）对 PVC 脱 HCl 无催化作用，故后期色相好。若将二者配合使用（如锌/钙皂），则 PVC 树脂的前期与后期色相均很好，这是两种皂类间发生了协同作用的结果。

在该稳定体系中，发生的反应如下：

$$—CH_2—CH—CH=CH— + \frac{1}{2}Zn(OCOR)_2 \longrightarrow —CH_2—CH—CH=CH— + \frac{1}{2}ZnCl_2$$
$$\quad\quad\quad |\quad\quad\quad\quad\quad\quad\quad\quad\quad\quad\quad\quad\quad\quad\quad |$$
$$\quad\quad\quad Cl\quad\quad\quad\quad\quad\quad\quad\quad\quad\quad\quad\quad\quad\quad OCOR$$

$$ZnCl_2+Ca(OCOR)_2 \longrightarrow Zn(OCOR)_2+CaCl_2$$

（2）金属皂与环氧化合物的配合　金属皂与环氧化合物并用时，协同效应表现在两个方面：一是环氧化合物首先能与氯化氢发生开环加成反应，生成的氯代醇再与金属皂反应，生成环氧化合物与金属氯化物；二是环氧化合物与锌皂配合使用时，在锌化合物的存在下，环氧化合物能置换烯丙基氯，形成稳定的醚化合物，反应式如下：

$$R—CH—CH—R' + —CH_2—CH—CH=CH—$$
$$\quad\quad\backslash\,O\,/\quad\quad\quad\quad\quad\quad\quad\quad\quad\quad |$$
$$\quad\quad\quad\quad\quad\quad\quad\quad\quad\quad\quad Cl$$

$$—CH_2—CH—CH=CH—$$
$$\quad\quad\quad |\quad\quad |$$
$$\quad\quad\quad O\quad Cl$$
$$\quad R—CH—CH—R'$$

（3）金属皂与亚磷酸酯的配合　如前所述，锌皂的一大缺点就是"锌灼烧"，应用受到一定限制。亚磷酸酯则能克服这一缺陷。其作用机理如下：

$$2P\begin{matrix}—OR\\—OR\\—O\end{matrix}\phi + ZnCl_2 \longrightarrow RO—P—Zn—P—OR + 2RCl$$

（4）金属皂与多元醇的配合　多元醇不能单独作为热稳定剂使用，但它与金属皂配合使用时，显示出卓越的热稳定效果，能明显延长脱 HCl 的诱导期，并能抑制树脂的着色。

3.环保热稳定剂的发展

在欧盟 RoHS 指令的助推下，热稳定剂行业沿着无毒、环保、高效的方向取得了长足进步，产品结构日益优化，产品性能不断提升。钙锌类环保型热稳定剂的产量逐年增长，铅盐的比例逐步减少，有机化合物基热稳定剂的研发和生产取得了可喜的进展，我国特有的稀土掺杂热稳定剂推广应用进步明显，β-二酮和水滑石等辅助热稳定剂的生产和应用取得了显著成绩。

世界范围内，热稳定剂领域研究开发的热点是铅、镉的替代产品，并不断推进其工业化生产。全球混合金属稳定剂市场正向保护资源或"绿色"替代的方向发展，通过不断地进行技术进步和产品完善，高效的钙/锌稳定剂、钙/钡/锌稳定剂及稀土稳定剂有望替代现有的混合金属产品。稀土稳定剂作为具有国内自主知识产权的产品，正在管材和异型材领域大面积替代铅盐稳定剂，大幅度降低 PVC 制品的铅含量。

第二节　增塑剂

一、概述

增塑技术可追溯到远古时期。如黏土加水制成陶器，水是增塑剂；古代人们把油类添加到沥青中作为船的嵌缝材料，油即起到增塑剂的作用。工业上使用增塑剂是从 1868 年将樟脑添加到硝酸纤维素中开始的，由此产生了现代关于增塑剂和增塑作用的概念。但增塑剂工业的快速发展，得益于 PVC 的问世。

众所周知，热塑性塑料的大分子间存在着相互作用力，它的大小与聚合物的结构有关。分子间的作用力不仅使聚合物具有一定的力学强度，而且还影响到其成型加工等许多性能。热塑性塑料的加工实质就是通过加热增大聚合物分子的活动性，削弱分子间的作用力，使之具有可塑性。但对于某些极性强、分子间作用力大，具有热敏性的聚合物来说，往往会遇到相当大的困难，PVC 就是如此。对这类塑料，必要时需进行增塑处理，以提高可塑性，同时提高其弹性和柔韧性。

为改善塑料的可塑性并提高其柔韧性而加入塑料中的低挥发性物质称为增塑剂。增塑剂的主要作用是削弱聚合物分子间的作用力，降低熔融温度和熔体黏度，改善其成型加工性能，在使用温度范围内，赋予塑料制品柔韧性与其他各种必要的性能。

增塑剂通常为高沸点、低挥发的液体，或低熔点的固体。在所有的有机助剂中，增塑剂的产量和消耗量均占第一位。其中，PVC 的增塑剂又占增塑剂总产量的 80% ～ 85%，本章所述即属此类。

二、增塑剂结构与作用机理

1. 增塑剂的结构

（1）结构特征　对于各类增塑剂而言，分子大都具有极性和非极性两部分。极性部分由极性基团所构成，非极性部分为具有一定长度和体积的烷基。极性基团，常见的有酯基、氯原子和环氧基等。含有不同极性基团的化合物具有不同的特点，如邻苯二甲酸酯类的相容性、增塑效果好，性能也较全面，常作为主增塑剂使用；磷酸酯和氯化物具有阻燃性；环氧化物、双季戊四醇酯的耐热性能好；脂肪族二元酸酯的耐寒性优良；烷基磺酸苯酯的耐候性好；柠檬酸酯及乙酰柠檬酸酯类具有抗菌性等。

（2）极性与非极性部分对其性能的影响　增塑剂与树脂的相容性与增塑剂本身的极性及其二者的结构相似性有关。通常，极性相近、结构相似的增塑剂与被增塑树脂的相容性好。PVC 属于极性聚合物，其增塑剂多是酯基结构的极性化合物。如邻苯二甲酸酯类增塑剂通常可用作主增塑剂，而环氧化合物、脂肪族二元酸酯、聚酯及氯化石蜡等与 PVC 的相容性差，多为辅助增塑剂。

相容性好的增塑剂其耐寒性都较差，特别是当增塑剂含有环状结构时耐寒性显著降低，以直链亚甲基为主体的脂肪族酯类有着良好的耐寒性，烷基越长，耐寒性越好，但烷基过长、支链增多，耐寒性也会相应变差。

极性较弱的耐寒性增塑剂，会使塑化物的体积电阻降低很多。相反，极性较强的增塑剂（如磷酸酯）具有较好的电性能。这是因为极性较弱的增塑剂允许聚合物链上的偶极有更大的自由度，电导率增加，电绝缘性下降。

对于磷酸酯类、氯化石蜡和氯化脂肪酸酯类等增塑剂由于含有磷和氯，具有良好的阻燃性。

（3）分子量与性能的关系　增塑剂的分子量主要影响耐久性、增塑效率和相容性等方面。

增塑剂的耐久性与分子量有着密切的关系。要得到良好的耐久性，增塑剂分子量应在 350 以上，而分子量在 1000 以上的聚酯类和苯多酸酯类（如偏苯三酸酯）增塑剂都有十分优良的耐久性，它们多用于电线电缆、汽车内装饰制品等一些增塑的制品中。

低分子量的增塑剂对 PVC 的增塑效率较高。实验结果表明，对于邻苯二甲酸酯类增塑剂来说，烷基碳原子在 4 左右的增塑效率最高。随着碳原子数的增多，增塑效率明显降低。

作为主增塑剂使用的烷基碳原子数为 4～10 的邻苯二甲酸酯，与 PVC 的相容性良好。但随着烷基碳原子数的进一步增多，相容性急剧下降。因而目前工业上使用的邻苯二甲酸酯类增塑剂的烷基碳原子数都不超过 13。

2. 增塑剂的作用机理

关于增塑机理到目前为止并不完全清晰，多用润滑、凝胶、自由体积等理论来加以阐述。虽然每种理论都能在一定范围内解释增塑原理，但均不全面。现将普遍被人们所接受的理论介绍如下。

（1）隔离作用　非极性增塑剂加入非极性聚合物中时，主要作用是通过聚合物 - 增塑剂间的"溶剂化"作用，增大分子间距离，削弱它们之间本来就很小的作用力。许多实验数据表明，非极性聚合物的 ΔT_g，与增塑剂的用量成正比，在一定范围内，用量越大，隔离作用越强，T_g 降低越多。其关系式可表示为：

$$\Delta T_g = KV$$

式中　K——比例常数；

V——增塑剂的体积分数。

（2）相互作用　极性增塑剂加入极性聚合物中增塑时，增塑剂分子的极性基团与聚合物分子的极性基团"相互作用"，从而破坏了原聚合物分子间的极性连接，减少了连接点，削弱了分子间的作用力，增大了塑性。

（3）遮蔽作用　非极性增塑剂加到极性聚合物中增塑时，非极性的增塑剂分子遮蔽了聚合物的极性基团，使相邻聚合物分子的极性基团不发生或少发生"作用"，从而削弱了聚合物分子间的作用力，达到增塑目的。

上述三种增塑作用方式不可能截然分开。事实上，在一种增塑剂的增塑过程中，可能同时存在着几种作用。例如，DOP 增塑 PVC，在温度升高时，DOP 分子插入 PVC 分子链间，一方面 DOP 的极性酯基与 PVC 的极性基团"相互作用"，彼此能很好地互溶，不相排斥，从而使 PVC 大分子间作用力减弱，塑性增加；另一方面，DOP 的非极性烷基夹在 PVC 分子链间，把 PVC 的极性基遮蔽起来，也减小了 PVC 分子链间的作用力。这样，在成型加工时，链的移动就变得比较容易了。

三、增塑剂主要性能

理想的增塑剂应满足下列要求：①与树脂具有良好的相容性；②增塑效率高；③耐久性好；④无毒；⑤优良的加工性；⑥具有阻燃性；⑦价廉易得。

对于一种实际的增塑剂而言，不可能完全满足上述各种要求。根据制品性能与加工条件等实际情况，所选用的增塑剂只能满足上述要求中的一项或几项。因此必须熟悉增塑剂的各项性能与结构的关系，以便恰当地选用增塑剂。

（1）相容性　是指两种或两种以上的物质相混合时，不产生相斥分离的能力。作为增塑剂，首先要与树脂具有一定的相容性，这是最基本的性能要求。

增塑剂与 PVC 的相容性可用简单的"极性相似相容"原则衡量，PVC 与增塑剂的溶度参数相近，相容性好。PVC 的 δ 值约为 19.4（MJ/m³）$^{1/2}$。一些常用增塑剂的 δ 值可查阅相关资料或手册。

（2）增塑效率　由于增塑剂中极性部分和非极性部分的结构不同，因而对等量树脂的增塑效果就不同。使树脂达到某一柔软程度时，各种增塑剂的用量比称为增塑效率。增塑效率只是一个相对值，可以用来比较各增塑剂的增塑效果。

表示增塑效率的方法有很多，例如 T_g、弹性模量等。表 11-2 列出了一些常用增塑剂的 PVC 等效用量和相对效率比值。表 11-2 中数据采用模量法测量，测试条件为温度 25℃，伸长率 100%，模量 7.031MPa，且以 DOP 为基准，因为 DOP 用途广泛，具有较好的综合性能。

表 11-2　常用增塑剂的增塑效率比较

增塑剂名称	缩写代号	等效用量[①]	相对效率比值
癸二酸二丁酯	DBS	49.5	0.78
邻苯二甲酸二丁酯	DBP	54.0	0.85
环氧脂肪酸丁酯		58.0	0.91
癸二酸二辛酯	DOS	58.5	0.93
己二酸二辛酯	DOA	59.9	0.94
邻苯二甲酸二辛酯	DOP	63.5	1.00
邻苯二甲酸二异辛酯	DIOP	65.5	1.03
石油磺酸苯酯	M-50	73～76	1.15～1.20
环氧大豆油	ESO	78	1.23
磷酸三甲苯酯	TCP	79.3	1.25
氯化石蜡（含 53% 氯）	CP-53	89	1.40

① 等效用量均是以 100 份 PVC 为准。

必须指出的是，用不同方法测出的相对效率比值并不相同，但上述的顺序基本不变；另外，比较增塑剂的效率，只有在增塑剂与聚合物相容的范围内才有意义。

知道了各增塑剂的相对效率比值后，可以由此估算出用一种增塑剂替代另一种增塑剂时的用量多少。

（3）耐久性　耐久性包括耐挥发性、耐抽出性和耐迁移性三个方面。对于有机化合物而言，沸点越高，挥发性越低，增塑剂也不例外。因而作为增塑剂使用的物质应是不易挥发的高沸点（通常高于 250℃）有机化合物；所谓耐抽出性，是指耐油性、耐溶剂性、耐水性等；增塑剂的迁移是一个向固体介质的扩散过程，在这个过程中，增塑剂从浓度高的塑料中通过一些接触点扩散到另一个与此相接触的物质中。增塑剂的耐迁移性直接影响到制品的外观质量。

（4）卫生性　是指塑料制品和人接触（包括直接接触和间接接触）过程中符合卫生要求的程度，特殊情况下对牲畜和植物也有卫生要求。对于 PVC 来说，只要其中不含氯乙烯或含量极小，可认为无毒。然而，塑料制品中所添加的各种助剂，许多品种都不同程度具有一定的毒性。了解增塑剂的毒性大小，对用于食品、药品包装等材料具有非常重要的意义。

（5）其他性能　除上述性能外，增塑剂的稳定性和成型加工性能等对增塑 PVC 的性能也有较大影响。如增塑剂在高温下发生热分解，会严重影响到制品的质量，在成型加工中应当注意。而应用于建筑、交通、电气等方面还要求增塑剂具有阻燃性等。

四、常用增塑剂

由于增塑剂的种类繁多，性能不同，用途各异，因此分类方法也有多种。常用的分类方法有：①按化学结构分类，这是最常用的分类方法。一般可分为邻苯二甲酸酯类、脂肪族二元酸酯类、磷酸酯类、偏苯三酸酯类、烷基苯磺酸酯类、环氧酯类、含氯化合物等。②按与被增塑物的相容性分类，分为主增塑剂、辅（助）增塑剂和增量剂三类。主增塑剂与被增塑物的相容性良好，可单独使用，如邻苯二甲酸酯类、磷酸酯类等；辅增塑剂与被增塑物的相容性良好，但一般不单独使用，需与适当的主增塑剂配合作用，如脂肪族二元酸酯类、多元醇酯类等；增量剂与被增塑物的相容性较差，但与主、辅增塑剂有一定的相容性，且能与它们配合，以达到降低成本和改善某些性能的目的，如含氯化合物等。③按使用性能分类，可分为耐寒性增塑剂、耐热性增塑剂、阻燃性增塑剂、防霉性增塑剂、耐候性增塑剂、无毒性增塑剂和通用型增塑剂七类。下面按增塑剂的化学结构分类介绍。

1. 邻苯二甲酸酯类

邻苯二甲酸酯（PAE）类的通式为：

$$
\begin{array}{c}
\text{O} \\
\| \\
\text{C}-\text{OR} \\
\text{C}-\text{OR}' \\
\| \\
\text{O}
\end{array}
$$

式中，R、R′是 $C_1 \sim C_{13}$ 的烷基、环烷基、苯基、苄基等，可相同，也可不同。

PAE 类增塑剂是目前应用最为广泛的一类主增塑剂。它具有色浅、低毒、品种多、电性能好、挥发性小、耐低温等特点，具有比较全面的综合性能，产量约占增塑剂总产量的 80%。常见的邻苯二甲酸酯类增塑剂见表 11-3。

表 11-3　常见的邻苯二甲酸酯类增塑剂

化学名称	简称	分子量	外观	沸点[①]/℃	凝固点/℃	闪点/℃
邻苯二甲酸二甲酯	DMP	194	无色透明液体	282/760	0	151
邻苯二甲酸二乙酯	DEP	222	无色透明液体	298/760	-40	153
邻苯二甲酸二丁酯	DBP	278	无色透明液体	340/760	-35	170
邻苯二甲酸二庚酯	DHP	362	无色透明油状液体	235～240/10	-46	193
邻苯二甲酸二辛酯	DOP	390	无色油状液体	387/760	-55	218
邻苯二甲酸二正辛酯	DNOP	390	无色油状液体	390/760	-40	219
邻苯二甲酸二异辛酯	DIOP	391	无色黏稠液体	229/5	-45	221
邻苯二甲酸二壬酯	DNP	439	透明液体	230～239/5	-25	219
邻苯二甲酸二异癸酯	DIDP	446	无色油状液体	420/760	-35	225
邻苯二甲酸丁辛酯	BOP	334	油状液体	340/760	-50	188
邻苯二甲酸二丁苄酯	BBP	312	无色油状液体	370/760	-35	199
邻苯二甲酸二环己酯	DCHP	330	白色结晶状粉末	220～228/760	65	207
邻苯二甲酸二仲辛酯	DCP	391	无色黏稠液体	235/5	-60	201
邻苯二甲酸二（十三）酯	DTDP	531	黏稠液体	280～290/5	-35	243
丁基邻苯二甲酰乙醇酸丁酯	BPBG	336	无色油状液体	219/5	-35	199

① "/"后数字代表对应沸点的压力，单位 mmHg。

R、R′ 为 C_5 以下的低碳醇酯是分子量较小的增塑剂，常用的是邻苯二甲酸二丁酯（DBP）。但因其挥发性较大，耐久性较差，近年来在 PVC 工业中较少单独使用，在黏合剂和乳胶漆中用作增塑剂逐渐增多。

在高碳醇酯方面，最重要的代表是邻苯二甲酸二（2-乙基）己酯，俗称邻苯二甲酸二辛酯（DOP）。它是一个带有支链的醇酯，产量最大，用途广泛。因而目前均以它为通用增塑剂的标准，任何其他增塑剂都是以它为基准进行比较，只要比 DOP 更便宜或具有更独特的理化性能，才能在经济和使用上占优势。在中国，DOP 占增塑剂总量的 45% 左右。DOP 的分子结构式如下：

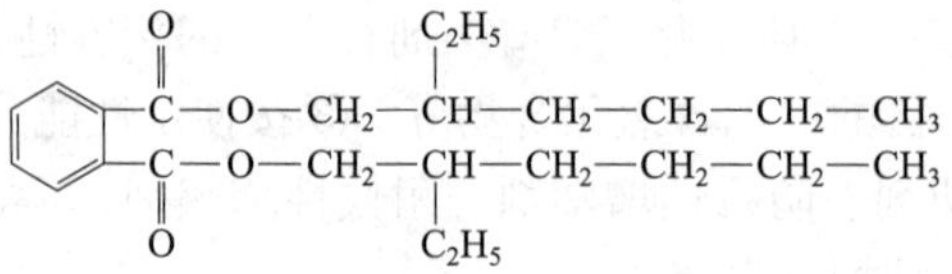

除 DOP 外，DBP、DIOP、DIDP 等也是常用品种。尤其是 DIOP 和 DIDP，由于挥发性低，耐热性好，用量不断增长。

近年来，由于发现用从椰子油提取的混合醇制备的酯呈现出较好的综合性能，因而研究用 $C_6 \sim C_{10}$ 之间的混合醇来生产增塑剂，展现了一定的发展前景。

2. 磷酸酯类

磷酸酯类增塑剂的通式为：

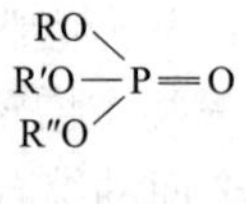

R、R′、R″ 可以相同，也可不同，为烷基、卤代烷基或芳基。

磷酸酯是发展较早的一类增塑剂。它们的相容性好，可作主增塑剂使用。除具有增塑作用外，磷酸酯还有阻燃作用，这也是引起塑料加工业重视的主要原因。

磷酸酯有四种类型，即磷酸三烷基酯、磷酸三芳基酯、磷酸烷基芳基酯与含卤磷酸酯。主要品种见表 11-4。

表 11-4　常见的磷酸酯类增塑剂

化学名称	简称	分子量	外观	沸点[①]/℃	凝固点/℃	闪点/℃
磷酸三丁酯	TBP	266	无色液体	137 ~ 145/533	-80	193
磷酸三辛酯	TOP	434	无色液体	216/533	< -90	216
磷酸三苯酯	TPP	326	白色针状结晶	370/101324	49	225
磷酸三甲苯酯	TCP	368	无色液体	235 ~ 255/533	-35	230
磷酸二苯异辛酯	DPOP	362	浅黄色液体	375/101324	-6	200
磷酸三 (2-氯乙基) 酯	TCEP	285.5		210/2666.4	< -20	225
磷酸甲苯二苯酯	CDPP	340		258/1333	< -35	232

① "/" 后数字代表对应沸点的压力，单位 Pa。

磷酸三辛酯不溶于水，易溶于矿物油和汽油，能与 PVC、氯乙烯-乙酸乙烯酯树脂（VC-VA）、硝酸纤维素相容，具有阻燃和防霉作用，耐低温性能好，使制品的柔性能在较宽的温度范围内变化不明显。但通常迁移性、挥发性大，加工性能不及磷酸三苯酯，可作辅助增塑剂与邻苯二甲酸酯类并用，常用于 PVC 薄膜、PVC 电缆料、涂料以及合成橡胶和纤维素塑料。

磷酸三甲苯酯不溶于水，能溶于普通有机溶剂及植物油，可与纤维素树脂、PVC、氯乙烯共聚物相容。一般用于 PVC 人造革、薄膜、板材、地板料以及运输带等。其特点是阻燃，水解稳定性好，耐油、耐霉菌性好，电性能优良，但有毒，耐寒性差，可与耐寒性增塑剂配合使用。

磷酸二苯一辛酯，几乎能与所有的主要工业用树脂和橡胶相容，与 PVC 相容性尤其好，可作主增塑剂用。具有无毒、阻燃、低挥发、耐寒、耐候、耐光、耐热稳定等性能特点，可改善制品的耐磨性、耐水性和电气性能，但价格贵，使用受到限制。常用于 PVC 薄膜、薄板、挤出和模塑制品以及塑胶制品。

3. 脂肪族二元酸酯类

脂肪族二元酸酯可用如下通式表示：

$$R-O-\overset{\overset{\displaystyle O}{\|}}{C}(CH_2)_n\overset{\overset{\displaystyle O}{\|}}{C}-O-R'$$

$n=2\sim11$，R、R′ 一般为 $C_4\sim C_{11}$ 的烷基，也可以是环烷基，二者可以相同，也可以不同。此类增塑剂中常用长链二元酸与短链二元醇，或短链二元酸与长链一元醇进行酯化合成，使总的碳原子数在 $18\sim26$ 之间，保证它与树脂具有良好的相容性和低温挥发性。主要有己二酸酯、壬二酸酯和癸二酸酯等。常见的脂肪族二元酸酯增塑剂见表 11-5。

表 11-5 常见的脂肪族二元酸酯增塑剂

化学名称	简称	分子量	外观	沸点[①]/℃	凝固点/℃	闪点/℃
己二酸二辛酯	DOA	370	无色油状液体	210/5	-60	193
己二酸二异癸酯	DIDA	427	无色油状液体	245/5	-66	227
壬二酸二辛酯	DOZ	422	无色液体	376/760	-65	213
癸二酸二丁酯	DBS	314	无色液体	349/760	-11	202
癸二酸二辛酯	DOS	427	无色油状液体	270/4		241
己二酸 610 酯		378	无色液体	240/5		204
己二酸 810 酯		400	无色液体	260/5		
马来酸二辛酯	DOM	341	无色液体	203/5	-50	180

① "/"后数字为对应沸点的压力，单位 mmHg。

癸二酸二辛酯（DOS）是优良的耐寒增塑剂，无毒，耐热、耐光，电性能好，作辅助增塑剂适用于 PVC 耐寒电线、电缆料、人造革、薄膜、板材、片材等。

己二酸二辛酯（DOA）增塑效率高，受热不易变色，耐低温和耐光性好，作辅助增塑剂可用于 PVC 挤出和压延成型中，有良好的润滑性，制品手感好。

壬二酸二辛酯（DOZ）耐寒性比 DOA 好，黏度低，沸点高，挥发性小，耐热、耐光，电绝缘性良好，广泛用于 PVC 人造革、薄膜、薄板、电线和电缆护套等。但价格也比较昂贵，使其应用受到限制。

4. 其他类型增塑剂

（1）多元醇酯　多元醇酯主要是指由二元醇、多缩二元醇、三元醇、四元醇与饱和脂肪一元酸或苯甲酸生成的酯类。可用来作为辅助耐低温增塑剂，成本低，但挥发性大，色泽深，有气味。

（2）环氧化合物　环氧化合物是一类对 PVC 具有增塑和稳定双重作用的增塑剂，卫生性好，可允许用作食品和医药品的包装材料。其代表品种有环氧大豆油（ESO）、环氧大豆油酸 -2- 乙基己酯（ESBO）、环氧硬脂肪酸 -2- 乙基己酯（ED-3）等。

（3）含氯化合物　这是一类增量剂，主要为氯化石蜡、五氯硬脂酸甲酯等。具有优良的电绝缘性和阻燃性，成本低廉，常用于阻燃材料和 PVC 电线电缆的配方中。常用于 PVC 的氯化石蜡含氯量为 40% ～ 50%。

（4）聚酯　聚酯型增塑剂为聚合型增塑剂中一种主要类型，由二元酸与二元醇缩聚而得，分子量在 1500 ～ 4000。这类增塑剂因分子量大，耐挥发性、耐抽出和耐迁移性优良，是一种耐久型增塑剂。主要用于汽车内装饰制品、高温绝缘材料、医疗器械等领域。

（5）石油酯　又称为烷基磺酸苯酯，结构式为：

（R=$C_{13}H_{27}$ ～ $C_{18}H_{37}$）

通常以平均碳原子数为 15 的重液体石蜡为原料，与苯酚经氯磺酰化而得。由于制造过程中氯磺酰化深度控制在 50% 左右，因此又常简称为 M-50（或 T-50）。它为淡黄色油状透明液体，电性能较好，挥发性低，耐候性好，但耐寒性较差，相容性中等，可作为 PVC 的主增塑剂。M-50 常与邻苯二甲酸酯类并用，部分替代邻苯二甲酸酯类，主要用于 PVC 薄膜、人造革、电缆料等方面。

（6）苯多酸酯　苯多酸酯主要包括偏苯三酸酯和均苯四酸酯。苯多酸酯的挥发性低，耐抽出性与耐迁移性好，具有类似于聚酯型增塑剂的优点，相容性、加工性、低温性能等又类似于邻苯二甲酸酯类，所以它们具有单体型增塑剂和聚酯型增塑剂两者的优点，常用于耐高温 PVC 电线电缆中。

它的两个代表品种偏苯三酸三辛酯（TOTM）与均苯四酸四（2- 乙基）己酯（TOP）的结构式如下：

偏苯三酸三辛酯(TOTM)　　　均苯四酸四(2-乙基)己酯(TOP)

（7）柠檬酸酯　此类增塑剂主要包括柠檬酸酯及乙酰化柠檬酸酯，为典型的无毒型增塑剂，可用于食品包装、医疗器械、儿童玩具以及个人卫生用品等方面。

五、增塑剂的应用

1. 几种常用增塑剂的性能比较

增塑剂中最常用的是邻苯二甲酸酯类、磷酸酯类和脂肪族二元酸酯三大类。邻苯二甲酸酯类的综合性能好，磷酸酯类具有良好的相容性和阻燃性，脂肪族二元酸酯类的耐寒性优异。其他类型的增塑剂也都有各自的特点。

要熟悉各种增塑剂的性能，还必须了解它们之间的相互关系及性能比较，才能在配方时选用适当的增塑剂。下面是几种常用增塑剂的性能比较。

常用增塑剂的增塑效率顺序为：

DBS ＞ DBP ＞ DOS ＞ DOA ＞ DOP ＞ DIOP ＞ M-50 ＞ CP-50

常用增塑剂的相容性顺序为：

DBS ＞ DBP ＞ DOP ＞ DIOP ＞ DNP ＞ ED-3 ＞ DOA ＞ DOS ＞氯化石蜡

常用增塑剂的耐寒性顺序为：

DOS ＞ DOZ ＞ DOA ＞ ED-3 ＞ DBP ＞ DOP ＞ DIOP ＞ DIDP ＞ DNP ＞ M-50 ＞ TCP

常用增塑剂的电绝缘性顺序为：

TCP ＞ DNP ＞ DOP ＞ M-50 ＞ ED-3 ＞ DOS ＞ DBP ＞ DOA

2. 增塑剂在 PVC 中的应用

到目前为止，DOP 因综合性能好，无特殊缺点，价格适中，生产技术成熟，产量较充裕等特点而占据着 PVC 用增塑剂的主导地位。无特殊要求的增塑制品均可采用 DOP 作为主增塑剂。

DOP 在 PVC 中的用量主要根据对 PVC 制品的使用性能要求而定，此外还要考虑加工性能要求。DOP 添加比例越大，制品越柔软，PVC 软化点下降越多，流动性也越好，但过多添加会导致增塑剂渗出。

为了得到某些具有特殊性能的 PVC 制品，不仅配方整体组成有所改变，而且增塑剂也常要相应变动。如选用环氧增塑剂取代部分 DOP 以改善薄膜的热 - 光稳定性；选用磷酸三甲苯酯（TCP）取代部分 DOP 提供薄膜阻燃性；选用脂肪族二元酸酯，可提高制品的耐寒性等。在选用其他种类的增塑剂时，以 DOP 为标准增塑剂品种，以此为基础设计新的配方。在选用某种增塑剂部分或全部取代 DOP 时，必须考虑以下几点。

① 新选用的增塑剂与 PVC 的相容性是决定其可能取代 DOP 比例的一个重要因素。与 PVC 相容性好的，有可能多取代，甚至全取代；反之，则只能少量取代。

② 切勿简单地利用新选的增塑剂去同等份数地取代 DOP。这是因为各种增塑剂的增塑效率不同，因而应该根据相对效率比值进行换算。

③ 新选用的增塑剂不仅在主要性能上要满足制品的要求，而且最好不使其他性能下降，否则应采取弥补措施。

④ 增塑剂的选用受多方面的制约，变动后的配方需经过各项性能的综合测试后才可以最后确定。

第三节　润滑剂

高分子材料在成型加工时，存在着熔融聚合物分子间的摩擦和聚合物熔体与加工设备表面间的摩擦，前者称为内摩擦，后者称为外摩擦。内摩擦会增大聚合物熔体的黏度，降低流动性，严重时会导致材料的过热、老化；外摩擦则使聚合物熔体与加工设备及其他接触材料表面间发生黏附，影响制品表面质量，不利于制品从模具中脱出。一般把能改进聚合物熔体的流动性、减少熔体对设备的黏附现象、提高塑件脱模作用的物质称为润滑剂。

一、润滑剂作用机理

由于塑料加工过程的影响因素很多，关于润滑剂的作用机理尚不十分成熟，存在着各种不同的解释，下面是简单的内润滑机理和外润滑机理。

（1）内润滑机理　能够降低聚合物分子间的摩擦，即减少内摩擦而加入的润滑剂称之为内润滑剂。内润滑剂与聚合物有一定的相容性，其结构及在聚合物中的状态类似于增塑剂，能够使大分子间作用力略有降低，在聚合物变形时，分子链间能够相互滑移和旋转，从而使聚合物分子间的内摩擦减小，流动性增加。但润滑剂不会过分降低聚合物的 T_g 和强度等，这是与增塑剂的不同之处。

（2）外润滑机理　主要降低聚合物与加工设备表面之间的摩擦，即减少外摩擦而加入的润滑剂称为外润滑剂。与内润滑相比，外润滑剂与聚合物的相容性更小。在加工过程中，润滑剂分子很容易从聚合物内部迁移至表面，并在熔融聚合物与加工设备（或模具）的界面处形成定向排列的润滑剂层，这种由润滑剂分子层所构成的润滑界面对聚合物熔体和加工设备起到隔离作用，减少了两者之间的摩擦。润滑剂的分子链越长，越能使两个摩擦面远离，润滑效果越好，润滑效率越高。

二、常用润滑剂品种

在塑料工业中，广泛使用的是有机润滑剂，它们按化学结构可分为烃类化合物、脂肪酸、脂肪酸酯、脂肪酸酰胺、脂肪醇和有机硅化合物等。

1. 烃类

用作润滑剂的烃类是一些分子量在 350 以上的脂肪烃，包括石蜡、合成石蜡和低分子量的 PE 蜡等。烃类润滑剂具有优良的外润滑性，由于与聚合物相容性差，内润滑性不显著。

（1）石蜡　主要成分为直链烷烃，含少量支链，广泛用作各种塑料的润滑剂和脱模剂。外润滑作用强，能使制品表面具有光泽。缺点是与 PVC 的相容性差，热稳定性低，易影响制品的透明度。主要用于 UPVC 挤出制品中，用量一般为 0.5 ～ 1.5 份，用量过多对制品强度有影响。

（2）微晶石蜡　主要由支链烷烃、环烷烃和一些直链烷烃组成。分子量为 500 ～ 1000，即为 C_{32} ～ C_{72} 烷烃，可用作 PVC 等塑料的外润滑剂，润滑效果和热稳定性优于一般石蜡，无毒。缺点是凝胶速度慢，影响制品的透明性。

（3）液体石蜡　俗称"白油"，适用于 PVC、PS 等的内润滑剂，润滑效果较好，无毒，适用于注射、挤出成型等，但与聚合物的相容性差，故用量不宜过多。

（4）PE 蜡　即分子量为 1500 ～ 5000 的 PE，部分氧化的低分子量 PE 称为氧化 PE 蜡，可作为 PVC 等的润滑剂，用途广泛。比其他烃类润滑剂的内润滑作用强，适用于挤出和压延成型，能提高加工效率，防止薄膜等黏结，有利于填料或颜料在聚合物基质中的分散。与 PE 蜡性能相近的还有 PP 蜡。

2. 脂肪酸酯

作为润滑剂的酯类主要是高级脂肪酸的一元醇酯和多元醇单酯，一些具有代表性的品种见表 11-6。

表 11-6　脂肪酸酯类润滑剂

名称	结构式	外观	熔点 /℃
硬脂酸丁酯	$CH_3(CH_2)_{16}COOC_4H_9$	浅黄色液体	195 ～ 220
硬脂酸单甘油酯	$CH_3(CH_2)_{16}COOCH_2-\overset{\displaystyle OH}{\underset{\displaystyle |}{CH}}-CH_2OH$	无色油状液体	

名称	结构式	外观	熔点 /℃
油酸单甘油酯	CH₃(CH₂)₇CH=CH(CH₂)₇C—O—CH₂—CH—CH₂OH （C上有O双键，右侧CH上有OH）	淡黄色油状液体	
聚乙二醇油酸酯	CH₃(CH₂)₇CH=CH(CH₂)₇CO(OCH₂CH₂)₈OH	浅琥珀色油状液体	

此类润滑剂多数兼具润滑和增塑双重性质，如硬脂酸丁酯便是氯丁橡胶的增塑剂。脂肪酸的多元醇单酯是高效的内润滑剂，可用于 UPVC 的压延硬质片材、注塑制品及型材加工中，特别适合在半硬质 PVC 中用作内润滑剂，并具有抗静电、抗积垢作用。

脂肪酸酯多与其他润滑剂并用或做成复合润滑剂使用。

3. 脂肪酸及其金属皂

直链脂肪酸及其相应的金属盐具有多种功能，其中硬脂酸和月桂酸常作为润滑剂使用。它们均为白色固体，无毒，主要由油脂水解而得。由于对金属导线有腐蚀作用，一般不宜用于电线电缆等塑料制品。

常用作润滑剂的脂肪酸金属皂主要是硬脂酸盐，包括 ZnSt、CaSt、PbSt 和 NaSt 等。ZnSt 呈白色粉末状，兼具内、外润滑作用，可保持透明 PVC 制品的透明度和初期色泽，在橡胶中兼具硫化活性剂、润滑剂、脱模剂和软化剂等功能。CaSt 可用于硬质和软质 PVC 混料的挤出、压延和注塑加工；在 PP 的加工中，作为润滑剂和金属清除剂使用。PbSt 常与 CaSt 复合使用，作为 UPVC 的润滑剂和热稳定剂。但因铅盐有毒，使用时要加以注意。NaSt 作为 HIPS、PP 和 PC 塑料的润滑剂，具有优良的耐热褪色性能，且软化点较高。

4. 脂肪酸酰胺

用作塑料加工用润滑剂的脂肪酸酰胺主要是高级脂肪酸酰胺，其结构和物性见表 11-7。

表 11-7 脂肪酸酰胺类润滑剂

名称	结构式	外观	熔点 /℃
硬脂酸酰胺	CH₃(CH₂)₁₆CONH₂	白色片状结晶	108～109
油酸酰胺	CH₃(CH₂)₇CH=CH(CH₂)₇CONH₂	白色结晶	75～76
乙二胺双硬脂酰胺	C₁₇H₃₅CONHCH₂CH₂NHCOC₁₇H₃₅	白色粉末	141～142

此类润滑剂由脂肪酸与氨直接反应制备，大都兼具外部和内部润滑作用。其中硬脂酸酰胺、油酸酰胺的外部润滑性优良，多用作 PE、PP、PVC 等的润滑剂和脱模剂，以及聚烯烃的滑爽剂和薄膜抗黏结剂等。

5. 脂肪醇

作为润滑剂使用的醇类，主要是含 16 个以上碳原子的饱和脂肪醇，如硬脂醇（C₁₈H₃₇OH）和软脂醇（C₁₆H₃₃OH）等。高级脂肪醇具有初期和中期润滑效果，与其他润滑剂混合性良好，能改善其他润滑剂的分散性，故经常作为复合润滑剂的基本组成之一。高级醇与 PVC 的相容性好，具有良好的内润滑作用，与金属皂类、硫醇类及有机锡类稳定剂并用效果良好。

6. 有机硅氧烷

俗称"硅油"，是低分子量含硅聚合物，因其具有很低的表面张力，较高的沸点和对加工模具的惰性，常作为脱模剂使用。具有代表性的品种有聚二甲基硅氧烷、聚甲基苯基硅氧烷等。

7. 聚四氟乙烯

PTFE 适用于各种介质的通用型润滑性粉末，可快速涂覆形成干膜，用作石墨、钼和其他无机润滑剂的代用品，适用于热塑性和热固性聚合物的脱模剂。

三、润滑剂在塑料中的应用

不同的应用对润滑剂有着不同的要求，总体上要考虑以下几个方面：①润滑效能高而持久；②与树脂的相容性大小适中，内部和外部润滑作用平衡，不喷霜，不结垢；③表面张力小，黏度低，在界面处的扩展性好，易形成界面层；④不降低聚合物的力学强度及其他性能；⑤本身的耐热性和化学稳定性优良，在高温加工中不分解，不挥发，不与树脂或其他助剂发生有害反应；⑥不腐蚀设备，不污染制品，无毒。

一种润滑剂很难满足以上所有要求。实际应用中多将几种润滑剂配合使用，这是近年来复合润滑剂快速发展的原因之一。下面举例说明润滑剂在塑料中的应用。

（1）在 PVC 中的应用　润滑剂在 PVC 中的应用最为广泛。一般，UPVC 需要约 1% 的润滑剂，特殊情况可到 4%；而在软 PVC 中，0.5% 或少于 0.5% 就已足够。在生产中，润滑剂的选用一般由稳定体系和加工方法来确定。

（2）在聚烯烃中的应用　聚烯烃具有良好的加工性，一般不需用润滑剂，但在加工过程中常根据需要添加一种或几种润滑剂以进一步提高加工性能。常用的有 PE 蜡、PP 蜡、硬脂酸甘油酯、脂肪酰胺等。

（3）在苯乙烯类塑料中的应用　PS 中加入的润滑剂，一般选用硬脂酸丁酯、液体石蜡等对透明性影响小的润滑剂；ABS 树脂则常选用脂肪酰胺和金属皂，有时也选用脂肪酸酯类、硬脂酸及 PE 蜡等作润滑剂。

（4）在工程塑料中的应用　诸如 PA、PC、PET、POM 等主要用于注塑成型加工。因此，润滑剂的使用主要是改进流动性，有利于制件的脱模。由于工程塑料的加工温度和使用温度较高，润滑剂应有良好的热稳定性和低挥发性，以及对水解和酸性的适应性。

第四节　抗氧剂

一、概述

1. 塑料老化现象

塑料老化现象是指塑料暴露于自然或人工环境条件下性能随时间延长而逐渐变坏的现象。由于塑料材料品种繁多，贮存和使用条件又不尽相同，因此它们的老化现象也是各种各样的。归纳起来主要有以下四个方面。

（1）外观变化　如变色、变暗、发黏、变硬、变脆、龟裂变形；出现斑点、皱纹、气泡、粉化、喷霜、翘曲；分层脱落（如起鳞、起毛等）。

（2）物理化学性能变化　如密度、热导率、T_g、T_m、折射率、溶解度、熔体流动速率等的变化。

（3）力学性能的变化　如拉伸强度、伸长率、冲击强度、疲劳寿命、硬度、耐磨性等性能的变化。通常均会变差，对工程材料及制品尤其需要加以重视。

（4）电性能的变化　如体积电阻率、表面电阻率、介电常数、击穿电压等性能的变化。这对用于电气和绝缘的塑料制品尤其重要。

老化是塑料乃至所有高分子材料普遍存在的现象。只是由于聚合物的化学组成、结构、加工条件、使用环境等不同，老化的快慢不同而已。

2. 塑料老化的影响因素

概括起来影响塑料老化的因素有两个方面，即内在因素和外在因素。内在因素又称为结构因素。由于聚合物结构上总是不同程度地存在着某些薄弱环节，而它们又往往是最先受到外在因素的作用而引起老化。如 PTFE 的化学稳定性比其他所有塑料都要好，耐老化性能也极其优异。究其原因，是由于其中的 C—F 键非常牢固，其他原子或基团很难取代氟原子；同时，相对较弱的 C—C 键也受到了屏蔽作用不致受到外界因素的作用而破坏。

但与 PTFE 结构相似的 PE 却易老化。除了 C—H 键比 C—F 键弱外，PE 分子链上还有一些支链的存在，从而形成一定数量较活泼的叔碳原子。另外，PE 分子链中还含有碳 - 碳双键及氧化结构（如羰基），这些都使得 PE 易受外因作用而引起老化。PP 由于含有更多的叔碳原子，耐老化性能较 PE 更差。

另外，分子量、立构规整性、结晶与否及结晶度的大小等对老化也都具有一定的影响。

实际上，聚合物结构上的因素只是引起老化的前提，而真正发生老化，是在外界因素的作用下进行的，外界因素是引起塑料老化的重要条件。外界因素包括物理因素、化学因素和生物因素。物理因素包括光、热、电、高能辐射和机械应力等，其中光和热是最主要的因素；化学因素包括氧、臭氧、水、酸、碱、盐及腐蚀性气体（如 NH_3、HCl、SO_2）等，其中氧是主要因素，许多塑料在光、热的作用下，都会发生自动氧化反应，从而使大分子链发生断链或交联，而导致老化；生物因素包括微生物（主要是霉菌）、昆虫、海洋生物等。

总而言之，引起聚合物老化的根本原因在于聚合物本身的结构，而在特定条件下，外界因素又会对聚合物的老化产生极其重要的作用。如农业生产中广泛使用的遮阳网（图 11-1），由于高温和日照的影响，极易老化，需加入稳定化助剂。

图 11-1　HDPE 遮阳网

如上所述，聚合物的老化是由内因、外因两方面共同作用的结果，防老化的途径相应有两个方面：一是通过改进聚合工艺，或对聚合物进行改性以消除或尽量减少分子结构中的薄弱环节，甚至施加物理防护，隔绝外界因素对聚合物的作用；二是添加稳定化助剂（橡胶工业中简称防老剂）。从塑料加工业的角度来看，添加稳定化助剂具有操作简便、效果显著等特点，因而更具有现实意义。

稳定化助剂是一类加入聚合物中可延缓其老化的化合物。一般有热稳定剂、抗氧剂、光稳定剂和防霉剂等。

3. 塑料的氧老化

塑料的氧老化是指在有氧存在时，聚合物分子链发生的自动氧化反应。众所周知，当一种合成材料或物质在隔绝空气或氧气的情况下，寿命要比暴露于空气或氧气环境时的寿命长得多。例如，LDPE在空气中即使在室温下也会发生相当严重的老化现象，但如果使之隔绝空气，升温到290℃以上才会出现分解。究其原因就是聚合物材料与氧气发生氧化反应而促进了其老化的进程。聚合物的热老化实质上是一种在能量作用下的热氧老化。由于聚合物材料在加工、贮存和使用过程中难免要与空气接触，所以热氧老化对于聚合物材料的重要性是不言而喻的。

塑料的自动氧化反应具有自由基反应机理。这一机理包括链引发、链传递和链终止三个过程。大量的研究表明，由饱和烃或不饱和烃链节组成的塑料都是以这种方式发生氧化老化反应的。

（1）链引发　自由基链式反应的引发一般都是在光照、受热和引发剂的作用下或重金属离子的催化作用下发生的。对于高分子化合物而言，在上述因素的作用下，分子中的某些弱键有可能发生均裂而产生自由基。

$$RH \longrightarrow R \cdot + H \cdot$$

氧化初期生成的氢过氧化物在一定温度下吸收能量以后，又以单分子或双分子过程进行分解，生成新的自由基。

$$ROOH \longrightarrow RO \cdot + HO \cdot$$
$$2ROOH \longrightarrow RO \cdot + ROO \cdot + H_2O$$

在氢过氧化物生成之前，还可能发生分子氧直接进攻分子链产生自由基的反应：

$$RH + O_2 \longrightarrow R \cdot + HOO \cdot$$
$$2RH + O_2 \longrightarrow 2R \cdot + H_2O_2$$

引发是整个氧老化过程中最难进行的一步。速率取决于塑料的化学结构和外界条件。

（2）链传递　链的传递是从一个自由基产生另一个自由基的过程，是自动氧化反应的特点。

在引发阶段所生成的高分子烷基自由基$R \cdot$能迅速与空气中的氧结合生成高分子过氧自由基$ROO \cdot$，过氧自由基又能夺取大分子链中的氢而产生新的大分子烷基自由基$R' \cdot$和氢过氧化物（ROOH）。氢过氧化物又进一步产生新的自由基，该自由基又进一步与聚合物分子反应而造成了链的增长。

$$R \cdot + O_2 \longrightarrow ROO \cdot$$
$$ROO \cdot + R'H \longrightarrow R' \cdot + ROOH$$
$$ROOH \longrightarrow RO \cdot + HO \cdot$$
$$ROOH + RH \longrightarrow RO \cdot + R \cdot + H_2O$$
$$RO \cdot + RH \longrightarrow ROH + R \cdot$$
$$HO \cdot + RH \longrightarrow R \cdot + H_2O$$

（3）链终止　自由基之间相互结合生成惰性产物，即为链的终止阶段，反应式如下：

$$R \cdot + R \cdot \longrightarrow R—R$$
$$R \cdot + RO \cdot \longrightarrow R—O—R$$
$$2RO \cdot \longrightarrow R—O—O—R$$
$$2ROO \cdot \longrightarrow ROOR + O_2$$
$$ROO \cdot + RO \cdot \longrightarrow ROR + O_2$$
$$R \cdot + HO \cdot \longrightarrow ROH$$

事实上，在氧化过程中所产生的一些自由基与过氧化物，如 R·、RO·与 ROOH，尤其是烷氧自由基在参与自由基链式反应的同时还能进行分解、交联等各种类型的反应，分解反应最为突出。

大分子链通过分解，分子量大幅度下降，从而导致了力学性能的降低；另外，在反应过程中由于无序交联，往往形成无序网状结构，又使分子量增大，导致聚合物材料变硬、脆化等。

二、抗氧剂作用机理

根据上述热氧老化机理可以看到，要想提高塑料材料的抗氧化能力，必须阻止自动氧化链式反应的进行——防止自由基的产生或阻止自由基的传递，这就是塑料抗氧剂的基本作用机理。因此可将抗氧剂分为两大类。一类是能终止氧化过程中自由基链的传递和增长的抗氧剂，称为链终止型抗氧剂，此类抗氧剂又称为主抗氧剂；另一类是能够阻止或延缓氧化老化过程中自由基产生的抗氧剂，称为预防型抗氧剂，又称为辅助抗氧剂。

1. 主抗氧剂的作用机理

主抗氧剂是通过与聚合物产生的自由基反应而达到抗氧化目的。但不同结构的主抗氧剂与自由基的反应机理不同。归纳起来主要有以下两种类型。

（1）自由基捕获型　此类化合物是指那些与自由基反应使其不能再引发链式反应的物质。常见的有醌、炭黑、某些多核芳烃以及某些稳定的自由基，其中最重要的是醌，其作用机理反应式如下：

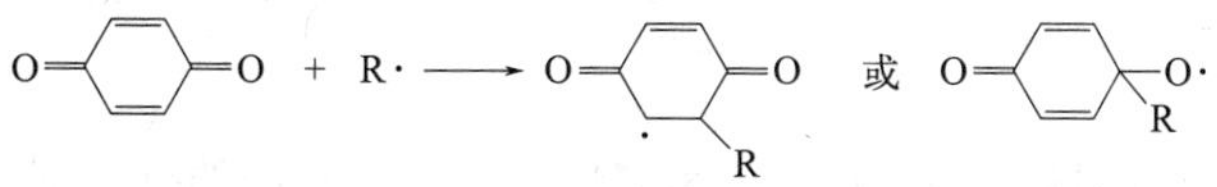

（2）氢给予体型　链终止型抗氧剂 AH 与聚合物材料中所产生的自由基反应，产生较稳定的自由基 A·而达到抗氧化的目的。AH 即为氢给予体。事实上，在工业生产中所用的链终止型抗氧剂大部分属于氢给予体型。

对于此类抗氧剂，必须有一先决条件，就是分子中具有活泼氢原子。这是因为它们必须与聚合物竞争体系中存在的自由基反应。反应式如下：

$$ROO· + RH \longrightarrow ROOH + R·$$
$$ROO· + AH \longrightarrow ROOH + A·$$

只有 AH 中的氢比 RH 中的氢活泼，才会使上述第一个反应不能进行而阻止氧化降解在大分子链上的传递和增长，从而达到抗氧化的目的。

氢给予体型抗氧剂中最常用也是最主要的是受阻酚类和芳胺类。如典型的受阻酚抗氧剂 2,6- 二叔丁基 -4- 甲基苯酚，抗氧化的作用机理可表示如下：

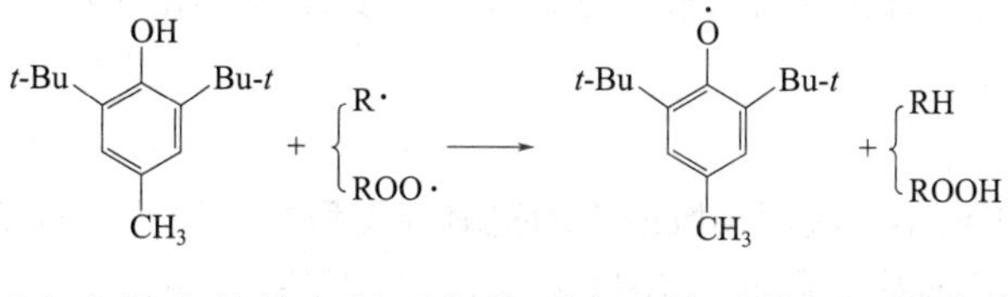

由于所生成的苯氧自由基中的单电子可与芳环大 π 体系共轭，故非常稳定。芳胺类抗氧剂的作用机理与其类似。

2. 辅助抗氧剂的作用机理

辅助抗氧剂的作用在于能阻止或延缓氧化过程中产生自由基。它主要包括过氧化物分解剂与金属离子钝化剂两大类。能与过氧化物反应并生成稳定化合物的物质叫作过氧化物分解剂，而能够钝化金属离子催化氧化老化过程的物质称为金属离子钝化剂。

（1）亚磷酸酯　在低温下，亚磷酸酯是一类很好的过氧化物分解剂。目前，已在塑料和橡胶工业中大量使用。一般认为，亚磷酸酯与过氧化物反应使其还原为醇，本身被氧化成磷酸酯，反应式如下：

$$P(OR')_3 + ROOH \longrightarrow ROH + O = P(OR')_3$$

（2）硫化物　主要包括一硫化物和二硫化物，其作用机理如下。

一硫化物（即硫醚）：

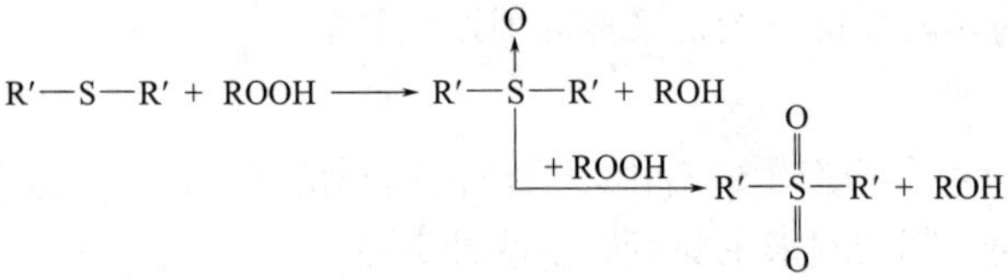

二硫化物：

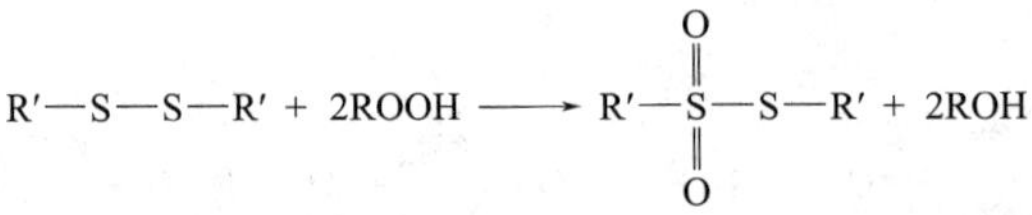

例如，硫代二丙酸二月桂酯（DLTP）是聚烯烃塑料中常用的抗氧剂。

（3）金属离子钝化剂　又称为金属离子螯合剂。它能像螃蟹的钳子将金属离子螯合起来，这样就可以阻止金属离子对氧化的催化作用。

N,N'- 二苯基草酰胺就是典型的例子：

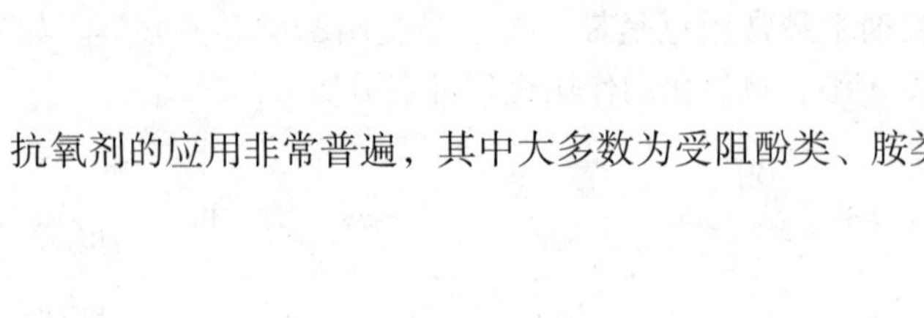

三、常用抗氧剂

在塑料工业中，抗氧剂的应用非常普遍，其中大多数为受阻酚类、胺类和辅助抗氧剂，其中以受阻酚类为主。

1. 酚类抗氧剂

酚类抗氧剂是发现最早、应用领域最广的抗氧剂类型之一。最早的商品牌号出现于20世纪30年代，有BHA（丁基羟基苯甲醚）、BHT（2,6- 二叔丁基 -4- 甲基苯酚，即抗氧剂264）。时至今日，抗氧剂264仍是当前产量很大的品种，可用于多种塑料材料。尽管其抗氧能力不及胺类抗氧剂，但它们所具有的优异的不变色性、无污染等优点为胺类抗氧剂所不及。更重要的是，它们一般为低毒或无毒，这对于人类的身心健康和环境保护十分重要，因而酚类抗氧剂具有很好的发展前景。

大多数酚类抗氧剂具有受阻酚的化学结构，它包括烷基单酚、烷基多酚和硫代双酚等类型。其结构式如下：

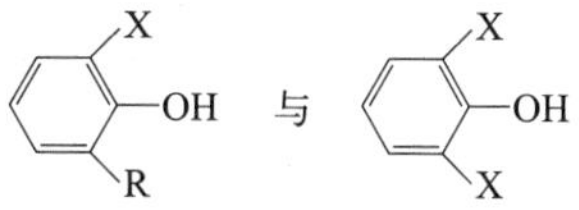

式中，R 为 CH_3、CH_2CH_3、SCH_3；X 为叔丁基。

（1）烷基单酚　分子内部只有一个受阻酚单元。分子量较小，因此挥发性和抽出性都比较大，抗老化能力弱，只能用在要求不高的制品中。

抗氧剂 264 是典型的烷基单酚抗氧剂。它是各项性能优良的通用型抗氧剂，不变色，无污染，可用于 PE、PVC、PP、PS、ABS 及聚酯塑料中，尤其适用于白色或浅色制品及食品包装材料，用量一般小于 1%。但其分子量低，挥发性大，不适合用于加工或使用温度高的塑料中。可通过向此分子中引入其他基团，增加分子量的途径来改进这一缺点，抗氧剂 1076 即为其中之一。

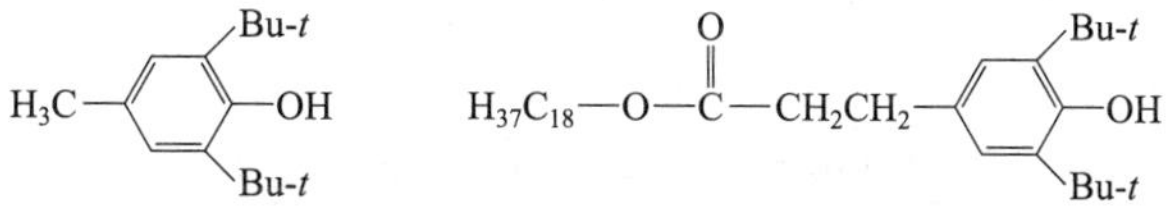

抗氧剂264　　　　　　　　　　　抗氧剂1076

（2）烷基多酚　分子内有两个或两个以上的受阻酚单元，因而其分子量增加，挥发性降低。另外，增加了阻碍酚在整个分子中所占的比例，提高了其抗氧效能，有许多品种相当于或略高于某些胺类抗氧剂。抗氧剂 2246 就是其中比较典型的品种，结构式和化学名称为：

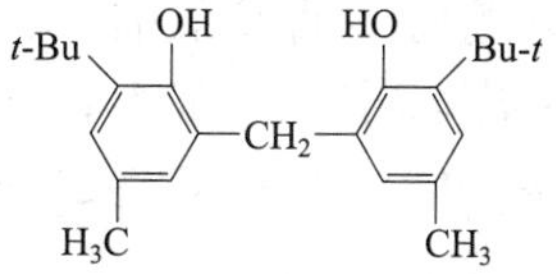

2, 2'-亚甲基双(4-甲基-6-叔丁基苯酚)

此抗氧剂保持了抗氧剂 264 的优良抗氧性能，无污染，同时由于分子量大，挥发性小，可用于浅色或彩色制品，用量一般低于 1%。如将抗氧剂 2246 上 4- 位上的甲基换成乙基，即为抗氧剂 425，污染性更小。

抗氧剂 CA 为三元酚抗氧剂，熔点在 185℃ 以上。长期以来，它一直用作塑料抗氧剂，在 PP、PE、PVC、ABS 的加工和制品中具有良好的稳定作用，用量一般在 0.02% ～ 0.5%。它与 DLTP 以 1:1 并用，可产生协同效应。分子式如下：

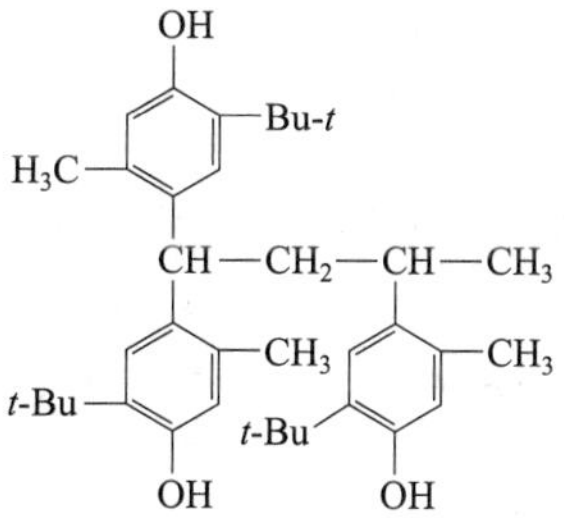

1, 1, 3-三(2-甲基-4-羟基-5-叔丁基苯基)丁烷

抗氧剂 330 也是一种三元酚抗氧剂，高效，无污染，低挥发，加工稳定，无毒，可用于食品包装制品。该产品广泛用于 HDPE、PP、PS、POM 及合成橡胶制品中，用量一般为 0.1% ～ 0.5%。分子式如下：

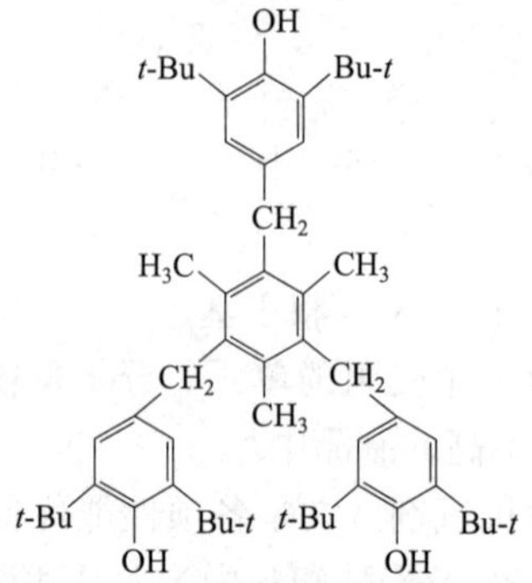

1, 3, 5-三甲基-2, 4, 6-三(3,5-二叔丁基-4-羟基苄基)苯

抗氧剂 1010 是一种性能优良的四元酚抗氧剂，挥发性极小，无污染，无毒，可用作无污染性高温抗氧剂，在塑料中有广泛应用。结构式如下：

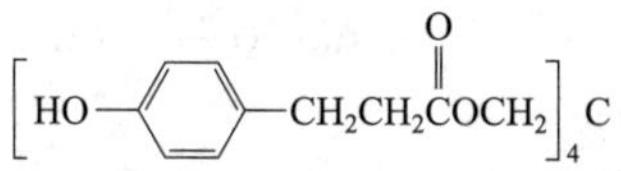

四[β-(3, 5-二叔丁基-4-羟基苯基)丙酸酯]季戊四醇酯

（3）硫代双酚　该类抗氧剂具有不变色、无污染的优点，抗氧性能类似于烷基双酚，但同时它还具有分解过氧化物的功效，从而抗氧效率较高。该产品因与紫外线吸收剂炭黑有着良好的协同效应，故广泛地用于橡胶、乳胶及塑料工业中。其典型产品有抗氧剂 300 与抗氧剂 2246-S。

4,4′- 硫代双（6- 叔丁基 -3- 甲基苯酚），即抗氧剂 300，熔点在 160℃ 以上，耐热性优良，不变色，污染性低，主要用于聚烯烃塑料，用量一般为 0.5% ～ 1%。

2,2′- 硫代双（6- 叔丁基 -4- 甲基苯酚），即抗氧剂 2246-S，广泛用作无污染、不变色的抗氧剂，用于聚烯烃制品，用量 1.5% ～ 2%。

2. 胺类抗氧剂

胺类抗氧剂是一类历史悠久、应用效果良好的抗氧剂。它对氧、臭氧的防护作用很好，对热、光、铜害的防护作用也很突出。但由于具有较强的变色性和污染性，主要用于橡胶制品，如电线、电缆、机械零件等，因而在橡胶加工中有着举足轻重的地位，而在塑料中应用较少。常用的品种有防老剂 A、防老剂 D、防老剂 H 等。

3. 辅助抗氧剂

（1）硫代酯　主要有两个品种，抗氧剂 DLTP 和 DSTP（硫代二丙酸双十八酯）。它们的结构式如下：

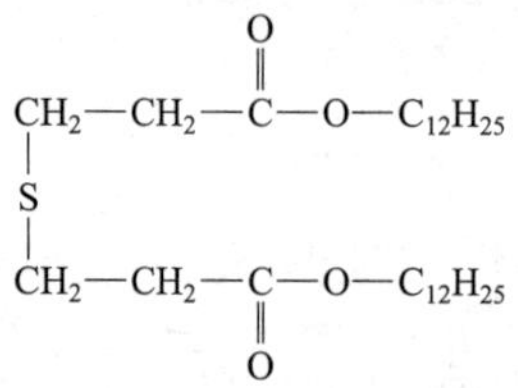

DLTP 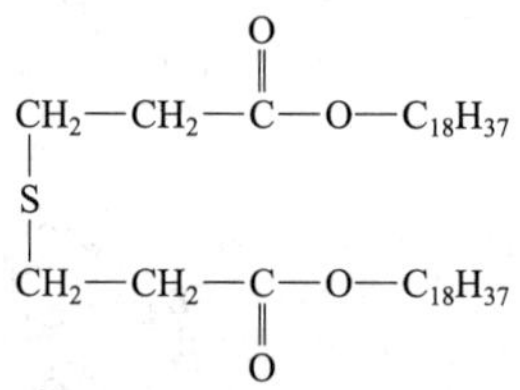   DSTP

上述两种硫代酯是优良的辅助抗氧剂，都可与酚类抗氧剂并用，产生协同效应。抗氧剂DLTP广泛用于PP、PE、ABS、橡胶及油脂等材料，用量一般为0.1%～1%。抗氧剂DSTP的抗氧效果较DLTP好，与主抗氧剂1010、1076等并用有协同效应，可用于PP、PE、合成橡胶与油脂等方面。

（2）亚磷酸酯　通式如下：

$$RO-P\begin{array}{c}OR'\\OR''\end{array} \qquad R、R'、R'' 为相同或不同的烷基或芳基$$

亚磷酸酯类辅助抗氧剂可与酚类主抗氧剂并用，具有良好的协同效应，是非常重要的一类抗氧剂。在PVC中又是常用的辅助热稳定剂。

亚磷酸三壬基苯酯，即抗氧剂TNP，该品无污染，无毒，常与酚类抗氧剂并用。在塑料工业中，可用于HIPS、PVC、PUR等材料中，用量一般为0.1%～0.3%。

亚磷酸三（2,4-二叔丁基苯酯），即抗氧剂168和亚磷酸二苯异辛酯（DPOP）是两种重要的亚磷酸酯类辅助抗氧剂，主要用于聚烯烃、PVC等塑料中，与酚类抗氧剂、金属皂类稳定剂并用，可显著提高其应用性能。抗氧剂168是目前广泛使用的复合抗氧剂的重要组分。

（3）金属离子钝化剂　是另一类较为重要的辅助抗氧剂，其作用在于防止重金属离子对聚合物的氧化催化作用，又称为金属钝化剂、金属螯合剂，早期也曾称其为铜抑制剂。

最早使用的金属离子钝化剂，是N,N'-二苯基草酰胺及其衍生物。目前在工业上仍在大量使用，如N-亚水杨基-N'-水杨酰肼。该产品为淡黄色粉末，熔点281～283℃。常用作聚烯烃的铜抑制剂，用量一般为0.1%～1%。另一个常用品种是N,N'-二乙酰基己二酰基二酰肼，该品为白色粉末，熔点252～257℃，主要用作聚烯烃的金属离子钝化剂。常与酚类抗氧剂或过氧化物分解剂（如DLTP、亚磷酸酯）并用，用量一般为0.3%～0.5%。

四、抗氧剂的应用

（1）抗氧剂的性质　无色和浅色塑料制品，一般选用稳定性好，不易发生污染的酚类抗氧剂。分子量较高的低挥发性抗氧剂品种适用于耐久性要求较高的制品。对于用量大的制品要考虑抗氧剂的相容性，以免产生"喷霜"现象。如使用环境较为恶劣，为保持长期的抗氧效率，应选用对介质、光、氧、水、热、重金属离子等外界因素比较稳定的抗氧剂。在与食品有关的制品中，必须选用天然或无毒抗氧剂。

（2）重视加工和使用因素对抗氧剂的影响　塑料的加工、贮存及使用环境因素对抗氧剂的影响较大。加工温度高的则需耐热抗氧剂；对使用温度高、力学强度要求高、光照强度大的制品则应选用高效和兼具光稳定作用的品种。

（3）抗氧剂的配合　在实际生产中，酚类主抗氧剂经常与过氧化物分解剂配合使用，能提高制品抗热氧化的性能，这种现象属于协同效应。

所谓协同效应，就是指当两种或两种以上的抗氧剂配合使用时，其总效能大于单独使用时各个效能之和的现象。反之，则称为对抗效应。受阻酚类主抗氧剂与亚磷酸酯类辅助抗氧剂并用时，具有明显的协同效应。而当受阻酚与炭黑在PE中配合作用时，由于炭黑能催化酚的直接氧化而使其抗氧能力降低，故它们的配合非但没有提高其抗氧效能，反而使其降低，此为对抗效应。

（4）正确使用抗氧剂的用量　抗氧剂的用量取决于塑料的性质、抗氧剂的效率、协同效应、制品的使用条件与成本价格等诸多因素。如不饱和、带支链多的塑料材料对大气中氧较敏感，易被氧化，应选用高效抗氧剂，并适当增加用量。

（5）新型抗氧剂　高效、低毒或无毒和多功能化是抗氧剂的发展趋势。近年来，人们在提高其抗氧效率与降低毒性等方面进行了大量工作，成功开发出了许多受阻酚、多元酚及聚合酚等各种类型的具有无毒、耐热、高效与抗降解的新品种。如对苯二甲酸双［3-（3,5-二叔丁基-4-羟基）苯基丙酯］在 PP 中（149℃）的热老化数据比抗氧剂 264 高出 116 倍。此外，复合型、反应型以及聚合型等新型抗氧剂，也显示出较高的抗氧剂效果。

第五节　光稳定剂

一、概述

从太阳发射出来的辐射线波长范围很宽，从 200nm 以下到 1000nm 以上。通过高空大气层，特别是臭氧层时，高能部分（290nm 以下）几乎全部被吸收，并且还过滤掉波长大于 3000nm 的红外线。这样，到达地球的太阳光波长为 290～3000nm。据统计，到达地球表面的太阳光中，紫外线（290～400nm）占 5%，可见光（400～800nm）占 40%，红外线占 55%。随着季节和气候的变化，这三部分射线所占的比例也会略有变化。

光辐射的能量与波长成反比，波长越短，能量越高。紫外线的强度虽只占太阳光的 5%，但其波长最短，能量最高（290～390kJ/mol）。由于有机化合物的键能通常在 290～400kJ/mol，很容易被紫外线破坏，这是聚合物容易产生光老化的主要原因。

由于紫外线的波长短、能量高，足以使聚合物分子成为激发态或破坏化学键引起自由基链式反应，并同时与氧相伴发生光氧老化，过程如下。

（1）链引发

$$RH \longrightarrow R \cdot + H \cdot$$
$$RH（高分子）\longrightarrow R—H^* （激发态分子）$$
$$R—H^* + O_2 \longrightarrow ROOH \longrightarrow ROO \cdot + H \cdot \longrightarrow RO \cdot + HO \cdot$$

（2）链增长

$$ROO \cdot + RH \longrightarrow ROOH + R \cdot$$
$$ROOH \longrightarrow R \cdot + HOO \cdot$$
$$RO \cdot + RH \longrightarrow ROH + R \cdot$$
$$HO \cdot + RH \longrightarrow R \cdot + H_2O$$

（3）链终止

$$R \cdot + R \cdot \longrightarrow R—R$$
$$2ROO \cdot \longrightarrow ROOR + O_2$$
$$ROO \cdot + RO \cdot \longrightarrow ROR + O_2$$

从上述反应可以看出，光氧化和热氧化仅引发机理不同，在光氧化反应中，一般经光激发之后，以氧化反应为主。

聚 α-烯烃本来对波长＞290nm 的紫外线和可见光吸收很少，应该不易发生光老化，但实际上它们的耐光老化性很差。这是因为受杂质的影响，使聚 α-烯烃先氧化成含羰基 $\left[\begin{array}{c} \diagdown \\ \diagup \end{array} C{=}O \right]$ 化合物，这种羰基化合物受紫外线作用，易发生断链而进一步降解，断链可有下列两种方式。

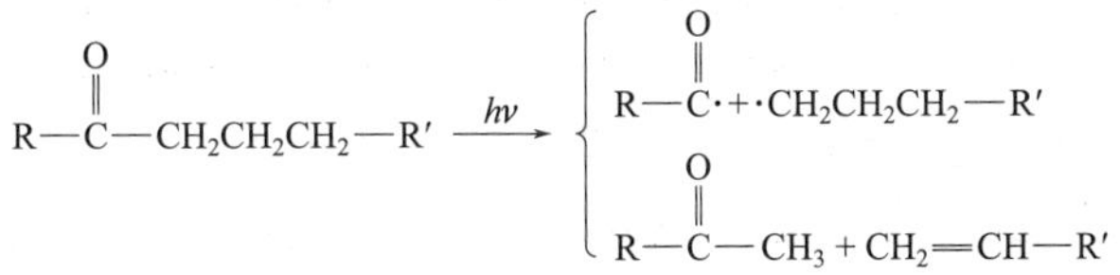

在光氧老化过程中，大分子链逐渐断裂或交联，于是就出现了一系列的老化现象，以致最后丧失使用性能。

二、光稳定剂作用机理及相关品种

从光氧老化机理可以看出，塑料的老化，是由于综合因素作用而发生的复杂过程。为了抑制这一过程的进行，延长塑料材料的使用寿命，添加光稳定剂是简便而有效的方法。光稳定剂的作用主要有以下几个方面：①紫外线的屏蔽和吸收；②氢过氧化物的非自由基分解；③猝灭激发态分子；④钝化重金属离子；⑤捕获自由基。

其中①～④为阻止光引发，⑤为切断链增长反应的措施。光稳定剂为抑制聚合物光氧降解，至少必须具有上述某一种功能。根据稳定机理的不同，光稳定剂大致可分为 4 类。

1. 光屏蔽剂

又称为遮光剂，是一类能够反射或吸收紫外线的物质。它的存在像是在聚合物与光源之间设立了一道屏障，使光在达到聚合物的表面时就被反射或吸收，阻碍了紫外线深入聚合物内部，从而有效地抑制了制品的老化。可以说，光屏蔽剂构成了光稳定化的第一道防线。

这类稳定剂主要有炭黑、二氧化钛、氧化锌等。其中，炭黑可吸收可见光和部分紫外线（也有一定吸收作用）；而 TiO_2 与 ZnO 为白色颜料，对光线有反射作用。炭黑的效力最大，如在 PP 中加入 2% 的炭黑，寿命可达 30 年以上。

2. 紫外线吸收剂

这是目前应用最广的一类光稳定剂。它能强烈地、选择性地吸收高能量的紫外线，并以能量转换形式，将吸收的能量以热能或无害的低能辐射释放出来或消耗掉，从而防止聚合物的发色团吸收紫外线能量随之发生激发。紫外线吸收剂的类型比较广泛，但工业上应用最多的当数二苯甲酮类、水杨酸酯类和苯并三唑类。紫外线吸收剂的应用为塑料的光稳定化设置了第二道防线。

（1）二苯甲酮类　其通式为：

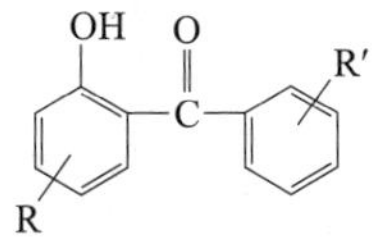

R、R′ 为烷基、烷氧基等。它是目前应用最广的一类紫外线吸收剂，它对整个紫外区几乎都有较慢的吸收作用。光稳定机理可用下式表示：

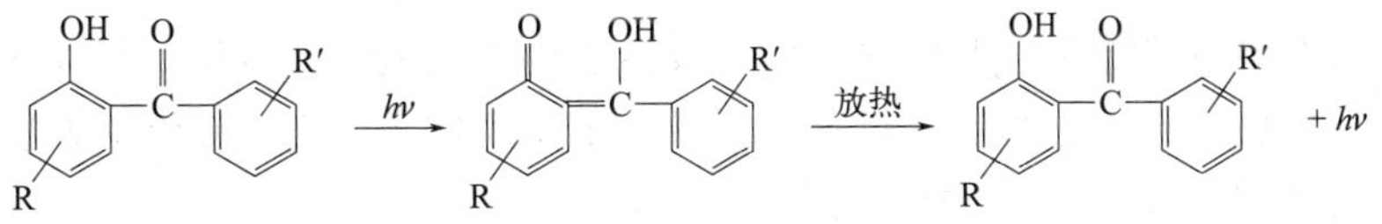

其中，UV-9 和 UV-531 是应用最为广泛的光稳定剂。UV-9 能有效吸收 290～400nm 的紫外线，几乎不吸收可见光，故适用于浅色透明制品。本品对光、热稳定性良好，在 200℃时不分解，但升华损失较大，可用于油漆和各种塑料。对 SPVC、UPVC、PS、丙烯酸酯类树脂和浅色透明木材家具特别有效，用量为 0.1～0.5 份。

UV-531 能强烈吸收 300～375nm 的紫外线，与大多数聚合物相容，特别是与聚烯烃有很好的相容性，挥发性低，几乎无色。主要用于聚烯烃，也用于乙烯基类树脂、PS、纤维素塑料、聚酯、PA 等塑料，用量为 0.5 份左右。

这两种紫外线吸收剂的结构式如下：

UV-9
2-羟基-4-甲氧基二苯甲酮

UV-531
2-羟基-4-辛氧基二苯甲酮

常见的二苯甲酮类光稳定剂见表 11-8。

表 11-8　常见的二苯甲酮类光稳定剂

化学名称	商品名称	最大吸收波长 /nm	外观	熔点 /℃
2,4- 二羟基二苯甲酮	Uvinul 400	288	灰白色	140～142
2- 羟基 -4- 甲氧基二苯甲酮	Cyasorb UV-9	287	淡黄色粉末	63～64
2- 羟基 -4- 辛氧基二苯甲酮	Cyasorb UV-531	290	淡黄色粉末	48～49
2- 羟基 -4- 癸氧基二苯甲酮	Uvinul 410	288	灰白色粉末	49～50
2- 羟基 -4- 十二烷氧基二苯甲酮	Rylex D AM-320	325	淡黄色片状固体	43～44
2,2′- 二羟基 -4- 甲氧基二苯甲酮	Cyasorb UV-24	285	淡黄色粉末	68～70
2- 羟基 -4- 甲氧基 -2′- 羧基二苯甲酮	Cyasorb UV-207	320[①]	白色粉末	166～168
2,2′- 二羟基 -4,4′- 二甲氧基二苯甲酮	Uvinul D-49	288	黄色粉末	130
Uvinul D-49 与四取代二苯甲酮的混合物	Uvinul 490	288	黄色粉末	80
2,2′,4,4′- 四羟基二苯甲酮	Uvinul D-50	286	黄色粉末	195
2- 羟基 -4- 甲氧基 -5- 磺基二苯甲酮	Cyasorb UV-284	288	白色粉末	109～135
2,2′- 二羟基 -4,4′- 二甲氧基 -5- 磺基二苯甲酮	Uvinul DS-49	333[②]	粉末	＞350

① 甲醇作溶剂。

② 甲苯作溶剂；未注明者以氯仿作溶剂。

（2）水杨酸酯类　其通式为：

（R 为芳基或取代芳基）

此为应用最早的一类紫外线吸收剂。它可在分子内形成氢键，本身对紫外线的吸收能力很低，吸收的波长范围极窄，在吸收一定能量后，由于发生分子重排，形成了吸收紫外线能力很强的二苯甲酮类结构，从而具有光稳定作用。例如：

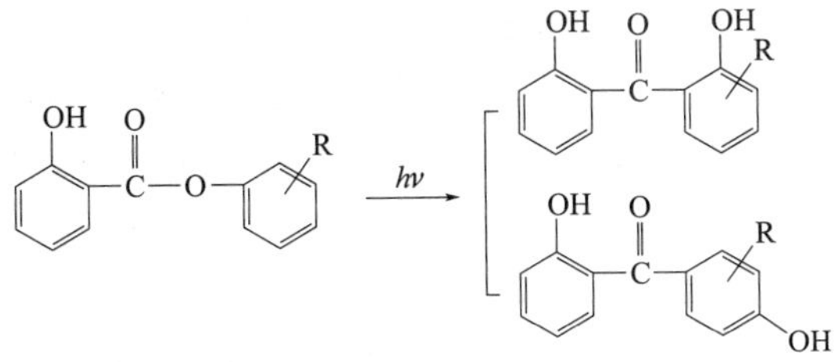

这类稳定剂称为先驱型紫外线吸收剂。主要品种有水杨酸对叔丁基苯酯（UV-TBS），是一种廉价的紫外线吸收剂，性能良好，但在光照下有变黄的倾向，可用于 PVC、PE、纤维素塑料和 PUR，用量为 0.2 ～ 1.5 份。双水杨酸双酚 A 酯（UV-BAD），可吸收波长 350nm 以下的紫外线，与各种树脂的相容性好，价格低廉，可用于 PE、PP 等聚烯烃制品，也可用于含氯树脂，用量为 0.2 ～ 4 份。

（3）苯并三唑类　其通式为：

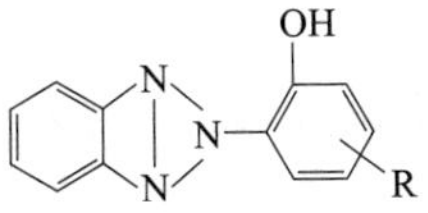

稳定机理与二苯甲酮类似。分子中也存在氢键螯合环，由羟基氢与三唑基上的氮所形成。当吸收紫外线后，氢键破坏或变为光互变异构体，把有害的紫外光能变成无害的热能，反应过程如下：

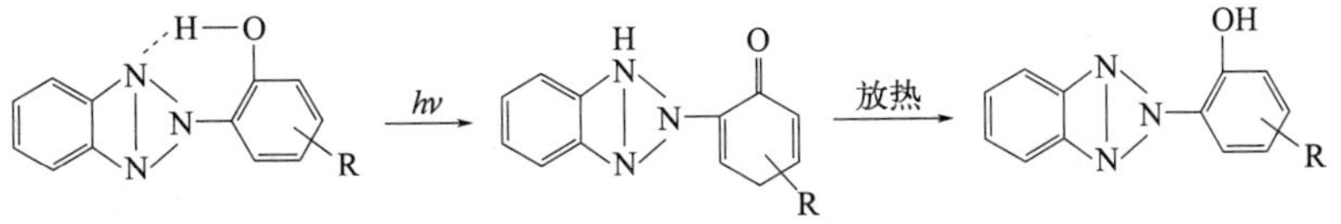

苯并三唑类对紫外线的吸收范围较广，可吸收 300 ～ 400nm 的光，而对 400nm 以上的可见光几乎不吸收，因此制品不会带色，热稳定性优良，但价格较高，可用于 PE、PP、PS、PC、聚酯、ABS 等制品。常见的苯并三唑类紫外线吸收剂见表 11-9。

表 11-9　常见的苯并三唑类紫外线吸收剂

化学名称	商品名称	最大吸收波长 /nm	外观	熔点 /℃
2-(2′- 羟基 -5′- 甲基苯基) 苯并三唑	UV-P	298	灰白色粉末	128 ～ 132
2-(3′,5′- 二叔丁基 -2′- 羟基苯基) 苯并三唑	UV-320	305	淡黄色粉末	152 ～ 156
2-(3′- 叔丁基 -2′- 羟基 -5′- 甲基苯基)-5- 氯代苯并三唑	UV-325	313	淡黄色粉末	140
2-(3′,5′- 二叔丁基 -2′- 羟基苯基)-5- 氯代苯并三唑	UV-327	315	淡黄色粉末	151
2-(2′- 羟基 -3′,5′- 二叔戊基) 苯并三唑	UV-328	300	淡黄色粉末	81
2-(2′- 羟基 -5′- 叔辛基苯基) 苯并三唑	UV-5411	345	白色粉末	> 102

UV-P 能吸收波长 270 ～ 380nm 的紫外线，几乎不吸收可见光，初期着色性小，主要用于 PVC、PS、UP、PC、PMMA、PE、ABS 等制品，特别适用于无色透明和浅色制品。用于薄制品一般添加量为 0.1 ～ 0.5 份，用于厚制品为 0.05 ～ 0.2 份。

UV-326 能有效吸收波长 270 ～ 380nm 的紫外线，稳定效果很好。对金属离子不敏感、挥发性小，有抗氧作用，初期易着色。主要用于聚烯烃、PVC、UP、PA、EP、ABS、PUR 等制品。

UV-327 能强烈吸收波长 270～300nm 的紫外线，化学稳定性好，挥发性小，毒性小，与聚烯烃相容性好，尤其适用于 PE、PP，也适用于 PVC、PMMA、POM、PUR、ABS、EP 等。

UV-5411 吸收紫外线波长范围较广，最大吸收峰为 345nm（在乙醇中），挥发性小，初期着色性也不大，广泛用于 PS、PMMA、UP、UPVC、PC、ABS 等。

3. 光猝灭剂

又称减活剂或消光剂，或称激发态能量猝灭剂。这类稳定剂本身对紫外线的吸收能力很低（只有二苯甲酮类的 1/20～1/10）。在稳定过程中不发生较大的化学变化，但它能转移聚合物分子因吸收紫外线后所产生的激发态能，从而防止聚合物因吸收紫外线而产生自由基。它是光稳定化的第三道防线。光猝灭剂转移能量的方式如下。

一是光猝灭剂接受激发态聚合物分子的能量后，本身成为非反应性的激发态，然后再将能量以无害的形式散失掉。

$$A^*（激发态聚合物）+ Q（光猝灭剂）\longrightarrow A + Q^*（激发态光猝灭剂）$$
$$Q^* \longrightarrow Q$$

二是光猝灭剂与受激发聚合物分子形成一种激发态配合物，再通过光物理过程释放出能量。

$$A^*（激发态聚合物）+ Q（光猝灭剂）\longrightarrow [A + Q]^* \longrightarrow 光物理过程（产生荧光、磷光等）$$

光猝灭剂主要是金属配合物，如镍、钴、铁的有机配合物。代表品种有光稳定剂 AM-101，化学名称为硫代双（4-叔辛基酚氧基）镍，其结构式如下。

本品为绿色粉末，最大吸收波长为 290nm，对聚烯烃和纤维的光稳定化非常有效。在溶剂中的溶解度极小，与紫外线吸收剂并用有着良好的协同效应。但此品有使制品着色的缺点。因分子中含有硫原子，高温加工有变黄的倾向，故不适用于透明制品，在塑料中用量为 0.1～0.5 份。

类似的品种还有光稳定剂 1084，化学名称为 2,2′-硫代双（4-叔辛基酚氧基）镍-正丁胺配合物。本品为浅绿色粉末，最大吸收波长为 296nm，对制品的着色性小，光稳定效率高，具有抗氧剂的功能，是 PP 和 PE 的优良稳定剂，对高温下使用的制品有特效。

猝灭剂很少用于塑料厚制品，大多用于薄膜和纤维。在实际应用中，常和紫外线吸收剂并用，起协同作用。猝灭剂和紫外线吸收剂的不同点是：紫外线吸收剂通过分子内结构的变化来消散能量，而猝灭剂则通过分子间能量的转移来消散能量。

4. 自由基捕获剂

自由基捕获剂是近年来新开发的一类具有空间位阻效应的哌啶衍生物类光稳定剂，简称为受阻胺类光稳定剂（HALS），结构式为：

此类化合物几乎不吸收紫外线，但通过捕获自由基、分解过氧化物、传递激发态能量等多种途径，赋予聚合物高度的稳定性。

光屏蔽剂、紫外线吸收剂和猝灭剂所构成的光稳定过程都是从阻止光引发的角度赋予聚合物光稳定性功能，而自由基捕获剂作为第四道防线，是以清除自由基、切断自动氧化链式反应的方式实现光稳定。受阻胺类光稳定剂是目前公认的高效光稳定剂。尽管稳定机理至今仍未统一，但受阻胺作为自由基捕获剂和氢过氧化物分解剂的功能却毋庸置疑。主要品种有 LS-744、LS-770、GW-540、PDS 等，它们的结构、性能和应用见表 11-10。

表 11-10　几种受阻胺类光稳定剂的结构、性能和应用

商品牌号	结构式	相对分子质量	熔点 /℃	应用范围
LS-744	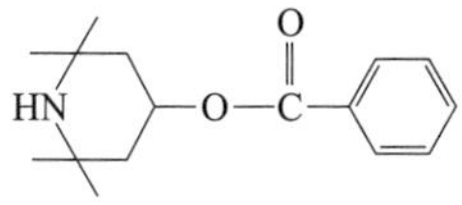	261	95～98	聚烯烃、ABS、聚氨酯
LS-770	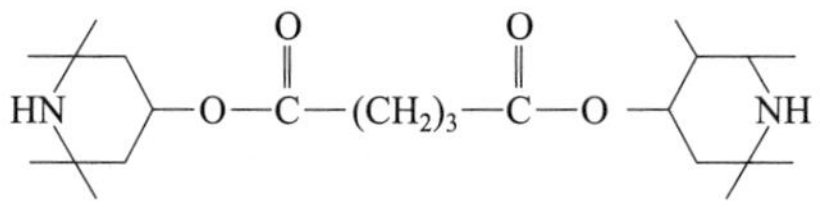	481		聚烯烃、ABS、PUR、PVC
GW-540	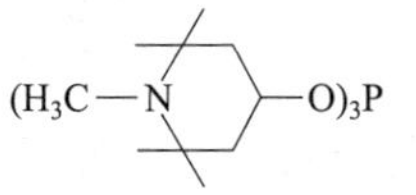	540	120～122	PE、PP
PDS	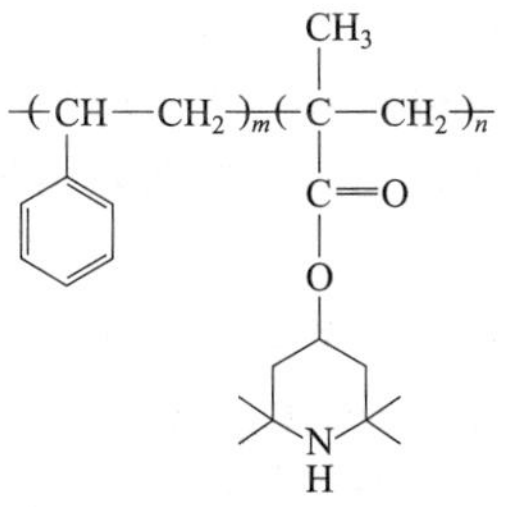	> 2000		PE、PP、PS、涂料、橡胶

LS-744 与聚合物有较好的相容性，不着色，耐水解，毒性低，不污染，耐热加工性良好。光稳定效率为一般紫外线吸收剂的数倍，与抗氧剂和紫外线吸收剂并用，有良好的协同作用。作为光稳定剂，适用于 PP、PE、PS、PUR、PA 等多种树脂。

LS-770 的光稳定效果优于目前常用的光稳定剂。它与抗氧剂并用，能提高耐热性能；与紫外线吸收剂并用，有协同作用，能进一步提高耐光效果；与颜料配合使用，不会降低耐光效果。广泛用于 PP、HDPE、PS、ABS 等。

GW-540 的特点是与聚烯烃有良好的相容性，同时具有突出的光防护性能。由于分子中含有亚磷酸酯结构，具有过氧化物分解剂的基团，因而具有一定的抗热氧老化作用。广泛应用于 LDPE、PP 等树脂，用量一般为 0.3～0.5 份。

PDS 为聚合型受阻胺类光稳定剂，化学名称为苯乙烯 - 甲基丙烯酸（2,2,6,6- 四甲基哌啶）共聚物。PDS 是中国科学院化学所 1987 年开发的品种，它与聚烯烃相容性好，由于分子量大，耐抽提性能好，厚度效应小，无毒无味，可用作 PP、PE、PS、涂料、橡胶的光稳定剂。

三、光稳定剂的应用

1. 光稳定剂的选用原则

理想的光稳定剂应具有良好的光稳定性、相容性、热稳定性，不污染制品，无毒或低毒，

而且价格低廉。实际选用中可根据制品性能及使用要求进行选择，并注意下述几个方面。

（1）树脂的敏感波长与紫外线吸收剂的有效吸收波长的一致性 树脂对紫外线的敏感波长是其本身所特有的，选用光稳定剂时，应使树脂的敏感波长和紫外线吸收剂的有效吸收波长具有一致性。不同结构的塑料品种对紫外线各种不同波长的敏感程度见表 11-11。

表 11-11 各种常用塑料对紫外线的敏感程度

高分子化合物	敏感波长 /nm
PE	300
PP	310
PVC	310
聚酯	325
POM	$300 \sim 320$
PC	295
PMMA	$290 \sim 315$
PS	318

（2）与其他助剂的协同效应 由于紫外线吸收剂吸收光能后，增加了制品发热的可能性，因此必须考虑同时加入抗氧剂和热稳定剂，这就要求三者间具有协同作用。

在有些助剂间会有对抗作用发生，也应注意：如炭黑与胺类、酚类抗氧剂并用时，彼此削弱原有稳定效果；受阻胺类光稳定剂与硫代二丙酸酯类过氧化物分解剂并用时，光稳定性能有所降低。

（3）光稳定剂的并用 一种光稳定剂不能满足要求时，可考虑加入两种或几种不同作用机理的光稳定剂，以取长补短，得到增效光稳定体系。如将几种紫外线吸收剂复合作用时，其效果比单一使用时有很大提高；又如紫外线吸收剂与猝灭剂并用，光稳定效果显著提高。

（4）制品的厚度和稳定剂的用量 一般，薄制品和纤维要求加入的稳定剂紫外线吸收浓度较高，考虑到厚制品内部助剂的扩散作用一般用量则较低。光稳定剂的添加量不宜太高，否则会产生喷霜现象，也会增加制品成本。

2. 光稳定剂在塑料中的应用

光稳定剂在塑料、橡胶、纤维与涂料等方面都有着极其广泛的用途。下面就几种常用的塑料品种为例说明光稳定剂的应用。

（1）在 PVC 中的应用 户外使用的 PVC 制品包括管材、板材与薄膜等，均需添加光稳定剂以达到稳定化的目的。常用二苯甲酮类、苯并三唑类和三嗪类光稳定剂。

（2）在 PE 中的应用 户外使用的 PE 制品，广泛采用二苯甲酮类、苯并三唑类及有机镍配合物等光稳定剂。当与受阻酚抗氧剂以及硫代二丙酸酯类抗氧剂并用时，效果更佳；有机镍配合物猝灭剂与紫外线吸收剂并用，也能发挥优良的防老化效能；受阻胺类自由基捕获剂与受阻酚类抗氧剂并用，则能赋予制品卓越的光稳定性。

（3）在 PP 中的应用 由于 PP 对光敏感，为了抑制 PP 制品的光氧老化，延长制品使用寿命，常常加入的光稳定剂有二苯甲酮类、苯并三唑类、有机镍配合物及受阻胺类等。

（4）在 PS 中的应用 318nm 的紫外线辐射最易引起 PS 的光降解，PS 中残存的单体在291.5nm 紫外线区域处有特征吸收，使用二苯甲酮类、苯并三唑类光稳定剂可避免 PS 因光化学反应而产生变色。

3.光稳定剂发展趋势

高效、复合、多功能、高附加值是光稳定剂的发展方向，同时开发反应型光稳定剂新品种也是光稳定剂发展的一大趋势。作为光稳定剂的主要品种受阻胺类，正在开发高分子量、非碱性和键合型等新产品。

第六节　阻燃剂

一、概述

塑料、橡胶、纤维都是有机化合物，大多具有可燃性，极易在一定条件下燃烧。在某些场合会造成火灾，危及人们的生命和财产安全。因此，世界范围内对汽车、飞机、船舶、建筑材料、采油、煤矿、家用电器、计算机、电信仪表和器材、航空航天等，都要求采用阻燃塑料。由此可见，塑料材料的阻燃具有非常重要的意义。

1.塑料的燃烧过程

众所周知，维持燃烧需要三个要素，即可燃物、氧气和热能，塑料也不例外。具备这三个要素的燃烧过程，大致可分为四个不同阶段。

（1）加热阶段　由外部热源产生的热量传递给聚合物，使聚合物的温度逐渐升高。升温的速度取决于外界供给热量的多少、接触聚合物的体积大小、火焰温度的高低等；同时也取决于聚合物的比热容和热导率的大小。

（2）降解和裂解阶段　当温度上升到一定程度时，大分子链断裂，即发生降解和裂解，产生各种低分子物，如可燃性气体 H_2、CH_4、C_2H_6、CH_2O、CH_3COCH_3、CO 和不燃性气体 CO_2、HCl、HBr 等，也有聚合物不完全燃烧产生烟尘粒子（可形成烟雾，危害很大）等。

（3）点燃阶段　当分解阶段所产生的可燃性气体达到一定浓度，且温度也达到其燃点或闪点，并有足够的氧或氧化剂存在时，开始出现火焰，燃烧从此开始。

（4）燃烧阶段　燃烧释放出的热量和活性自由基引起的链式反应，不断提供可燃物质，使燃烧自动传播和扩展，火焰越来越大。燃烧反应如下：

$$RH \longrightarrow R\cdot + H\cdot$$
$$H\cdot + O_2 \longrightarrow HO\cdot + O\cdot$$
$$R\cdot + O_2 \longrightarrow R'CHO + HO\cdot$$
$$HO\cdot + RH \longrightarrow R\cdot + H_2O$$

2.氧指数

由上述塑料燃烧过程可知，塑料的结构不同，其燃烧的难易和燃烧的状态是不一样的。通常塑料的燃烧性可用氧指数来衡量。氧指数是指使塑料（或其他高分子材料）试样像蜡烛状持续燃烧时，在氧氮混合气流中所必需的最低氧含量，用 OI 表示。计算式如下：

$$氧指数\ OI = \frac{O_2}{O_2 + N_2} \times 100\%$$

氧指数越大，表示燃烧越难。氧指数能很好地反映材料的燃烧性能，是评价各种材料相对燃烧性的一种表示方法。目前氧指数不仅限于塑料，在纤维、橡胶等方面都已得到广泛应用。一般 $OI \geqslant 27\%$ 的物质具有阻燃性，表 11-12 给出了几种常用塑料的氧指数。

表 11-12　几种常用塑料的氧指数

塑料名称	氧指数 /%	塑料名称	氧指数 /%
PE	17.5	尼龙 66	24.3
PP	17.4	PC	26.0
PS	18.1	PVC	46.0
ABS	18.8	PTFE	95.0
PMMA	17.3		

二、阻燃剂作用机理

能阻止燃烧，降低燃烧速度或提高着火点的物质称为阻燃剂，它是赋予可燃性材料阻燃性的一类助剂。它们大多是元素周期表中第 V、第 Ⅶ 和第 Ⅲ 族元素的化合物，如第 V 族氮、磷、锑、铋的化合物；第 Ⅶ 族氯、溴的化合物；第 Ⅲ 族硼、铝的化合物。此外，硅和钼的化合物也可用作阻燃剂。其中最常用和最重要的是磷、溴、氯、锑和铝的化合物，很多有效的阻燃配方中都含有这些元素。

不同的阻燃剂具有不同的阻燃作用，机理比较复杂，至今还在不断研究之中。

（1）保护膜机理　阻燃剂在燃烧温度下形成了一层不燃烧的保护膜，覆盖在材料上，隔离空气而达到阻燃目的。分为两种情况。

① 阻燃剂在燃烧温度下分解成为不挥发、不氧化的玻璃状薄膜，覆盖在材料的表面上，可隔离空气（或氧气），且能使热量反射出去或降低热导率，从而起到了阻燃的效果。如卤代磷、硼酸、水合硼酸盐即属于此类。

② 阻燃剂在燃烧温度下可使材料表面脱水炭化，形成一层多孔性隔热焦炭层，从而阻止热的传导而起阻燃作用。如红磷处理纤维素，铵盐阻燃剂等。

（2）不燃性气体机理　阻燃剂能在中等温度下立即分解出不燃性气体，稀释可燃性气体，阻止燃烧发生。如含卤阻燃剂即为此类代表，有机卤素化合物受热后释放出 HX 不燃性气体。

（3）冷却机理　阻燃剂在高温时剧烈分解吸收大量热能，降低了环境温度，从而阻止燃烧继续进行。此类阻燃剂有氢氧化铝和氢氧化镁等。

（4）终止链式反应机理　阻燃剂的分解产物易与活性自由基反应，降低某些自由基的浓度，使燃烧中起关键作用的链式反应不能顺利进行。如含卤阻燃剂在燃烧温度下分解产生的不燃性气体 HX，能与燃烧过程中的活性自由基 HO·反应，将燃烧的自由基链式反应切断，达到阻燃的目的。

按使用方法可将阻燃剂分为添加型和反应型阻燃剂两大类。前者常用于热塑性塑料中，优点是使用方便，适应面广，但对塑料的性能具有一定的影响；后者是在聚合物合成过程中作为单体之一，通过化学反应使它们成为聚合物分子结构的一部分，它对聚合物的使用性能影响较小，阻燃性持久，但操作不便，价格也较高，应用面比较窄。目前塑料工业以使用添加型阻燃剂为主。按化合物的种类，添加型阻燃剂又可分为无机阻燃剂和有机阻燃剂两大类。

三、无机阻燃剂

无机阻燃剂主要包括：三氧化二锑、水合氧化铝（氢氧化铝）、氢氧化镁、硼化合物等。

（1）氢氧化铝 [Al(OH)$_3$]　氢氧化铝习惯上称为水合氧化铝。为白色细微结晶粉末，含结晶水 34.4%，200℃以上脱水，可大量吸收热量。另外，氢氧化铝加入塑料中，在燃烧时放出的水蒸气白烟将聚合物燃烧产生的黑烟稀释，起掩蔽作用，具有减少烟雾和有毒气体的作用。

（2）氢氧化镁 [Mg(OH)$_2$]　比氢氧化铝阻燃性能稍差，在塑料中添加量大，会影响到力学强度。经偶联剂表面处理后，可改善其与树脂的结合力，使之兼具阻燃和填充双重功能。常用于 EP、PF、UP、ABS、PVC、PE 等。

（3）三氧化二锑（Sb$_2$O$_3$）　它是无机阻燃剂中使用最为广泛的品种。由于它单独使用时效果不佳，常与有机卤化物并用，起到协同作用，称为协效剂。它具有优良的阻燃效果，可广泛用于 PVC 和聚烯烃类及聚酯类等塑料中。但它对鼻、眼、咽喉具有刺激作用，吸入体内会刺激呼吸器官，与皮肤接触可以引起皮炎，使用时应注意防护。

（4）硼化合物　主要品种有硼酸锌和硼酸钡。特别是硼酸锌，可作为氧化锑的替代品，与卤化物有协同作用，阻燃性不及氧化锑，但价格仅为氧化锑的三分之一，所以用量逐年增长。主要用于 PVC、聚烯烃、UP、EP、PC、ABS 等，最高可取代氧化锑用量的 3/4。

（5）磷系阻燃剂　主要有赤磷（单质，又称为红磷）、磷酸盐、磷酰胺、磷氮基化合物等。

红磷作为阻燃剂使用已有 20 余年，是一种受到高度重视的阻燃剂，可用于许多塑料、橡胶、纤维及织物中，有时需与其他助剂配合，才能发挥其阻燃作用。

磷酸很容易与氨反应，从溶液中很快析出两种结晶的磷酸铵盐：NH$_4$H$_2$PO$_4$、(NH$_4$)$_2$HPO$_4$。它们均可作为阻燃剂用于塑料、涂料、织物等方面。

四、有机阻燃剂

1. 有机卤化物

主要品种有氯化石蜡、全氯戊环癸烷、CPE、溴代烃、溴化醚类等。

（1）氯化石蜡　常用含氯量达 70% 左右的氯化石蜡。它为白色粉末，与天然树脂、塑料的相容性良好，常与氧化锑并用。氯化石蜡的化学稳定性好，价廉，可作 PE、PS、聚酯、合成橡胶的阻燃剂。但其分解温度较低，在塑料成型时有时会发生热分解，因而有使制品着色和腐蚀金属模具的缺点。

（2）全氯戊环癸烷　纯品为白色或淡黄色晶体，不溶于水，含氯量 73.3%。热稳定性及化学稳定性很好，无毒，多用于 PE、PP、PS 及 ABS 树脂。

（3）CPE　有两类产品：一类含氯 35%～40%，另一类含氯 68%，均无毒。作为阻燃剂可用于聚烯烃、ABS 树脂。由于 CPE 本身是聚合材料，所以作为阻燃剂使用时，不会降低塑料的力学性能，耐久性良好。

（4）溴代物　溴代物是高效的阻燃剂，一般阻燃性能是氯代烃的 2～4 倍。因为对聚合物的加工性能和使用性能影响较小，是一类重要的阻燃剂。脂肪族溴代物热稳定性差，易于分解，因此使用受到限制。芳香族溴代物的热稳定性较好，用途很广。常用的有溴代烃和溴代醚，主要品种有六溴环十二烷、一氯五溴环己烷、六溴苯、十溴联苯醚、四溴双酚 A 等。

六溴环十二烷为黄色粉末，可用于 PP、PS 泡沫塑料，是一种优良的阻燃剂。

一氯五溴环己烷为白色粉末，溴含量 77.8%，氯含量 6.8%，为 PS 及其泡沫塑料的专用阻燃剂。

六溴苯的热稳定性好，毒性低，能满足较高要求的树脂成型加工技术要求，用途较广，可用于 PS、ABS、PE、PP、EP 和聚酯等。四溴苯、八溴联苯、十溴联苯的阻燃效果和用途与六溴苯类似。

十溴联苯醚是目前应用最广的芳香族溴化物，热稳定性好，阻燃效率高。可用于 PE、PP、ABS、PET 等制品中，如与氧化锑并用，效果更佳。

四溴双酚 A 为多用途阻燃剂，可作为添加型阻燃剂，也是目前最有实用价值的反应型阻燃剂之一。作为添加型阻燃剂，可用于 HIPS、ABS、AS 及 PF 等。其产量在国内外有机溴阻燃剂中占首位。

2. 有机磷化物

有机磷化物是添加型阻燃剂的重要品种，阻燃效果优于溴化物，主要类型有磷酸酯、含卤磷酸酯和膦酸酯三大类。这里简要介绍前两类。

（1）磷酸酯　主要包括磷酸三甲苯酯、磷酸甲苯二苯酯、磷酸三苯酯和磷酸三辛酯，它们都是常用增塑剂，具有增塑和阻燃的双重功效。

（2）含卤磷酸酯　分子中含有卤和磷。由于二者具有协同作用，所以阻燃效果较好，是一类优良的添加型阻燃剂。常用的有三（2,3- 二溴丙基）磷酸酯、磷酸三（2,3- 二氯丙）酯，适用于聚烯烃、聚酯、PVC、PU 等。

五、阻燃剂的应用

1. 阻燃剂选用中应考虑的因素

（1）成型加工的影响　对阻燃剂的要求主要有两个方面：一是阻燃剂在树脂中应具有良好的相容性和分散性；二是阻燃剂的分解温度需适应塑料加工条件，具有较好的热稳定性，在加工过程中不挥发、不分解，对成型设备和模具无腐蚀作用。

（2）阻燃剂对塑料性能的影响　阻燃剂用量较大，因而对塑料的力学性能影响最为突出。尤其是 $Al(OH)_3$ 和 $Mg(OH)_2$ 无机类阻燃剂影响更甚。为减少阻燃剂对力学性能的影响，可选用多元复合阻燃体系，如卤素和含磷、氮等阻燃剂及氧化锑并用，以提高阻燃效率，减少用量。

（3）阻燃剂本身的性能　根据阻燃塑料制品的不同要求，应注重阻燃剂的各方面特性，如耐候性、迁移性、长效性、毒性、消烟性、价格成本等，以获得各方面均符合使用要求的阻燃塑料制品。

（4）卤素阻燃剂的环保性　阻燃剂的品种和消费量以有机阻燃剂为主，无机阻燃剂消费量次之。目前阻燃剂中最常用的仍为卤系阻燃剂，卤系阻燃剂中又以溴系为主。近年来，卤系阻燃剂的禁 / 限用问题渐渐上升到法规层面，尤其是 RoHS 指令中限用多溴联苯和多溴联苯醚等阻燃剂。在兼顾环保和高效的前提下，选用相对环保的十溴二苯乙烷、溴化聚合物树脂（溴化环氧树脂、溴化聚碳酸酯、溴化聚苯乙烯）等。

（5）无卤阻燃剂的选用　出于环保原因，无卤阻燃剂的开发与应用成为热点。除水合金属氧化物在有限范围的应用之外，磷系和磷氮系阻燃剂的开发和应用成为焦点。继磷酸酯和有机膦酸酯成功地用于聚氨酯（PU）、聚碳酸酯（PC）及其合金后，烷基次磷酸盐和有机膦酸酯盐也在热塑性聚酯聚对苯二甲酸丁二醇酯（PBT）、聚对苯二甲酸乙二醇酯（PET）和聚酰胺 PA-6、PA-66 中获得圆满应用。在特定的改性塑料配方组分中引入碳源或酸源，有望得到非卤非磷的本征阻燃改性材料。

2. 阻燃剂在塑料中的应用举例

（1）聚氯乙烯　PVC 树脂的含氯量达 56.8%，本身具有自熄性。但是 PVC 软制品由于配用了大量的可燃性增塑剂（如 PAE 类），阻燃性能大大降低。一般可使用氧化锑、氧化锑与氯化石蜡混合物，或使用磷酸酯类增塑剂，来提高软质 PVC 的阻燃性。

（2）聚烯烃　聚烯烃易燃烧，必须添加大量的阻燃剂，尤其是作为电气、电子设备的外壳和电线电缆的包皮时，对阻燃的要求更高。聚烯烃用阻燃剂最具代表性的是含卤有机物与氧化锑并用。

（3）苯乙烯类树脂　一般采用含卤磷酸酯和有机溴化物作为阻燃剂。

（4）环氧树脂　常用的反应型阻燃剂有四溴双酚 A、四氯双酚 A 及其衍生物、氯桥酸酐等。添加型阻燃剂主要有含卤磷酸酯、全氯戊环癸烷和氧化锑等。

第七节　其他塑料助剂

一、抗静电剂

静电现象普遍存在于人们的日常生活中。不论在产品的生产还是运输与使用过程中，都会产生静电。由于高分子材料的高绝缘性，导电能力极弱，故产生的静电容易积累。静电的产生与积累在很多场合会带来严重的危害。因此，某些场合有必要赋予高分子材料的抗静电性。

抗静电剂就是能防止或消除高分子材料表面静电的一类物质。通常将其添加到树脂中或涂覆于制品表面，可将聚合物的电阻率降低到 $10^{10}\Omega \cdot cm$ 以下，从而减轻聚合物在成型和使用过程中的静电积累。

当两种不同的物质相互摩擦时，在两种物质之间会发生电子的转移，电子由一种物质的表面转移到另一种物质的表面。这样，静电就产生了。由于大多数高分子材料都具有很高的绝缘性，故静电产生后就不易散失而积累起来。所积累的静电荷对塑料的加工和使用都会带来不利的影响。具体可归纳为以下三个方面。

① 影响生产的正常进行。在塑料薄膜加工时，由于产生静电吸引而使薄膜黏附在成型机械上，不易脱离；在纺丝过程中，由于静电的吸力作用，使得纤维易黏结在一起，或附着在纺丝辊筒上；在粉料的干燥和输送过程中，由于静电作用容易发生结块、粘壁等现象而影响生产。

② 影响产品的外观质量。薄膜生产过程中，由静电引起的灰尘附着会使薄膜表面增加麻点，甚至开裂；塑料制品和纺织品表面静电很容易吸附灰尘和水分，使产品污染，难于洗涤，影响外观；电影胶片的静电吸尘，直接影响到其清晰度。

③ 危及人身及财产安全。主要表现为触电和放电两种情况。静电不至于对人身造成直接的伤害，但也会发生触电现象。例如，在薄膜、胶片的生产过程中，产生的静电压有时会高达几千伏甚至上万伏，很容易发生触电事故。另外，静电还会产生放电现象，产生火花，这对于存有易燃易爆物质的场合而言，往往会造成重大的火灾和爆炸事故。

由此可见，静电的产生与积累，不仅给人们生活带来诸多不便，而且对工业生产也会造成极大的危害，因此，必须注意克服。通常克服静电危害的方法：一是靠机械装置的传导，使产生的静电荷尽快泄漏；二是利用抗静电剂来消除。对塑料制品而言，应用抗静电剂的方法更为重要。

1. 抗静电剂的作用机理

抗静电剂一般都是表面活性剂，既带有极性基团，又带有非极性基团。常用的极性基团

（即亲水基）有：羧酸、磺酸、硫酸、磷酸的阴离子，铵盐、季铵盐的阳离子，以及—OH、—O—等基团；常用的非极性基团（即亲油基）有：烷基、烷芳基等。按抗静电剂的结构一般分为阴离子型、阳离子型、非离子型、两性离子型和高分子型等类别。按使用方法，可将抗静电剂分为外部抗静电剂和内部抗静电剂两大类。

（1）外部抗静电剂的作用机理　外部抗静电剂一般以水、醇或其他有机溶剂作为溶剂或分散剂。当用抗静电剂溶液浸渍聚合物材料或制品时，抗静电剂的亲油部分牢固地附着在材料或制品表面，而亲水部分则从空气中吸收水分，从而在材料表面形成薄薄的导电层，起到消除静电的作用。这种抗静电效果会随着表面磨损和时间的推移而逐步减弱。

（2）内部抗静电剂的作用机理　内部抗静电剂在树脂中的分散并不均匀，当抗静电剂的添加量足够多时，表面浓度高于内部，在树脂表面就形成一层稠密的排列，亲水性的极性基向着空气一侧成为导电层。在使用过程中，由于外界的作用使树脂表面的抗静电剂分子缺损，抗静电性能下降时，潜伏在树脂内部的抗静电剂会不断地向表面迁移，补充缺损的抗静电剂分子导电层，从而达到持久抗静电的目的。

2. 塑料常用抗静电剂

主要介绍常用的阳离子型和非离子型抗静电剂。

（1）阳离子型抗静电剂　阳离子型抗静电剂主要是一些铵盐、季铵盐及烷基咪唑啉及其盐类，其中以季铵盐在塑料中应用最多。它静电消除效果好，对塑料具有很强的吸附力。显著的缺点是耐热性较差，易发生热分解。这类抗静电剂常用于聚酯、PVC、PVA 薄膜及其他塑料制品中。表 11-13 给出了常用的阳离子型抗静电剂。

表 11-13　常用的阳离子型抗静电剂

商品名称	化学名称与结构式	性质	用途	用量/%
抗静电剂 SN	$\left[C_{17}H_{35}-\overset{O}{\overset{\|}{C}}-\overset{H}{\overset{\|}{N}}-CH_2CH_2-\overset{CH_3}{\overset{\|}{\underset{CH_3}{N}}}-CH_2CH_2OH \right]^+ NO_3^-$ （硬脂酰胺乙基二甲基-β-羟乙基铵）硝酸盐	溶于水、丙酮、醇类、氯仿、二甲基甲酰胺、苯等溶剂中	塑料、涂料的外部或内部抗静电剂	0.5～2
抗静电剂 LS	$\left[C_{11}H_{23}-\overset{O}{\overset{\|}{C}}-\overset{H}{\overset{\|}{N}}-CH_2CH_2CH_2-\overset{CH_3}{\overset{\|}{\underset{CH_3}{N}}}-CH_3 \right]^+ CH_3SO_4^-$ （月桂酰胺丙基三甲基铵）硫酸甲酯盐	白色晶状粉末，分解温度235℃，可溶于水、乙醇、乙基溶纤剂等极性溶剂中，热稳定性较好，与树脂相容性好	外部或内部抗静电剂	0.5～2
抗静电剂 609	$\left[C_{12}H_{25}OCH_2\underset{OH}{\overset{\|}{CH}}CH_2-\overset{CH_3}{\overset{\|}{\underset{CH_2CH_2OH}{N}}}-CH_2CH_2OH \right]^+ CH_3SO_4^-$ [N,N-双(2-羟乙基)-N-(3'-十二烷氧基-2'-羟基丙基)甲铵]硫酸甲酯盐	一般为含50%活性物的异丙醇溶液，抗静电效能高，热稳定性好，着色性小	外部或内部抗静电剂	0.5～2
抗静电剂 TM	$\left[CH_3-\overset{CH_2CH_2OH}{\overset{\|}{\underset{CH_2CH_2OH}{N}}}-CH_2CH_2OH \right]^+ CH_3SO_4^-$ （三羟乙基甲基季铵）硫酸甲酯盐	浅黄色黏稠状吸湿性液体，游离二乙胺含量为0～4%	外部或内部抗静电剂，合纤油剂组分	0.5～2

商品名称	化学名称与结构式	性质	用途	用量 /%
抗静电剂 SP	$$\left[\begin{array}{c} \underset{\parallel}{O}\ \ \underset{\mid}{H}\ \ \ \ \ \ \ \ \ \ \ \ \ \ \ \ \underset{\mid}{CH_3} \\ C_{17}H_{35}-C-N-CH_2CH_2CH_2-\overset{+}{N}-CH_2CH_2OH \\ \underset{\mid}{CH_3} \end{array}\right]^{+} H_2PO_4^{-}$$ （硬脂酰胺丙基二甲基 -β- 羟乙基铵）二氢磷酸盐	溶于水、醇、丙酮及其他低分子极性溶剂，商品常为含 35% 活性物的异丙醇水溶液	内部或外部抗静电剂，适用于多种塑料	内用 0.5 ～ 1.5；外用 1 ～ 10
抗静电剂 CME	$$\left[\begin{array}{c} \ \ \ \ \ \ CH_2CH_2\ \ \ \ \ \ \ C_{16}H_{33} \\ O\ \ \ \ \ \ \ \ \ \ \ \ \ \overset{+}{N} \\ \ \ \ \ \ \ CH_2CH_2\ \ \ \ \ \ \ C_2H_5 \end{array}\right]^{+} C_2H_5SO_4^{-}$$ （N,N- 十六烷基乙基吗啉）硫酸乙酯盐	橘黄色或琥珀色蜡状物，熔点 74℃	适用于乙酸纤维素；外涂覆，合纤油剂	1 ～ 2

注：合纤即合成纤维。

（2）非离子型抗静电剂　非离子型抗静电剂热稳定性好，耐老化，常用作塑料的内部抗静电剂及纤维外部抗静电剂。主要品种有多元醇、多元醇酯、醇或烷基酚的环氧乙烷加成物、胺和酰胺的环氧乙烷加成物等。

环氧乙烷加成物用作抗静电剂，抗静电效果良好，热稳定性优良，适用于塑料和纤维。典型化合物如下所示：

$$RO-(CH_2CH_2O)_{\overline{n}}\ OH \qquad RCOO-(CH_2CH_2O)_{\overline{n}}\ OH$$

脂肪醇环氧乙烷加成物　　　　脂肪酸环氧乙烷加成物

$$RN\Big\langle\begin{array}{c}(CH_2CH_2O)_{\overline{n}}\ H \\ (CH_2CH_2O)_{\overline{n}}\ H\end{array} \qquad RCON\Big\langle\begin{array}{c}(CH_2CH_2O)_{\overline{n}}\ H \\ (CH_2CH_2O)_{\overline{n}}\ H\end{array}$$

脂肪胺环氧乙烷加成物　　　　脂肪酰胺环氧乙烷加成物

$$R-\!\!\!\!\bigcirc\!\!\!\!-O-(CH_2CH_2O)_{\overline{n}}\ H$$

烷基酚环氧乙烷加成物

由脂肪胺进行乙氧基化得到的双（β- 羟乙基）脂肪胺是塑料最常用的内部抗静电剂。如抗静电剂 LDN，即 N,N- 二乙醇基月桂酸酰胺是多种热塑性塑料的高效抗静电剂，特别适用于聚烯烃、PS 和 UPVC 中，用量为 0.1% ～ 1%。

抗静电剂477，化学名称N-（3- 十二烷氧基 -2- 羟基丙基）乙醇胺，本品为白色流动性粉末，可作为塑料用内部抗静电剂，可迅速有效地消除静电聚集，加工后可获得无静电制品，并具有良好的热稳定性，在挤出和注塑加工过程中不发生分解变色。对 PE 特别是 HDPE 的抗静电效果最为显著，用量一般为 0.15% 左右。也可用于 PP 和 PS 等。

3. 抗静电剂的使用

（1）外部抗静电剂的使用　该种抗静电剂在使用时，一般用挥发性溶剂或水先调成含量为 0.1% ～ 2.0% 的溶液，浓度过高，制品表面易发黏，吸附灰尘。用水、醇作溶剂时对塑料的表面浸溶作用小，但溶剂挥发后，抗静电剂的吸附性较差，易脱落，抗静电效果不持久。如果在水或醇等溶剂中加入少量的对塑料有浸溶作用的溶剂，则待溶剂挥发，就有一些抗静电剂分子渗入塑料制品表面的内层，可提高抗静电效果的持久性。

为提高抗静电效果，涂覆前对制品进行预处理是必要的。如果制品表面不干净，则抗静电剂的吸附性就较差。

（2）内部抗静电剂的使用　使用内部抗静电剂可得到持久的抗静电性。内部抗静电剂使用时需与树脂混炼，因而要求抗静电剂与树脂有较好的相容性，但为了便于抗静电剂向表面迁移，又要有一定的析出性。

抗静电剂是吸湿性化合物，常含有一定量的水分，在塑料成型加工过程中，少量水分的存在会引起制品产生各种缺陷。因此，在将抗静电剂配入树脂之前，或在成型加工之前必须进行充分干燥。通常可用 75～80℃ 的热风干燥 4h，或在 55～60℃ 下干燥 12～15h。

图 11-2　矿用 PE 阻燃抗静电托辊

抗静电剂的添加量取决于抗静电剂本身的性质、树脂的种类、成型加工条件、制品形态以及对抗静电效果的要求。通常抗静电剂添加 0.3%～3% 就可得到良好的抗静电效果。对于 PE 和 PP 较适宜的添加量为 0.5%～1.0%，对于 PS 和 ABS 为 1.0%～2.0%。

在空气十分干燥的地区，及对抗静电要求较高和要求永久抗静电的场合，使用通常的抗静电剂往往达不到目的。对此，最好的办法是添加导电性物质，如导电炭黑、石墨、金属的微纤维、碳纤维等。例如，图 11-2 的矿用 PE 阻燃抗静电托辊，添加的导电炭黑使其表面电阻小于 $3\times10^8\Omega$，可满足煤矿井下使用要求。需注意的是，导电炭黑类物质用量过少则难以形成连续的导电通路，过多则影响材料的力学性能。

二、发泡剂

泡沫塑料质轻，具有良好的隔热、隔声、减震特性，因而有着极为广泛的用途。发泡剂就是一类能使处于一定黏度范围内的液态或塑性状态的塑料、橡胶形成微孔结构的物质。它们可以是固体、液体或气体。根据其在发泡过程中产生气泡的方式不同，发泡剂可分为物理发泡剂与化学发泡剂两大类。

1. 物理发泡剂

物理发泡剂是利用其在一定温度范围内物理状态的变化而产生气体，在使用过程中不发生化学变化。用作物理发泡剂的主要是一类低沸点液体，常用的是脂肪烃、卤代脂肪烃及低沸点的醇、醚、酮和芳香烃等。通常作为物理发泡剂使用的低沸点液体，沸点应低于 110℃。常用的物理发泡剂见表 11-14。

表 11-14　常用的物理发泡剂

名称	分子量	沸点 /℃
戊烷	72.15	30～38
新戊烷	72.15	9.5
己烷	86.17	65～70
庚烷	100.20	96～100
正庚烷	100.20	98.4
苯	78.11	80.1

名称	分子量	沸点/℃
甲苯	92.13	110.6
二氯甲烷	84.94	40.0
三氯甲烷	119.39	61.2
1,2-二氯乙烷	98.87	83.5
三氯氟甲烷	137.38	23.8
1,1,2-三氯三氟乙烷	187.39	47.6
二氯四氟乙烷	170.90	3.6

（1）脂肪烃类　一般为含 $C_5 \sim C_7$ 的各种异构体的脂肪烃，从石油馏分中获取，习惯上也称之为石油醚。作为物理发泡剂使用，石油醚价廉、低毒，但易燃易爆，从而限制了它的广泛使用。脂肪烃主要用于制造均聚和共聚的 PS 泡沫塑料。

（2）卤代脂肪烃类　卤代脂肪烃主要指氯代烃和氟代烃两类，是制造难燃泡沫塑料良好的物理发泡剂。

氯代烃具有一定的毒性，热稳定性稍差，但因其价廉，不易燃易爆，目前仍大量采用，如使用一氯甲烷和二氯甲烷来制造 PS 泡沫塑料。二氯甲烷还可用于生产 PVC 泡沫塑料。

氟代烃几乎具有理想物理发泡剂的各项性能，因此，它可用来制造许多泡沫塑料。但出于环保的考虑，此类发泡剂的使用正受到限制并逐步停用。

虽然物理发泡剂一般都价格低廉，但却需要比较昂贵的、专门为一定用途而设计的发泡设备，所以在工业生产中应综合考虑生产成本，以确定采用何种发泡剂。

2. 化学发泡剂

化学发泡剂是指在发泡过程中通过化学变化产生气体而达到发泡目的的物质。通常气体的产生方式有两种：一是聚合物扩链或交联的副产物，例如，在制备 PU 泡沫塑料时，当带有羧基的醇酸树脂与异氰酸酯起反应时，或者具有异氰酸酯端基的 PU 与水反应时，都会放出 CO_2 气体；二是加入化学发泡剂，通过加热分解产生发泡气体，如碳酸氢铵在一定温度下能分解产生 CO_2、NH_3 等气体。对于化学发泡剂而言，分解温度和发气量是其最重要的两个性能指标。

发泡剂的分解温度一方面决定着一种发泡剂在各种聚合物中的应用范围，另一方面还影响着发泡成型的工艺条件。由于化学发泡剂的分解都是在比较窄的温度范围内进行的，而聚合物材料也需要特定的加工温度，因此，一种化学发泡剂很难适用于多种树脂而普遍使用。

发气量是指单位质量的发泡剂所产生的气体体积，单位通常为 mL/g。它是衡量化学发泡剂发泡效率的重要指标。发气量高的，发泡剂用量可以相对少些，残渣也较少。当然，衡量一种发泡剂效能的指标还很多，在选用发泡剂时，要综合考虑使用对象、使用目的及发泡剂的各项性能。

（1）无机化学发泡剂　无机化学发泡剂的使用最早，其中碳酸盐用得最多。

①碳酸盐。常用作发泡剂的碳酸盐有碳酸铵、碳酸氢铵和碳酸氢钠。

碳酸铵为白色结晶状粉末，具有强烈的氨味。工业生产上作为发泡剂使用的实际上是碳酸氢铵和氨基甲酸铵的混合物或复盐（$NH_4HCO_3 \cdot NH_2CO_2NH_4$），习惯上将此复盐称为碳酸铵。碳酸铵在 30℃ 左右即开始分解，在 55 ～ 60℃ 下分解十分剧烈，分解产物为氨、CO_2 和水，发气量为 700 ～ 980mL/g，在一般化学发泡剂中为最高。

碳酸氢铵为白色晶状粉末，干燥品几乎无氨味，在常压下当有潮气存在时，于 60℃左右即开始分解，生成氨气、CO_2 和水，发气量为 850mL/g。由于分解温度较碳酸铵高，故较稳定，便于贮存。但它在聚合物中分散困难且有氨味，主要用作海绵橡胶制品的发泡剂。

为了避免碳酸铵和碳酸氢铵分解产生氨气，可采用碳酸氢钠作发泡剂。它为无毒白色粉末，100℃左右开始缓慢分解，140℃下迅速分解，放出 CO_2 气体，发气量较低，为 267mL/g。主要用于天然橡胶制备开孔海绵制品，也可用于 PF、EP、PE、PVC、PA 的发泡剂。

$$2NaHCO_3 \Longrightarrow Na_2CO_3 + CO_2 + H_2O$$

② 亚硝酸盐。用作发泡剂的亚硝酸盐主要是亚硝酸铵。作为发泡剂使用的是亚硝酸钠与等物质的量氯化铵的混合物，经加热放出氮气。

$$NH_4Cl + NaNO_2 \longrightarrow N_2 + 2H_2O + NaCl$$

（2）有机化学发泡剂　有机化学发泡剂粒径小，分解温度恒定，发气量大，制得的泡沫塑料泡孔细密，是目前工业上最广泛使用的发泡剂。这类发泡剂分子中几乎都含有 —N≡N— 或 ≡N—N≡ 结构，如偶氮化合物、N- 亚硝基化合物、酰肼类化合物等。在这些化合物中，氮 - 氮单键与双键均不稳定，在热的作用下能发生分解反应而放出氮气，从而起到发泡的作用。

有机化学发泡剂的特点如下：①在聚合物中分散性好；②分解温度范围窄，易于控制；③所产生的气体（N_2）不燃烧，不爆炸，不易液化，扩散速率小，不易从发泡体中逸出，因而发泡率高；④粒径小，发泡体的泡孔细小；⑤品种较多，选择余地大；⑥发泡后残渣较多；⑦分解时一般均为放热反应；⑧多为易燃物，在贮存和使用时要时刻注意防火。常用的有机化学发泡剂见表 11-15。

（3）辅助发泡剂　在发泡过程中，凡能与发泡剂并用并能调节发泡剂分解温度和分解速率的物质，或能改进发泡工艺，稳定泡沫结构，提高泡体质量的物质，均可称为辅助发泡剂。目前，工业上常用的辅助发泡剂主要有尿素、有机酸、有机酸金属盐等，它们主要与发泡剂 H 和发泡剂 AC 配合使用。

表 11-15　常用的有机化学发泡剂

商品名称	结构式	分解温度 /℃	发气量 /(mL/g)	性能与外观	用途
DPT（发泡剂 H）	CH_2-N-CH_2 $ON-N \quad CH_2 \quad N-NO$ CH_2-N-CH_2	190 ～ 205（空气） 130 ～ 190（树脂）	240（理论） 260 ～ 275（实际）	淡黄色细微粉末	海绵橡胶，PVC
NTA（DNTA）	$ON \quad O \qquad O \quad NO$ $CH_3-N-C \bigcirc C-N-CH_3$	105（空气） 90 ～ 105（树脂）	126（理论） 180（实际）	黄色粉末，易燃易爆略有毒	PVC 糊，厚制品
发泡剂 AC	$O \qquad O$ $H_2N-C-N=N-C-NH_2$	195（空气） 170 ～ 210（树脂）	193（理论） 250 ～ 300（实际）	黄橙色细微粉末，自熄无毒	PVC，PE，PP，PS，ABS
AIBN	$CH_3 \quad CH_3$ $NC-C-N=N-C-CN$ $CH_3 \quad CH_3$	95 ～ 105	136	白色结晶状粉末，毒性较大	PVC，PS，EP，PF

商品名称	结构式	分解温度 /℃	发气量 /(mL/g)	性能与外观	用途
BSH	[结构式] ⟨苯环⟩—S(=O)(=O)—NH—NH₂	>95（空气） 95～100 （树脂）	130	淡黄色或白色 细微粉末	橡胶， PVC，PF
OBSH	O⟨—苯环—⟩(S(=O)(=O)—NH—NH₂)₂	140～160	120	淡黄色或白色 细微粉末	多种塑料与 橡胶
DBSH	[结构式] SO₂—NH—NH₂ ⟨苯环⟩ SO₂—NH—NH₂	145～146 （空气） 115～130 （树脂）	170	淡黄色粉末	填充量大的 橡胶制品

注："空气"是指在空气中的分解温度，"树脂"是指在树脂或塑料中的分解温度。

3. 发泡剂的应用

发泡剂首先要满足制品的使用要求，如无不良气味、无毒、不着色、不析出等；其次发泡剂的分解温度应与树脂的成型加工温度相适应。如 PS 的 T_g 为 100℃，所选择的发泡剂分解温度应在 100℃以上，而温度超过 170℃后，PS 熔体黏度过低，气体易逃逸，因而发泡剂的分解温度应在 110～170℃。此外，把无机和有机发泡剂进行比较可以看出二者配合使用有助于发挥它们的优点，增大作用效果。如在化学发泡过程中使用物理发泡剂不仅可降低化学发泡剂用量，而且可降低其放热程度，防止中心烧焦的产生，PU 泡沫塑料生产中就是采用此方法。

三、交联剂

交联是指在线型或支链型聚合物间通过化学键相连，而转变为三维网状结构的反应，凡能使聚合物在大分子链间产生交联的物质，称为交联剂。在橡胶工业中交联剂常被称为硫化剂、熟化剂，在热固性树脂成型中常称为固化剂。

在高分子材料加工中，交联能改善材料的力学性能及耐候性，有效地提高聚合物的耐热性和使用寿命。塑料用交联剂主要有以下几类。

① 酚醛树脂交联剂。主要有六亚甲基四胺。

② 不饱和树脂交联剂。包括乙烯基单体及反应性稀释剂。

③ 聚氨酯用交联剂。有异氰酸酯、多元醇及胺类化合物等。

④ 环氧树脂交联剂。主要以多元胺、酸酐及改性树脂为主。

⑤ 热塑性塑料常用交联剂。以有机过氧化物为主，如常用的过氧化二异丙苯（DCP）、过氧化苯甲酰（BPO）等。

按照交联剂自身的结构特点可分为八大类：有机过氧化物交联剂，羧酸及酸酐类交联剂，胺类交联剂，偶氮化合物交联剂，酚醛及氨基树脂类交联剂，醇、醛及环氧化合物，硅烷类交联剂，无机交联剂等。

交联剂的选择应视聚合物的品种、加工工艺和制品性能而定，除能满足一些具体要求外，还应具备交联效率高、交联结构稳定、加工安全性大、无毒无污染、价廉等条件。

另外，有些聚合物具有光敏性，可通过光线的直接照射来完成交联。近年来，利用高能射线而进行的辐射交联在电线、电缆等方面的应用也日益增多。

四、成核剂

成核剂是用来提高结晶型聚合物的结晶度，加快其结晶速度的一类助剂。成核剂的作用机理大致有以下两种：一是为大分子链段的成核提供成核表面，可极大地增加晶核的数目，提高结晶速度；二是成核剂能与大分子链段存在某种化学作用力，促使大分子链在其表面作定向排列而改变聚合物的结晶过程和结晶形态。

成核剂的加入提高了结晶度，改变了晶体形态，使晶体变得细微而均匀，可大大提高塑料材料的韧性、尺寸稳定性、耐热性和透明性，从而全面提高结晶塑料的性能和用途。

塑料常用的成核剂有三类：①羧酸类，有苯甲酸、己二酸、二苯基乙酸等；②金属盐类，有苯甲酸钠、硬脂酸钙、乙酸钠、对苯酚磺酸钠、对苯酚磺酸钙、苯酚钠等品种；③无机类，有氮化硼、碳酸钠、碳酸钾以及粒径在 $0.01 \sim 1\mu m$ 范围的滑石、云母、二氧化钛等填料。

五、相容剂

相容剂是促进两种或多种聚合物相容的助剂，是制备共混高分子材料的重要助剂。由于大部分不同种类的树脂之间不相容，单纯的混合混炼，只能导致体系产生宏观相分离，反而使材料失去使用价值。相容剂就是增加材料宏观相的相容性，并且对体系的微观相态结构起到很好的调整作用，从而实现共混材料高性能化和功能化的效果。

采用相容化技术，实际上是改变高分子材料体系中的相界面，使之有较低的界面张力和较强的缠结力，使相界面进行较好的应力传递而产生协同效应，这样材料的性能会有较大的提高。但由于高分子材料的分子量大等一系列特殊情况，对其实现相容化时，一般在添加相容剂后，还需提供适当的剪切强度和温度。

一般根据相容剂在高分子材料基体中的作用特征分为两类：一类是非反应型相容剂，一般为共聚物，如 EVA、CPE、EAA、SBS 等。这类相容剂加入量较大，与基体材料无副反应。另一类是反应型相容剂，是一类低分子化学物质，一般带有酸酐、羧基、环氧基团等。在使用中能在高分子材料体系共混条件下与其进行有效反应，对体系产生良好的相容化作用。

六、防雾剂

防雾剂（又称流滴剂）就是为防止雾害而使用的一类助剂。它们是一些带有亲水基的表面活性剂，可在塑料表面取向，疏水基向内，亲水基向外，从而使塑料表面凝结的细小水滴能迅速扩散形成极薄的水膜或结成大水珠顺薄膜流下，从而可避免小水珠的光散射所造成的雾化。

按照防雾剂加入塑料中的方式，可将防雾剂分为内加型和外涂型两类。内加型防雾剂是在配料时加入树脂中，其特点是不易损失，效能持久。但对于结晶性较高的聚合物则难以获得良好的防雾性。外涂型防雾剂是溶于有机溶剂或水中后，涂覆于塑料制品表面，其使用方便，成本较低，但耐久性差，易被洗除或擦掉，因此应用有限，只是在内加型防雾剂无效的场合或不要求持久性的应用中使用。

防雾剂的效能可分为初期防雾性、持久防雾性、低温防雾性和高温防雾性四种。一种防雾剂很难兼具四种效果。在实际应用中，往往根据制品对防雾效果的要求选择几种防雾剂配合使用。

防雾剂的化学组成多数是脂肪酸与多元醇的部分酯化物，常用的多元醇是甘油、山梨糖醇等，常用的脂肪酸是 $C_{11} \sim C_{22}$ 的饱和酸或不饱和酸，C_{24} 以上的脂肪酸也可使用。如甘油单硬脂酸酯和甘油单油酸酯可作为聚烯烃和 PVC 的防雾剂，用量为 0.5 ～ 1.5 份。

七、驱避剂

1. 防（白）蚁剂

在白蚁生息的地区，塑料电线电缆护线套和其他一些包覆材料经常被白蚁咬食而出现小洞穴，甚至架空电缆也受到某些昆虫的侵害。白蚁的食害是一个世界性的问题，各国对此都很重视，进行了不少有关白蚁害及其防治的研究，发现了许多行之有效的方法，使用防白蚁剂就是其中的一种。

现在的有机防白蚁剂主要有三类：含氯化合物、有机磷和氨基甲酸酯。后两类的灭白蚁效力高，但药力的持久性差。适用于塑料的防白蚁剂主要是含氯化合物，如"氯丹""七氯"等，在聚烯烃和 PVC 电缆中用量为 2% ～ 3% 时有较好的防蚁效果。

2. 防鼠剂

塑料用的防鼠剂常采用驱避方式，常用的有二甲基二硫代氨基甲酸锌、二硫代四甲基秋兰姆、氟硅酸钠、二甲基二硫代氨基甲酸叔丁基磺酰酯等，但驱鼠效果均不甚理想。目前使用的环己酰亚胺类和有机锡类化合物防鼠剂效果有一定提高。但总体看来，塑料用防鼠剂尚处于研究阶段，实用的品种很少。在筛选品种时不能只看避鼠效果，还应考虑到对塑料加工性能及物理性能的影响。

八、抗菌剂

抗菌剂则是指能抵抗细菌侵害的物质。通常把能杀死或抑制霉菌生长，防止物品霉变的抗菌剂称为防霉剂；把能杀死或抑制细菌、酵母菌生长，防止物品失效的抗菌剂叫作防腐剂。目前来看，尽管工业发现的抗菌剂种类繁多，但应用于塑料的品种并不多，主要有有机金属化合物、含氮化合物及酚类等，如氧化三丁锡、8- 羟基喹啉铜等广泛用于 PVC 制品中。可喜的是近年来使用纳米材料制成的抗菌塑料已用于家电行业，在抗菌塑料的开发方面展现了新的前景。

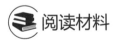 阅读材料

RoHS 指令与 SVHC 对塑料助剂的影响

RoHS 指令（欧盟第 2002/95/EC 号指令）为欧盟的正式法律。根据 RoHS 指令，自 2006 年 7 月 1 日起，所有在欧盟市场上出售的电子电气设备必须限制使用重金属以及多溴二苯醚（PBDE）和多溴联苯（PBB）等阻燃剂，其中铅（Pb）、汞（Hg）、六价铬（Cr^{6+}）、多溴联苯（PBB）、多溴二苯醚（PBDE）的最大允许含量为 1000μg/g，镉（Cd）的最大允许含量为 0.01%（100μg/g）。RoHS 指令覆盖了十大类电子电气产品，对材料、零部件和设计工艺提出了更高的要求。此令一出，出于种种原因，各国纷纷仿效，相继出台了类似法规条令，导致 RoHS 指令不仅仅约束电子电气产品，几乎蔓延到了各个工业领域。最终，世界范围内针对合成树脂产品限制使用重金属和特定化合物。

我国 90% 以上的出口塑料产品涉及 RoHS 指令。RoHS 指令对我国输欧电子、电气产

品的竞争力产生较大的影响。我国对等 RoHS 指令，出台了《电子信息产品污染防治管理办法》。行业协会、研究机构、企业通力合作，推进无铅化重金属替代技术和新型阻燃剂的开发与研究。

2007 年 6 月 1 日，REACH 法规正式实施，对进入欧盟市场的所有化学品进行预防性管理，包括化学品注册、评估、许可和限制。高度关注物质（substance of very high concern，SVHC）是指一些对环境、人体毒性较大且风险较高的化学物质。2008 年 10 月 9 日，欧盟化学品管理局（ECHA）公布第一批环境高度关注物质（SVHC）名单。在公布的 SVHC 名单中，全部为助剂或合成助剂的原材料。截至 2023 年已公布 28 批，SVHC 候选清单正式更新为 233 项，表 11-16 列出了 SVHC 名单中部分塑料助剂品种。

表 11-16　SVHC 名单中塑料可使用的助剂品种

物质	EC 号	CAS 号	用途
邻苯二甲酸二丁酯	201-557-4	84-74-2	增塑剂
邻苯二甲酸二 (2- 乙基己醇) 酯	204-211-0	117-81-7	增塑剂
六溴环十二烷及其非对映异构体	247-148-4	25637-99-4 及 3194-55-6	阻燃剂
	221-695-9	134237-51-7, 134237-50-6	
邻苯二甲酸丁苄酯	201-622-7	85-68-7	增塑剂
邻苯二甲酸二异丁酯	201-553-2	84-69-5	增塑剂
磷酸三 (2- 氯乙基) 酯	204-118-5	115-96-8	阻燃剂
邻苯二甲酸二甲氧乙酯	204-212-6	117-82-8	增塑剂

REACH 法规涉及的化学物质有 3 万～ 4 万种，关联的产品有 100 多万种。国内企业积极开展替代物质研究，在保证产品性能和功能实现的前提下，减少潜在危害化学物质的应用，降低产品对环境的负面影响和冲击，提高产品国际竞争力。

受市场需求和国际性环保法规强制实施的拉动，我国塑料助剂产品开发活跃，产品结构日益优化，节能减排、清洁生产等提升产品质量的新工艺、新技术得到深入推广应用。塑料助剂产业的生产能力、技术质量水平和国际市场竞争力均大幅提升，目前朝着环保、安全、高效、无毒的方向发展。

 知识能力检测

1. 试分析 PVC 热降解机理，并说明其热稳定的途径。

2. PVC 热稳定剂主要有哪几类？简述其作用机理。

3. 写出下列缩写代号所表示的助剂名称：三盐、二盐、DBTL、DOTL、ZnSt、BaSt、CdSt、CaSt、京锡 8831、DOP、DBP、BBP、TCP、TPP、DPOP、DOS、DOA、ESO、ESBO、T-50、TOTM。

4. 三盐、二盐热稳定剂有何特点？主要用于哪些 PVC 制品中？

5. 常用金属皂类热稳定剂有哪几种？各有何特性？互相间常构成哪几种协同体系？

6. 从初期热稳定性和长期热稳定性两个方面阐述锌皂与钙皂主要性能的差别，并用反应式表示其协同作用原理。

7. 以 DOP 为例，简要说明增塑剂在 PVC 树脂中的作用机理。

8. 增塑剂与树脂之间为什么要具有良好的相容性？它与哪些因素有关？

9. 增塑剂分子结构对增塑效率有何影响？了解增塑效率有什么意义？

10. 比较下列各对增塑剂的相容性与耐寒性，并解释其原因。

① DOP 与 DOS；② DBP 与 BBP；③ TCP 与 TOP。

11. 增塑剂按化学结构可分为几类？不同类别的增塑剂在性能上各有何特点？应用上有何不同？

12. 指出增塑剂中最常用品种及其性能特点。

13. 解释下列概念：热稳定剂、协同效应、增塑剂、内增塑、外增塑、相容性、增塑效率。

14. 结合网络和图书期刊资料了解热稳定剂和增塑剂的应用和发展概况。

15. 什么是塑料老化现象？塑料材料老化有哪些表现？

16. 简述塑料的热氧化过程，并指出抑制热氧老化的途径。

17. 分别简述主、辅抗氧剂的作用机理，并举例说明。

18. 以抗氧剂 264 和 DLTP 为例，说明主抗氧剂与辅助抗氧剂的协同作用，写出必要的反应式。

19. 塑料成型加工中选用抗氧剂时应考虑哪些因素？

20. 光稳定剂有哪些类型？它们的作用机理是什么？试举例加以说明。

21. 如何选用光稳定剂？在良好的光稳定体系中，光稳定剂一般都与抗氧剂并用，为什么？

22. 写出下列缩写代号所表示的助剂名称。

抗氧剂：264、2246、300、CA、1010、DLTP、TNP；

光稳定剂：UV-9、UV-P、UV-531、UV-327、UV-1084、GW-540。

23. 什么是润滑剂？它可分为哪几类？试分述其作用机理。

24. 试比较固体石蜡、PE 蜡、硬脂酸、硬脂酸酯与醇类等几种润滑剂的性能。

25. 优良的润滑剂应具备哪些条件？在实际生产中应如何选用润滑剂？

26. 什么是阻燃剂？简述塑料燃烧过程与塑料实现阻燃的途径。

27. 简述塑料用阻燃剂的类别、性能特点及其在塑料中的应用。

28. 塑料的静电危害主要表现在哪些方面？如何防止静电的危害？

29. 何谓抗静电剂？按使用方式来分主要有哪几类？其作用机理分别是什么？

30. 什么是发泡剂？主要分为哪几类？试述化学发泡剂的特性指标。

31. 什么是交联剂？主要作用是什么？

32. 简述成核剂的作用机理。使用成核剂对结晶塑料有什么好处？

33. 什么是驱避剂、防雾剂和抗菌剂？有什么作用？

34. 结合网络和图书期刊资料了解塑料助剂的发展概况。

学习目标

知识目标：了解填料的主要作用、填料表面处理的目的；掌握常见填充剂的种类及应用，掌握常见增强材料的种类及应用，掌握填料常用表面处理技术。

能力目标：能灵活选择使用填充剂，能灵活选择使用增强材料，能对填料进行合理的表面处理。

素质目标：培养产品生产原料成本控制意识、产品质量意识、精益求精的品质追求意识。

第一节　填充剂

填料是为了降低成本或改善性能等在塑料中所加入的惰性物质。应用于塑料中的填料按化学结构可分为无机类和有机类；按照来源可分为矿物、植物和合成类；按照外观可分为颗粒状和纤维状等；按照其在塑料中的主要功能可分为填充剂和增强材料。

填充剂是一类以增加塑料体积、降低制品成本为主要目的的填料，常称为增量剂。廉价的填充剂不但降低了塑料制品的生产成本，提高了树脂的利用率，而且一些填充剂的应用还可赋予或提高制品某些特定的性能，如尺寸稳定性、刚性、遮光性和电气绝缘性等。

填充剂可分为有机填充剂和无机填充剂，无机填充剂较为常用。从外观上看填充剂多为颗粒状填料，包括粉状、球状、柱状、针状、薄片状、纤维状、实心微珠、中空微球等。

一、无机填充剂

大多数情况下，无机填充剂是没有增强作用的矿物性填料。这些填充剂的加入，会在一定程度上使复合材料的力学强度降低，其主要作用是降低成本。这类填充剂品种繁多，用途广泛，也有少数此类填充剂在适当用量范围内具有一定的增强作用。

1. 碳酸钙（$CaCO_3$）

碳酸钙是目前塑料工业中应用最为广泛的无机粉状填充剂，具有价格低廉、来源广泛、无毒无味、色泽白、易着色、硬度低、易干燥、化学稳定性好等优点。一般可分为三类：重质碳酸钙、轻质碳酸钙和活性碳酸钙。

重质碳酸钙，又称研磨碳酸钙（GCC），简称重钙，由方解石（图 12-1）、石灰石经选矿、粉碎、磨细、分级与表面处理而成。粒子形状不规则，表面粗糙，粒径较大且分布较宽，平均粒径一般为 1～10μm，根据粒径大小分为多个级别。重质碳酸钙相对密度为 2.71，折射率为 1.65，吸油量为 5%～25%。由于重钙价格低廉，化学纯度高、惰性大、热稳定性好（400℃以下不分解）、白度高（可达 90 以上）、吸油率低、磨耗值小、易分散等众多优点，已成为塑料工业中应用最广泛的填料。

图 12-1　重质碳酸钙原料方解石

轻质碳酸钙，也称沉淀碳酸钙（PCC），简称轻钙，是用化学方法制成。常用的碳化法是将石灰石等原料煅烧生成石灰（主要成分为氧化钙）和二氧化碳，再加水消化生成石灰乳（主要成分为氢氧化钙），然后通入二氧化碳碳化石灰乳生成碳酸钙沉淀，最后经脱水、干燥、粉碎而制得轻质碳酸钙。轻质碳酸钙多呈纺锤形棒状或针状，粒径范围 0.1～3μm，根据粒径大小分为多个级别。轻质碳酸钙相对密度为 2.65，折射率为 1.65，颗粒比表面积大，吸油量为 20%～65%。由于轻质碳酸钙的色泽好、粒径细小且分布均匀，具有较好的表面特性、流变性能、触变性能等，因此广泛应用于塑料、橡胶和造纸等行业。

活性碳酸钙，又称改性碳酸钙、表面处理碳酸钙，是一种白色细腻状软质粉末，相对密度为 1.99～2.01。活性碳酸钙是采用表面处理剂或复合型高效加工助剂，对轻质碳酸钙或重质碳酸钙粉体表面进行改性活化处理而成。一般是在碳酸钙生产过程中增加一道表面处理工序，也可在需要时对碳酸钙粉体单独进行处理。经改性处理后的碳酸钙粉体，表面形成一种特殊的包覆结构，能显著改善在聚烯烃等高聚物基体中的分散性和亲和性，并且能与高聚物基体间产生界面作用，大大改善了填料对材料韧性的不良影响。这种碳酸钙用作塑料填料时具有白度高、流动性好、光泽度好、分散均匀、填充量大等特点，可使制品具有一定的强度与光滑的外观。

2. 滑石粉（3MgO·4SiO₂·H₂O）

主要成分为水合硅酸镁，由天然滑石粉碎精选而得。化学性质不活泼，粉体极软，有滑腻感。作为塑料用填料可提高制品的刚性，改善尺寸稳定性，防止高温蠕变。与其他填充剂相比具有润滑性，可减少对成型设备和模具的磨损。

3. 炭黑

炭黑是在控制条件下不完全燃烧烃类化合物生成的物质，品种较多，一般按制法来分，有槽法炭黑、炉法炭黑和热裂法炭黑等。

炭黑的细度影响着制品的性能。在塑料中，炭黑的颗粒越细，黑度越高，紫外线屏蔽作用越强，耐老化性能越好，制品的表面电阻率越低，但在某种程度上分散较为困难。

作为填料用炭黑，可以使用较大粒径的炉法炭黑，一般为 25～75μm；作为着色剂用炭黑，一般可选用色素炭黑。炭黑在聚合物（尤其是橡胶）中兼有增强作用，因此在一定意义上可以说炭黑是一种增强材料。

4. 白炭黑（SiO₂·nH₂O）

白炭黑即二氧化硅、微粒硅胶或胶体二氧化硅等。也是塑料工业中广泛使用的增强性填料，增强效果仅次于炭黑，成型加工性良好，尤其适用于白色或浅色制品。

用白炭黑制成涂料，涂于人造革表面，可产生消光作用；此外，白炭黑在 UP、PVC 增塑糊、EP 等聚合物溶液中有增黏作用。

5. 硫酸钡（BaSO₄）

硫酸钡为白色无臭无味重质粉末，相对密度为 4.25～4.5，粒径范围为 0.2～0.5μm，折射率为 1.70，pH 值为 6.5～7.0，不溶于水和酸。硫酸钡有天然矿石经过粉碎制得的重晶石粉和经化学反应制得的沉淀硫酸钡两类。作为塑料填料使用的硫酸钡大多为后者。另外，硫酸钡在塑料中还起着色作用，提高制品的耐药品性，增加密度，减少制品的 X 射线透过率。

6. 其他无机填料

除上述几种填充剂外，下述几种填充剂也较常用。

① 陶土（Al₂O₃·SiO₂·nH₂O），又名高岭土、白土、黏土、瓷土，主要化学组成是水合硅酸铝，是由岩石中的火成岩、水成岩等母岩经自然风化分解而成。用于塑料的陶土多数是在 450～600℃经煅烧除去水分的品种，又称煅烧陶土。

② 硅藻土，是由单细胞藻类积沉于海底或湖底所形成的一种化石，主要成分为二氧化硅，多孔，质轻，极易研磨成粉，外观为白色或浅黄色粉末，可作为塑料用轻质填料，具有绝热、隔声和电绝缘性。

③ 云母粉，是由天然云母粉碎而得，其组成非常复杂，是铝、钾、钠、镁、铁等金属的硅酸盐化合物。塑料中常用的云母粉有白云母和金云母两种，白云母应用最多。作为塑料填充剂，可赋予制品优良的电绝缘性、抗冲击性、耐热性和尺寸稳定性，可提高其耐湿性和抗腐蚀性。

其他的特殊无机填料如二硫化钼、金属粉、二氧化钛等，能赋予制品特殊的性能。

二、有机填充剂

有机填充剂最初是指一些天然的有机物，大多数是木屑及植物的茎秆、果壳等物，主要成分是纤维素和少量的木质素及其他化合物。现在，有机填料的范围趋于广泛，大多数用于合成材料的边角废料、纺织工业的合成纤维及其下脚料、交联塑料与热固性塑料的边角料等，也可根据产品的要求用作塑料的填充剂。因此，有机填充剂可分为天然材料和合成材料。

图 12-2 木塑制品制成的花坛

由于大部分有机填充剂是其他场合舍弃的材料，所以有机填充剂价廉易得，可以就地取材，综合利用，提高经济效益。同时还具有提高强度、降低收缩率、改善尺寸稳定性等作用。但有机填充剂在使用上共同的局限性是稳定性、吸湿性受温度的影响较大。通常有机填充剂大多难以承受较高的成型加工温度，在成型加工过程中，首先是水分的蒸发，然后是油、蜡及其他成分的变化。所以，有机填充剂的作用仅限于成型加工温度比较低的塑料，如 PE、PVC、PS 等塑料，木塑制品是有机填充剂应用的典型例子，如图 12-2 所示。

三、填充剂性质对树脂性能的影响

（1）颗粒的形状　大多数颗粒状填料是由岩石或矿物用不同的方法制成的粒状无机填料。由于破碎的不均匀性，颗粒的形状一般不规则，甚至有些填料颗粒的形状难以描述。薄片状、纤维状填充剂使加工性能变差，但力学性能优良；无定形粉状、球状则加工性能优良，力学性能比薄片状和纤维状差。

（2）颗粒的大小　填充剂颗粒一般以 0.1～10μm 粒径为好。细小的填充剂有利于制品的力学性能、尺寸稳定性以及制品的表面光泽和手感。但粒径太小分散困难，若加工设备分散能力不够会影响产品质量。因而实际生产中选用什么粒径的填充剂，应根据塑料的种类、加工设备分散能力不同而定，不能一概而论。

（3）颗粒的表面积　颗粒的表面积大小是填料最重要的性能之一，填料的许多效能与其表面积有关。填充剂的表面积增大有利于与表面活性剂、分散剂、表面改性剂以及极性聚合物的吸附或与填料表面发生化学反应。

当某些树脂中加入大量填充剂后，物料在成型加工过程中的摩擦增加，一方面降低了塑料的热稳定性，另一方面又发生了对设备的加速磨损问题。所以要在配方中适当地增加稳定剂和润滑剂的用量。

四、填充剂在塑料中的应用

塑料工业对填料的选择条件是：价格低廉；在树脂中容易分散，填充量大，相对密度小；不降低或少降低树脂的成型加工性能和制品的力学性能，最好还能有广泛的改性效果；本身的耐水性、耐热性、耐化学腐蚀性和耐光性优良，不被水和溶剂抽出；不影响其他助剂的分散性和效能，不与其他助剂发生不利的化学反应；纯度高，不含对树脂有害的杂质。

具有低成本、高填充、高增强和多功效是塑料的理想填料，寻求这种材料是塑料填充、增强体系的发展方向。近年来出现的所谓功能性填料正是这一发展的体现，它赋予了填料新的概念，即把增量、增强和改性统一为一个整体。从未来的发展趋势看，随着增强材料的廉价化和填充剂的增强化，二者之间的界限将会变得越来越模糊。

1. 聚乙烯

PE 常用的填充剂有碳酸钙、滑石粉和云母等，其他还有炭黑、二氧化硅、氢氧化铝等。其中，碳酸钙使用最多，它可以改善 PE 的硬度、刚性和抗环境应力开裂以及可印刷性等；滑石粉和云母的加入提高了力学性能在相当宽的温度范围内的保持性，而且还可改善电性能；炭黑同时又是非常有效的光稳定剂，还能提高导电性；二氧化硅可提高载荷弯曲温度，具有防粘效应；氢氧化铝（三水合铝）具有阻燃性。

2. 聚丙烯

在 PP 中使用填充剂可提高高温下的耐化学腐蚀性和抗应力开裂性，并且还能获得室温下优良的刚性。填充时选用乙丙共聚型 PP 具有较高的冲击强度，使基体和填充剂之间具有良好的黏合性。

填充剂的化学纯度至关重要。重金属如铜、镁等会对 PP 的热稳定性产生不利影响，故应尽量避免。为了扩大应用范围，填充 PP 还必须添加稳定剂以防紫外线的危害。常用的填充剂有滑石粉、碳酸钙、木粉、硅灰石、云母等。

3. 聚氯乙烯

对 PVC 而言，填充剂主要用于软质制品中。在电缆工业中，常选用煅烧陶土、碳酸钙等，使用填充剂的目的一方面是降低成本，另一方面可改善绝缘性能。对于地毯织物和人造革使用氢氧化铝进行填充可提高阻燃性，其他制品多用碳酸钙，以降低成本为主。

UPVC 中填充剂的使用量不能过多，否则力学性能会显著下降。在硬板、硬管中，常用碳酸钙、硫酸钡和钛白粉等，用量通常在 10 份左右。

第二节 增强材料

增强材料是指加入塑料中能使塑料制品的力学性能显著提高的填料，一般为纤维状物质或其织物，常称为增强剂。一般，在树脂中配以适量的增强材料能使塑料的力学强度，如冲击强度、弹性模量、刚性等成倍提高。同时降低收缩率，提高制品的尺寸稳定性和热变形温度。

一、增强材料作用机理

增强材料在塑料中的最重要作用就是提高力学强度，即增强。关于增强作用的机理目前还没有一个统一的理论。一般认为增强可通过下面四种作用来实现。

（1）桥联作用　增强材料在聚合物材料中，能通过分子间力或化学键力与聚合物材料相结合，将其自身的特殊性能与聚合物材料的基本性能融为一体。在增强材料与聚合物互相结合的作用力中，化学键力虽然很大，但是形成化学键的程度并不高，而主要是分子间力。要增大分子间力可选用极性材料，增大固有偶极和诱导偶极。在材料一定的情况下，应设法增大增强材料与聚合物的接触面积，以使增强材料与聚合物分子间作用力更好地发挥。只有二者形成良好的亲和，才可达到增强目的。

（2）传能作用　由于增强材料与聚合物材料之间的桥联结合，若聚合物材料中某一分子链受到应力时，应力可通过这些桥联点向外传递扩散，从而避免材料受到破坏。

（3）补强作用　在较大的应力作用下，如果发生了某一分子链的断裂，与增强材料紧密结合的其他链可起加固作用而不致迅速危及整体。

（4）增黏作用　聚合物中加入增强材料后，体系的黏度增大，从而增大了内摩擦。当材料受到外力作用时，这种内摩擦吸收更多的能量，从而增大抗撕裂、耐磨损性能。

二、增强材料的性质

1. 纤维长度及形式

纤维（主要指玻璃纤维）的使用形式多种多样，广泛使用的有以下几种。

（1）绳　它是由许多股玻璃纱加捻绞紧而成，强度很高，常用于增强塑料的局部。加捻可以提高纤维间的抱合力，改善纤维的受力状况。

（2）布　有平纹布、斜纹布等，可用于各向强度都要求一致的增强塑料中，主要适用于制作形状简单而且平坦的制品，具有较高的剪切强度。

（3）带　带与布的结构组织相同，只是幅面宽度较窄而已。一般宽度为 10～30mm，主要用于缠绕管道、接头等增强塑料制品。

（4）无捻粗纱　无捻粗纱是许多股平行的连续纤维不加捻而合成的纤维丝束。组织比较松散，容易为树脂所浸透，强度具有单向性。在增强塑料制品中主要用于缠绕高压容器和管道。

（5）短切纤维　将无捻粗纱或连续纤维切成 20～80mm 的短纤维即短切纤维，这种纤维主要用于制造热固性模压塑料制品和热塑性增强塑料中。

2. 纤维的表面状态

为保证纤维与树脂的有效结合，需对纤维进行偶联处理。处理的方法有洗涤法、热处理法和化学处理法，以化学处理法最为常用。化学处理法分三种：后处理法、前处理法和迁移法。

（1）后处理法　先将纤维或其织物经过热处理，使其浆料残留量小于1%，再经偶联剂溶液处理，水洗和烘干，使纤维表面覆上一层偶联剂。此法效果好，但需要多种设备，因此成本较高。

（2）前处理法　此法是将偶联剂加在浆料中，以便偶联剂在拉丝过程中黏附在纤维的表面上。与后处理法比较，它可以省去复杂的工艺和设备，使用方便，而且不需热处理，强度损失小。

（3）迁移法　迁移法是将偶联剂按一定比例直接加入树脂中，再经过浸胶涂覆使其与纤维或其织物发生作用而实现包覆。这种方法工艺简单，不需庞大的设备，但效果较前两者稍差，适用于缠绕成型和模压成型。

3. 纤维在基体树脂中的分布

当增强材料加入热塑性塑料和热固性塑料中后，成型时会像大分子一样沿着熔体流动的方向产生定向作用。定向作用会使制品的整体出现各向异性。对于纤维增强塑料的注塑制品，若纤维取向不均匀会产生较大内应力，导致制品翘曲，甚至开裂。故纤维在基体树脂中的分布应根据制品的种类和用途加以控制。

三、常用增强材料

1. 无机纤维

（1）玻璃纤维　玻璃纤维（GF）简称玻纤，是由熔融的玻璃经快速拉伸后再经冷却所形成的纤维状物质。由于玻璃纤维具有密度小、强度高、耐热性好、化学稳定性及电气绝缘性优良等特点，已成为最基本的、应用最广泛的增强材料。按化学成分可把玻璃纤维分为以下几种。

① 无碱玻璃纤维。含碱量低于 0.5% 或 0.7%，电绝缘性、强度和化学稳定性优良，是玻璃钢最重要的增强材料。

② 低碱玻璃纤维。含碱量小于 2%，电性能、强度和化学稳定性略逊于无碱玻璃纤维。

③ 中碱玻璃纤维。含碱量在 12% 左右，因含碱量高，电绝缘性能差，但化学稳定性和强度尚好，可作为对电性能和强度要求不高的玻璃钢增强材料。

④ 高碱玻璃纤维。含碱量超过 15%，只用作低级玻璃钢增强材料。

为了适应不同性能和不同用途玻璃钢制品的要求，玻璃纤维增强材料的形式多种多样，广泛使用的有无捻粗纱及其织物、玻璃布、连续玻纤纱、短切纤维、增强毡片等，如图 12-3 所示。

图 12-3　不同形式的玻璃纤维增强材料

（2）碳纤维　碳纤维（CF）是由碳元素构成的一类纤维材料，制造方法最常用的是有机纤维高温碳化法。在塑料工业中，碳纤维可作为热塑性树脂和热固性树脂的增强材料，被用于

EP、PF、UP、PA、PC、ABS、PS、PE、PP 等。用量一般为 10% ～ 40%。

碳纤维增强塑料的主要优点是质轻、强度及刚性高、耐疲劳、耐蠕变、耐摩擦、热膨胀性小、尺寸精度和稳定性高、耐腐蚀性及耐热性好，具有抗静电和导电特性。但也存在价格高、冲击强度不及玻璃纤维增强塑料及具有电腐蚀性等缺点。

（3）硼纤维　硼纤维（BF）是最先出现的质轻高强增强材料之一。具有密度小、强度和比刚度高的特点，对于发展轻质高强度的复合塑料材料具有重要价值。

（4）晶须　晶须极细又近乎完全晶体，因此力学强度极高。晶须兼有玻璃纤维和硼纤维两者之所长，它既有玻璃纤维的伸长率，又具有像硼纤维那样高的弹性模量。将晶须加入塑料所制造的轻质高强度材料可用于空间和海洋开发、汽车和机械构件以及建筑材料等。晶须的价格高，限制了它的应用。

2. 有机纤维

（1）天然有机纤维　天然有机纤维，如棉、羊毛等也可用作塑料的增强纤维，多以编织物的形态使用，但近来大部分逐渐被合成有机纤维所取代。

（2）合成有机纤维　合成有机纤维，可以改善制品的抗冲击强度，但耐水性及电气性能较差。重要的合成有机纤维主要有以下几种。

① 聚酯纤维。聚酯纤维即涤纶纤维，常与玻璃纤维并用，以改善制品的抗冲击强度、硬度和耐磨性能。

② 维尼纶。经甲醛处理过的聚乙烯醇纤维，不溶于水，虽然其强度远低于玻璃纤维，但由于具有吸附力强、抗冲击强度高、密度小、柔韧性好、不会磨损加工机械的优点，适宜于强度要求不高的制品中。

③ 芳酰胺纤维。芳酰胺纤维简称为芳纶，是美国杜邦公司推出的一类增强用纤维，商品名为 "Kevlar"。它最大的特点是密度低、强度高。此外，还具有良好的热稳定性，适用于环氧树脂等许多热固性树脂，可制得质轻高强的增强塑料。由于价格较高，目前应用尚不普遍。

3. 金属纤维

金属纤维又称金属细丝，也可作为塑料的增强材料，主要用于需要导电或抗静电的塑料增强材料中。

除了以上介绍的各种纤维外，增强塑料还可采用木材、纸张和纸板、麻纤维织物等作为增强材料。

四、增强材料在塑料中的应用

增强塑料是含有增强材料而某些力学性能比原塑料有显著提高的一种塑料。如第十章中用玻璃纤维增强热固性树脂而制得的玻璃钢制品就是典型的增强塑料。对于增强热塑性塑料一般多采用工程塑料作基体树脂，通用塑料中以 PP 为主。采用的增强材料常为玻璃纤维、碳纤维、硼纤维、晶须和芳纶等高性能纤维，用于重要的高性能复合材料中。

第三节　纳米填充剂

所谓纳米填料，是指粒子尺寸在 1 ～ 100nm 之间的粉状或层状填料，常用品种有 Al_2O_3、

Fe_2O_3、ZnO、TiO_2、SiO_2、$CaCO_3$、蒙脱土（即高岭土、黏土）等。纳米粒子一般由几十到几百个分子组成，在其表面上原子占有很大的比例；而一般粒子则是由几千、几万个分子组成的，在表面上几乎没有原子。因而这类填料的比表面积极大，原子（分子）有极大的活性，在特性上与一般填料有较大差异。

纳米粒子最主要的特性是表面效应、体积效应、量子尺寸效应和宏观量子隧道效应等。这一系列效应导致了纳米粒子在声、光、电、磁、热、力学及一些物理和化学等许多方面都显示出了特殊的性能。纳米填料是纳米材料的重要成员，纳米填充塑料是当今塑料工业研究开发的重要领域之一。

制造纳米填料的方法有物理法和化学法两种，后者较为常用。由于制得的纳米填料的粒径极细，易飞扬，难分散，造成加工不便。为了使纳米填料在树脂中具有良好的分散性，纳米塑料可采用多种方法制造。在塑料工业中多使用插层复合法和原位复合法制造纳米塑料，插层复合法最为常用。该法首先将单体或聚合物插入经插层剂处理的层状纳米填料（如蒙脱土）之间，进而破坏片层间紧密有序的堆积结构，使其剥离成厚度为 1nm 左右，长、宽为 30～100nm 的层状基本单元，并均匀分散于塑料基体树脂中，实现塑料与层状纳米填料在纳米尺度上的复合。

此外，为使纳米材料在塑料材料加工中得到实际应用，常对其进行表面处理，增大纳米填料在塑料中的分散能力。也可将其与聚合物一起加工成"纳米粒子"，如丁基橡胶 SiO_2 纳米填料等。须注意的是使用一般的生产设备往往难以保证纳米填料在塑料基体中的分散，从而难以达到纳米填料的应用效果。

用纳米填料填充的树脂，通常称为"纳米填料填充塑料"，可简称为"纳米塑料"，即由纳米尺寸的超细微无机粒子填充到树脂基体中的复合材料。与一般填充塑料相比，纳米塑料显示出了一系列优异性能：强度高，耐热性好，密度低，并赋予制品良好的透明性和较高的光泽度。某些纳米填料还赋予塑料阻燃、自熄性及抗菌性。对于一些高黏度塑料，纳米填料还具有良好的加工改性功能，如用纳米填料填充的纳米 UHMWPE 变得容易加工，为用 PE 代替部分工程塑料创造了条件。

实际应用表明，纳米碳酸钙在塑料材料中有很好的增强增韧性能，具有较好的热稳定性和分散性，可显著提高材料的刚性、弯曲强度、拉伸强度、冲击强度及抗划伤能力。并可改善加工体系流变性，降低收缩率，提高制品的尺寸稳定性，使制品表面细密，光泽性好。在白色塑料制品中可替代钛白粉 20% 左右，降低生产成本，提高经济效益。目前纳米碳酸钙在 PVC、PE、PP、ABS、PA 等树脂中广泛应用。

与普通碳酸钙相比，纳米碳酸钙粉体的超细化使其能更好地与树脂相容，实现了在制品中的高比例填充的可能，可取代部分价格昂贵的填料及其他助剂，减少树脂的用量，从而起到降低制品成本与增强制品品质的双重功效。例如，纳米碳酸钙成功地将碳酸钙在塑料管材中的填充量由 30% 提高到 60%，将塑料包装材料中添加的碳酸钙比例由不足 12% 提高到 30% 以上；性能优异的纳米碳酸钙在塑料管材和型材中的填充量超过 50%，从而使塑料制品成本大幅下降。除应用于塑料材料外，纳米碳酸钙在橡胶、造纸、涂料、油墨等工业均有广泛应用。

第四节　填料的表面处理

偶联剂是一类在填充和增强塑料中能提高树脂和填料界面结合力的化学物质。它们分子中具有两性结构，一部分基团可与无机物表面的化学基团反应，形成牢固的化学键；另一部分基团具有亲有机物的性质，可与聚合物分子反应或进行物理缠绕，从而把两种性质不相同的材料牢固地结合起来。目前，工业上使用的偶联剂按照化学结构可分为硅烷类、钛酸酯类、铝酸酯类和有机铬合物等几大类，其中前三类应用较为广泛。使用来源广泛、价格便宜或性能优异的无机物作为塑料的填充剂或增强材料，不仅可以降低成本，而且能赋予制品各种宝贵的性能，对于扩大塑料的应用有着重要的意义。但由于填料与聚合物分子结构及形态不同，两种材料难以紧密结合，从而直接影响到复合材料性能的提高和使用。偶联剂可作为两者结合的纽带和桥梁。

一、偶联剂与表面处理剂

1. 偶联剂

（1）硅烷偶联剂　硅烷偶联剂是目前品种最多、用量最大的偶联剂，主要用于处理玻璃纤维。其通式为 $RSiZ_3$。式中，R 为有机基团，例如乙烯基、环氧基、甲基丙烯酸酯基、硫醇基等；Z 是能够水解的烷氧基，例如甲氧基、乙氧基及氯等。乙烯基三乙氧基硅烷就是此类的代表。此类偶联剂在使用时，Z 基团与玻璃纤维表面的硅醇基缩合形成硅氧烷键，牢固地结合于玻璃纤维表面；另一端的有机基团与有些树脂反应，形成牢固的化学键，反应随树脂的种类而异。

这类偶联剂的作用机理可表示如下：

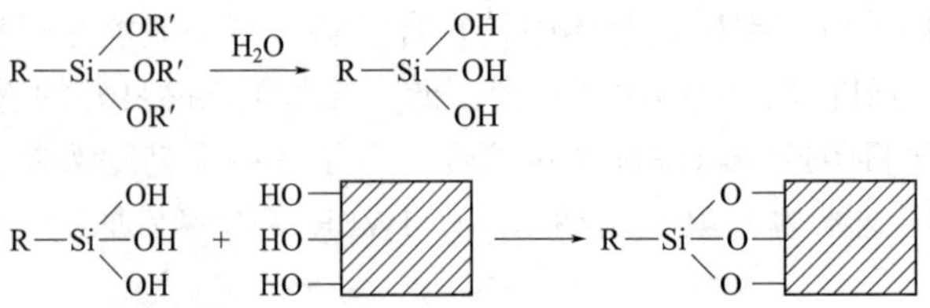

（2）钛酸酯偶联剂　为了解决硅烷偶联剂对聚烯烃等热塑性塑料缺乏偶联效果的问题，发展了一类新型偶联剂——钛酸酯偶联剂。它具有独特的结构，对于热塑性塑料与干燥填料具有良好的偶联效果，特别是单烷氧基钛酸酯偶联剂受到人们极大的重视。

根据分子结构与填料表面的偶联机理不同，此类偶联剂主要有三种基本类型。

① 单烷氧基型。例如异丙基三异硬脂酰基钛酸酯（TTS），偶联机理为：

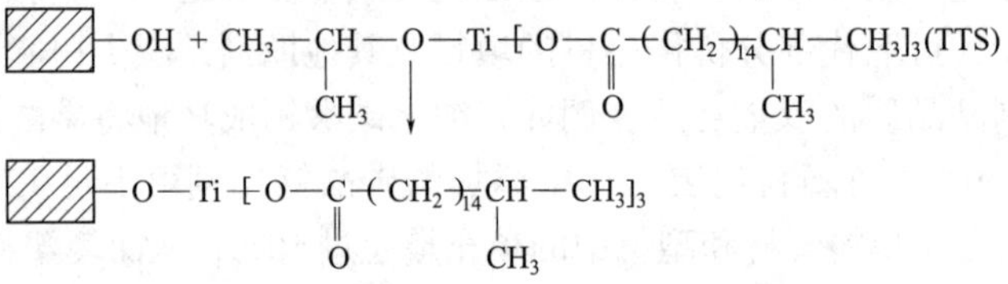

② 单烷氧基焦磷酸酯基型。这种偶联剂适用于含湿量较高的填料体系，如陶土、滑石粉等。在这些体系中，除单烷氧基与填料表面的羟基反应形成偶联键外，焦磷酸酯基还可分解形成磷酸酯基，结合一部分水。这类偶联剂的典型品种是三（二辛基焦磷酰氧基）钛酸异丙酯（TTOPP-38S）。

③ 螯合型。这种偶联剂适用于高湿填料和含水聚合物体系。如湿法二氧化硅、陶土、滑石粉、硅酸铝、水处理玻璃纤维、炭黑等。根据螯合环的不同，这类偶联剂分两种基本类型：螯

合 100 型，螯合基为氧代乙酰氧基；螯合 200 型，螯合基为二氧亚乙基。它们与填料表面的反应可示意如下。

螯合 100 型：

$$\text{填料}—OH + \begin{array}{c} CH_2—O \\ | \\ C—O \end{array}Ti\begin{array}{c} O\sim R \\ O\sim R \end{array} \longrightarrow \text{填料}—O—Ti\begin{array}{c} O\sim R \\ O\sim R \end{array} \quad HO—CH_2—C=O$$

螯合 200 型：

$$\text{填料}—OH + \begin{array}{c} CH_2—O \\ | \\ CH_2—O \end{array}Ti\begin{array}{c} O\sim R \\ O\sim R \end{array} \longrightarrow \text{填料}—O—Ti\begin{array}{c} O\sim R \\ O\sim R \\ | \\ O \\ | \\ CH_2CH_2OH \end{array}$$

$$\longrightarrow \text{填料}—O—Ti\begin{array}{c} O\sim R \\ O\sim R \\ | \\ X \end{array} + HOCH_2CH_2OH$$

(X为填料或聚合物)

钛酸酯偶联剂的亲有机部分通常为长链烷基（$C_{12} \sim C_{18}$），它可与聚合物分子链发生缠绕，借分子间的范德瓦耳斯力结合在一起。这种偶联作用对于聚烯烃之类的热塑性塑料特别适用。长链的缠绕可转移应力应变，提高冲击强度、伸长率和剪切强度，同时可在保持拉伸强度的基础上增加填充量。此外，长链烃基还可以改变无机物界面处的表面能，使黏度下降，使高填充聚合物显示出良好的熔融流动性。

钛酸酯偶联剂与硅烷偶联剂可以并用，产生协同效应。例如用螯合型钛酸酯处理经硅烷偶联剂处理过的玻璃纤维，偶联效率会大大提高。

（3）铝酸酯偶联剂　铝酸酯偶联剂是中国独自开发的偶联剂新品种，结构以铝原子为中心，具有水解基团和其他有机基团，结构类似于钛酸酯偶联剂。目前以 DL-411 产品为主，其通式如下：

$$(RO)_x Al \cdot (OCOR)_m (OCOR'COOR'')_n \cdot (OAB)_y$$

式中，$x+m+n=3$；$y=0 \sim 2$。

铝酸酯偶联剂是优良的填料表面处理剂，经处理后的轻质碳酸钙，吸油量和吸水性降低，在塑料中的分散性大大提高。目前，铝酸酯偶联剂主要用于碳酸钙的表面处理，制得的活性碳酸钙已广泛用于 PVC、PE、PP 等塑料制品中。

2. 表面处理剂

表面处理剂是为了提高粘接能力，用作处理塑料、填料、颜料或粘接载体等表面的物质。可作为表面处理剂的物质众多，用于塑料填料处理的主要是脂肪酸及其盐类、磺酸盐及其酯类、有机低聚物、有机胺及硅油类、不饱和脂肪酸等。从本质和作用上看，表面处理剂和偶联剂并无太大区别，一些填料表面处理剂也起到了类似偶联剂的作用，但经偶联剂表面处理过的填料，具有更高的活性。

（1）高级脂肪酸及其盐　高级脂肪酸及其盐处理无机填料类似偶联剂作用，可改善无机填料与聚合物基体的亲和性，提高其在聚合物基体中的分散度。另外，由于高级脂肪酸及其盐类本身的润滑作用，还可使复合体系的内摩擦减小，改善复合体系的流动性能。代表品种有 HSt、

NaSt、CaSt、ZnSt、AlSt 和松香酸钠等。

高级脂肪酸的胺类（酰胺）及酯类与盐相似，也可作为无机填料的表面处理剂。

（2）磺酸盐及其酯类　与无机填料的作用与高级脂肪酸及其盐相类似。代表品种有磺化蓖麻油（用于轻质碳酸钙的辅助表面改性）、烷基苯磺酸钠等。

（3）有机低聚物　有机低聚物最主要的代表品种是聚烯烃低聚物，如无规 PP 和 PE 蜡。无规 PP 为无规立构，不结晶，质地较软，分子量也远较 PP 低；PE 蜡即低分子量 PE，平均分子量为 1500～5000，白色粉末，经部分氧化后即得氧化 PE 蜡，分子链上带有一定量的羧基和羟基。

聚烯烃低聚物有较高的黏附性能，可以和无机填料较好地浸润、黏附、包覆。因此，常用于聚烯烃复合材料中无机填料的表面改性。

（4）有机硅　有机硅是以硅氧烷链为憎水基，聚氧乙烯链、羧基、酮基或其他极性基团为亲水基的一类特殊表面处理剂，俗称硅油或硅树脂。主要品种有聚二甲基硅氧烷、有机基改性聚硅氧烷及有机硅与有机化合物的共聚物等。

（5）不饱和脂肪酸　不饱和脂肪酸作为表面处理剂一般带有一个或多个不饱和键或多个烃基，碳原子数一般在 10 以下。常见的有丙烯酸、甲基丙烯酸、丁烯酸、肉桂酸、山梨酸、马来酸等。通常，酸性越强，越容易形成离子键，故多选用丙烯酸或甲基丙烯酸。各种有机酸可单独使用，也可混合使用。

二、填料表面处理技术

有关增强材料的表面处理前面已经介绍，这里主要介绍粉状无机填料的表面处理技术。

1. 表面处理与偶联处理

表面处理和偶联处理工艺分干、湿两种。干法是将无机填料充分脱水后在一定温度下与雾化的表面处理剂或偶联剂等反应制成活性填料；湿法也称为溶液法，是将表面处理剂与偶联剂与水或低沸点溶剂配制成一定浓度的溶液，然后在一定温度下与无机填料在搅拌反应机中反应，实现无机填料的表面改性。

2. 聚合物包覆改性

将分子量几百到几千的低聚物和交联剂或催化剂溶解或分散在一定溶剂中，再加入适量的无机填料，搅拌、加热到一定温度，并保持一定时间，便可实现填料表面的有机包覆改性。如采用分子量为 340～630 的双酚 A 型环氧树脂和胺化酰亚胺交联剂溶解在乙醇中，加入适量的云母粉，经一定时间搅拌反应后，得到环氧预聚物与交联剂包覆的活性无机填料。同理，将分子量较高的聚合物在一定的溶剂中配成一定浓度的溶液，加入适量的填料中，在一定温度下搅拌一定时间，即可得到聚合物包覆无机填料，如用 2% 聚乙二醇包覆改性碳酸钙、硅灰石等。

3. 不饱和有机酸处理

该法是指不饱和有机酸（如丙烯酸）与含有活泼金属离子（含有 Al_2O_3、K_2O、Na_2O 等化学成分）的填料（如长石、石英、玻璃微珠、煅烧陶土等）在一定条件下混合，填料表面的金属离子与有机酸上的羧基发生化学反应，以稳定的离子键结构形成单分子层包覆在无机填料粒子表面。由于有机酸的另一端带有不饱和双键，具有很大的反应活性，加工成型时在热或机械剪切的作用下，基体树脂就会产生自由基与活性填料表面的不饱和双键反应，形成化学交联结构。从而大大提高复合材料的力学强度。

用有机酸对无机填料进行表面处理时，有机酸的用量必须控制在仅仅使填料表面均匀包覆单分子层。用量过多将使复合材料的耐热性下降，并使制品外观恶化；但用量过少，不能形成分子膜，影响复合效果。

 阅读材料

碳纤维制品

碳纤维（CF）具有碳素材料的特性，如耐高温、耐摩擦、导电、导热以及耐腐蚀等，但与一般碳素材料不同的是，其外形有显著的各向异性、柔软、可加工成各种织物，沿纤维轴方向表现出很高的强度。碳纤维相对密度小，因此有很高的比强度。

常用的聚丙烯腈（PAN）基碳纤维是由含碳量较高，在热处理过程中不熔融的聚丙烯腈纤维经热稳定氧化处理、碳化处理及石墨化等工艺制成的。

碳纤维的主要用途是与树脂、金属、陶瓷等基体复合，制成结构材料。碳纤维增强环氧树脂复合材料，其比强度、比模量综合指标，在现有结构材料中是最高的。在密度、刚度、重量、疲劳特性等有严格要求的领域，在要求高温、化学稳定性高的场合，碳纤维复合材料都颇具优势，而成为一种先进的航空航天材料。因为航天飞行器的重量每减少 1kg，就可以使运载火箭减轻 500kg，所以，在航空航天工业中争相采用先进复合材料。

碳纤维可加工成织物、毡、席、带、纸等形式，作为增强材料加入树脂、金属、陶瓷和混凝土等材料中，构成复合材料。碳纤维增强的复合材料可用作飞机结构材料，电磁屏蔽除电材料，人工韧带等身体代用材料以及用于制造火箭外壳、机动船、工业机器人、汽车板簧和驱动轴等。现在的 F1 赛车，车身大部分结构都用碳纤维复合材料。顶级跑车的一大卖点也是周身使用碳纤维，用于提高气动性和结构强度。

知识能力检测

1. 什么是填料、填充剂和增强材料？一般而言，它们对塑料性能有何影响？

2. 选用填充剂时应考虑哪些主要性质？并简单加以说明。

3. 碳酸钙常分为哪几类？各有何特点？

4. 有机填充剂主要包括哪些？与无机填充剂相比有何特性？

5. 何谓纳米填料？纳米填料有何特点？

6. 与一般碳酸钙相比，纳米碳酸钙在塑料中应用有何优势？

7. 简要说明增强材料的增强作用机理。

8. 常用的增强材料有哪些？其中玻璃纤维分为哪几种？各有何特点？

9. 何谓偶联剂？何谓表面处理剂？它们的分子结构有何特点？

10. 试以钛酸酯偶联剂为例说明其作用机理。

11. 简述填料表面处理的意义。

12. 结合网络和图书期刊资料了解填料的发展概况。

第十三章
着色剂与母料技术

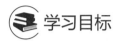 学习目标

知识目标：理解塑料着色的基本知识，熟悉塑料工业常用着色剂的品种、性能及应用，掌握塑料母料、色母粒的组成及配制方法，了解先进的塑料着色技术。

能力目标：能根据制品颜色要求选择合适的着色剂，能合理选择着色剂用量及配色工艺。能设计常见母料配方、色母粒配方。

素质目标：培养对色彩美学搭配方面的素养，能融入色粉使用过程中环保工艺设计理念，可灵活运用母料设计方法。

第一节　塑料着色基础知识

一、色彩的构成

1. 色彩的产生

光可以用波长来表述，单位通常采用纳米。一个白色的平衡光源，包含了波谱或辐射的全范围，人的肉眼所能看到的，仅仅是波长为 380 ～ 780nm 波谱范围里很窄的一部分，如图 13-1 所示。为了排除紫外和近红外区域的干扰，在使用仪器配色时可见光波谱范围通常选定在 400 ～ 700nm 之间。

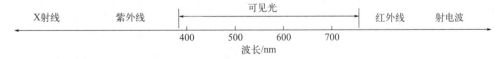

图 13-1　可见光谱及与其他辐射光的关系

颜色是大脑对投射到视网膜上不同性质的光线进行辨认的结果，不同波长的光线具有不同的颜色，可见光按波长从长到短依次为红、橙、黄、绿、青、蓝、紫七色。

2. 色彩三要素

色调、明度、饱和度是颜色的三个属性，称为色彩三要素。

（1）色调　又称为色相，是色彩的最主要特征，是色与色之间的主要区别。我们用色调这一术语在彩色世界里将颜色区分为红、黄、蓝等类型。

（2）明度　又称为色值、亮度，对于色调相同的颜色，如果光波的反射率、透射率或是辐射光能量不等时，最终的视觉效果也不相同，也就是颜色有明暗之分。

（3）饱和度　又称为色度、纯度。饱和度是在色调"质"的基础上表现出的颜色纯度，即指颜色的纯洁性。单色的可见光是最饱和的颜色，即饱和度最大。

二、配色原理

从着色塑料制品的光学现象可知，颜色可以互相混合产生不同于原来颜色的新颜色。尽管世界是多彩的，但各种色彩都可以由红、黄、蓝这三种基本颜色相拼而成，常把红、黄、蓝色称作三原色。

配色是用三原色配出所需颜色，配色原理如图 13-2 所示。两种原色相拼为间色。间色也有三种，两间色相混所产生的颜色称为复色，如橄榄、棕色、蓝灰等。此外，在原色或间色的基础上，用白色冲淡，饱和度降低，便可配出浅红、粉红、浅蓝、湖蓝等深浅不同的颜色；加不同量的黑色，又可调出棕、深棕、黑绿等明亮度不同的颜色。

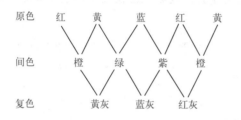

图 13-2　三原色的配色原理

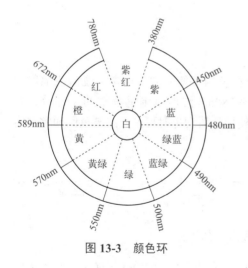

图 13-3　颜色环

色彩丰富的颜色除具有主色调外，还具有某种次要色调，这种附加称为色光。颜色带有色光才显得色彩斑斓，要得到纯正的颜色需消除色光。不同色光的混合可以得到或消除某种色光，颜色色光的混合可用颜色环表示，如图 13-3 所示。图 13-3 中每一扇形区代表一种颜色光，其对角处都有另一相应扇形颜色光，这一对光，称为补色。每一种颜色都有一个相应的补色，如果某一颜色与其补色以适当比例混合，便产生白色或灰色；如果两者按其他比例混合，便产生近似比例大的颜色成分的非饱和色。

任何两个非补色相混合，便产生中间色，色调取决于两颜色的相对数量，其饱和度取决于二者在色调顺序上的远近。这种中间色就是所谓的复色，连续变化其中一个成分的颜色，其混合色也相应出现连续性的变化，色调偏向于其中比例大的颜色成分，称为中间色律。

此外，颜色环上任何一种有色光，都可用其相邻的两种单色光混合得到。

三、着色剂的主要性能

仅根据色调、明度、饱和度来选择塑料着色剂，是远远不够的，还必须考虑到它的着色力、遮盖力、耐热性、耐迁移性、耐候性、耐溶剂性，以及与聚合物或添加剂的相互作用。

（1）着色力 着色剂的着色力是指得到某一定颜色制品所需的颜料量，用标准样品着色力的百分数来表示，它与颜料性质及其分散程度有关。

（2）遮盖力 是指颜料涂于物体表面时，遮盖该物体表面底色的能力。遮盖力可以用数值表示，它等于底色完全被遮盖时单位表面积需要的颜料质量（g）。

（3）耐热性 颜料的耐热性是指在加工温度下颜料的颜色或性能的变化。一般要求颜料的耐热时间为 4 ～ 10min。

（4）耐迁移性 颜料的迁移性是指着色塑料制品经常与其他固、液、气等物质接触，颜料从塑料内部迁移到制品的自由表面上，或迁移到与其接触的物质上的现象。

（5）耐光性和耐气候性 是指在光和大自然条件下的颜色稳定性。

（6）耐酸、碱、溶剂、化学药品性 工业用塑料制品常用于贮存化学药品及用作输送酸、碱等化学物质，因此要考虑颜料的耐酸、碱等性质。

（7）毒性 日常生活中使用的塑料制品越来越多，例如包装糖果、各种饮料、油脂类容器，塑料玩具等，因此要重视着色制品的毒性问题。

四、着色剂对塑料性能的影响

为了获得绚丽多彩的制品，必须添加着色剂，一般用量较少，但仍会对制品性能产生一定的影响。

就力学性能而言，当颜料颗粒较大时，分散不均匀会引起冲击强度的降低。但用量小于1%，且在制品中颗粒较细、分散均匀则对制品力学性能影响较小。此外，塑料制品中加入颜料，尤其是有机颜料，在制品成型过程中，会影响结晶聚合物的成核剂状态，如球晶的数量和大小等。这不但对力学性能有一定影响，而且还会引起成型收缩率加大，尤其是大型容器更为明显。

颜料中的某些金属离子会促进树脂热氧分解。如 PP 分子结构中含有大量的叔碳原子，对铜离子极为敏感，颜料中存在铜离子会加速其分解。有些颜料能够产生对光的屏蔽作用，可大大提高塑料制品的光稳定性和耐候性，如炭黑，既是主要的黑色颜料，又是光稳定剂，对紫外线具有良好的屏蔽作用。

作为电缆材料的 PVC 和 PE 还应该考虑着色后的电性能，尤其是 PVC 因其本身电绝缘性较 PE 差，故颜料的影响就更大。

第二节　常用塑料着色剂

常用塑料着色剂习惯上指无机颜料、有机颜料和特殊颜料三大类。

一、无机颜料

无机颜料通常是金属氧化物、硫化物，硫酸盐、铬酸盐、钼酸盐等盐类，以及炭黑。与有机颜料相比，它们的热稳定性和光稳定性优良，但着色力则较差，密度较大，一般为 $3.5 \sim 5.0 \mathrm{g/cm^3}$。下面是几种常用无机颜料。

1. 钛白粉及其他白色颜料

（1）钛白粉　化学名称为二氧化钛（TiO_2），有金红石型（简称 R 型）和锐钛型（简称 A 型）两种晶型。

R 型钛白粉着色力高，遮盖力强，耐候性好，而 A 型钛白粉的白度较好。塑料着色中使用 R 型二氧化钛为多。钛白粉的牌号众多，性能各异，用于着色的主要性能是着色力、色泽和遮盖力。

（2）氧化锌　又称为锌白，常用于橡胶着色，也可用于 ABS、PS 等塑料的着色。

（3）锌钡白　又称为立德粉，是硫化锌与硫酸钡的混合物。锌钡白遮盖力比较强，但由于性能优越的二氧化钛在塑料着色中的广泛使用，使得锌钡白的应用受到了很大的限制。

2. 炭黑

炭黑除了具有着色功能外，还具有提高耐候性、导电性等作用，是一种重要的高分子材料加工助剂，在橡胶工业中使用尤多。

炭黑主要由碳组成。工业上用完全燃烧和烃的裂解方法生产炭黑，品种繁多，性能相差较大。着色常用的品种有炉法炭黑、热裂炭黑和槽法炭黑。

3. 硫化物

硫化镉和硫化汞是硫化物颜料系列中最重要的两种。它们的色调范围从嫩黄色到栗色。常用品种有镉黄、镉红与镉橙等。

4. 铬酸盐类颜料

铬酸盐类颜料主要指铬黄、铬橙等。该类颜料耐热性较差，一般仅用于软质 PVC 塑料着色。常用的有铬黄和铅铬黄等。

5. 群青

群青是硅酸铝的含硫复合物，特点是色调纯净（纯蓝色调偏红光），具有优良的耐热、耐光和耐候性，能承受大多数化学药剂的侵蚀，分散性也佳。但着色力和遮光性均较差，由于分子中含有多种硫化物，遇酸易起反应，较少用于 PVC 制品，一般常用酞菁蓝代替它。

二、有机颜料与染料

有机颜料具有着色力强、分散性好、色泽鲜艳等优点，同时在耐热性、耐光性等方面也得到了突破性进展，因此在塑料工业界受到广泛的重视。由于无机颜料因含重金属对人体带来一定的毒害，有机颜料在应用方面逐步代替无机颜料是必然的发展趋势。

1. 有机颜料与染料的命名

有机颜料与染料可根据其化学结构或按系统命名法来命名，称为学名。但由于分子结构复杂，学名过于冗长，使用不便。同时，学名也并不能反映出着色剂的颜色和使用性能。因此在国际上，有机颜料和染料有着独特的命名法，其名称通常由三部分组成——冠首、色称和字尾，以便使用。

（1）冠首　冠首说明有机颜料与染料所属类别。如酞菁蓝 G，酞菁是冠首，代表该着色剂是酞菁类。

（2）色称　色称表示颜料的色泽。过去国外对色泽的命名没有统一的方法，大多数的色泽名称都是借用自然界某些动植物的天然色彩而命名的。1931 年以后，国际照明委员会建立了测色系统，色泽的区分可通过色调、明度和饱和度三者予以确定。其中，任何一项变更，都表示色泽有变动。这种表示方法，准确而肯定，因而学术上广为采用。色称统一规定为三十个：白、嫩黄、黄、深黄、金黄、橙、大红、红、桃红、玫瑰红、品红、红紫、枣红、紫、翠蓝、湖蓝、蓝、深蓝、艳绿、绿、深绿、黄棕、红棕、棕、深棕、橄榄、橄榄绿、草绿、灰、黑。如酞菁蓝 G 中的"蓝"即是色称。

（3）字尾　字尾通常以一定的符号和数字来表示，说明色光、形态、牢度、特殊性能和用途等。但实际使用中比较混乱，具体内容可查阅相关手册及生产厂商有关说明。

2. 有机颜料

（1）偶氮颜料　有单偶氮颜料、双偶氮颜料与偶氮缩合型三类。

单偶氮颜料耐热性、耐迁移性能差。典型的单偶氮颜料有耐晒黄，又称为汉沙黄，耐热温度为 160℃，可用于 SPVC 和 LDPE 中。

双偶氮颜料主要有联苯胺黄系颜料，常用的永固黄 HR 即属此类。由于分子中有双偶氮，耐热性可提高到 200℃，并且着色力强，耐有机溶剂。

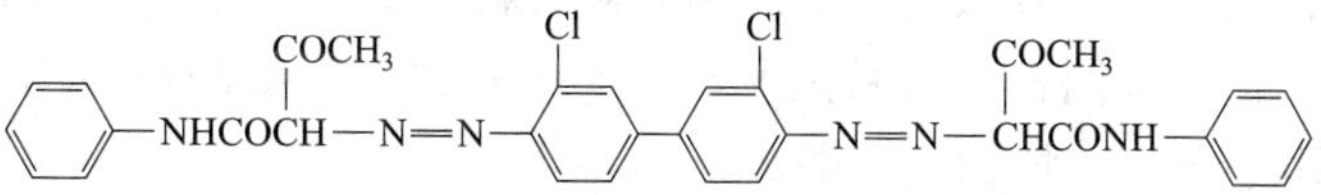

（永固黄HR）

偶氮缩合型是指用缩合方法制得的分子量较大的双偶氮颜料，分子量为 $10^3 \sim 10^4$，具有较好的耐热性、耐溶剂性、耐迁移性、耐晒牢度等。如颜料红 BR 相当于两个单偶氮颜料缩合在一起。

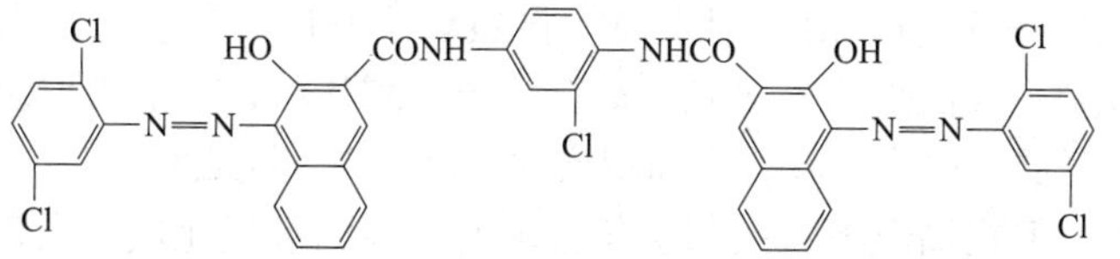

（颜料红BR）

（2）酞菁颜料　酞菁颜料具有优异而全面的性能，特别是耐晒、耐热性能好。同时不溶于任何溶剂，具有极其鲜艳的颜色，是当前高级颜料中成本最低的一类。

酞菁可与铜、钴、镍等金属生成水溶性的稳定配合物。与铜生成的铜酞菁具有非常鲜艳的蓝色，称为酞菁蓝，结构如下：

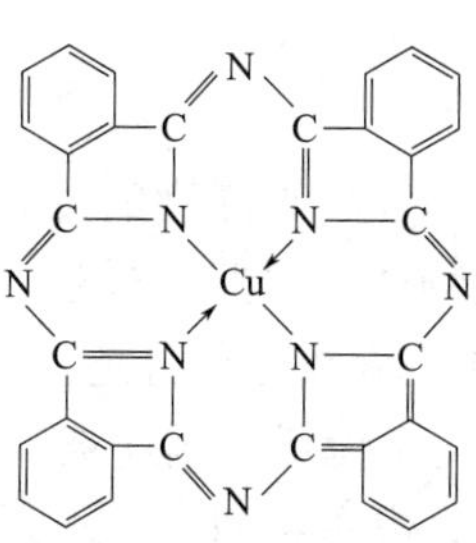

在铜酞菁的四个苯环上引入 16 个氯原子则生成铜酞菁的多氯化物，称为酞菁绿。

（3）杂环颜料　有喹吖啶酮类颜料和二噁嗪紫颜料。

喹吖啶酮类颜料具有三种同质异晶型结构，即 α、β、γ。其中 β、γ 型的混合物适合作颜料，是优良的红色颜料之一。它不仅色泽艳丽，而且耐溶剂性、耐热性都优良。如颜料紫 19，其中 α 型呈蓝光红色，对溶剂不稳定，β 型呈红光紫色，称为酞菁紫；γ 型呈红色，称酞菁红。

酞菁紫　　　　　　　　　　　　永固紫(永固紫RL)

永固紫 RL 是二噁嗪紫颜料，具有咔唑二噁嗪紫结构。耐晒牢度高，着色力强，但是耐溶剂性稍差。永固紫 RL 与酞菁蓝共混可得到藏青色。

（4）色淀颜料　色淀颜料是由一些水溶性染料与重金属无机盐（钡或钙盐）作用而生成的不溶性沉淀物。色淀颜料主要有：立索尔大红、立索尔紫红 2R、永固红 F5R 等。

3. 染料

染料不同于颜料，能溶于水或油，一般都是油溶性的，具有透明性。它的特点是色彩光亮而鲜艳，通常适用于透明塑料，例如 PS、PC、聚酯类等。但它的耐光、耐热性及耐迁移性较差。

塑料着色用的染料，按结构分有蒽醌、靛类和偶氮染料等。例如黄、橙、红色染料都具有双偶氮发色团；紫、蓝、绿色染料都含有蒽醌和酞菁类发色团。重要的塑料用染料有硫靛红、还原黄 4GF、士林蓝 RSN、碱式玫瑰精、油溶黄等。

三、特殊颜料

1. 金属颜料

（1）银粉　银粉实际上是铝粉。由于铝表面能强烈地反射包括蓝色光在内的整个可见光谱，因此，铝颜料可产生亮蓝 - 白镜面反射光。铝粉粒子呈鳞片状，遮盖力取决于比表面积的大小。铝粉在研磨过程中延展，厚度下降，表面积增加，遮盖力亦随之增加。

铝粉的熔点为 660℃，但在高温下直接与空气接触时，表面被氧化成灰白色，因此着色铝粉表面有氧化硅保护膜，具有耐热、耐候、耐酸性能。

（2）金粉　金粉实际上是铜粉和青铜粉（铜锌合金粉）的混合物。铜粉中含锌量提高，色泽从红光到青光。采用金粉着色可得到酷似黄金般的金属光泽。用量为 1% ～ 2%。

要使金粉着色产生良好的金属效果，所着色的塑料透明性要好，因此，应尽量避免与钛白粉等配用，也不宜于 PP 着色。

2. 珠光颜料

云母 - 钛珠光颜料是一种高折射率、高光泽度的片状无机颜料。它采用云母为基材，表面涂覆一层或多层高折射率的金属氧化物透明薄膜。通过光的干涉作用，使其具有天然珍珠般的柔和光泽或金属的闪烁效果。同时珠光颜料具有耐光、耐高温（800℃）、耐酸碱，不导电，易分散，不褪色、不迁移的特性，加之安全无毒，因此被广泛应用于塑料工业中。

根据色光不同，珠光颜料一般分为银白系列、幻彩系列、金色系列、金属系列。

3. 荧光增白剂

白色塑料一般对可见光中短波一侧的蓝光有轻微吸收，故带有微黄光，影响白度。消除塑料微黄光的方法之一就是添加荧光增白剂，它能吸收波长 300 ～ 400nm 的紫外线，将吸收的能量转换，并辐射出 400 ～ 500nm 的紫色或蓝色荧光，从而可弥补所吸收的蓝光，提高了白度。常用品种有荧光增白剂 PEB 和荧光增白剂 DBS。前者在透明 PVC 中的用量一般为

0.05% ～ 0.1%，在不透明制品中为 0.01% ～ 0.1%。后者适用于 PP、PS、ABS、PVC 等。被增白物泛蓝光色调荧光，白度高，耐高温。

4. 荧光颜料

荧光颜料是指在自然光照射下能够发射荧光并作为颜料使用的化合物。它具有柔和、明亮、鲜艳的色调。与普通颜料相比，明度大约要高一倍，但它的耐日晒牢度较差，可应用于 PP、PE、ABS、PS、PVC、PMMA 等塑料中。

荧光颜料用量一般仅为着色物重量的 0.015% 左右。由于荧光颜料的耐光性较差，着色时，常常将其与色调相同的有机或无机颜料配合使用，这样塑料着色制品在使用过程中荧光着色剂褪色，制品光亮度下降，色调不致发生大的变化。

5. 干扰颜料

干扰颜料可以通过控制二氧化钛涂覆云母片的厚度予以实施，通过控制二氧化钛涂覆厚度（120 ～ 360μm）可得到白、蓝、红、黄、绿的干扰色。干扰颜料能随角度变化而改变色彩的特性是一般吸收颜料所不具有的。

6. 温变颜料

温变颜料是一种在特定的温度下呈现出特定的颜色的微小颗粒。每个颗粒由微小的变色胶囊单元组成，胶囊内含有机酸、溶剂和着色剂。当环境温度低于溶剂的熔点时，着色剂与有机酸结合，呈有色状态；当环境温度高于溶剂的熔点时，着色剂与有机酸分离，呈无色状态。

温变单元在热量的作用下，从有色变为无色的范围，决定颜料的最终颜色。温变单元的颜色一般有蓝色、黑色、红色、绿色和黄色等。温变颜料可与普通颜料混用，达到由一种颜色变为另一种颜色的效果。如红色温变颜料与普通颜料混用，能产生由橙色变为黄色的效果。

第三节　着色剂的应用技术

一、着色剂的选择

着色剂的种类繁多，性能各异，理想的着色剂应满足下述条件：①色彩鲜艳，着色力大；②分散性好，能够均匀地分散于塑料中，不凝聚；③耐热性好，在树脂的加工温度和最高使用温度下有良好的热稳定性，不变色，不分解，而且能够长期耐热；④光稳定性好，长期受日光照射不褪色；⑤耐溶剂性和化学稳定性好，与溶剂或含有增塑剂的制品接触时，不会因溶出而迁移、串色，有良好的耐酸耐碱性，与树脂中其他助剂不发生有害的化学反应；⑥对塑料的加工性（如流动性、润滑性、印刷性、涂饰性等）和使用性能（如电性能、力学性能、耐老化性能等）无影响；⑦无毒，无臭；⑧价格低廉。

尽管没有着色剂能够完全满足上述条件，但可对照上述性能选择出主要性能符合制品要求的所需颜料或染料。

二、着色剂在塑料中的分散

为了使塑料着色均匀，必须满足两个条件：颜料颗粒充分细化；均匀分散到塑料中（混合）。颜料的分散不仅影响着色制品的外观（斑点、条痕、光泽、色泽及透明度）和加工性，也直接影响着色制品的质量，如强度、伸长率、耐老化性和电阻率等。

颜料分散后的粒径多大为宜，可用下述数据加以说明。颜料粒径大于 30μm，制品表面产生斑点、条痕；粒径在 10 ～ 30μm，制品表面无光泽；粒径小于 5μm 时，对于一般制品，可以满足使用，但是对于要求严格的产品则要求颜料粒径应小于 1μm。由此可见，着色剂在塑料中分散的好坏是着色成功的重要环节。

颜料在塑料中的分散过程可分为三步：润湿、细化、混合分散。第一步是使用分散剂润湿颜料，使颜料之间的凝聚力减小，降低新形成的界面表面能，以便进一步加工时，不至于产生再凝聚现象。第二步为细化，是将颜料的凝聚体或团聚体破碎，使其粒径减至最小的过程。它主要依靠颜料颗粒之间的自由运动（冲击应力）和颜料团聚体通过周围介质的应力（剪切应力）来完成。第三步是混合分散，主要是通过引入机械能来克服颜料团聚体中凝聚体间化学和物理作用力，达到分散均匀的目的。

分散不良可造成制品产生以下缺陷：着色强度不稳定；色泽不良；出现斑点、条痕；表面粗糙、不均匀引起的印刷问题；更严重的可使挤出机滤网堵塞，薄制品破膜，丝制品断丝。

三、着色剂的使用方法

目前常用的着色方法有干混着色、液糊状着色以及色母粒着色等。着色方法的选择应根据塑料种类、制品种类（膜、片、管等）以及成型方法等综合考虑。同时还应结合生产规模、设备投资、劳动条件等因素权衡。

1. 干混着色

干混着色又称浮染、粉状着色和纯颜料着色。干混着色时一般用白油、松节油等为分散剂，使着色剂黏附在树脂颗粒上，直接用于注塑、挤出等生产工艺。此法适用于颜料和制品种类多、批量小的生产方式。

干混着色法的优点是操作简便、设备投资小、着色成本低。此法尤其适用于珠光颜料和金属片颜料的着色，因为减少了混炼造粒工序，避免过度混炼的颜料片晶的破坏，影响制品闪烁的着色效果。

干混法的缺点是在混合和加料时易产生粉尘飞扬，污染环境，影响工人健康。并且当换色时，成型设备的料斗等清洁工作量大，操作较麻烦。更主要的是着色剂分散效果不佳，为此不能着色外观要求高的塑料制品。

2. 液糊状着色

液糊状着色是使用三辊研磨机等设备，将着色剂与增塑剂、多元醇和脂肪酸甘油酯等液体载色体一起研磨成糊状的颜料色浆，然后用于生产。该法颜料比较细腻，分散效果良好，不会在生产过程中产生颜料颗粒的凝聚。同时由于液体载体存在，着色过程不存在粉尘的污染。

液糊状着色不如干法简便，成本也较高，但较色母粒着色成本低近 1/3。目前液糊状着色法主要用于 PVC、UP 和 PU 等塑料的着色。

3. 色母粒着色

色母粒是颜料的浓缩物，其中颜料的含量达 20% ～ 80%，且颜料经过细化并充分分散至树脂或分散剂中配成各种色泽，以不规则和规则的粒状形式供应市场。

对塑料加工厂而言，使用色母粒着色除成本稍高外，其优点如下：①颜料分散均匀，色泽准确，着色质量高；②使用方便；③操作几乎无粉尘，生产环境清洁；④生产效率高。

4. 仪器辅助配色

仪器配色又称电脑配色。在使用仪器选择着色剂品类及用量前，首先对仪器进行相关基础配方数据库输入，形成颜色基础数据库（数据库的迭代要循序渐进、日积月累）。

颜色数据库会体现表征颜色数据化的几个重要指标，常用的表征方法有 CIE Lab 和 CIE LCH 两种色空间。在 CIE Lab 中，L 代表颜色的深浅度（又称黑白或亮暗，-L 表示偏深、+L 表示偏浅）；a 代表颜色的红绿（+a 表示偏红、-a 表示偏绿）；b 代表颜色的黄蓝（+b 表示偏黄、-b 表示偏蓝）。

拿到颜色样品时，通过仪器测试样品，得到样品的 Lab 值，输入基材、配比等信息；经过仪器分析，会得到着色剂的初始配方（包含着色剂种类和配比）。再进行实验并修正配方，最终实现所配颜色和样品一致。

仪器配色优点是可以快速得到基础着色剂配方、减少试制次数，可实现数据的快速复制和传递。仪器配色缺点是基础数据库的准确性直接影响初始配方的准确性，同时针对高彩度颜色，因基材间差异，很容易导致初始配方失真，导致初始配方颜色和实际需要颜色相差甚远。

四、着色剂的应用案例

以汽车产业为例，随现代年轻人潮流审美变化，汽车内饰系统颜色外观需求更加多元化。和以往的黑、米、灰色系相比，目前车厂典型的流行色如棕色系、红色系、蓝色系，整体颜色更加年轻化。

1. 通用塑料中的应用

通用塑料中着色剂首选无机色粉、有机颜料和少量金属颜料。通常不添加染料，因染料后加工过程易产生迁移现象，造成注塑过程污染模具或后加工电镀溶液污染。

在汽车仪表板配色过程中，咖啡色仪表盘主要使用着色剂品类：钛白粉、炭黑、铁红、铬黄四类无机色粉；红色部分配色过程主要使用着色剂品类：钛白粉、炭黑、喹吖啶酮（红）、单偶氮（红）、偶氮类（黄）等着色剂。

2. 工程塑料中的应用

工程塑料中着色剂选择比较广泛，几乎所有着色剂都可以使用。

汽车门板饰件开关门底座为 ABS 材质，棕色配色过程主要使用着色剂品类：钛白粉、炭黑、铬黄、铁红等着色剂。绿色充电器壳体通常为 PC/ABS 材质，绿色配色过程中主要使用着色剂品类：钛白粉、炭黑、酞菁绿等着色剂。

第四节　塑料母料与色母粒

所谓母料，是指含有高百分比、小剂量助剂的塑料混合物，通常是由30%～70%的助剂与30%～70%的载体树脂经混合造粒而制成的浓缩物，在成型加工中被树脂稀释到正常配方的助剂用量而得到产品。使用母料的优点是：简化配方实施中复杂的混合及造粒工序，便于使用和操作；生产环境清洁，大大改善劳动条件，有利于保护工人身体健康；提高助剂的分散均匀程度和功效，从而得到质量优良的产品。

中国母料生产起步较晚，20 世纪 70 年代末首先开发了填充母料，80 年代初开发了着色母料，进入90年代母料得到了较快发展，品种已趋于齐全，目前常用的母料有填充母料、着色母料、阻燃母料以及稳定母料、防雾滴母料、降解母料、抗静电母料、多功能母料等十余种，应用领域也拓展到众多行业。助剂母料化将成为塑料工业发展的一个重要方面。

一、塑料母料的组成

尽管不同品种的塑料母料组成各异，但基本组成大致相同，由内向外通常由母料核、偶联层、分散层、载体层四部分构成。

1. 母料核

母料核在母料的最内层，它是母料中最基本也是最重要的组分，它决定了母料的性质及用途。根据母料品种和用途不同选用不同的助剂，所选助剂即为母料核。填料为母料核，产品为填充母料；以着色剂为母料核，产品为着色母料；以抗静电剂为母料核，即制得抗静电母料。对母料核的要求主要有以下两方面。

① 母料核的粒度应细小均匀，一般应大于400目以上，最好在800目以上。

② 母料核应为高效助剂，可用多种助剂复配，以提高母料使用效果。

母料核的加入量视母料的品种不同有较大差异，一般在10%以上，有的母料核含量可高达85%。一般而言，在保证母料能在生产用树脂中分散均匀的前提下，应尽量增大母料核在母料中所占比例。

2. 偶联层

偶联层的作用是增大母料核同载体树脂之间的亲和力，使母料核同载体树脂有机地结合从而减少母料核对制品的负面影响，改善加工性能，提高产品质量。偶联层不是每种母料都必不可少的，一般存在于填充母料和以无机阻燃剂为主的阻燃母料中。偶联剂的用量较少，为充分发挥效能，可加入乙醇、甲苯等稀释剂。

3. 分散层

分散层由分散剂组成，其作用是润湿细粉状助剂，避免在成型加工中重新凝聚，促进母料核在载体树脂和制品中均匀分散，提高母料的加工流动性，增加制品光泽度及手感等。

分散剂应与载体树脂有较好的相容性，熔点及熔体黏度要低于载体树脂。常用的分散剂有PE蜡、氧化PE蜡、液体石蜡、固体石蜡、硬脂酸及其盐类、芥酸酰胺、硬脂酸酰胺、α-甲基苯乙烯树脂等。为提高分散效果，有时还加入助分散剂，如：DOP、磷酸三苯酯、松节油等。分散剂常采用多品种复配的方式，用量在5%左右。

4. 载体层

载体层是连接母料核与成型用树脂的过渡层，由载体树脂构成。载体树脂的作用是承载母料核并使其在成型加工中均匀分散于制品中，同时对制品性能也有较大影响。因此在选用载体树脂时要注意以下几个方面。

① 与成型用树脂有良好的相容性。生产中常选择与成型用树脂结构相同或相似的树脂，如生产PE和PP制品，可供选择的载体树脂有LDPE、HDPE、LLDPE、PP、EVA、CPE及无水马来酸酐接枝PE和PP等。

理想的载体树脂应与所有成型用树脂都具有良好的相容性，以便于所制得的母料可应用于各类制品中，这类母料称为通用母料或万能母料。通用母料常选择几种不同结构的载体树脂构成复合载体，也可不用载体，只有母料核与黏附剂，形成无载体母料，如第十三章中提到的着色剂即属此类。

② 应具有较高的流动性和较低的熔融温度。通常载体树脂的 MFR 值要低于成型用树脂，如用作载体树脂的 PE 其 MFR 值可达 10 ～ 50g/10min 范围内，这样有利于载体树脂对母料核的包覆及在成型加工中的分散。

③ 载体树脂应不影响或少影响成型用树脂的性能。

正确选用上述组分可制得高质量的母料。但有时为降低成本或受材料来源的限制以及性能要求不高时，配方设计可视具体情况只选用其中两种或三种成分。

二、色母粒的组成

色母粒是把超常量的颜料均匀地载附于树脂之中而制得的塑料颗粒色母粒，大多数为某类塑料着色专用。如聚烯烃类色母粒、尼龙色母粒、ABS（包括 AS、PS）类色母粒、PVC 色母粒等。它们均含有着色剂与载体两部分，有些色母粒还根据需要添加分散剂等。

（1）着色剂　可用有机颜料、无机颜料、特殊颜料，透明色母粒则需用染料。

（2）载体　是色母粒的基体，可使色母粒呈颗粒状。选择载体要考虑与被着色树脂的相容性好，同时载体的流动性应大于被着色树脂，且着色后不影响制品的性能。一般采用分子量低于被着色树脂的同类聚合物。也有用金属皂作为载体的色母粒。

（3）分散剂　其主要作用是对颜料进行包覆，有利于颜料的细化和分散，从而促使颜料能均匀分散在塑料之中。同时它与树脂的相容性良好，不影响产品质量。通常以硬脂酸盐居多，也可用白油、PE 蜡等。

三、色母粒的生产工艺

色母粒的制造方法有四种：油墨法、冲洗法、捏合法与金属皂法。现分别简述如下。

1. 油墨法

油墨法是在色母粒生产中采用油墨色浆的生产方法，即采用 PE 蜡、白油、液体石蜡，通过三辊研磨，在颜料表面包覆一层低分子保护层，其流程如下：

油墨法生产的色母粒主要靠三辊研磨机的剪切作用，使色浆中的颜料颗粒团聚体打开，生成原生颗粒。但由于设备性能限制，颜料经三辊研磨后，颗粒大小仅能达到 10 ～ 30μm。

由于颜料性质不同，研磨次数就不同，如二氧化钛易磨碎，而炭黑较难磨碎，后者应至少研磨三次。

2. 冲洗法

冲洗法是颜料、水和分散剂通过砂磨，使颜料颗粒小于 1μm，并通过相转移法，使颜料转入油相，然后干燥制得色母粒。转相时还需要用有机溶剂，以及相应的溶剂回收装置，其工艺流程如下：

3. 捏合法

捏合法是将颜料和油溶性载体掺混后，利用颜料亲油这一特点，通过捏合使颜料从水相冲洗进入油相，同时由油性载体将颜料表面包覆，使颜料分散稳定，防止颜料凝聚。其工艺流程如下：

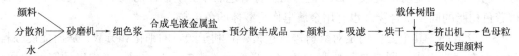

4. 金属皂法

金属皂法是将颜料经过研磨后粒度达到 1μm 左右，并在一定温度下加入皂液，使每个颜料颗粒表面层均匀地被皂液所润湿，形成一层皂化液，当金属盐溶液加入后与在颜料表面的皂化层发生化学反应而生成一层金属皂的保护层（一般为硬脂酸镁），使经磨细后的颜料颗粒不会引起絮凝现象，保持一定的细度。

这种方法不仅可以制得色母粒，还可制得预处理颜料。其工艺流程如下：

```
颜料
分散剂 ──→ 砂磨机 ──→ 细色浆 ─合成皂液金属盐→ 预分散半成品 ──→ 颜料 ──→ 吸滤 ──→ 烘干 ──载体树脂──→ 挤出机 ──→ 色母粒
水                                                                    ──→ 预处理颜料
```

除上述方法外，成型加工厂也可利用高速混合机和高效配料双螺杆挤出机生产色母粒。

四、色母粒的配制

（1）聚烯烃色母粒　聚烯烃色母粒的组成主要为颜料、分散剂及载体三部分。

① 聚烯烃色母粒所用颜（染）料主要有酞菁红、耐晒大红 BBN、颜料红 6R、偶氮红 2BC、大分子红 BR、大分子黄 2GL、永固黄 GG、酞菁蓝、酞菁绿、永固紫、镉红、镉黄、氧化铁红、氧化铁黄、钛白、炭黑等。

② 载体树脂可选用 MFR 为 20～50g/10min 的 PE。由于载体和被着色树脂的结构一致，有极好的相容性，熔体流动速率远大于被着色树脂，因此在挤出过程中色母粒流动性好，有利于均匀着色。一般色母粒用量仅为 1%～5%，故对制品性能影响不大。

③ 分散剂的熔点应较 PE 低，并和颜料有较好的亲和力。聚烯烃常用分散剂为 PE 蜡、氧化 PE、硬脂酸盐、白油等。

（2）苯乙烯类树脂色母粒　苯乙烯类树脂（包括 PS、ABS、AS 等）常采用浮染着色，有诸多缺点，因而目前越来越多地采用色母粒进行着色。

苯乙烯类树脂色母粒除可选用颜料外，透明制品也可使用可溶性染料，载体一般均采用同类树脂。ABS 色母粒分散剂用硬脂酸镁，HIPS 用硬脂酸锌，而透明 PS、AS 则采用熔点为 135～145℃的硬脂酸乙二胺，也可采用磷酸三甲苯酯，其用量为 0.1%～0.5%。

（3）其他色母粒　PA 色母粒常用的无机颜料是镉黄、镉红、氧化铁、炭黑、钛白等，耐热有机颜（染）料为喹吖啶酮红、酞菁系列等。载体可选用改性 PA 或结构与 PA 相似、熔点较低的聚合物，例如乙酸乙烯含量为 10%～40%（质量分数）、分子量为 1000～10000 的 EVA。

热塑性聚酯色母粒所用的颜（染）料有两类，一类为普通的有机和无机颜料，另一类为油溶性透明染料。载体采用三元共聚树脂，一般为对苯二甲酸二元醇酯、间苯二甲酸二元醇酯、对苯二甲酸多元醇酯三种单体按一定的比例，在钛系催化剂和磷酸酯类的有机化合物为稳定剂的作用下进行共缩聚而制得。

通用色母粒在国内外均有报道，但是要使其满足各种塑料的性能是很困难的，通常只能适应着色质量要求不高的制品。通用色母粒的载体可能是直链脂肪酸的盐类或氧化 PE 蜡等。

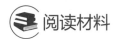 阅读材料

色彩与生活

七色阳光，多彩生活。不论身在何处，我们总被色彩的世界所包围。桃红李白，春花秋叶，大自然的美无不通过色彩表现得淋漓尽致。"欲把西湖比西子，淡妆浓抹总相宜"的诗情画意，总能引发对色彩无限的想象。不仅如此，色彩还能美化人的心理，调节人的情绪，温暖人的情感，改变人的行为。人们赋予了色彩不同的含义，色彩也体现着人们的生活情趣。所以，从某种程度上来说，色彩代表一种生活态度。

红色，是浪漫的使者，当人置身于红色的环境时，心气大盛，愉快兴奋，浪漫而温馨。以红色为线索串起的经典浪漫故事，散落在闪烁的烛光里，涂写在红玫瑰的花瓣上。从色彩学上讲，红的色彩意象容易引起注意，具有较佳的明视效果，可表达活力、积极、热诚、温暖、前进等含义的形象与精神，也具有警告、危险、禁止、防患等标示作用。

绿色，美丽、优雅而平和，给人生机勃勃、欣欣向荣的感觉。绿色，是初春里的新芽，是生命的象征。绿色，是人类和平与希望的标志。蓝色，是博大的天空，是一望无际的海洋，是无尽的梦想。蓝色让人宁静、理智而沉稳。橙色，浑身洋溢着青春的气息，是热情奔放的代名词。黑色，具有高贵、庄严、稳重、科技的色彩意象，容易与其他色彩和谐相处，是一种永远流行的主要颜色。白色，纯洁明净，记录你最真实的内心点滴，时光流逝，翻开照片，不变的是你洁白的笑容。白色，让你身处其中，物我两忘。

当然，色彩是多变的，它在不同的情境，不同的时间和空间，不同的生活节点，不同的民族和国度里有不同的意象。但美没有界限，就像挂在天际的彩虹。

 知识能力检测

1. 简述色彩三要素及配色原理。
2. 着色剂对塑料性能有何影响？
3. 无机颜料、有机颜料和特殊颜料各有何特点？
4. 什么是干混着色、液糊状着色？各有何特点？
5. 什么是塑料母料？使用母料有什么优点？
6. 塑料母料的组成有哪几部分？各有什么作用？
7. 使用色母粒着色有何优点？
8. 色母粒的主要组成有哪些？各有何作用？
9. 结合网络和图书期刊资料了解色母粒制备新技术。

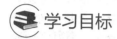 学习目标

知识目标：掌握塑料选材考虑的主要因素，掌握塑料配方主要改性方法，掌握塑料粉料、粒料的制备过程。

能力目标：能合理分析选择塑料制品的主要性能要求，能根据制品性能和用途合理选材，能灵活运用塑料填充、增强、共混改性方法，能进行塑料粉料、粒料的制备。

素质目标：培养在分析制品需求时分清需求的主次，建立整体性的配方设计思想的能力。

第一节　塑料材料选材考虑的主要因素

一、塑料材料的性能优势

迄今为止，塑料材料应用已达很高的普及程度，成为推动社会发展的新颖材料。已投入工业化生产的树脂达几百种，而且每年都有新的品种不断出现。塑料材料的选用就是在众多的树脂品种中选出既能满足制品使用性能和成型加工性能的要求，又经济适用的塑料材料。在选材时，需要考虑的因素很多，如材料的性能特点、制品的使用环境、加工适应性、原料来源、成本核算等。这些因果之间的关系如图 14-1 所示。

在进行塑料选材时往往先进行初选，进行综合评价后再进行试验，反复论证，最后确定最佳材料。本章从实用出发，介绍几种塑料材料选用的方法。

二、塑料材料的适用条件

塑料材料与其他材料相比有自身的适用性，选用塑料材料就是要最大限度地发挥其优势，避免劣势。表 14-1 是塑料与金属、木材等几种材料的一般性能比较。

从表 14-1 及结合所学过的知识可看出，塑料材料具有诸多优点，综合性能最好，尤其适用于下述各种情况：①要求质轻，而木材等又难以满足使用需要的场合；②既要求减重，又要求承受中、低载荷的使用环境，如在汽车、飞机、轮船和航天工具上使用塑料材料意义重大；③各类中、低载荷下的结构制品，如广泛用于机械工业的齿轮和轴承等；④形状复杂的制品，对于这类制品塑料具有高效、准确、快速成型的特点，如生产电视机壳体等；⑤各种场合下的

耐腐蚀材料，如各种化工管道、容器等；⑥要求自润滑的运动部件，如禁止使用润滑剂的食品、纺织、医药机械等；⑦要求具有防震、隔声、隔热性能的制品，如广泛使用的泡沫塑料；⑧绝缘材料，如电线电缆；⑨要求具有良好综合性能的制品，如集质轻、刚、硬、韧、耐热、耐腐蚀、绝缘等于一体的部件。

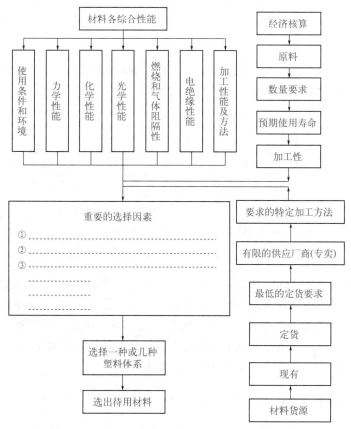

图 14-1　塑料选材程序

表 14-1　塑料与金属等材料的一般性能比较

性能	塑料	钢	铜	陶瓷	木材	玻璃
密度	低	高	高	较高	较低	较高
耐热性	较好	好	好	好	较差	好
力学强度	范围宽，较好	好	较好	较好	较差	差
绝缘性	好	差	差	很好	一般	好
导热性	差	好	很好	较差	差	较差
制品精度	较好	好	好	好	一般	好
成型加工	易	复杂	复杂	较复杂	较复杂	较易

　　与其他材料一样，塑料不可能尽善尽美，从而限制了在某些特定场合的应用。一般，塑料材料不宜应用于下述情况：对力学强度要求很高的制品，尤其是对刚度要求较高的结构件和拉伸强度超过 300MPa 的材料，如高载荷大型机械零件、大跨度构件等；常用塑料材料的耐热性

在 80～200℃，某些特种工程塑料长期使用温度可达300℃，因而通常情况下，350℃以上塑料材料已不适用；尽管注塑成型可得到精度较高的制品，但较大的成型收缩率和热膨胀系数难以适用1、2级高精度产品；作为绝缘材料塑料用途广泛，但不适宜用作550kV以上的超高压绝缘材料；除特殊场合外，不宜制作成高导电材料及制品。

除此之外，有些场合尽管适合塑料材料，但由于成本的因素也不宜选用。

三、塑料制品的性能要求

塑料材料选用的根本目的就是以最低的成本满足制品的性能要求，这是塑料材料选用中首先要考虑的因素。对特定的塑料制品而言，性能要求是多方面的，选用中要分清主要性能、相关性能和次要性能，见表14-2。

表14-2 制品的主要性能、相关性能和次要性能

性能	内容	举例——食品机械齿轮
主要性能	决定制品用途的关键性能，选取材料的特征性能	卫生性、自润滑性、耐磨性
相关性能	影响制品用途的辅助性能，选取材料应具有的性能	耐疲劳、耐冲击、尺寸稳定性、耐热性
次要性能	不影响制品用途、但可拓展用途的性能，选取材料的附属性能	耐候性、阻燃性、绝缘性、耐化学腐蚀性

制品的主要性能、相关性能和次要性能是由其用途来决定的，不同用途的塑料齿轮对其主要性能的要求亦不同。用于重载荷情况下主要性能为力学强度和耐磨性；用于食品和纺织机械中，为防污染，主要性能为自润滑性；用于化工设备，主要性能为耐腐蚀性；用于电力设备，主要性能为绝缘性。塑料选用中要重视的性能要求包括制品的受力状况、电性能、耐热性、气体阻隔性、光学性能、尺寸精度、材料能否进行改性等方面。

四、塑料制品的使用环境

使用环境是指材料或制品在使用时所经受的温度、湿度、介质等条件，以及风、雨、雪、雾、阳光及有害气体等因素的影响。所以，在塑料选材时，应考虑拟选用材料对环境的适应能力。

（1）环境温度 如前所述，塑料材料的性能对温度有较大的依赖性，常用塑料品种的使用温度大多在150℃以下，环境温度超过150℃后只有增强塑料和特种工程塑料可选。在具体选用时应注意环境温度不能超过塑料的使用温度和脆化温度。

（2）环境湿度 环境湿度对塑料的性能影响不大，但对易吸湿性塑料品种，如PA类等则有较大影响，吸湿后会使力学强度、电性能和尺寸稳定性下降。

（3）接触介质 塑料制品与大气、水、化学药品、生物、食品等接触其性质会发生一定变化，如与化学药品接触会受到腐蚀，与微生物接触会产生生物降解等，因而在塑料材料选用中应针对不同的接触介质选用不同的品种。另外，当塑料用于与食品及与人体等接触的物品时要求其卫生、无毒，尤其是长期用于与人体接触或需植入人体内用作人体器官的医用塑料制品，除要求绝对无毒外，还要求与人体的生理相容性好，无副作用。

对于长期在户外使用的塑料制品，如大棚膜、汽车保险杠等需加入稳定化助剂来提高其耐候性。

五、塑料制品的加工适应性

塑料材料加工性能是指其转变成制品的难易程度。材料的内在性质影响着它的加工性能，塑料品种不同加工性能不同，有的易加工，有的难加工。加工工艺的选择对材料的性质也有重要影响。一般塑料材料加工适应性要考虑下述几方面。

（1）树脂的热稳定性　如 PVC、PVDC、POM 等属热敏性材料，成型加工中易产生分解，对成型工艺要求较高。通常在加工中需严格控制温度，对 PVC 等物料还需加入热稳定剂、增塑剂等。

（2）树脂的成型原理　热塑性树脂受热熔融、流动，冷却后即可硬化成型，易于制得制品；而热固性树脂成型中伴随着交联固化反应，往往难以用熔融成型加工的方法，生产效率较低。

（3）树脂熔体黏度的高低　热塑性树脂一般采用熔融成型加工的方法，熔体黏度的高低对成型影响很大。对高黏度物料（如 PC、PSU）成型中需采用较高的成型压力和温度，而黏度过高（如 UHMWPE、PTFE）则难以用普通的方法加工，需用如冷压烧结等特殊成型方法。

六、塑料材料的经济适用性

经济适用性是塑料选材中的一个重要因素，如果选取的塑料材料在性能和加工方面均能满足要求，成本过高也难以投入生产，更谈不上进入市场，只有物美价廉的制品才能具有市场竞争力。塑料制品的成本主要包括原料价格、加工费用、使用寿命、维护费用几方面。

（1）原料价格　制品成本中原料价格占的比例最大，约占注塑制品的 60% ～ 70%、挤出制品的 70% ～ 80%。而且原料价格随运输费用和市场需求波动较大，从目前看，塑料原料价格在每吨 5 千至几万元不等，某些特种工程塑料可达十几万甚至几十万元。表 14-3 是一些塑料原料的大致价格区域。

表 14-3　塑料原料的大致价格区域

价格区域	塑料品种
低价位	PP、HDPE、PS、PVC、LDPE、LLDPE、PET、PF、EP、UP
中价位	ABS、EVA、POM、PMMA、PBT、PA-6、PA-66、PC、PA-610、PPO、PA-1010、PU
高价位	PTFE、PCTFE、FEP、PPS、PI、PSU、PEK、PEEK、LCP

生产中在满足制品性能的前提下，应尽量选用价格较低的原料，对于某些性能要求较高的制品可通过改性来加以弥补。实际上，同一种塑料的不同规格和牌号的品种之间，性能和价格也有较大差异，应引起注意。

（2）加工费用　是制品成本的重要组成部分，应尽量以低加工成本来完成制品。加工费用主要包括设备成本、加工能耗费用等。

生产中应尽量选用现有设备。如某厂要生产农用大棚膜，可选用 LDPE、LLDPE 和 PVC树脂。若工厂现有压延机，则选用 PVC；若有挤出机，则选用 LDPE、LLDPE 为好。同时，塑料加工方法多，加工设备的价格不同，从减少投资来看，应依次选择下列方法：真空吸塑、压制成型、中空吹塑成型、挤出成型、注塑成型、压延成型。

加工能耗主要是指在成型加工中因加热和提供动力而对电能的消耗。一般工程塑料成型前需进行干燥处理，成型后制品易残留内应力而要求进行后处理，相应能耗就会增加；通用塑料较少需要干燥处理和后处理，相应能耗较低。此外，成型加工温度较高的塑料品种，如 PC、PSU、PPO 等加工能耗也会增大。

塑料加工废料产生率因成型方法的不同而不同，具体顺序如下。

真空吸塑＞挤出吹塑＞注塑＞压延＞压制＞挤出

其中真空吸塑产生废料最多，如成型一次性口杯废料率高达 30%。生产中的废料应尽量重新利用，以提高材料的利用率，降低原料成本。

（3）使用寿命　对于非一次性使用的塑料制品，使用寿命的延长就意味着价格的降低。如普通大棚一般使用一季，长寿大棚膜可使用两季，尽管后者的售价是前者的 1.5 倍，但在整个使用寿命期限内采用长寿大棚膜价格却降低了 25%。选用合适的塑料原料，对塑料进行稳定化处理均可延长制品的使用寿命，但制品的售价往往会提高。

第二节　根据制品的性能和用途选材

如前所述，塑料材料的选用主要考虑的因素是制品使用性能和使用环境两方面，不同的用途要求塑料制品具有不同的特性。塑料制品的性能通常包括力学性能、热稳定性、尺寸稳定性、耐化学腐蚀性、光学性能、气体阻隔性、电绝缘性等诸多方面。本节仅从塑料的几个主要应用领域讨论根据制品性能和用途进行选材的一般思路，在实际生产中应综合各方面因素，并经反复试验方能得到合适的材料。

一、根据制品的性能选材

1. 制品的力学性能

对制品的力学性能要求要从三个方面考虑：一是受力的大小，可分为中低载荷和高载荷；二是受力的类型，有拉伸、压缩、弯曲、冲击、剪切等；三是受力的性质，包括固定载荷和间歇载荷。不同的制品因受力的情况不同，对塑料材料的力学性能要求也不同，见表 14-4。在选材中首先要考虑塑料制品的受力类型和性质，结合使用环境，最终选取合适的塑料品种。举例如下。

表 14-4　塑料制品受力类型对材料力学性能的要求

制品用途	力学性能要求
汽车保险杠、仪表等制品	冲击强度↑
体育器材，单、双杠等制品	弯曲强度↑
转动轴等制品	扭曲强度↑
轴承、导轨、活塞	抗磨损性↑
螺栓等制品	剪切强度↑
饮料瓶、上水管、煤气管	材料的耐爆破强度↑
绳索、拉杆	拉伸强度↑
垫片、密封圈	压缩强度↑

（1）一般结构零件　主要包括螺母、螺栓、垫片、支架、管件、手柄、方向盘等，受力不大，一般为固定载荷，可选用 UPVC、HDPE、PP、HIPS 及热固性树脂；对力学性能要求较高的特殊场合可选用 PA、POM、PC 及玻纤增强塑料。

（2）受间歇载荷作用的制品　如齿轮、齿条、链轮、链条、活塞环、凸轮等。这类制品要具有较高的抗弯、耐冲击、耐疲劳性，优良的耐磨性，一定的耐热性，对有些场合还要求有自润滑性，以此保证长期使用中的性能稳定。常用材料有 PA、GFPA、POM、PPO、PC、GFPC、GFPET、GFPBT、UHMWPE、PTFE、PEEK、PI 及布基酚醛等。

2.制品的热性能

塑料材料与黄铜和玻璃相比线膨胀系数较大，热导率较低，见表 14-5。具有优异的绝热性能，特别是泡沫塑料被广泛用作绝热、保温材料。

表 14-5　塑料材料的热性能

材料	线膨胀系数 /($\times 10^{-5} K^{-1}$)	比热容 /[kJ/(kg·K)]	热导率 /[W/(m·K)]	热变形温度 /℃	维卡软化点 /℃	马丁耐热温度 /℃
PMMA	4.5	1.39	0.19	100	120	—
PS	6～8	1.20	0.16	85	105	—
PU	10～20	1.76	0.31	—	—	—
PVC	5～18.5	1.05	0.16	—	—	—
LDPE	13～20	1.90	0.35	50	95	—
HDPE	11～13	2.31	0.44	80	120	—
PP	6～10	1.93	0.24	102	110	—
POM	10	1.47	0.23	98	141	55
PA-6	6	1.60	0.31	70	180	48
PA-66	9	1.70	0.25	71	217	50
PET	—	1.01	0.14	98	—	80
PTFE	10	1.05	0.27	260	110	—
EP	6	1.05	0.17	—	—	—
PSU	3.1	1.05	0.17	185	180	150
黄铜	2.0	0.38	700	—	—	—
玻璃	0.3	0.78	1	—	—	—

衡量制品耐热性能好坏的指标有热变形温度、马丁耐热温度和维卡耐软化点及 T_g、T_m 等，其中以热变形温度最为常用。同一种塑料上述耐热性指标数值并不相同，一般关系如下：维卡软化点＞热变形温度＞马丁耐热温度，见表 14-5。根据热变形温度的大小可把塑料的耐热性分成四种类型，见表 14-6。应注意的是影响塑料耐热性的因素很多，热变形温度是在一定负载下测得的数据，负载不同塑料的耐热性相差甚远，并不能完全代表材料的使用温度。

表 14-6　部分塑料品种的耐热性

耐热性	品种
低耐热类塑料，热变形温度小于100℃	PE、PS、PVC、PET、PBT、ABS、PMMA、PA

耐热性	品种
中耐热类塑料，热变形温度在 100～200℃	PP、PVDC、PSU、PPO、PC
高耐热类塑料，热变形温度在 200～300℃	PPS、CP、PAR、PTFE、PEEK、PF（增强）、EP（增强）
超高耐热类塑料，热变形温度大于 300℃	LCP、PI、聚羟基苯甲酰、聚苯并咪唑、聚硼二苯基硅氧烷

在根据制品的耐热性选取塑料材料时还应考虑下述问题：①通过填充、增强、共混、交联改性塑料的耐热性可大大提高，如 PA-6 填充 5% 云母热变形温度由 70℃提高到 145℃，用 30% 玻璃纤维增强后提高到 215℃；ABS 与 PC 共混后热变形温度由 93℃提高到 125℃；HDPE 交联改性后热变形温度由原来的 80℃提高到 90～110℃。由于耐热性好的塑料品种价格较高，生产中应尽量选用通用塑料中耐热性好的品种，或通过改性来达到较高的耐热性要求。②充分考虑受热环境，如受热时间长短及受热介质等。如湿式耐热应选用低吸水性塑料品种，而不宜选用 PA 类，以免高温降解；而与化学物质接触应考虑塑料的耐腐蚀性。③制品受热时的载荷大小，无载荷或低载荷时耐热性高，高载荷时耐热性低。

3. 制品的其他性能

（1）制品的化学性能　包括耐化学药品性、耐溶剂应力开裂性、耐环境应力开裂。影响塑料材料化学稳定性的因素很多，材料因素主要有化学组成、聚集态和所含助剂；环境因素主要有温度、湿度、受力状况等。

对一些大分子中存在酯基、酰氨基、醚基及硅氧基的塑料，在酸、碱及水存在的环境中，易发生水解反应。如 PET 不耐酸、碱及高温水；PA 易吸湿，不耐酸；PF 和 UP 不耐碱。而 PVC、PE、PP 及 PS 等树脂的耐酸、碱、水性均很好。大分子主链或支链含有—CH_3、—C_6H_5 基团往往不耐汽油、苯、甲苯等非极性溶剂。对于强氧化剂（如浓硫酸、浓硝酸和王水等），除 PTFE 外其他塑料品种几乎均易受到侵蚀。溶剂介质的腐蚀主要与塑料的溶度参数有关，这在非晶塑料的选用中尤其重要。综合来看，常用塑料的耐化学腐蚀性可表示如下。

氟树脂＞氯化聚醚＞ PPS ＞ PVC、PE、PP ＞ PC、PET、POM、PA、PSU、PI ＞ PF、EP、UP

在塑料防腐材料的实际选用中要针对介质的种类、状态、浓度、温度及氧化性，视制品的受力及强度要求，以及成本和成型加工等各方面因素，做出综合评定，最终选取合适的塑料材料。

（2）制品的光学性能　表征材料光学性能指标常用透光率、雾度、折射率等。一般纯净的无定形塑料，大都无色透明，结晶高聚物的结晶度越大，透光性和透明性越差。但通过加入成核剂和拉伸等方法改变结晶结构可获得透明的结晶塑料制品，如 PET 和 PP 双轴拉伸薄膜等。

除透明性外，在选用中还应注意制品的应用场合和具体要求，用于光盘材料要求其性能受环境影响小，抗蠕变性能好，具有长期的力学稳定性；用于隐形眼镜则要求高度稳定的光学性能，高吸水率，高透氧性，卫生无毒，生理相容性好，柔软而有弹性。表 14-7 给出了一些常用透明塑料选用的例子。

表 14-7　常用透明塑料材料的选用举例

用途	选用品种
日用透明材料	透明包装：PE、PP、PS、PVC、PET 透明片、板类：PP、PVC、PET、PMMA、PC 透明管类：PVC、PA 透明瓶类：PVC、PET、PP、PS、PC

用途	选用品种
光学镜片	眼镜、透镜、放大镜、望远镜、隐形眼镜，选用 CR-39[①]、HEMA[②]、PC、PMMA 等
其他	照明器材类：PS、AS、PMMA、PC 等 光纤材料：PMMA PC 玻璃类：PMMA、PC 光盘材料：PC、PMMA、EP、PETG、茂金属聚烯烃 (mPE、mPP)

① 双烯丙基二甘醇碳酸酯。
② 聚甲基丙烯酸羟乙酯。

（3）制品的阻隔性 是指制品对气体、液体、香味、药味等具有的一定屏蔽能力，一般用透过系数来表征，即一定厚度（1mm）的塑料制品，在一定压力（1MPa）、一定温度（23℃）、一定湿度下，单位时间（1d=24h）、单位面积（1m²）内透过小分子物质的体积或质量，通常以透过 O_2、CO_2 和水蒸气三种小分子物质为标准。塑料的透过系数越小，阻隔能力越强。几种阻隔性能较好的塑料品种的透过系数及其应用见表 14-8。

表 14-8　几种塑料的透过系数及其应用举例

塑料品种	O_2 透过系数 /[cm³ · mm /(m² · d · MPa)]	CO_2 透过系数 /[cm³ · mm /(m² · d · MPa)]	H_2O 透过系数 /[g · mm /(m² · d · MPa)]	应用举例
EVOH[①]	0.1 ～ 0.4	1.56	20 ～ 70	保鲜包装材料
PVDC	0.4 ～ 5	1.2	0.2 ～ 6	防潮、保鲜、饮料包装
PAN[②]	8	16	50	保鲜、饮料包装
PEN[③]	12 ～ 22	—	5 ～ 9	食品及医用、饮料包装
PET	49 ～ 90	180	18 ～ 30	碳酸饮料包装
PA-66	15 ～ 38	50 ～ 70	—	食品及肉类包装
PA-6	25 ～ 40	150 ～ 200	150	食品及肉类包装

① 乙烯 - 乙烯醇共聚物。
② 聚丙烯腈及其共聚物。
③ 聚萘二甲酸乙二醇酯。

选择阻隔性塑料时，除要考虑阻隔性大小外，还应考虑制品的环境适应性、加工性能和成本高低等因素。在实际选用中可采用多种材料复合的方法，如 LDPE/PP/LDPE、LDPE/PET/LDPE、PE/EVOH/PE、PP/EVOH/PP、PE/PA/PE、PP/PA/PE、BOPP/PP 等，以求得性能、加工及成本等各方面的平衡。也可通过拉伸、共混、表面电镀、表面涂覆、表面化学处理等来提高塑料的阻隔性能，以满足不同的包装要求。

（4）制品的电性能 可以用介电常数、体积电阻率、介电强度、耐电弧性等参数表征。总体来说，塑料材料的电性能优异，而且品种多，适合各种电性能要求不同的场合。

塑料都是优良的电介质，介电常数较小，但不同塑料介电常数也有明显差别。非极性塑料相对介电常数在 1.8 ～ 2.5 之间，如 PE、PP、PS、F_4；弱极性塑料在 2.5 ～ 3.5 之间，如 PMMA、PBT、PET、PC；极性塑料在 3.5 ～ 8 之间，如 PVC、PF、PA 等。作为绝缘电线电缆等为减少能量损耗宜选用介电常数较小的塑料品种，用作电容器则可选用介电常数稍大的品种，目前常用于电容器的是双向拉伸 PP 和 PET 薄膜。

电阻率有表面电阻率和体积电阻率，作为绝缘材料一般电阻率应大于 $10^{10}\Omega$ · cm。塑料材料的电阻率绝大多数符合绝缘材料的要求，被广泛用作不同用途的电绝缘材料。一般用途电线电缆可选用 PVC，对于高频高压场合需选用电阻率高、介电常数小、介电强度高的 PE 和 XLPE，硬质制件可选用 HDPE、PP、PTFE、PI 等；作为电工类绝缘材料和制品（如闸盒、继电器、接触器、封装材料等）要求有较高的介电强度、耐电弧性和耐热性，一般选用热固性塑料，常用氨基塑料、酚醛塑料和环氧塑料等；在电子工业对各种元器件除电气性能要求外，还对力学性能、耐热性和成型加工性能有较高的要求，可根据具体情况选用，常用的塑料品种有 PP、PA、PC、POM、PET、PBT、PSU、PPS、PI、PTFE 等。

（5）制品的燃烧与阻燃性　塑料是有机化合物，分子内含有大量碳、氢等可燃元素，有些品种易燃，阻燃性差。若大分子结构中含有卤素及氮、磷、硫等原子或主链结构中含有芳环类则材料具有一定的阻燃性或自熄性。一般塑料的燃烧与阻燃性能可用图 14-2 所示的氧指数测定仪来测定。氧指数（OI）<22% 属易燃塑料，OI 在 22%～27% 为自熄性塑料，OI＞27% 为阻燃性塑料。常用塑料的 OI 值见表 14-9。

图 14-2　氧指数测定仪

表 14-9　常用塑料的 OI 值　　　单位：%

塑料	OI	塑料	OI	塑料	OI	塑料	OI
POM	14.9	PS	18.1	PA-1010	25.5	PI	36
PU	17	ABS	18.2	SPVC	26	PPS	40
氯化聚醚	23	EP	19.8	PA-6	26.4	PBI	58
PMMA	17.3	PBT	20	PF	30	PTFE	95
PE	17.4	PET	20.6	PPO	30	PA-66	24.3
PP	18	PC	24.9	PSF	32		

对于要求制品阻燃的场合，除可根据制品的性能选用阻燃塑料品种外，还可采用添加阻燃剂的方法来达到阻燃的目的，有关内容可参见第十五章。

二、根据制品的用途选材

根据制品用途选材实质上仍是按制品的性能选材，选用中除考虑制品应用领域外，还应考虑制品的使用环境、受力状况以及使用对象等因素。考虑制品的使用环境和受力状况即是考虑制品的性能，前面已作讨论，使用对象是指使用塑料材料的国别、地区、民族和使用者的年龄、性别等范围。国家不同，塑料材料的标准和规格会有所不同；使用者不同，如儿童、老人、妇女用品都各有不同的要求；工业上使用更因对象不同而有较大差异。所有这些均是根据制品用途选材的重要因素。

为便于根据制品用途选材，可以按不同应用领域对塑料制品的不同要求分成建筑工业类塑料制品、包装工业类塑料制品、化学工业类塑料制品、家用电器类塑料制品、农业用塑料制品、汽车工业类塑料制品、机械零部件类塑料制品等；也可按塑料的功能分成可满足不同应用领域的材料，如结构材料、耐腐蚀材料、光学材料、低摩擦材料等。与此相关的内容在前面各章中均有讨论，可结合本章习题进行总结。

第三节 常见塑料配方改性方法

一、塑料填充改性

填充塑料以降低制品成本为目的，兼有改善性能的作用。

（1）填充塑料的经济价值 由于填充材料价格按重量计算远低于树脂，通常填充塑料的原料成本会显著降低。尤其对塑料薄膜、管材、打包带等制品以重量作计价单位的产品填充具有较高的经济价值，而对工业配件和日用品等多以个数计价，成本的降低往往并不显著，此时多以改善制品的某些性能为主。

（2）填充塑料的性能 粉状填充材料会降低材料的拉伸强度和冲击强度，而会使刚度、硬度、耐磨性、耐热性和尺寸稳定性提高；而像功能性填料，如磁性填料、金属粉末、炭黑等，则可赋予塑料材料特殊性能。填充材料性能各异，配方中应根据填充材料的特性和制品性能需要进行选用。

近年来，碳酸钙、滑石粉等填充材料的细化和超细化技术取得了显著进步，使用这些细微化甚至纳米级填料不但能大大减少对材料力学性能的不良影响，而且起到"刚性粒子增韧"作用，其增韧机理还在不断研究之中。

（3）填充塑料的加工性能 通常填料的加入，会使塑料的熔体黏度增大，流动性降低；粒径较小的填料可以促进结晶性塑料晶核的形成，增加高温时复合材料的刚性和强度；可减少真空成型时半熔融薄片由于自重造成的下垂现象；对于软PVC制品，填料的加入使柔软性降低，增塑剂用量相应增大；无机填料一般硬度较大，易磨损加工成型设备，尤其填充量较大时更甚。

（4）填充材料的表面处理 如上所述，一般性填充材料对塑料的拉伸、冲击和加工性能都有不良影响。为削弱这种影响，在配方设计中应尽量选用填充母料和活性填料，或选用适当的偶联剂和分散剂对填充材料进行表面处理。目前广泛使用的是钛酸酯和铝酸酯偶联剂，铝酸酯偶联剂具有色浅、偶联效果好、呈蜡状、使用方便的特点，在填充塑料中得到广泛应用。

（5）填充母料 聚烯烃填充母料始于20世纪80年代，是填充改性技术发展的产物，在设计PP编织袋、打包袋和PE中空、注塑、薄膜、管材等填充制品配方时可直接选用。

二、塑料增强改性

增强塑料是指含有增强材料而某些力学性能比原塑料有显著提高的一种塑料。广泛使用的增强材料是玻璃纤维，碳纤维、晶须、硼纤维、石英纤维、石墨纤维、陶瓷纤维、金属纤维等因成本较高，仅用于特殊场合。

玻璃纤维增强热塑性塑料具有较高的比强度、良好的耐热性能、电性能、耐腐蚀性能以及简便的加工方法，应用日益广泛。与热固性玻璃纤维增强塑料相比，纤维增强热塑性塑料可一次制成形状十分复杂而尺寸十分精密的制品，生产周期仅需几十秒或数分钟，显示了高质量和高效率的现代化生产特征。

通常将热固性增强塑料简称为FRP，将热塑性增强塑料简称为FRTP。由于FRTP的出现，使热塑性塑料的力学性能有了很大改善，拉伸和冲击强度成倍增加。部分价格较低的通用塑料（如PP）经过增强以后可以代替昂贵的工程塑料。对于某些工程塑料通过增强，其性能已达到或超过金属的强度，大大扩展了热塑性塑料作为结构材料应用于工程领域的深度和广度。

三、塑料共混改性

将两种或两种以上的高分子物加以混合与混炼，使其性能发生变化，形成一种新的表观均匀的聚合物体系，这种混合过程称为聚合物的共混改性，所得到的新的聚合物体系称为聚合物共混物。聚合物共混物（或共混改性）通常都是以一种聚合物为基体，掺混另一种或多种小组分的聚合物，以后者改性前者。在单一聚合物组分中加入其他聚合物改性组分，可取长补短，消除各单一聚合物组分性能上的缺点，使材料的综合性能得到改善。

聚合物共混物的制备方法有物理方法和化学方法。物理共混法是依靠聚合物分子链之间的物理作用实现共混的方法，按共混方式可分为机械共混法（包括干粉共混法和熔融共混法）、溶液共混法（共溶剂法）和乳液共混法；化学共混法是指在共混过程中聚合物之间产生一定的化学键，并通过化学键将不同组分的聚合物连结成一体以实现共混的方法，它包括共聚 - 共混法、反应 - 共混法和 IPN 法形成互穿网络聚合物共混物。物理法应用最早，工艺操作方便，比较经济，对大多数聚合物都适用，至今仍占重要地位。化学法制备的聚合物共混物性能较为优异，近几年发展较为迅速。

1. 物理共混法

（1）机械共混法　将不同种类的聚合物通过混合或混炼设备进行机械混合便可制得聚合物共混物。根据混合或混炼设备和共混操作条件的不同，可将机械共混分为干粉共混和熔融共混两种。

① 干粉共混法　将两种或两种以上不同品种聚合物粉末在球磨机、螺带式混合机、高速混合机、捏合机等非熔融的通用混合设备中加以混合，混合后的共混物仍为粉料。干粉共混的同时，可加入必要的各种助剂（如增塑剂、稳定剂、润滑剂、着色剂、填充剂等）。所得的聚合物共混物料可直接用于成型或经挤出后再用于成型。干粉共混法要求聚合物粉料的粒度尽量小，且不同组分在粒径和密度上应比较接近，这样有利于混合分散效果的提高。由于干粉共混法的混合分散效果相对较差，故此法一般不宜单独使用，而是作为熔融共混的初混过程；但可应用于难溶、难熔及熔融温度下易分解聚合物的共混，例如氟树脂、聚酰亚胺、聚苯醚和聚苯硫醚等树脂的共混。

② 熔融共混法　熔融共混法系将聚合物各组分在软化或熔融流动状态下（即黏流温度以上）用各种混炼设备加以混合，获得混合分散均匀的共混物熔体，经冷却，粉碎或粒化的方法。为增加共混效果，有时先进行干粉混合，作为熔融共混法中的初混合。熔融共混法由于共混物料处在熔融状态下，各种聚合物分子之间的扩散和对流较为强烈，共混合效果明显高于其他方法。尤其在混炼设备的强剪切力的作用下，有时会导致一部分聚合物分子降解并生成接枝或嵌段共聚物，可促进聚合物分子之间的相容。所以熔融共混法是一种最常采用、应用最广泛的共混方法。

熔融共混法要求共混聚合物各组分易熔融，且各组分的熔融温度和热分解温度应相近，各组分在混炼温度下，熔体黏度也应接近，以获得均匀的共混体系。聚合物各组分在混炼温度下的弹性模量也不应相差过大，否则会导致聚合物各组分受力不均而影响混合效果。

熔融共混设备主要有开炼机、密炼机、单螺杆挤出机和双螺杆挤出机。开炼机共混操作直观，工艺条件易于调整，对各种物料适应性强，在实验室应用较多。密炼机能在较短的时间内给予物料以大量的剪切能，混合效果、劳动条件、防止物料氧化等方面都比较好，较多用于橡胶和橡塑共混。单螺杆挤出机熔融共混具有操作连续、密闭、混炼效果较好、对物料适应性强等优点。用单螺杆挤出机共混时，其各组分必须经过初混。单螺杆挤出机的关键部件是螺杆，为了提高混合效果，可采用各种新型螺杆和混炼元件，如屏障型螺杆、销钉型螺杆、波型螺杆等或在挤出机料筒与口模之间安置静态混合器等。采用双螺杆挤出机可以直接加入粉料，具有混炼塑化效果好，物料在料筒内停留时间分布窄（仅为单螺杆挤出机的五分之一左右），生产能力高等优点，是目前熔融共混和成型加工应用越来越广泛的设备。

（2）溶液共混法（共溶剂法）　将共混聚合物各组分溶于共溶剂中，搅拌混合均匀或将聚合物各组分分别溶解再混合均匀，然后加热驱除溶剂即可制得聚合物共混物。

溶液共混法要求溶解聚合物各组分的溶剂为同种，或虽不属同种，但能充分互溶。此法适用于易溶聚合物和共混物以溶液态被应用的情况。因溶液共混法混合分散性较差，且需消耗大量溶剂，工业上无应用价值，主要适于实验室研究工作。

（3）乳液共混法　将不同聚合物分别制成乳液，再将其混合搅拌均匀后，加入凝聚剂使各种聚合物共沉析制得聚合物共混物。此法因受原料形态的限制，且共混效果也不理想，故主要适用于聚合物乳液。

2. 化学共混法

（1）共聚-共混法　此法有接枝共聚-共混与嵌段共聚-共混之分，其中以接枝共聚-共混法更为重要。接枝共聚-共混法的操作过程是在一般的聚合设备中将一种聚合物溶于另一聚合物的单体中，然后使单体聚合，即得到共混物。所得的聚合物共混体系包含着两种均聚物及一种聚合物为骨架接枝上另一聚合物的接枝共聚物。由于接枝共聚物促进了两种均聚物的相容性，所得的共混物的相区尺寸较小，制品性能较优。

近年来此法应用发展很快，广泛用来生产橡胶增韧塑料，如高抗冲聚苯乙烯（HIPS）、ABS塑料、MBS塑料等。

（2）IPN法　这是利用化学交联法制取互穿聚合物网络共混物的方法。互穿网络共聚物（IPN）技术可以分为分步型IPN（IPN）、同步型IPN（SIN）、互穿网络弹性体（IEN）、胶乳-IPN（LIPN）等。IPN的制备过程是先制取一种交联聚合物网络，将其在含有活化剂和交联剂的第二种聚合物单体中溶解，然后聚合，第二步反应所产生的聚合物网络就与第一种聚合物网络相互贯穿，通过在两相界面区域不同链段的扩散和纠缠达到两相之间良好的结合，形成互穿网络聚合物共混物。该法近年来发展很快。

此外，还有动态硫化技术、反应挤出技术和分子复合技术等制备聚合物共混物的新方法。动态硫化技术主要用于制备具有优良橡胶性能的热塑性弹性体。反应挤出技术是目前在国外发展最活跃的一项共混改性技术，这种技术是把聚合物共混反应在（聚合物与聚合物之间或聚合物与单体之间）混炼和成型加工在长径比较大，且开设有排气孔的双螺杆挤出机中同步完成。分子复合技术是指将少量的硬段高分子作为分散相加入柔性链状高分子中，从而制得高强度、高弹性模量的共混物。

第四节　塑料配方的实施

塑料配方的实施是通过物料配制来实现的。物料配制是指根据配方设计把树脂与塑料助剂混合均匀，制成适宜于成型加工用物料的过程。制得的物料可以是粉料、粒料、溶液和糊状物，广泛使用的是粉料和粒料。

微课扫一扫

配方实施流程

一、粉料的配制

粉料是指粉状树脂与粉状和液态助剂经混合而得到的松散状物料。一般塑料配方中仅有固体粉状物料和液态物料时常配制成粉料，生产中以 PVC 配方配制应用最为广泛。混合设备主要采用高速混合机，物料以对流的形式完成混合，制得物料。表 14-10 是几种不同 PVC 配方的混合工艺。

微课扫一扫

PVC 鼠标垫配方相关原料介绍

表 14-10　几种不同 PVC 配方的混合工艺

工艺条件	硬质聚氯乙烯	半硬质聚氯乙烯	软质聚氯乙烯
加料量 /kg	200	150	100 ～ 250
加热蒸气压力 /MPa	0.2	0.3	0.3 ～ 0.4
混合时间 /min	3 ～ 8	5 ～ 10	5 ～ 10
卸料温度 /℃	90 ～ 110	100 ～ 105	90 ～ 110

注：采用 500L 高速混合机。

混合过程中需注意以下几点：①有些物料必要时需进行预处理。对于重要和透明的 PVC 制品树脂过筛、增塑剂过滤有利于提高产品质量；对于颗粒较细的稳定剂、填充剂和着色剂等，如制成母料或浆料不仅使用方便，而且有利于助剂的分散均匀。②各组分原料要准确称量，称量是保证配方正确实施的重要环节，不论采用哪种称量方法和工具都要认真细致，以免因物料称量不准确而偏离配方设计，影响产品质量。③加料次序一般是：树脂、增塑剂、浆料、稳定剂、着色剂、填料、润滑剂等。正确的加料次序有利于分散和提高助剂的效率。

微课扫一扫

PVC 鼠标垫冷混及模压成型

二、粒料的制备

粉料经加热塑炼和粒化即制得粒料。粒料工艺性能好，使用方便，且进一步经过剪切、拉伸、挤压混合，物料各组分分散更为均匀，有利于制得性能均一的制品。此外，配方中既有粉状又有粒状原料时，通过简单的混合也难以制得符合工艺要求的混合物料，也需进一步粒化。

微课扫一扫

PVC 预混料转矩流变熔融热混及模压成型

粒料的制备可采用多种设备，例如，传统的开炼机、密炼机、单螺杆挤出机；先进的双螺杆挤出机、行星螺杆挤出机等。工艺路线也多种多样，但可归纳为两类：一类是先制得粉料再进行粒化；另一类是根据配方设计把树脂和助剂分别计量直接加入设备进行塑炼和粒化。

1. 由粉料制备粒料

由粉料制备粒料的典型工艺流程为根据配方准确称量原料，按照规定的加料次序进入高速混合机中混合后，再通过单螺杆挤出机或双螺杆挤出机挤出造粒，如图 14-3 所示。

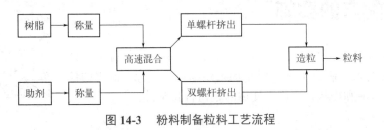

图 14-3　粉料制备粒料工艺流程

微课扫一扫

ABS 阻燃电器外壳配方设计与制作

2. 由配方直接制备粒料

由配方直接制备粒料是较先进的粒料制备工艺，一般是按配方要求把原料分别称量，必要时把相关组分进行预混合后分别通过计量加料装置定量加入双螺杆配料挤出机，挤出的熔融物料送入热喂料单螺杆挤出造粒机即得所要粒料，其工艺流程如图14-4所示。

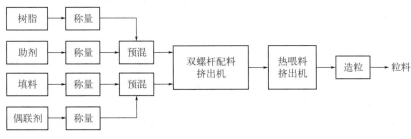

图 14-4　由配方直接制备粒料工艺流程

经上述制得的粉料和粒料可用于各种成型加工，但直接使用粉料时最好选用分散、塑化能力强，有排气功能的加工设备，如双螺杆挤出机等。

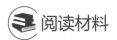 阅读材料

改性塑料全自动智能化生产方案

改性塑料是指以树脂为基体，添加一定比例的助剂、填料、色粉等，通过混料、计量、熔融挤出、冷却、风干、切粒、混色等工序制备出满足不同领域、不同产品性能要求以及颜色需求的产品。改性塑料是化工新材料领域的重要组成部分，在国民经济中有着广泛的应用。目前国内改性塑料生产车间各环节主要依靠人工作业，带来了工人劳动强度高、产品质量不稳定、现场环境污染、生产过程无追溯等一系列问题，与大型的跨国公司相比存在明显差距。同时随着下游公司对材料品质要求越来越高和人工成本的不断增加，已经无法满足竞争日益激烈的市场发展需要。因此，急需优化整个生产制造过程，提高制造集成装备水平，降低消耗，减少制造成本，提升产品质量，增强国际竞争力。

1. 改性塑料生产概要

改性塑料生产流程主要为混料工序、挤出工序及包装工序，详见图14-5。

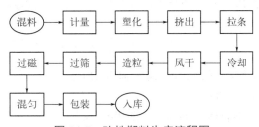

图 14-5　改性塑料生产流程图

混料工序主要包含以下环节：配方原材料经仓库配送后按照配方比例进行物料的混合；之后通过由电脑控制、根据质量变化进行精准下料的计量秤进行喂料；然后到达双螺杆挤出机的螺筒中，经各种不同功能的螺纹块进行充分的熔融塑化。

挤出工序主要包含以下环节：塑化后的塑料熔体经高压挤出成非固定形状的柔软的料条；

该料条需要进行一种俗称拉条的动作，即将料条经过冷却水槽，对料条进行降温、冷却；冷却后的料条经过风刀（一种可以将料条表面的水分吹干的设备）或吸水器（一种可以将料条表面的水分吸走的设备）将水分去除，加以干燥；之后料条经过设定好转速和刀间距的切粒机进行造粒；在此过程中会因料条振动较快或倾斜等原因，导致粒子存在极其少量的长条，以及因料条没有完全冷却，导致粒子存在粘连等，为了获得规整的粒子，需要经过过筛这一环节，将不合格的粒子剔除；在粒子的生产过程中最后需要通过磁性过滤器，把带铁杂质的粒子析出。

包装工序主要包含有以下各环节：采用双锥回转混合机将粒子进行混合，确保粒子的颜色和性能均匀；然后通过自动称重 - 封包 - 码垛装置，将物料按照设定的质量进行精准装包；最后通过无线射频技术将物料入库存放。

传统的改性塑料企业在配料环节、混料环节以及包装环节依靠人工作业。人工作业不仅会带来产品质量波动、生产过程无法追溯等问题，且人工成本也在逐年增加。加之改性塑料上游企业所生产的原材料价格也呈现逐步上涨的趋势，更增加了制造成本上升的幅度，也增加了企业控制成本的难度。与此同时，依靠人工作业生产的产品因质量波动，导致其选择进入门槛较低的行业，其产品主要集中在中低端，很难与外国企业抗衡。

2.改性工厂智能化生产待解决的问题

① 自动配料。从人工找料、按配方比例分料到系统精确识别物料并按设定比例配料。

② 自动混料。从人工将物料投入高速混合机到系统按照设定工艺投放物料。

③ 自动称重 - 封包 - 码垛。从人工称重 - 封包 - 码垛到机械手按照设定程序精准称重并准确识别物料进行码垛。

3.改性工厂智能化生产解决方案

① 采用。仓储管理 WMS 系统与企业资源计划（ERP）系统相结合，实现物料的动态实时更新，并解决人工下单、人工在仓库寻找物料和仓库管理混乱等问题。

② 集中供料系统采用预混合系统和称重系统、管道输送系统、存储系统相结合的方式实现物料的混合、自动称重、自动输送。

③ 首先自动称重 - 封包 - 码垛系统对成品进行自动定量包装，实现成品包装环节的自动化。其次在包装袋表面进行自动喷码、输送整形。最后通过视觉识别，实现机器人的分拣码垛。

上述方案对改性塑料全自动智能化生产线的建设在实现了车间的定制化生产特色的前提下，减少了工人高强度劳动作业，优化了车间作业环境，提升了生产效率，降低了制造成本。该全自动智能化生产线对提高改性塑料行业的自动化、智能化水平具有借鉴意义。

📱 知识能力检测

1.塑料材料选用中应主要考虑哪些方面的因素？简述其内容。

2.如何选用承载塑料制件？举例说明。

3.有哪些性能参数可表征塑料材料的热性能？选用中如何对待？

4.试说明塑料材料的化学性能、光学性能、阻隔性能、电性能和燃烧性能，指出选用中应注意的问题。

5.结合前面各章内容，根据塑料的特性和用途，采用表格的形式总结塑料在不同领域的应用情况。

6.结合网络和图书期刊资料了解塑料材料可持续发展规划和动态。

第十五章
塑料配方设计案例

 学习目标

知识目标：了解常用塑料制品配方体系，常用塑料改性配方体系。掌握常见塑料加工配方体系、耐候性配方体系、阻燃性配方体系、抗静电配方体系、发泡配方体系的基本构成；掌握常用塑料填充配方、增强配方、共混配方、母料配方。

能力目标：能合理设计塑料加工配方、耐候性配方、阻燃性配方、抗静电配方、发泡配方；能设计常见塑料填充配方、增强配方、共混配方、母料配方。

素质目标：培养塑料制品配方设计的系统思维意识、环保意识、质量意识。

第一节　常用塑料制品配方

一、塑料加工配方

影响塑料成型加工的因素很多，从材料方面来讲主要指塑化和热分解温度的高低、熔体流变行为和熔体特性几方面。塑料成型加工配方体系主要就是从这些方面改善塑料材料的成型加工性能，使之顺利成型为各类产品。对于大多数塑料材料而言均具有较好的成型加工性能，仅有少数材料成型加工性能不佳，PVC 是最典型的例子。

1. 硬质 PVC 配方

UPVC 塑料中不含或含极少量增塑剂，因而成型加工较 SPVC 更为困难，配方设计技术更关注熔体的热稳定性和流变特性。同时，UPVC 冲击韧性较差需在配方设计中予以考虑。近年来，UPVC 制品发展很快，与之相应的加工助剂和热稳定剂也不断有新品种问世，丰富了UPVC 塑料的配方内容。其配方技术主要集中在三个方面：加工及抗冲击改性体系、热稳定体系和润滑体系。

（1）加工及抗冲击改性体系　以改善树脂塑化和熔体流变特性为主的一类助剂称为加工改性剂；以改善树脂冲击韧性为主的一类材料称为冲击改性剂。对 PVC 而言，这两类助剂实际上大多数是相同的，如常用的 ACR、CPE、MBS、ABS、EVA 等，它们既具有改善成型加工性能的作用，又具有提高冲击强度的功能，已成为 UPVC 建材、中空容器、透明片和硬质发泡制品配方中的重要组分。

① ACR 在 UPVC 中的应用。ACR 是甲基丙烯酸甲酯与丙烯酸酯接枝共聚物，分子结构可表示如下：

$$+CH_2-\underset{\underset{COOCH_3}{|}}{\overset{\overset{CH_3}{|}}{C}}\mathbf{)}_m(CH_2-\underset{\underset{COOR}{|}}{CH}\mathbf{)}_n$$

ACR 在 UPVC 配方中的主要作用是：控制熔融过程，促进熔体流动，降低塑化温度；促进塑化，提高熔体的均匀性；提高熔体强度和延伸性，避免熔体破裂现象。

从宏观上讲，ACR 不但可提高塑化速率和塑化质量，降低成型加工温度和能耗，而且可提高制品性能均匀性、力学性能、耐热性、尺寸稳定性，并使 UPVC 制品具有良好的外观和光洁程度。

ACR 主要用于 UPVC 异型材、管材、片材、瓶类及注塑管件等。在使用中应注意根据不同的制品和目的选用不同的用量和品种。在改善成型加工性能配方中，加入量通常在 1 ~ 2.5 份，作为冲击改性剂应增加用量。同时，注意在配方实施过程中，ACR 在高温时加入易产生凝结，应在物料温度较低时加入。表 15-1 给出了几种已商品化 ACR 的牌号及用途。

表 15-1 不同牌号 ACR 的用途

美国公司产 ACR		国产 ACR	
牌号	用途	牌号	用途
K-120N	双螺杆挤出管材、异型材、注塑件	ACR-201	改善成型加工性能
K-120D	UPVC 透明片、瓶	ACR-301	改善成型加工性能
K-125	UPVC 透明片、注塑件	ACR-401	改善成型加工性能，提高冲击韧性
K-175	双螺杆挤出管材		

② CPE 和 MBS 在 UPVC 中的应用。CPE 和 MBS 是 PVC 常用的加工、冲击改性剂，尤其是 CPE 改性效果好，价格相对较低，应用广泛。

CPE 含量不同显示出不同的性能，由于 36% 的 CPE 具有良好的综合性能而成为 UPVC 制品中应用最广泛的一种。一般用量在 6 ~ 15 份，可根据制品成型加工和对冲击强度的要求确定具体用量。需要指出的是：CPE 透明性差，用量较多会降低 PVC 的拉伸强度。

MBS 与 PVC 的折射率相近，因而用 MBS 改性的 UPVC 制品具有较高的透明性，弥补了其他大多数改性剂透明性较差的不足。MBS 主要用于 UPVC 透明制品中，如透明片材、薄膜、瓶子等。用量一般在 5 ~ 15 份之间，仅为改善成型加工性能可适当减少用量。同时，应注意 MBS 含有不饱和结构，耐候性较差，用于室外制品配方中应考虑使用稳定化助剂。

（2）热稳定体系　与 SPVC 相比 UPVC 热稳定体系要求更高，其用量也相应增加。下面是几种常用 UPVC 的热稳定体系。

三盐/二盐/金属皂体系常用于非透明 UPVC 制品中，如异型材和管材等。一般三盐和二盐的总用量在 3 ~ 6 份，二者配比为 2:1 或 1:1，为降低成本，也可根据需要减少二盐用量，甚至不用。由于环保、毒性的原因，铅盐类稳定剂在使用的场景受到限制，在配方设计时需要引起重视。

金属皂的加入主要起稳定和润滑的双重作用，可选用 ZnSt、CaSt 或其他配合体系。此外，为使用方便，也可选用商品化的片状固体复合热稳定剂。

稀土热稳定体系是 20 世纪 70 年代初开发应用的新型热稳定剂，属于绿色环保品种。其特点是稳定效果好，无毒安全，可促进物料塑化，使制品透明性好，具有一定的偶联和增韧作用，在 PVC 异型材、管材及管件、透明板片中的应用具有较大发展潜力。但是，稀土热稳定剂易引起金属皂、硬脂酸和活性碳酸钙的析出，在配合使用时应引起注意。

Ca/Zn、Ba/Cd 和有机锡热稳定体系主要是用于透明和无毒一类制品中。硬质、无毒、透明PVC 制品常选用 Ca/Zn 热稳定体系及有机锡中的无毒品种，如 DOTTG 和 DMTTG 等。二者均可单独使用，也可配合使用，用量一般为 1 ～ 3 份。

（3）润滑体系　鉴于 UPVC 的特性，配方中润滑体系的设计十分重要。科学合理的润滑体系可改善 UPVC 各层粒子间及熔体与加工设备金属表面的摩擦力和粘连性，增大树脂的流动性，达到调控树脂塑化速率的作用，并可获得高度光洁的制品表面。

在设计润滑体系时，应考虑以下因素。

① 内外润滑的平衡。内润滑以提高塑化和熔体流动性为主，外润滑以防止熔体对设备的黏附为主。可根据不同的加工方法和工艺要求选择相应的润滑系统，达到内外润滑平衡。UPVC 注塑成型对塑化和流动要求较高，以内润滑为主，可选用硬脂酸丁酯、硬脂酸钙、褐煤酸酯等。

② 制品特性与润滑剂的适用性。无毒透明制品主要考虑对透明和卫生性能的影响，如无毒透明吹塑瓶中选用 PE 蜡和氧化 PE 蜡，配以硬脂酸正丁酯；而不透明制品可选用金属皂、石蜡、硬脂酸等。

③ 冲击加工改性剂。配方中含有 MBS、ABS 等会使某些润滑剂溶解其中，因而可相应提高润滑剂的用量。

④ 配方中其他组分与润滑剂的关系。多数有机锡类热稳定剂没有润滑性，可适当提高润滑剂的用量，而金属皂热稳定剂兼具润滑作用时可相应减少其用量。加入填料较多时，尤其是非润滑性填料，应加大润滑剂的用量。

⑤ 通常配方中润滑剂的用量约 1 份。

遵循以上原则，表 15-2 给出了三种 UPVC 制品配方的例子。

微课扫一扫

硬质 PVC 穿线管配方设计

表 15-2　UPVC 制品配方举例

制品名称	配方举例	产品样式
双臂波纹管	PVC-SG4 100, ACR 2,PE-C 7, ZnSt 2, CaSt 2, PE 蜡 0.4, 硬脂酸 0.5, CaCO₃ 4	
注塑管件	PVC-SG7 100, ACR 1,PE-C 4,,ZnSt 1.8, CaSt 1.8, 硬脂酸丁酯 0.8, TiO₂ 2	
窗用异型材	PVC-SG5 100, ACR 2 ～ 4, PE-C 8, 稀土稳定剂 4 ～ 6, UV-9 0.3 ～ 0.5, CaCO₃ 6 ～ 20,TiO₂ 4 ～ 6, PE 蜡 0.2 ～ 0.4	

2. 软质 PVC 配方

SPVC 制品主要有压延和吹塑薄膜、挤出软管、压延和涂覆人造革、电缆料、注塑鞋类以及各类糊制品。选用型号为 PVC-SG1-PVC-SG4 树脂，增塑剂加入后增大了 PVC 大分子间的距离，削弱了分子间力，降低了熔体黏度，使成型加工得以顺利进行，也使制品变得柔软。SPVC制品配方以增塑体系和稳定体系为核心，下面以软管和电缆料为例进行分析，制品如图 15-1 所示，配方见表 15-3。

(a) SPVC无毒软管　　　　　　　　(b) SPVC电缆料

图 15-1　PVC 软管和电缆料

（1）SPVC 增塑体系　软 PVC 制品中增塑剂含量一般为 26 ～ 80 份，对制品性能有较大影响，因而在配方设计中不但要掌握各种增塑剂的性能特点，更要依据制品的性能要求选用合适的增塑体系。SPVC 制品的增塑体系通常采用几种不同增塑剂共用以发挥各自优势取得较好的使用效果，如表 15-3 所示。

表 15-3　PVC 软管和电缆料制品配方

制品	配方举例
无毒软管	PVC-SG4 100，DOP 45，ESBO 5，AlSt 0.5，ZnSt 0.5，HSt 0.5，石蜡 0.5
耐热级电缆料	PVC-SG1 100，TDTM 45，ZnSt 3，CaSt 3，PbSt 1，煅烧陶土 5，双酚 A 0.5

PVC 无毒软管选用无毒增塑体系，配方中主增塑剂采用了无毒且综合性能较好的 DOP，配以卫生性良好，兼有稳定作用的辅助增塑剂 ESBO，能更好地保持软管的透明性。

PVC 电缆料是 SPVC 中一大类产品，其增塑体系设计应围绕电性能进行。增塑剂中电绝缘性能较好的有磷酸酯类、含氯类，PAE 类中 DIDP 和 DIOP 也具有较好的电性能。对于耐热性能要求较高的电缆料尚需考虑增塑剂的耐热性，DTDP 和 TOTM 适用于耐高温的电缆料中。此外，对护套级电缆料应根据使用要求加入相应的增塑剂，如耐寒护套可加入 DOS、DOA等。表 15-3 中为耐热、阻燃高级电缆料，增塑体系采用了耐热性、绝缘性、耐迁移性较好的TOTM，使制得的电缆料能耐 105℃的高温。

（2）SPVC 稳定体系　SPVC 中含有大量增塑剂，大大改善了成型加工性能，稳定体系的设计，较 UPVC 简单，用量也可适当减少。设计过程中，应重点关注稳定剂间的协同作用，如主稳定剂间的协同作用：三盐 / 二盐（2∶1 或 1∶1）、Ca/Zn、Ba/Ca、Ba/Pb、Ba/Cd/Zn；主辅稳定剂间的协同作用：金属皂与环氧类、金属皂与亚磷酸酯类等。其次要注意不同制品性能要求对热稳定剂的选择性，如：透明性制品选用有机锡类和 Ba/Ca 体系，无毒制品选用 Ca/Zn 体系等。

表 15-3 中无毒软管热稳定剂以卫生性为出发点，AlSt/ZnSt 是金属皂中卫生性最好的稳定体系之一，具有透明性；耐热级电缆料宜选用耐热性和绝缘性好的铅盐热稳定剂，配方中以三盐/二盐/PbSt 为热稳定体系，这是电线、电缆常用稳定体系，具有较好的电性能和热稳定性，PbSt 兼具有润滑作用。

3. 其他塑料加工配方

与 PVC 相比，其他塑料品种大多具有良好的成型加工性能，因而仅需根据各种树脂的特性和制品使用特点进行针对性的配方设计。表 15-4 综合了几种常见塑料的加工配方设计情况。

微课扫一扫
聚乙烯双壁波纹管配方设计

表 15-4　几种常见塑料的加工配方设计

塑料品种	加工配方设计
聚烯烃	（1）LLDPE 熔体黏度高，易发生熔体破裂现象，生产中常用加工改性配方为：① LLDPE 100、有机含氟弹性体 1～2；② LLDPE 100、有机硅化合物 0.5；③ LLDPE 100、专用蜡 0.5～3 （2）聚烯烃在大量使用填料时可加入润滑剂改善加工性能，如填充 PE 瓦楞箱配方：HDPE 100，LDPE 25，抗氧剂 CA 0.11，抗氧剂 DLTP 0.05，CaCO₃ 125，CaSt 1.1，ZnSt 1.1 （3）改善粉体 PP 稳定性，常加入 CaSt 等作为吸氯剂，如粉体 PP 扁丝生产配方：粉体 PP 100，抗氧剂 1010 0.1，亚磷酸三苯酯 0.2，CaSt 0.5 （4）提高制品光泽、爽滑和手感，使薄膜易于开口，可加入 SiO₂、ZnSt、芥酸酰胺、EBS 等：① LDPE 100、芥酸酰胺 0.3；② LDPE 100、ZnSt 0.6
聚甲醛	POM 属于热敏性树脂，成型加工中可加入抗氧剂和甲醛吸收剂，例如：共聚 POM 100，氰胺 0.1～0.5，抗氧剂 2246 0.5～1，UV-327 0.1～0.3
聚酰胺	PA 易高温氧化，成型加工中可加入稳定化助剂：① PA 100、分散炭黑 1.5；② PA 100、防老剂 H 0.2
聚甲基丙烯酸甲酯	浇注 PMMA 制品为增加柔韧性可加入增塑剂，为便于脱模加入润滑剂，浇注制品配方为：MMA 单体 100，引发剂 0.04，DBP 5，硬脂酸 1

二、塑料耐候性配方

人类发明塑料以来，其老化问题就相伴而生，因而抗老化问题一直是塑料材料发展中的重要课题。塑料抗老化配方体系就是以解决热氧老化和光老化为核心，综合考虑多种因素，阻止或延缓塑料材料的老化，延长制品的使用寿命的体系。

1. 聚烯烃塑料耐候配方

近年来，随着薄膜、单丝、注塑制品、编织袋等产品在户外的广泛使用，聚烯烃塑料的稳定化技术发展很快，新型抗氧剂和光稳定剂品种不断问世，使塑料抗老化配方设计更为有效。

（1）聚烯烃抗老化配方设计原则　抗氧剂和光稳定剂品种繁多，在筛选过程中应熟知各种助剂的特点及相互间的协同和对抗效应，依据制品的用途和要求，兼顾成型加工及制品成本的限制。

① 不同助剂间的协同效应。在抗老化配方体系中存在多种协同效应，主要包括抗氧剂和光稳定剂自身间的协同效应及抗氧剂与光稳定剂间的协同效应。户外使用的耐候性配方，必须同时使用光、氧稳定剂。

主辅抗氧剂协同效应，如典型的受阻酚与硫代二丙酸酯（如抗氧剂 1076 或 2266/DLTP）、受阻酚类与亚磷酸酯或磷酸酯配合体系（如抗氧剂 1010/ 抗氧剂 168），尤其是后者已成为聚烯烃抗老化常用的复合抗氧体系；不同品种的主抗氧剂并用也具有协同作用，如抗氧剂 1010 和抗氧剂 266 并用，高活性的 4- 甲基 -2- 异丙基苯酚与低活性的抗氧剂 264 并用等。

② 抗氧剂和光稳定剂对树脂品种的适用性。稳定剂与树脂应具有良好的相容性，以防止产生"喷霜"现象；光稳定吸收波长与树脂老化敏感波长应一致；聚烯烃塑料往往存在重金属离子残留物，必要时可加入金属离子钝化剂；如需保持树脂的透明性或浅色制品，不宜选用深色和易引起污染的稳定剂，如胺类稳定剂。

③ 制品使用的目的及环境因素。聚烯烃易老化，如果户外使用则应选择高效光、氧稳定剂，用量也应加大，如抗老化大棚膜；而对室内使用的制品可采用一般稳定化助剂，用量可减少；地下使用的制品则应以防鼠、防蚁、防霉为主。

④ 制品厚度与制品用量。塑料制品老化是由表及里进行的，内部往往会受到表面的"屏蔽"作用，况且由于助剂迁移的作用，稳定剂也集中于制品的表面，因而薄壁纸品（如薄膜、纤维等）用量高于厚壁制品。

⑤ 从生产实际情况看，同一种稳定剂因生产厂家不同使用效果差异较大，应引起足够的重视。

微课扫一扫
聚乙烯农用转光膜配方设计

（2）聚烯烃抗老化配方举例　如前所述，一般用途的聚烯烃产品利用树脂本身加入的稳定剂即可满足成型加工和使用要求，只有在制品耐老化性能要求较高时才进行抗老化配方设计。下面举两种抗老化聚烯烃产品配方的例子。

例1　PE抗老化农膜配方，如表15-5所示。

表15-5　聚乙烯长寿大棚膜配方

原料名称	质量份	产品样式
LDPE/LLDPE	50～75/25～50	
抗氧剂1076	0.2	
抗氧剂168	0.2	
UV-531	0.2	
BW-10LD	0.3	

PE大棚膜的力学强度要求较高，一般选用MFR小于1g/10min的LDPE树脂，若与25%～50%的LLDPE共混则可进一步提高强度，常称为增强大棚膜。

大棚膜的使用环境恶劣，其抗老化体系一直是PE稳定化研究的重要课题。一般通过抗老化配方设计后，大棚膜的使用寿命比普通大棚膜提高2倍以上，故称为PE长寿大棚膜。实践证明，在PE大棚膜抗老化配方中，选用新型HALS类光稳定剂较紫外线吸收剂和紫外线猝灭剂有较好的效果，而且可避免使用含重金属离子的紫外线猝灭剂对环境造成的不良影响。因此，配方中以此类光稳定体系为主。配方中加入聚合型高分子受阻胺类光稳定剂BW-10LD，不但具有优异的光、热稳定性，而且具有良好的耐水抽出性，对大棚膜而言更具有针对性。抗氧体系选用抗氧剂1076/168配合体系，二者具有良好的协同作用，是目前聚烯烃塑料常用高效抗氧体系。同时，抗氧剂1076与UV-531配合有较好的效果。

例2　PP汽车保险杠配方，如表15-6所示。

PP汽车保险杠对材料力学性能要求较高，配方中采用PP与EPDM共混体系可满足冲击韧性的要求。保险杠属户外使用产品，应具有优异的耐候性，对这类产品宜选用高效抗氧剂和光稳定剂。考虑PP成型加工温度较高，采用耐热性较好的高效抗氧剂1010/168配合体系，也可直接选用市售的复配物。试验表明：二者1∶2或者1∶1配合均具有较好的协同作用。光稳定剂为两

微课扫一扫
聚丙烯汽车保险杠配方设计

种不同的受阻胺类 GW-480 和 Chimassorb 119，具有低挥发、抗迁移的特性，能满足汽车户外使用的恶劣环境，赋予其长期抗老化功能。

表 15-6　PP 汽车保险杠及撕裂薄膜抗老化配方

原料名称	质量份	产品样式
PP/EPDM	100	
抗氧剂 1010	0.2	
抗氧剂 168	0.4	
GW-480	0.2	
Chimassorb 119	0.16	

2. 其他塑料抗老化配方

其他塑料抗老化配方设计的原则与聚烯烃类基本相同，值得注意的是，由于树脂品种多，性能各异，更应关注抗氧剂和光稳定剂对树脂的适应性。如适宜于聚烯烃的高效 HALS 类光稳定剂呈碱性，遇酸性介质会大大降低稳定效果，因而不适用于 PVC、PC 和 PMMA 类树脂中。

实际上，其他塑料光、氧老化问题不像聚烯烃那样突出，尤其是工程塑料以厚制品和工业配件为主，因而可直接使用工业化生产的原料，仅在制品应用有耐候、耐热等要求时才设计相对简单的抗老化配方，见表 15-7。

聚丙烯汽车
蓄电池壳
配方设计　　聚丙烯建筑模
板配方设计

表 15-7　其他塑料抗老化配方举例

塑料名称	抗老化配方设计
PA	PA-6 注塑制品：PA-6 100，Irganox 1098[①] 0.5，苯并三唑类稳定剂 0.5
ABS	ABS 耐候配方：ABS 100，抗氧剂 1010 0.5，DLTP 0.3，UV-327 0.3
PS	PS 板材：PS 100，UV-P[②] 0.2，GW-480 0.2
PC	PC 板材：PC 100，UV-234[③] 0.3
PMMA	PMMA 板：PMMA 100，UV-P 0.2

① Irganox 1098：酚类抗氧剂，N,N'-1,6-己二基二 [3,5-二（1,1-二甲基乙基）-4-羟基] 苯丙酰，瑞士汽巴精化有限公司生产。

② 苯并三唑类光稳定剂：UV-P，瑞士汽巴精化有限公司生产。

③ 苯并三唑类光稳定剂：UV-234,2-（2H-苯并三唑-2-基）-4,6-二（1-甲基-1-苯基乙基）苯酚，瑞士汽巴精化有限公司生产。

三、塑料阻燃配方

塑料阻燃配方设计是为满足交通、通信、电气、采矿、纺织等行业对塑料材料阻燃性能要求日益提高的需要而进行的。通过配方设计使易燃或半自熄塑料品种的氧指数（OI）达到 27% 以上，从而在使用中大大增加避免火灾的安全性。

阻燃剂品种众多，树脂本身的燃烧性能也有较大差异，因而在配方设计中应考虑多方面因素。充分考虑阻燃剂对制品性能的影响，满足制品的使用性能；依据树脂品种特性，综合考虑阻燃和成本等因素，使制品达到所要求的阻燃等级；注重阻燃剂间的协同作用；阻燃剂为卤素类时为防止其在成型加工中分解，可适当加入热稳定剂；应尽量选用新型、高效、低毒和多功能阻燃剂。

1. 聚烯烃阻燃配方

聚烯烃树脂是碳氢化合物，易燃，阻燃配方较 PVC 复杂，通常需几种不同类型的阻燃剂协同作用才能达到阻燃效果。同时，阻燃剂的加入通常对 PE 的性能有不良影响，必要时需在配方中加入一定量的改性剂。

聚烯烃燃烧时发烟量较低，配方中可不加消烟剂，以阻燃剂为主。由于 PP 成型加工温度较 PE 高，在选择阻燃剂时要注意阻燃剂的耐热性，如高含氯量氯化石蜡可用于 PE 中，但用于 PP 中则易产生分解，造成 PP 着色，脂肪族溴化物因耐热性差，也不适用于 PP。典型的聚烯烃阻燃配方列于表 15-8 中。

表 15-8　典型的聚烯烃阻燃配方

树脂	阻燃配方
PE	① LDPE 70，EVA(VA 含量 14%) 30，Al(OH)₃ 80，硼酸锌 8，有机硅烷醇酰胺 5，聚磷酸胺 4，BaSt 5 ② HDPE 100，十溴联苯醚 6，Sb₂O₃ 4，氯化石蜡 (含氯量 70%) 2
EVA	① EVA 100，Al(OH)₃ 100，红磷 20，硬脂酸 1 ② EVA 70，LDPE 30，Al(OH)₃ 80，三甲苯基磷酸酯 5，抗氧剂 CA 0.5
PP	① PP 100，EPDM 10，Al(OH)₃ 50，红磷 5，Mg(OH)₂ 10 ② PP 100，六溴环十二烷 6，Sb₂O₃ 2，二异丙苯低聚物 1.8

2. 工程塑料阻燃配方

常用的工程塑料有 PA、POM、PC 和 PET 等，其中 POM 的氧指数仅为 14.9%，易燃，而 PA 和 PC 具有自熄性。对于工程塑料除遵循一般阻燃配方设计原则外，还应注意两个方面：一是工程塑料成型加工温度较高，配方设计中应考虑阻燃剂的耐热性；二是纤维增强品种（如玻璃纤维增强 PA）易产生所谓的"烛心效应"，使阻燃性能降低。表 15-9 给出了几种常用工程塑料的阻燃配方。

表 15-9　几种常用工程塑料的阻燃配方

树脂	阻燃配方
PA	① PA-66 100，双 (三卤环戊二烯) 环辛烷 12，硼酸锌 1.5，Fe₂O₃ 1.5 ② PA-6 100，玻璃纤维 50，十溴联苯醚 25，全氯环戊癸烷 15，ZnSt 1，Sb₂O₃ 4 ③ PA-6 100，玻璃纤维 30，溴化 PS 36，Sb₂O₃ 12
POM	POM 100，双磷酸季戊四醇蜜铵盐 / 聚磷酸铵 30，三聚氰胺 20，双氰胺适量
PC	① PC/ABS 100，磷酸三 (2,4- 二溴苯基) 酯 11，Sb₂O₃ 5 ② PC 100，双三溴苯氧基乙烷 5，Sb₂O₃ 3
PET 和 PBT	① PET 100，玻璃纤维 40，四溴双酚 A 型共聚碳酸酯 24，Sb₂O₃ 6.5 ② PBT 100，玻璃纤维 30，乙烯 - 丙烯酸乙酯共聚物 (82/18)10，十溴联苯醚 10，Sb₂O₃ 7

四、塑料抗静电配方

进行塑料抗静电配方设计必须掌握各种抗静电剂的性能特点，并了解产品抗静电的具体要求和目的，针对不同的制品和成型加工方法进行设计。综合各方面因素，塑料抗静电配方设计要点如下。

① 抗静电剂对树脂品种的选择性。不同抗静电剂适应不同的树脂品种，在选用过程中要求其与树脂有恰当的相容性。相容性过小会导致抗静电剂在树脂中分散不均，且易析出；而过大则影响抗静电剂向制品表面迁移，难以达到理想的抗静电效果。通常，极性树脂宜选用离子型抗静电剂，非极性树脂宜选用非离子型、复合型和高分子型抗静电剂。

② 制品用途和抗静电要求。对一般抗静电制品，其表面电阻值应在 $10^8 \sim 10^{12}\Omega$，使用一般的离子型、非离子型和两性型抗静电剂即可达到此要求；对于抗静电要求较高及要求电磁屏蔽的场合，表面电阻在 $10^8\Omega$ 以下，此时，应选择炭黑、碳纤维、金属粉末、金属纤维等导电材料。

炭黑作为价廉物美的抗静电材料，品种多、用途广泛，其填充制品可达到较低的表面电阻值，如加入 $6 \sim 8$ 份超导炭黑的 PE，其表面电阻值可小于 $10^8\Omega$。而加入金属粉末和金属纤维的塑料材料，表面电阻可达到个位数，适应各类电磁屏蔽及导电材料。

③ 制品抗静电时间长短。制品仅需短时间抗静电可采用表面涂覆法，而要求永久性抗静电则需采用混炼法。

④ 抗静电剂对成型加工的适应性。大多数抗静剂耐热性较差，在成型加工中易产生挥发和分解，对于成型加工温度较高的塑料材料尤其要给予重视。此外，抗静电剂的加入会使物料的流动性提高、吸水性增大。

⑤ 抗静电剂的用量。除炭黑、金属等导电材料外，配方中常用抗静电剂的总量一般不超过3%。具体用量取决于树脂种类、制品厚度及使用环境和其他助剂的影响等。

微课扫一扫
PET 抗静电
卷材配方设计

遵循以上原则，表 15-10 给出了几种常用塑料抗静电配方的例子。

表 15-10　几种常用塑料抗静电配方

树脂	抗静电配方	说明
PVC	PVC-SG2 100，DOP 50，Ba/Zn 复合稳定剂 2.5，环氧类稳定剂 2，三聚氧化乙烯基壬基二甲基高氯酸胺 3，高氯酸镁 0.7	表面电阻率约为 $3×10^8\Omega$
PE	① LDPE 100，乙二醇月桂酰胺 1，液体石蜡 0.5	体积电阻率约为 $10^{12}\Omega \cdot cm$，用于一般抗静电制品
	② LLDPE 100，超导炭黑 $6 \sim 10$，分散剂适量	表面电阻率 $<10^6\Omega$，具有优良的抗静电性能和电磁屏蔽性
PP	① PP 100，HZ-1（羟乙基烷基胺、高级脂肪醇和二氧化硅的复合物）1，液体石蜡 0.3	体积电阻率约为 $10^{11}\Omega \cdot cm$，用于一般抗静电制品
	② PP 73% $\sim$ 80%，铁纤维 20% $\sim$ 27%	体积电阻率约为 $10^{-2}\Omega \cdot cm$，用于电磁屏蔽
ABS	ABS 100，环氧乙烷 - 环氧丙烷共聚物（75/25）11.1，十二烷基苯磺酸钠 2.2	表面电阻率约为 $5.8×10^9\Omega$，用于一般抗静电制品
PA	PA-66 85%，CF（碳纤维）15%	表面电阻率约为 $10^5\Omega$，具有良好的抗静电性能

必须指出，本节虽然分门别类地阐述了不同配方体系，但制品的性能要求往往是多方面的，也就是说，配方经常是一个复合体系，不能把本节的配方体系割裂开来，要统筹考虑，满足制品性能的多方面要求，这一点在本节多个配方举例中已得到验证。

微课扫一扫
PS 发泡片材
配方设计

微课扫一扫
聚乙烯电信
电缆护套料
配方设计

五、发泡材料配方

塑料发泡配方体系主要包括基体树脂、填料、发泡剂。

为了得到理想的气泡结构，发泡配方中发泡剂及发泡助剂的选择尤为重要。

1. 常见 PVC 发泡制品配方（见表 15-11、表 15-12）

表 15-11　常用 PVC 泡沫鞋原料配方

原料	质量份
PVC	100
DOP	25
DBP	30
ZnSt/CaSt	2/2
AC	5.5
着色剂	适量

表 15-12　硬质改性低发泡 PVC 制品配方

原料	质量份
PVC	100
改性剂（MBS、CPE、ACR）	4～10
稳定剂	2～7
AC	0.3～1
润滑剂	0.1～1
CaCO₃	0.5～6
着色剂	适量

2. 常见聚烯烃发泡配方（见表 15-13、表 15-14）

表 15-13　PE 发泡塑料配方

原料	质量份
LDPE	100
AC	2～4.5
过氧化二异丙苯（DCP）	0.6
抗氧剂	0.3
ZnO	1
ZnSt	1
CaCO₃	0～100

表 15-14　PP 发泡塑料配方

原料	质量份
PP	80
PE	20
DCP	0.25
二乙烯基苯	1
AC	2
抗氧剂	0.3
着色剂	适量

第二节　常用塑料改性配方

一、塑料填充配方

作为塑料填充材料的填料种类很多，考虑到价格因素和使用技术的局限性，常用重质和轻质碳酸钙、滑石粉、高岭土等。被填充的树脂主要是热塑性通用塑料（PE、PP、PVC）和热固性塑料，较少使用工程塑料。遵循以上设计思想，表 15-15 给出了常用填充塑料配方的例子。

表 15-15　常用填充塑料配方举例

树脂品种	配方举例
PE	① 农用管：HDPE 100，$CaCO_3$ 母料 20，LDPE 100，抗氧剂 1010 0.5，DLTP 0.5，$CaCO_3$ 50 ② 模压发泡制品：LDPE 100，EVA（VA 含量 20%）40，过氧化二异丙苯 1.5，AC 6，HSt 1.5，$CaCO_3$ 30 ③ 钙塑制品：HDPE 100，LDPE 25，过氧化二异丙苯 1，BaSt 1.1，ZnSt 1.1，抗氧剂 CA 0.1，DLTP 0.05，$CaCO_3$ 125
PP	① 机用打包带：PP 100，碳酸钙 - 无规 PP 填充母料 15（手用 60），CaSt 0.2 ② 低压配电箱：PP 100，抗氧剂 0.6，紫外线吸收剂 0.2，Sb_2O_3 3，氯化石蜡 12，氢氧化铝 120，钛酸酯偶联剂 1.5，无碱短切玻璃纤维 10，氧化锌 4 ③ 安全帽：PP 100，EPDM 30，抗氧剂 CA 0.3，UV-531 0.2，BaSt 0.5，滑石粉 10，TiO_2 1
PVC	① 绝缘级电缆：PVC-SG2 100，DOP 30，烷基磺酸苯酯 12，三盐 3，二盐 2，BaSt 1，高岭土 325 ② 隔声材料：PVC 10，M-50 40，氯化石蜡 15，DOP 20，三盐 3，二盐 1，HSt 0.5，转炉废渣（200 目）500 ③ 红泥管：PVC-SG5 100，CPE 5，DOP 6，三盐 2，PbSt 1，石蜡 1，红泥 60

二、塑料增强配方

一般，设计增强塑料配方主要考虑以下两个方面。

（1）增强材料的选用　增强材料及其用量、物理状态等直接影响增强效果。

玻纤增强尼龙66配方设计　　聚苯硫醚汽车机油底壳配方设计

① 一般增强塑料选择无碱玻璃纤维，在力学和其他性能有较高要求时才选用碳纤维等高性能增强材料。必要时增强材料可复合使用，如：玻璃纤维 / 碳纤维复合，碳纤维做芯层，玻璃纤维做表层，进行双层增强；玻璃纤维 10%/ 超细 $CaCO_3$ 30% 复合用于 PP 填充增强。

② 玻璃纤维用量通常为 10% ~ 40%，玻璃纤维含量高可提高增强塑料的力学强度和耐热性，降低成型收缩率，增加尺寸稳定性，但熔体黏度增大，流动性降低。

③ 增强热塑性塑料一般使用短切纤维或长纤维制成粒料使用。纤维在基体树脂中的取向状态对增强塑料性能也有重要影响。实际上配方中所选用的纤维尺寸并不等同于其在制品中的尺寸，因为纤维长短和取向状态极大地受造粒及成型加工的制约。

（2）增强材料的表面处理　一般玻璃纤维常选用硅烷类偶联剂，而其他类型常选用酯类偶联剂，有时也选取其他处理剂，如 PP 接枝马来酸酐等。在选用硅烷类偶联剂时要注意其对基体树脂的适用性，通常对于聚烯烃（如 PP）可选用含乙烯基、甲基丙烯酰基及阳离子苯乙烯氨基的硅烷；对工程塑料（如 PA、PC）可选用含氨基、脲基和环氧基的硅烷；对聚苯硫醚等可选用含硫醇基的硅烷。

表 15-16 给出了常用增强塑料配方的例子。

表 15-16　常用增强塑料配方举例

树脂品种	增强塑料配方举例
PP	① PP 100，马来酸酐接枝 PP 3，抗氧剂 1010 0.3，经含乙烯基硅烷偶联剂处理的无碱玻璃纤维 15 ② PP 100，EPDM 20，SBS 20，无碱玻璃纤维 30，硅烷偶联剂 0.5，乙醇 1.2，云母（325 目）20
PA	PA-6 100，无碱玻璃纤维 35，含氨基硅烷偶联剂 1.5
PC	PC 100，ABS 15，抗氧剂 0.4，无碱玻璃纤维（用含氨基硅烷偶联剂处理）15
PBT	PBT 100，无碱玻璃纤维（用烷偶联剂处理）30

三、塑料共混配方

聚合物共混体系有许多类型，常见的有塑料与塑料的共混；塑料与橡胶的共混；橡胶与橡胶的共混；橡胶与塑料的共混等四种类型。前两种是塑性材料，称为塑料共混物，常被称为高分子合金或塑料合金；后两种是弹性材料，称为橡胶共混物，在橡胶工业中多称为并用胶。共混配方设计过程中要注意共混体系的相容性。

PC/ABS 手机
笔记本外壳
配方设计

聚芳酯合金
车灯配方设计

PC/ABS 合金是最早实现工业化的 PC 合金。这一共混体系可提高 PC 的冲击性能，改善其加工流动性及耐应力开裂性，是一种性能较为全面的共混材料。

具体配方见表 15-17。

表 15-17　常用电器外壳 PC/ABS 共混配方

原料	质量份
PC	70
ABS	30
苯乙烯 - 马来酸酐共聚物（SMA）	5
丙烯酸酯类弹性体	8
硅油	1
抗氧剂	0.5
着色剂	适量

四、弹性体配方

弹性体由于出色的弹性及可循环利用的环保优势，在越来越多的场景开始替代橡胶材料。

以人造运动草坪填充颗粒为例，目前人造运动草坪必须在草丝根部填充颗粒，才能保持草丝直立并产生类似天然草坪的踩踏感。图 15-2 为苯乙烯热塑性弹性体制成的人造草坪填充颗粒，可很好模拟土壤的踩踏感。

图 15-2　人造草坪填充颗粒

具体配方可参考表 15-18。

表 15-18　人造草坪填充颗粒弹性体配方

原料	质量份
SEBS	10 ～ 30
白油	20 ～ 60

原料	质量份
LLDPE	10 ～ 20
光稳定剂	0.5
抗氧剂	0.5
填充剂	20 ～ 40
着色剂	适量

五、塑料母料配方

1. 聚烯烃填充母料

填充母料是最早开发的母料品种之一，目前广泛应用的是聚烯烃填充母料。使用填充母料，不仅可以提高填料在树脂中的加入量，而且比在配方中直接加填料的性能有所改善，如冲击强度较好、成型加工性能和制品表面质量提高。

（1）填充剂　填充母料常用的母料核主要有碳酸钙、滑石粉、硅灰石、云母等，其中以成型加工性能好、易于表面处理的重质碳酸钙用量最大。填料的粒度对填充体系影响较大，一般情况下填料的粒径细小有利于分散，但料粒度太细，容易产生凝聚，反而对分散不利。一般填料的粒度要根据设备的分散能力和母料的用途进行选择，一般碳酸钙粒径以 1 ～ 6μm 为宜，当制品性能要求较高时可选用粒径为 0.1 ～ 1μm 的微细碳酸钙或粒径为 0.02 ～ 0.1μm 的超细碳酸钙，而滑石粉的粒径以 3 ～ 20μm 较为理想。母料核含量一般为 60% ～ 85%。

（2）载体树脂　常用的有 APP、LDPE、LLDPE、HDPE、PP、HIPS、CPE、EVA 等分子量低、流动性好、成本低的树脂。也可使用接枝改性树脂及复合载体。就聚烯烃填充母料而言，早期以无规 PP 为载体树脂、重质碳酸钙为填料的填充母料称作第一代聚烯烃填充母料（APP母料），第二代聚烯烃填充母料是以 LDPE 为载体树脂，称为 PEP 母料，目前一般采用 PP 或其与 PE 的共混物作载体树脂，称为第三代聚烯烃填充母料（PPM 母料）。PPM 母料适宜于 PP 制品，载体树脂一般选用我国生产的液相本体法 PP 粉料，具有成本低廉、易于混合与造粒等优点，但需加入一定的抗氧剂和润滑剂。

（3）偶联剂与分散剂　碳酸钙用钛酸酯类偶联剂，对于其他填料应注意偶联剂对树脂及填料的适用性。有时为降低生产成本，不用偶联剂而用分散剂处理填料，即活性碳酸钙。

分散剂在填充母料配方中起重要作用，因为在母料制备过程中随温度的升高分散剂能迅速熔融，并包覆在无机填料表面，使其表面张力与成型用树脂接近，大大改善填料的分散性，提高体系的流动性，从而获得外观质量较高的制品。填充母料所用分散剂主要有硬脂酸、PE 蜡、氧化 PE 蜡、固体石蜡和液体石蜡等。

综上所述，表 15-19 给出了三种聚烯烃填充母料的配方。

表 15-19　三种聚烯烃填充母料的典型配方

名称	配方举例
APP 母料	APP 100，LDPE 20，重质碳酸钙 500，铝酸酯偶联剂 5，硬脂酸 5
PEP 母料	LDPE 100，HDPE 50，重质碳酸钙 850，钛酸酯偶联剂 5，液体石蜡 40
PPM 母料	LDPE 70，PP（小本体粉料）100，滑石粉 500，钛酸酯偶联剂 3，硬脂酸钙 3.5

注：偶联剂选用钛酸酯时不宜使用硬脂酸作分散剂，这样会降低钛酸酯的效率。用铝酸酯时可选用硬脂酸作分散剂，并且二者之间有较好的协同效用。

（4）聚烯烃填充母料的制备　制备填充母料一般包括三个步骤：填料的干燥、填料的表面处理、填料与载体树脂的混炼及造粒。

由于常用的无机填料表面具有亲水性，大多都吸收有一定量的水分，直接应用易使母料产生气泡，内在质量下降，同时也会削弱偶联剂的效率，因此使用前应进行干燥处理。如碳酸钙、滑石粉和高岭土类填料一般在110℃左右，干燥10～20min即可。干燥后的填料通常采用干法表面处理，即将经烘干的填料加入高速混合机中，边搅拌边把偶联剂（或用少量惰性溶剂稀释）喷淋于填料中，充分掺混后，根据需要再加以干燥或其他处理。偶联剂品种不同，表面处理方法略有区别，表15-20以CaCO₃为例给出了不同偶联剂的表面处理方法。

表15-20　不同偶联剂对 CaCO₃ 的表面处理方法

偶联剂品种	处理方法
钛酸酯偶联剂	由于钛酸酯等偶联剂呈液态，可先用乙醇等溶剂稀释，然后加入70～80℃的高速混合机中与CaCO₃混合，时间约15min，最后加入硬脂酸钙等分散剂
铝酸酯偶联剂	CaCO₃加入95～110℃的高速混合机中，铝酸酯偶联剂可分三次加入，每次间隔2～3min，最后加入硬脂酸等分散剂，再搅拌4～5min

填料和载体树脂的混炼与造粒工艺随载体树脂的变化有了很大进展，早期以APP为载体树脂的填充母料采用的是混合、开炼拉片、平板切粒的加工工艺，目前以PE、PP等为载体树脂的填充母料则以高速混合后经双螺杆挤出机炼塑、造粒工艺为主。生产设备一般选用同向双螺杆挤出机，该机不仅具有密闭炼塑、分散均匀、质量稳定、生产效率高、能耗低的特点，而且可大大降低生产劳动强度，改善生产环境条件。生产工艺过程与粒料制备相似，此处不再赘述。

2. 功能母料

功能母料按母料核不同可分为阻燃母料、抗静电母料、防老化母料、防雾滴母料、降解母料、降温母料、珠光母料、消光母料、香味母料、多功能母料等。使用功能母料可赋予制品某些特殊性能，例如，使用阻燃母料可赋予制品阻燃性，加入防老化母料可延长制品的使用寿命，而降解母料应用于PE薄膜中可促进废弃塑料薄膜的降解，消除其对环境和土壤的不良影响。从塑料配方本身来看，制成母料比直接加入更有利于发挥助剂作用、提高制品质量和生产效率，并可大大改善劳动环境和生产条件。

功能母料配方中母料核的设计应遵循一般塑料配方设计的原则，而载体树脂的选择主要视成型用树脂而定，除考虑载体树脂的一般要求外，CPE、EVA、SBS及接枝改性树脂等则与众多树脂具有广泛的相容性，是功能母料常用的载体树脂。通常功能母料中母料核所占比例较填充母料低，一般为10%～60%。表15-21给出了几种功能母料的配方。

表15-21　几种功能母料的配方

功能母料	配方
阻燃母料	PP阻燃母料：LDPE/PP 100，六溴环十二烷 90，FR-019[①]/Sb₂O₃ 30，二盐/有机锡 13，PE蜡 6
抗静电母料	聚烯烃抗静电母料：CPE/EVA 100，导电炭黑/非离子表面活性剂 150，氧化PE蜡 13
降解母料	PE降解母料：LDPE 100，改性淀粉[②] 120，玉米油（降解促进剂）25，PE蜡 3
防老化母料	PE防老化母料，LDPE 100，抗氧剂1010 3，抗氧剂168 6，UV-531 4，BW-10LD[③] 12，PE蜡 6
防雾滴母料	PE防雾滴母料：LDPE 80，EVA 20，单硬脂酸甘油酯 8，甘油单油酸酯 8，PE蜡 3，轻质碳酸钙或二氧化硅 5～15

① FR-019是聚烯烃用环保型氮/磷复合阻燃剂。
② 改性淀粉由97.7%淀粉、1.5%铝酸酯偶联剂和0.8% CaSt组成。
③ BW-10LD为聚合型高分子量受阻胺类光稳定剂。

功能母料的制备方法与填充母料基本相同，但由于母料核多为液体和固体有机化合物，而固体的熔点大多较低，因而在母料生产过程中易分解也易产生打滑难以挤出等现象，所以母料核的预处理就显得特别重要。使用含卤素类阻燃剂制备阻燃母料时应先用热稳定剂进行处理以防止其在生产中发生分解；生产抗静电母料和防雾滴母料时为防止打滑现象可用吸附剂（如轻质碳酸钙、二氧化硅等）进行处理；降解母料生产中为提高淀粉与树脂的亲和力及分散均匀性可用偶联剂和分散剂处理得到改性淀粉后再使用。此外，在母料生产中应尽量采用较低的成型加工温度以减少助剂的分解和损失。

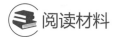 阅读材料

塑料母料的发展

在中国高速发展的塑料工业中，塑料母料行业越来越受到重视，年均产量增速高达 20%。与单纯使用塑料助剂相比，使用塑料母料不仅工艺简单，使用方便，便于实现生产自动化，提高劳动生产率，而且高效节能，避免环境污染，能实现清洁文明生产。

塑料母料的发展始于 20 世纪 70 年代中期塑料制品着色的进步，即由单纯的颜料着色到简单的色母料着色。塑料母料行业由色母料单一的着色功能，逐步向多功能方向发展。

塑料功能母料可赋予塑料制品特殊功能，如：光、电、阻燃、降解等，按产品功能可分为抗静电母料、防粘连母料、爽滑母料、消光母料、阻燃母料、抗菌母料、耐候母料、降解母料、防雾滴母料、仿木纹母料、发泡母料、增强母料、增韧母料及多功能组合母料等。使用功能母料是通用塑料工程化、工程塑料高性能化的重要途径，是实现塑料制品功能化的关键环节。

碳中和背景下，我国加快技术创新的步伐，积极发展"绿色、环保、无毒、高效"的塑料助剂产品，大力发展绿色塑料母料产业，塑料母料占塑料助剂比重达到 50%。目前，中国已成为世界塑料母料的最大生产国，随着人们对塑料制品性能和功能的要求越来越高，功能化、轻量化、环保、节能、低碳、高性能、低成本等已成为塑料母料的发展方向。

 知识能力检测

1. 如何进行塑料成型加工、填充增强、阻燃、抗静电配方设计？结合书中有关实例进行说明。

2. 如何将塑料配方付诸实施和生产？

3. 尝试设计某种塑料制品的配方。

4. 结合网络和图书期刊资料了解有关塑料改性和塑料配方的动态。

编号	材料名称	英文缩写	俗称	外观	相对密度	收缩率/%	吸水率/%	玻璃化转变温度/℃	维卡软化点/℃	脆化温度/℃	熔融温度/℃	拉伸强度/MPa	断裂伸长率/%	弯曲强度/MPa	缺口冲击强度/(kJ/m²)	硬度
1	硬质聚氯乙烯	UPVC	搪胶	白色或略带黄色	1.35~1.46	0.1~0.6	0.07~0.5	75~105	71~75	-10	—	35~52	<40	70~112	21.5~105.8	75~85(D)
2	软质聚氯乙烯	SPVC	搪胶	白色或略带黄色	1.16~1.35	1.0~2.5	0.15~0.8	80~85	<70	-40	—	10~24	100~500	—	—	50~95(A)
3	低密度聚乙烯	LDPE	高压聚乙烯	乳白色	0.910~0.925	1.5~3.6	<0.01	-25	70	-140~-100	108~126	7~20	≥350		80~90	41~46(D)
4	高密度聚乙烯	HDPE	硬性软胶	白色粉末或颗粒状	0.941~0.965	2.0~5.0	<0.01	-80	125	-78	126~136	21~37	20~1000	7	40~70	60~70(D)
5	线型低密度聚乙烯	LLDPE	第三代聚乙烯	乳白色颗粒	0.918~0.935	1.5~3.6	<0.01	-78	105	-75	110~125	15~25	800~1000		>70	40~50(D)
6	超高分子量聚乙烯	UHMWPE		乌黑发亮且手感光滑	0.930~0.940	1.8~2.5	<0.01		85	-140	130~136	30~50	350		>100	64~67(D)
7	聚丙烯	PP	百折胶	无色、无臭、半透明固体	0.89~0.91	1.0~2.5	0.01~0.04	-10	150	-30~-10	164~170	30~39	>200	42~56	0.5(相对值)	95(D)

编号	材料名称	英文缩写	俗称	外观	相对密度	收缩率/%	吸水率/%	玻璃化转变温度/°C	维卡软化点/°C	脆化温度/°C	熔融温度/°C	拉伸强度/MPa	断裂伸长率/%	弯曲强度/MPa	缺口冲击强度/(kJ/m²)	硬度
8	聚苯乙烯	PS	硬胶	无色透明颗粒	1.05	0.45	0.05	80~105	125~135	-30	140~180	45~50	1.2~1.25	100~105	12~16	60~75(HR)
9	聚苯乙烯泡沫	EPS	发泡胶保利龙	白色发泡状	0.015~0.03	<1.0	<1.5	80~105				>0.15				40~60(A)
10	耐冲击聚苯乙烯	HIPS	耐冲击硬胶	白色不透明珠状或颗粒	1.035~1.07	0.2~0.8	0.05~0.7	93~105	80	-40	150~180	13.8~41.4	15~75	13.8~55.1		55~102(HR)
11	苯乙烯-丙烯腈共聚物	AS	透明大力胶	无色透明的热塑性树脂	1.06~1.08	0.5~0.7	0.66		85~90		200~270	72~78	1.5~3.7		2.1~2.5	76~80(HR)
12	丙烯腈-丁二烯-苯乙烯共聚物	ABS	超不碎胶	浅象牙色半透明或色颗粒	1.05	0.4~0.8	0.2~0.7	90~100	95~102	-27	160(黏流温度)	45~57	3~20	70~85	11~25	105~115(R)
13	聚酰胺6	PA-6	尼龙6	半透明或透明乳白或淡黄粒料	1.13	0.7~2.0	3.5	50	170	-40	215~225	63	130	90	3.1	R120
14	聚酰胺66	PA-66	尼龙66	半透明乳白或淡黄粒料	1.14	0.8~2.1	2.8	55~58	170	-30	253~263	80	60	—	3.9	R120
15	聚碳酸酯	PC	防弹胶	高透明呈微黄色或白色颗粒	1.20	0.4~0.8	0.18	150~200	130~145	-100	220~230	58~74	70~120	91~120	45~60	90~95(HB)
16	聚甲醛	POM	赛钢、夺钢	淡黄色或白色粉状或颗粒	1.41~1.42	1.8~3.5	0.20~0.25	-60~-40	160	-40	165~175	60~70	40~60	92~99	6.5~7.5	80~94(HR)

编号	材料名称	英文缩写	俗称	外观	相对密度	收缩率 /%	吸水率 /%	玻璃化转变温度 /℃	维卡软化点 /℃	脆化温度 /℃	熔融温度 /℃	拉伸强度 /MPa	断裂伸长率 /%	弯曲强度 /MPa	缺口冲击强度 / (kJ/m²)	硬度
17	聚苯醚	PPO	Noryl	琥珀色透明体	1.05	0.5~0.7	0.03	210	170	-170	257	64	60	88	4~18	118（HR）
18	聚亚苯基硫醚	PPS	聚苯硫醚	白色或微黄色粉末	1.34	0.2	0.03	110			286	67	1.6	98	27	123（HR）
19	双酚A聚砜	PSU		透明淡琥珀色非晶体	1.24	0.7	0.22	196	175	-101	300	75	50~100	108	14.2	
20	聚酰亚胺	PI		淡黄色粉末	1.43~1.59	<0.1	0.32	250	>270			>190	3.2~6.4	170	28（无缺口）	
21	聚芳酯	PAR	芳香族聚酯	淡黄色透明聚合物	1.21~1.26	0.8	0.5	193			255~260	70~74		100~108	24.5	
22	氯化聚醚	CP	聚氯醚	乳白色至黄色半透明颗粒状	1.4	0.4~0.8	0.01	>7		-40	180	44~56	60~130	54~62	>50	82（HR）
23	聚醚醚酮	PEEK		白色或乳白色半透明或不透明	1.265~1.32	1.1	0.5	143	330		334	132~148	≥150	≥140	70~100	118（HR）
24	聚氨基甲酸乙酯	PU	聚氨酯	白色结晶性粉末	1.18~1.21	3	3~5	100~106			204~232	30	445	0.196		90（A）
25	聚甲基丙烯酸甲酯	PMMA	亚克力,有机玻璃	无色易挥发液体,并具有强辣味	1.15~1.19	0.2~0.6	0.3~0.4	105	110	9.2	160	50~77	2~3	90~130	2	95（HR）
26	乙烯-乙酸乙烯酯共聚物	EVA		乳白色或微黄色	0.92~0.98	0.5~1.5	<0.1	-34	<40	-75	68	6	800~1000	40~164	—	69~80（A）
27	聚对苯二甲酸乙二醇酯	PET	涤纶树脂	乳白色或浅黄色	1.2~1.3	1.2~2	0.08~0.2	80	83~88	-70	250~265	73	50~200	117	4~5	83（M）

编号	材料名称	英文缩写	俗称	外观	相对密度	收缩率/%	吸水率/%	玻璃化转变温度/°C	维卡软化点/°C	脆化温度/°C	熔融温度/°C	拉伸强度/MPa	断裂伸长率/%	弯曲强度/MPa	缺口冲击强度/(kJ/m²)	硬度
28	聚对苯二甲酸丁二酯	PBT		乳白色半透明到不透明、半结晶品	1.31~1.32	1.0~1.5	0.08	55~65	170		224~233	30~60	200	87	5	100(HR)
29	聚四氟乙烯	PTFE	特氟龙塑料王	白色蜡状、半透明	2.1~2.3	0.8~3.6	<0.01	130	120	-190	327~342	22~35	250~300	11~14	163	55~70(HS)
30	酚醛塑料	PF(注塑制品)	电木	无色或黄色至棕红色透明块状固体	1.34	0.5~1.0	<0.3		170		225~275	28~70		49~84	4.8	1~3.26(D)
31	环氧树脂	EP	万能胶	淡黄色的黏珀色到黏稠状液体或固体	1.6~2.3	2~3	0.1	90~110	80~120		145~155	299	6.7	402	180	85~90(D)
32	脲甲醛树脂	UF	尿素甲醛树脂、电玉	淡黄色透明黏稠液体	1.48~1.6	0.6~1.4		>160				52~80	0.6	12	1.2~1.4	66(HR)

参考文献

[1] 许健南，等. 塑料材料学 [M]. 北京：中国轻工业出版社，1999.

[2] 王加龙，桑永. 塑料材料学 [M]. 北京：轻工业出版社，1992.

[3] 王文广，田雁晨，吕通建. 塑料材料的选用 [M]. 第2版. 北京：化学工业出版社，2007.

[4] 凌绳，王秀芬，吴有平. 聚合物材料 [M]. 北京：中国轻工业出版社，2000.

[5] 杨明山. 聚丙烯改性及配方 [M]. 北京：化学工业出版社，2009.

[6] 王文广，严一丰. 塑料配方大全 [M]. 第2版. 北京：化学工业出版社，2009.

[7] 周祥兴. 塑料包装材料成型及应用技术 [M]. 北京：化学工业出版社，2004.

[8] 罗河胜. 塑料材料手册 [M]. 广州：广东科技出版社，2006.

[9] 王贵斌. 硬质聚氯乙烯制品及工艺 [M]. 北京：化学工业出版社，2008.

[10] 沈开猷. 不饱和聚酯树脂及其应用 [M]. 第3版. 北京：化学工业出版社，2005.

[11] 陈乐怡，等. 常用合成树脂的性能和应用手册 [M]. 北京：化学工业出版社，2002.

[12] 桂祖桐，谢建玲. 聚乙烯树脂及其应用 [M]. 北京：化学工业出版社，2002.

[13] 黄立本，张立基，赵旭涛. ABS树脂及其应用 [M]. 北京：化学工业出版社，2001.

[14] 黄发荣，焦杨声. 酚醛树脂及其应用 [M]. 北京：化学工业出版社，2003.

[15] Roger F J. 短纤维增强塑料手册 [M]. 詹茂盛，等译. 北京：化学工业出版社，2002.

[16] 塔德莫尔 Z，高戈斯 G G. 聚合物加工原理 [M]. 第2版. 北京：化学工业出版社，2009.

[17] 区英鸿，等. 塑料手册 [M]. 北京：兵器工业出版社，1991.

[18] 周达飞，唐颂超，等. 高分子材料成型加工 [M]. 北京：中国轻工业出版社，2000.

[19] 内罗·帕斯奎尼. 聚丙烯手册 [M]. 北京：化学工业出版社，2008.

[20] 郑德，李杰，等. 塑料助剂与配方设计技术 [M]. 北京：化学工业出版社，2002.

[21] 严一丰，李杰，胡行俊. 塑料稳定剂及其应用 [M]. 北京：中国轻工业出版社，2008.

[22] 天津轻工业学院. 塑料助剂 [M]. 北京：中国轻工业出版社，1997.

[23] 张云兰，杜万程. 塑料在机械工业中的应用 [M]. 北京：机械工业出版社，1988.

[24] 张立德，牟季美. 纳米材料和纳米结构 [M]. 北京：科学出版社，2001.

[25] 沃伯肯 W. 国际塑料手册 [M]. 刘青，等译. 北京：化学工业出版社，1999.

[26] 怀特 R E. 热固性塑料的注塑与传递模塑 [M]. 梁国正，译. 北京：化学工业出版社，1998.

[27] 王克智. 新型功能塑料助剂 [M]. 北京：化学工业出版社，2003.

[28] 方海林. 高分子材料加工助剂 [M]. 北京：化学工业出版社，2007.

[29] 唐路林，李乃宁，吴培熙，等. 高性能酚醛树脂及其应用技术 [M]. 北京：化学工业出版社，2008.

[30] 栾华. 塑料二次加工 [M]. 北京：中国轻工业出版社，1999.

［31］李志英. 硬聚氯乙烯塑料异型材和塑料窗制造与应用［M］. 北京：中国建材出版社，1997.

［32］刘正英，杨鸣波. 工程塑料改性技术［M］. 北京：中国轻工业出版社，2008.

［33］焦剑，姚军燕. 功能高分子材料［M］. 北京：化学工业出版社，2007.

［34］段予忠，谢林生. 材料配合与混炼加工：塑料部分［M］. 北京：化学工业出版社，2001.

［35］刘英俊，刘伯元. 塑料填充改性［M］. 北京：中国轻工业出版社，1998.

［36］吴培熙，王祖玉，景志昆，等. 塑料制品生产工艺手册［M］. 第2版. 北京：化学工业出版社，1998.

［37］钟世云，等. 聚合物降解与稳定化［M］. 北京：化学工业出版社，2002.

［38］林师沛. 塑料配制与成型［M］. 北京：化学工业出版社，1997.

［39］布赖德森 J A. 塑料材料［M］. 张玉崑，等译. 北京：化学工业出版社，1990.

［40］蔡永源. 现代阻燃技术手册［M］. 北京：化学工业出版社，2008.

［41］丁浩，龚浏澄. 塑料应用技术［M］. 第2版. 北京：化学工业出版社，2006.

［42］李军. 聚烯烃热塑性弹性体生产技术及应用进展［J］. 现代化工，1998(6)：14.

［43］张玉龙. 塑料品种与性能手册［M］. 北京：化学工业出版社，2007.

［44］吴立峰，乔辉，姜杰. 色母粒技术手册［M］. 北京：化学工业出版社，2006.

［45］丁雪佳，等. 茂金属聚烯烃弹性体乙烯 - 辛烯共聚物的性能与应用［J］. 特种橡胶制品，2002，23(4)：18-21.

［46］金国珍. 工程塑料［M］. 北京：化学工业出版社，2001.

［47］邓如生，等. 聚酰胺树脂及其应用［M］. 北京：化学工业出版社，2002.

［48］李绍雄，刘益军. 聚氨酯树脂及其应用［M］. 北京：化学工业出版社，2002.

［49］山西省化工研究所. 聚氨酯弹性体手册［M］. 北京：化学工业出版社，2005.

［50］丁双山，王凤然，王中明. 人造革与合成革［M］. 北京：中国石化出版社，1998.

［51］冯亚青，王利军，陈立功，等. 助剂化学及工艺学［M］. 北京：化学工业出版社，1997.

［52］根赫特 R，米勒 H. 塑料添加剂手册［M］. 成国祥，姚康德，译. 北京：化学工业出版社，2000.

［53］吕世光. 塑料助剂手册［M］. 北京：中国轻工业出版社，1998.

［54］马占镖. 甲基丙烯酸酯树脂及其应用［M］. 北京：化学工业出版社，2002.

［55］石安富. 工程塑料手册［M］. 上海：上海科学技术出版社，2003.

［56］张知先. 合成树脂与塑料牌号手册［M］. 北京：化学工业出版社，2006.

［57］徐思亭. 塑料材料与助剂［M］. 天津：天津大学出版社，2007.

［58］丁会利，等. 高分子材料及应用［M］. 北京：化学工业出版社，2012.

［59］张留成，等. 高分子材料基础［M］. 北京：化学工业出版社，2007.

［60］江源，邹宁宇. 聚合物光纤［M］. 北京：化学工业出版社，2002.

［61］王澜，王佩璋，陆晓中. 高分子材料［M］. 北京：中国轻工业出版社，2013.

［62］奥斯瓦尔特·鲍尔·布林克曼. 国际塑料手册［M］. 第4版. 任冬云，等译. 北京：化学工业出版社，2010.

［63］李青山，杨秀英，陈明彪. 高分子材料鉴别技术［M］. 北京：化学工业出版社，2012.

［64］陈海涛. 塑料包装材料新工艺及应用［M］. 北京：化学工业出版社，2011.

［65］周殿明. 塑料制品成型材料［M］. 北京：机械工业出版社，2011.

［66］吴忠文. 特种工程塑料及其应用［M］. 北京：化学工业出版社，2011.

［67］张子成，邢继刚. 塑料产品设计［M］. 北京：国防工业出版社，2012.

［68］李东光. 塑料助剂配方与制备200例［M］. 北京：化学工业出版社，2012.

［69］贾红兵，朱绪飞. 高分子材料［M］. 南京：南京大学出版社，2009.

［70］罗祥林. 功能高分子材料［M］. 北京：化学工业出版社，2010.

［71］王慧敏. 高分子材料概论［M］. 第2版. 北京：中国石化出版社，2010.

［72］周祥兴，陆佳平. 塑料助剂应用速查手册［M］. 北京：印刷工业出版社，2010.

［73］杨明山. 工程塑料改性与应用［M］. 北京：化学工业出版社，2017.

［74］张玉龙. 实用工程塑料手册［M］. 第2版. 北京：机械工业出版社，2019.

［75］樊新民，车剑飞. 工程塑料及其应用［M］. 第2版. 北京：机械工业出版社，2016.

［76］石定杜. 工程塑料标准手册［M］. 北京：中国标准出版社，2010.

［77］董侠，王笃金. 长碳链聚酰胺制备、改性及应用关键技术［M］. 北京：科学出版社，2022.

［78］朱建民. 合成树脂及应用丛书——聚酰胺树脂及其应用［M］. 北京：化学工业出版社，2016.

［79］陈可泉，欧阳平凯. 生物基聚酰胺材料［M］. 北京：科学出版社，2022.

［80］郭宝华，张增民，徐军. 聚酰胺合金技术与应用［M］. 北京：机械工业出版社，2010.

［81］中国合成树脂协会聚碳酸酯分会. 中国聚碳酸酯行业发展蓝皮书（2021）［M］. 北京：化学工业出版社，2021.

［82］金祖铨，吴念. 聚碳酸酯树脂及应用［M］. 北京：化学工业出版社，2009.

［83］杨伟，刘正英，杨铭波. 聚碳酸酯合金技术与应用［M］. 北京：机械工业出版社，2008.

［84］刘正英，杨鸣波. 工程塑料改性技术［M］. 北京：化学工业出版社，2010.

［85］王亚涛，李建华. 聚甲醛合成、加工及应用［M］. 北京：科学出版社，2022.

［86］胡企中. 合成树脂及应用丛书——聚甲醛树脂及其应用［M］. 北京：化学工业出版社，2012.

［87］刘亚青，刘亚群. 工程塑料配方设计与配方实例［M］. 北京：化学工业出版社，2006.

［88］魏家瑞. 合成树脂及应用丛书——热塑性聚酯及其应用［M］. 北京：化学工业出版社，2012.

［89］塑料 聚苯醚（PPE）树脂：GB/T 41874—2022［S］. 北京：中国标准出版社，2022.

［90］中国复合材料学会. 高性能热固性树脂［M］. 北京：中国铁道出版社，2020.

［91］王智. 热固性树脂增韧方法及应用［M］. 北京：化学工业出版社，2018.

［92］何平笙，金邦坤，李春娥. 热固性树脂及树脂基复合材料的固化［M］. 安徽：中国科学技术大学出版社，2011.

［93］黄志雄，彭永利，秦岩，等. 热固性树脂复合材料及其应用［M］. 北京：化学工业出版社，2007.

［94］于华著，张雯婷. 热固性树脂基复合材料预浸料使用手册［M］. 北京：中国建材工业出版社，2019.

［95］黄发荣，万里强. 合成树脂及应用丛书——酚醛树脂及其应用［M］. 北京：化学工业出版社，2011.

［96］营口象圆新材料工程技术有限公司. 酚醛泡沫生产・设计・施工［M］. 北京：中国建材工业出版社，2013.

［97］李玲. 合成树脂及应用丛书——不饱和聚酯树脂及其应用［M］. 北京：化学工业出版社，2012.

［98］陈平，刘胜平，王德中. 环氧树脂及其应用［M］. 北京：化学工业出版社，2011.

［99］邱勇，汤朔. 新型无卤阻燃环氧树脂材料［M］. 北京：化学工业出版社，2021.

［100］张玉龙，王化银. 热固性塑料改性技术［M］. 北京：机械工业出版社，2006.

［101］樊新民，车剑飞. 工程塑料及应用［M］. 第2版. 北京：机械工业出版社，2017.

［102］石安富，龚云表. 工程塑料手册［M］. 北京：机械工业出版社，2003.

［103］卓昌明. 塑料应用技术手册［M］. 北京：机械工业出版社，2013.

［104］程军. 通用塑料手册［M］. 北京：国防工业出版社，2007.

［105］学习二十大报告看高质量发展之：化工新材料行业－新材料，化工行业迈向高端的必然选择. 券商观点. 2022.

［106］马立波. 人造草坪填充用塑胶粒子：ZL201530436900.6［P］. 2016-05-04.

［107］马立波，李珊珊，熊煦，等. DBP/DVB对聚甲基丙烯酸甲酯耐热性的影响［J］. 塑料，2021.